U0919217

北京市
大数据建设简明读本

BEIJING SHI DASHUJU JIANSHE JIANMING DUBEN

北京市经济和信息化局
北京市人力资源和社会保障局 编著

图书在版编目（CIP）数据

北京市大数据建设简明读本 / 北京市经济和信息化局，北京市人力资源和社会保障局编著. —北京：首都师范大学出版社，2020.11

ISBN 978-7-5656-5556-2

Ⅰ.①北… Ⅱ.①北… ②北… Ⅲ.①数据处理—干部教育—自学参考资料 Ⅳ.①TP274

中国版本图书馆 CIP 数据核字（2020）第 003617 号

北京市大数据建设简明读本

北京市经济和信息化局
北京市人力资源和社会保障局 编著

责任编辑　来晓宇

首都师范大学出版社出版发行

地　址　北京西三环北路 105 号

邮　编　100048

电　话　68418523（总编室）　68982468（发行部）

网　址　http：//cnupn. cnu. edu. cn

印　刷　北京虎彩文化传播有限公司

经　销　全国新华书店

版　次　2020 年 11 月第 1 版

印　次　2020 年 11 月第 1 次印刷

开　本　710mm×1000mm　1/16

印　张　23.75

字　数　426 千

定　价　65.00 元

序　言

众所周知，一场由新一代信息技术驱动的科技和产业革命正席卷全球，有人把这场革命称为“第四次工业革命”，有人把这个时代称为“DT 时代”，或“数字时代”。

的确，这是一次“时代级”的变革，不仅是因为云计算、大数据、人工智能、5G、物联网这些技术和理念的出现，更重要的是创新思维和模式的彻底颠覆。“DT 时代”与之前相比，有几个显著特征：一是数据的资源化，数据将成为生产资料和新能源，激发各行业、各领域的创新力；二是算法成为数据这一新能源的发动机，使得数据的分析应用更加科学高效；三是计算能力的基础设施化，算力将更加集约建设，与算法一起成为全新驱动力；四是数据应用进入社会生活的方方面面，“没有做不到，只有想不到”成为越来越普遍的现实。

在“DT 时代”，各类数字技术间的协同更加紧密，技术与技术间的依赖度越来越高，而数字技术也正在这种互相促进的模式下不断加快其演进步伐。严格地说，大数据并不是指一定数量的数据，也不是一个特定的技术门类，它是一种基于数据的创新理念。在这一理念下，数据不再是 IT 时代存储在计算机里用 0 和 1 描述的符号，而是成为可以挖掘出巨大价值的新资源，成为创新的关键要素。

当前，中国正处在决胜全面建成小康社会的关键阶段，中国经济和产业也正处在新旧动能转换、转型升级的关键时期。经过几十年的高速发展，中国的综合国力大幅度跃升，技术和创新能力显著提高，以互联网为代表的数字经济和平台经济蓬勃发展，这些都为中国新一轮创新发展提供了基础与动力。

在保持经济快速发展，推动产业转型升级的同时，国家始终高度关注新技术发展。大数据作为全球竞争重要战略资源正在改变各国综合国力增速，重塑未来国际战略格局，利用大数据提升国家治理能力和战略能力，抢占新时期国际竞争制高点已经成为各个国家的共识。2014 年起，“大数据”一词连续 7 年写入政府工作报告；2015 年，国务院印发《促进大数据发展行动纲要》，大数据上升为国家战略。2017 年以来，中共中央政治局先后针对大数据、人工智能、区块链等新技术及应用进行了集体学习，大数据作为提升国家治理现代化水平的重要工具得到充分肯定，应用大数据，尤其是通过政府数据与社会数据融合与应用，进一步提高社会治理、公共服务能力水平以及推动产业升级，全面提升现代化治理能力成为当前工作的重点。

近年来，北京市强化“四个中心”功能建设，提升“四个服务”水平，在经济发展、科技创新、人才培养、城市建设等方面取得了一定成绩，但与此同时，城市持续发展也面临诸多挑战：如何持续提升科技创新能力？如何持续提升产业的创新能力和国际竞争力？如何不断优化创新创业环境，吸引创新、培育创新？如何提升城市承载能力，提高城市运行效率？如何提高城市公共服务的能力与水平？解决这些问题，北京需要与时俱进地运用新理念、应用新技术、采用新模式，加快推进治理体系和治理能力现代化，持续培育与“DT 时代”相适应的产业和创新生态体系。

2018 年 4 月，“北京大数据行动计划”正式启动实施，这是北京市深入贯彻落实党中央、国务院关于推动大数据发展决策部署的重大举措，同时也是顺应“DT 时代”发展潮流，持续加强城市治理能力和治理体系现代化建设，推动经济、产业高质量发展的重要战略。经过两年多的建设，北京大数据行动计划取得了一系列成果，市大数据平台、市移动公共服务平台、领导驾驶舱、政务云等数据基础设施初步建成并日益完善，在交通、环保、城市治理、综治等领域落地了一批取得良好效果且有一定示范效应的数据创新应用。

习近平总书记曾明确指出领导干部要“学懂、用好”大数据，这要求领导干部们真正理解大数据理念，同时要培育“数据思维”。所谓“数据思维”，不是简单的“用数据说话”，还要“用数据创新”“用数据决策”。想要用数据创新需要了解大数据的理念、模式，知道数据能做什么，该怎么做；想要用数据决策，不仅是看报表和统计数据，用事实指导决策，还要能够看到数据背后的事实、规律，让决策更智能，也更科学。

《北京市大数据建设简明读本》由北京市经济和信息化局、北京市人力资源和社会保障局主持编著，北京市大数据中心组织力量并具体执笔完成编写任务，相关企业和专家给予了大力支持。本书重点介绍了北京市大数据发展规划、推进思路与阶段实践成果，同时也介绍了优秀的数据创新与实践案例。本书有助于各级干部快速了解大数据相关技术与应用，深刻理解北京大数据战略，切实培养大数据思维，可作为大数据领域的专业技术人员公共知识培训教材。

编　者

推荐序一

我一直认为城市数字化转型的最大困难，来自传统城市管理方式在高度数字化时代逐渐失效的同时，政府作为营运方对过去的思维方式未能快速改变。因此，为大数据进行科普已经成为转型中的当务之急，一本能深入浅出为城市干部所用的读本，显得尤其重要。而本书不仅总结了北京市大数据的发展历程，同时也是一本经历过实战后产出的大数据读本，可以帮助各级领导及干部快速理解大数据带来的价值与意义。这不仅对于北京市各级干部具有学习价值，同时对于其他省市政府管理者也同样具有借鉴意义。读者们在阅读过程中除了坚定大数据带来的美好愿景外，同样应该意识到通往大数据的道路是曲折的。在数字化转型的道路上希望大家能够坚定信心。

我觉得数字化转型绝不是技术的问题，而是能否做到同心协力、互相配合，去解决一个被业界称为“开着飞机换引擎”的行动。

北京市大数据工作推进小组专家咨询组专家
阿里集团原副总裁、首任数据委员会会长
红杉中国专家合伙人
车品觉

推荐序二

数据反映了人类对现实世界的精确测量，是现代科学能够发展的重要基础之一，而大数据的出现，一方面是因为计算能力的大幅提升以及云计算、物联网、人工智能等相关技术的长足发展，另一方面也是现实社会全面数据化的需要，以实现对“过去、现在乃至未来”皆用数据“度量”的目标。大数据不仅是一种先进技术的发展和应用，更将从根本上给社会生产和生活带来改变，它将极大地促使“第四次工业革命”加快进行和不断深入。

2015 年国家发布《促进大数据发展行动纲要》以来，我国的大数据建设和发展取得了长足进步，各级地方政府越来越重视数据在经济发展、社会生活中的“新引擎”作用，北京市作为全国的科技创新中心，大数据企业最为密集，各类大数据活动和应用也最为活跃。近期，国务院在《关于构建更加完善的要素市场化配置体制机制的意见》中首次将数据与土地、劳动力、资本、技术等并列，作为第五大生产要素，这也意味着新一轮大数据发展的契机即将到来，相信各地区都会在原有工作基础上再次发力，从基础设施建设、数据治理、技术研究、创新安全应用等不同方面入手，百花齐放地将大数据建设及应用推向深入。

与之相应的，政府各级部门要逐步培养大数据意识、形成大数据思维、具备大数据能力，同样，社会企业、科研院所也应当了解对应地区在大数据规划、建设方面的总体部署，统一步调，形成合力，才能更好地发挥大数据这一“新引擎”的功效，套用一句政府工作报告中常用的话，社会及百姓的“获得感”才能更强烈。与常见的介绍大数据理论和大数据技术的书不同，本书重在介绍北京市在大数据方面的实践情况，更加适合从事大数据专业或应用大数据进行城市管理和公共服务的工作人员阅读。

中国社科院信息化研究中心主任

姜奇平

推荐序三

大数据的发展和应用给政府管理和社会生产生活都带来巨大的变革，数据资源已经成为重要的生产要素和社会财富，掌握数据的多寡将成为国家软实力和竞争力的重要标志。北京市在信息化1.0时期走在了全国的前列，政务地理空间应用、共享交换、基础库等都是其中的亮点；大数据将信息化带入2.0，前期良好的基础和成果，一方面成为北京市大数据发展的有利条件，另一方面“数据孤岛”等不利因素也较其他地区更为突出。因此，强化数据汇聚汇通、提升数据质量、深化大数据开放等等，都是当前急需开展的工作；完善法规标准体系，提升数据安全和隐私保护水平，也是大数据健康发展的题中应有之意。

政府引导、社会参与是各地推动大数据发展的原则之一，政府工作人员应加强学习、迅速转换思维和工作模式，学会用数据思考、用数据解决问题，未来还要用数据来预测和指导各项工作开展；社会企业也应当积极参与，发挥能动性，共同推进大数据技术发展，加强数据建设和能力建设，创新大数据应用。在形成合力这一方面，我们做得还不够，各行其是是较为常见的现象。北京市自2018年起推行大数据行动计划，有意识地引入社会力量参与，形成了阶段性成果。本书较为系统地讲述了北京市大数据建设的规划和实践成果，不仅适合政府工作人员阅读学习，也适合大数据从业者了解北京市的情况，从而达到统一认知、共同发展的效果。

北京市政府信息化专家

聂大同

目　录

第 1 章　大数据概论

大数据是信息化发展的新阶段，它不仅是当今学术界的研究热点，也是产业界的重要应用。运用大数据推动经济发展、完善社会治理、提升政府服务和监管能力正成为发展趋势。

本章探讨了大数据的起源与概念，概述了大数据的技术演进历程和关键技术，论述了大数据在国家治理、社会经济生活中的作用，并对大数据发展面临的机遇与挑战进行了分析。

第 1 节　大数据的概念

一、大数据概念的起源

随着互联网、物联网以及传感技术的发展，信息化由业务驱动向数据驱动转变，处处体现着“一切皆可数据化”的新思维，数据的产生方式也由“人机”“机物”的二元世界向着融合社会资源、信息系统以及物理资源的三元世界转变，这使得各个领域的数据规模呈膨胀式发展。例如：互联网领域中，谷歌搜索引擎的每秒使用用户量达到 200 万，Twitter 每天的推特量已经超过了 3.4 亿；科研领域中，仅某大型强子对撞机在一年内积累的新数据量就达到 15PB 左右；电子商务领域中，沃尔玛，一个世界连锁性企业，每小时可处理的客户交易就超过 100 万笔，相应为数据库注入超过 2.5PB 的数据；航空航天领域中，仅一架双引擎波音 737 客机在横贯大陆飞行的过程中，传感器网络便会产生近 240TB 的数据。通过各个领域所产生的数据累积，即可发现目前的数据量已经从 TB 级上升至 PB、EB 甚至已经达到 ZB 级别，其数据规模已经远远超出了现有计算机所能够处理的量级，而且现在全球的数据量正以每 18 个月翻一倍的速度呈膨胀式增长。根据国际权威机构 Statista 的统计和预测，全球数据量在 2019 年有望达到 41ZB。①

美国著名未来学家 Alvin Toffler 在 1980 年就提出了“大数据”这个词，在其著作《第三次浪潮》中首次提到，称大数据是“第三次浪潮的精彩乐章”。之后有两

---

① 彭宇，庞景月，刘大同，等：《大数据：内涵、技术体系与展望》，载《电子测量与仪器学报》2015 年第 4 期。

个著名的国际期刊《自然》和《科学》相继出版了大数据专刊“大数据(Big Data)”和“处理大数据(Dealing with Data)”，从互联网技术、超级计算、互联网经济学、环境科学等多个方面来探讨大数据处理面临的问题。到2009年，“大数据”成为了互联网技术行业的热门词语。2011年，全球著名管理咨询公司麦肯锡(McKinsey)在《大数据：下一个创新、竞争和生产力的前沿》报告中，对大数据的概念进行了正式定义，并指出大数据已经渗透到当今每一个行业和业务职能领域，同时提出“大数据时代已经到来”，其已成为重要的生产因素。这促使大数据走进了商业应用领域。之后，由维克托·迈尔·舍恩伯格和肯尼斯·库克耶共同发表的《大数据时代：生活、工作与思维的大变革》一书中，对大数据进行了推广宣传，从此大数据概念在全球范围内开始风靡流行。

大数据从概念首次被提出到现在，一直受到社会各界的广泛关注，而对于大数据概念的定义一直没有统一的说法，从不同维度、不同视角对大数据的定义使得大数据的概念存在差异。比如：维基百科中定义大数据，是利用常用软件工具捕获、管理和处理数据所耗时间超过可容忍时间限制的数据集；国际数据公司IDC则认为大数据一般会涉及2种或2种以上数据形式，需要收集超过100TB的数据，而且是高速、实时数据流，或者是从小数据开始，而数据每年的增长会在60%以上。这两种对于大数据的定义都是局限于数据规模和数据处理能力。研究机构Gartner将大数据归纳为需要新的处理方式才能增强决策力、洞察发现力和流程优化能力的海量、高增长率和多样化的信息资产。Gartner提到大数据的要素包括：(1)新的处理模式；(2)由此增强决策力和洞察力；(3)海量的多样化信息资产。其理论上认为所有数据都是有价值的，但这些数据需要通过新的处理方式和技术才能挖掘出更大价值，而更大的价值包括：支持更强的决策能力、发现数据背后隐藏的事物本质、发现业务流程优化的关键点等。第462次香山科学会议的报告中，徐宗本院士将大数据定义为“不能够集中存储并且难以在可接受时间内分析处理，其中个体或部分数据呈现低价值性而数据整体呈现高价值的海量复杂数据集”。这个定义突出体现了大数据的特点：一是处理分散存储的海量数据；二是个体数据价值低而数据整体(在综合分析后)的价值高。麦肯锡全球研究所将大数据定义为“一种规模大到在获取、存储、管理、分析方面大大超出了传统数据库软件工具能力范围的数据集合，具有海量的数据规模、快速的数据流转、多样的数据类型和价值密度低四大特征”。国务院2015年发布的《促进大数据发展行动纲要》认为，大数据是以容量大、类型多、存取速度快、价值密度低为主要特征的数据集合。

上述定义虽然描述不一，但都是在对数据描述的基础上加入了处理此类数据的一些特征，用这些特征来描述大数据，当前，较为统一的认识是大数据有五个基本特征(5V)：(1)Volume(容量大)，是指大数据巨大的数据量和数据的完整性。首先，数据集合的规模不断扩大，已从 GB 级到 TB 级再到 PB 级，甚至开始以 EB 和 ZB 来计数。其次，大数据的出现使得许多数据得以用原始状态完整地记录和保存，数据越来越接近真实世界。(2)Variety(种类多)，是指大数据类型繁多，包括结构化数据、半结构化数据以及非结构化数据类型。现代互联网应用呈现出非结构化数据大幅增长的特点。同时，由于数据显性或隐性的网络化存在，使得数据之间的复杂关联无所不在。(3)Velocity(速度快)，表示大数据的数据产生、处理和分析的速度快，大数据往往以数据流的形式动态、快速地产生，具有很强的时效性。同时，数据自身的状态与价值也往往随时空变化而发生演变，数据的涌现特征明显。(4)Value(价值密度低)，数据量呈指数增长的同时，隐藏在海量数据中的有用信息却没有按比例增长，反而使得获取有用信息的难度加大。如何通过强大的机器算法更迅速地完成数据的价值“提纯”，是大数据时代亟待解决的难题。(5)Veracity(数据真实性)，大数据中的内容与真实世界发生的事件息息相关，研究大数据就是从庞大的网络数据中提取能够解释和预测现实事件的过程。正是这所谓的 5V 特征使得大数据区别于大规模数据。

大数据的类型主要有三种：结构化数据、半结构化数据以及非结构化数据。其中结构化数据是将事物向便于人类和计算机存储、处理、查询的方向抽象的结果，是用二维表结构来进行表达和实现的数据，它严格地遵循数据格式与长度规范，主要通过关系型数据库进行存储和管理。相对于结构化数据，半结构化数据的构成更为复杂和不确定，从而也具有更高的灵活性，能够适应更为广泛的应用需求。半结构化数据与普通纯文本相比具有一定的结构性，但与具有严格理论模型的关系数据库的数据相比更灵活。非结构化数据是与结构化数据相对的，它没有统一的结构属性，难以用表结构来表示，它包括所有格式的办公文档、XML、HTML、各类报表、图片、音频和视频信息等。

二、对大数据概念的理解

就目前对大数据的定义而言，更多的是从数据本身以及技术层面的解读，行业术语叫巨量数据集合。不管是行业术语还是麦肯锡给出的定义，都是从大数据本身出发，从数据的特征与处理解读，对于一般人来说是比较难以理解的，也不便于流传和记忆。大数据成为一种趋势，必将成为一种生活和商业模式，这是毋庸置疑的现状和未来。所以，有没有一种定义能够让大众很清晰明白地感知大数据，让即将进入或者有意从事这一行业的人直观地了解它，走近它。

我们是否可以这样理解，“大数据是以海量多维数据为资源，以数据价值挖掘为目标，集成数据处理、数据分析、数据应用能力的数据工程体系”。大数据的价值不在于数据本身，而在于数据分析和应用所释放的价值。不能单纯地认为大数据是一种技术或者一种资产，而应认为其是一个综合性工程体系，这个工程体系里集合了数据处理、数据分析、数据应用能力。只有将这三个层面完全融合，才是对大数据比较全面深刻的认识。

之所以称为大数据，是因为要处理的数据量从样本数据变成了全量数据，从存量数据变成了流式数据，人们不得不接受数据的混杂性，而放弃对精准性的追求。从数据价值来说，不管是现在还是未来，数据已经是一种战略性资产，更是一种生产资料。而大数据的价值不单单体现在数据本身的价值，更体现在数据的关联分析上。大数据是一个系统性的工程，而不是一堆数据的简单集合。

大数据的意义在于对海量数据进行分析与应用，从而释放出数据所蕴含的巨大价值，而不在于数据本身，数据本身是没有价值的。也就是说，如果把大数据比作一种产业，那么这种产业实现盈利的关键，在于提高对数据的“加工能力”，通过“加工”来实现数据的“增值”。大数据最重要的体现，是为国所用、为商所用、为民所用，这是根本，也是数据价值的本质。

大数据需要一套完整的技术体系，来高质有效地处理无法在一定时间范围内用常规软件工具进行捕捉、管理和处理的数据集合。适用于大数据的技术，包括大规模并行处理(MPP)数据库、数据挖掘、分布式文件系统、分布式数据库、云计算平台、互联网和可扩展的存储系统。

下面将会从“理论—技术—实践”三个层面来对大数据进行全面的介绍：

第一个层面是理论，理论是认知的必经途径，对于任何技术或者事物要进行深入研究就必须得先把理论弄明白、弄清楚。当然只有在同一个理论基础上，才能让大家产生共识和认同。对于大数据一般都是先从特征上去描述，再从行业对大数据进行整体描绘和定性；对于大数据的价值探讨，则是从大数据应用的领域和发展来进行全面深入地分析；了解大数据的发展趋势，洞悉大数据的发展趋势；理清大数据发展的方向，从大数据隐私这个特别而重要的视角审视人和数据之间的长久博弈。

第二个层面是技术，首先大数据的根本属性就是信息技术，只不过大数据是一门综合技术，不断地融合其他的技术形成新的技术，大数据的价值和用途最终都是要落到技术上，技术是大数据价值体现的手段和前进的基石。在这里主要从云计算、分布式处理技术、存储技术和感知技术的发展来说明大数据从采集、处理、存储到形成结果的整个过程。

第三个层面是实践，实践是检验真理的唯一标准，无论是理论还是技术最大的价值体现都是实践。大数据可应用的领域很多，包括政府、企业、个人等。大数据无所不在，在这里主要从互联网的大数据、政府的大数据、企业的大数据和个人的大数据四个方面来描绘大数据已经展现的前景及即将实现的美好蓝图。

第 2 节　大数据技术发展

一、大数据技术演进历程

大数据发展已经步入技术不断成熟、发展愈发快速的阶段，几乎所有行业或多或少都会受到大数据的影响，回顾大数据技术的发展历程，大致可以分为四个阶段：萌芽阶段、初起阶段、发展阶段以及应用阶段。

(一)萌芽阶段

萌芽阶段是从 20 世纪 90 年代到 21 世纪初，又称为数据挖掘阶段，这一阶段数据库技术和数据挖掘理论不断成熟，一批商业智能工具和知识管理技术开始被应用，例如：数据仓库、专家系统和知识管理系统等。同时，数据挖掘算法如决策树、支持向量机、关联规则等均已出现，但当时由于数据采集和计算性能的限制，处理的数据集很小。

(二)初起阶段

初起阶段，又称非结构化数据阶段，涵盖时间为 2003 年到 2006 年。在这一阶段的特征主要表现为：非结构化数据的大量出现，传统的软件已经无法处理和挖掘大量数据中的信息。这一阶段最重要的变革就是谷歌的"三驾马车"：分布式文件系统 GFS(*Google File System*)、MapReduce 超大集群的简单数据处理(*MapReduce：Simplified Data Processing on Large Clusters*)以及大数据 NoSQL 数据库 BigTable(*BigTable：A Distributed Storage System for Strctured Data*)，这三篇论文奠定了大数据技术的基石。受 Google 的论文启发，2004 年 7 月，Doug Cutting 和 Mike Cafarella 在 Nutch 项目中实现了类似 GFS 的功能，即后来 HDFS(Hadoop Distributed File System)的前身。2005 年 2 月，Mike Cafarella 在 Nutch 项目中实现了 MapReduce 的最初版本。2006 年，Hadoop 从 Nutch 中分离出来并启动独立项目。Hadoop 的开源推动了后来大数据产业的蓬勃发展，带来了一场深刻的技术革命。

(三)发展阶段

发展阶段是从 2006 年到 2009 年，此阶段主要聚焦点是"性能(Performance)""云计算(CloudComputing)""大规模数据集并行运算算法(MapReduce)""开源分布式系统基础架构(Hadoop)"等，逐步形成成熟的并行计算和分布式系统。同时，由于使用 MapReduce 编程繁琐，Facebook 贡献了 Hive、SQL 语法，为数据分析、数据挖掘提供了巨大帮助，也极大程度地降低了 Hadoop 的使用难度，受到了开发者和企业的青睐。之后，随着大数据相关技术的不断发展，开源的做法让大数据生态逐渐形成。2008 年，BigData 概念在《自然》(*Nature*)杂志专刊被提出。同年，第一个运营 Hadoop 的商业化公司 Cloudera 成立。9 月，《自然》出版了一个专刊，讨论大数据存储、管理和分析等问题。2008 年末，业界组织计算社区联盟（Computing Community Consortium）发表了一份有影响力的白皮书《大数据计算：在商务、科学和社会领域创建革命性突破》，它使人们的思维不再局限于数据处理的机器，更提出大数据真正重要的是新用途和新见解，而非数据本身，昭示着大数据时代的到来。

（四）应用阶段

应用阶段是从 2009 年至今，此时大数据的基础技术已经成熟，社会各界开始转向大数据技术的应用研究。2013 年，大数据技术开始向商业、科技、医疗、政府、教育、经济、交通、物流及社会的各个领域渗透，因此 2013 年也被称为大数据元年。在这一阶段，由于内存硬件已经突破成本限制，2014 年 Spark 逐渐替代 MapReduce 的地位，受到业界追捧。Spark 在内存内运行程序的运算速度能做到比 Hadoop MapReduce 的运算速度快 100 倍，并且其运行方式适合机器学习任务。Spark 和 MapReduce 都专注于离线计算，通常时间是几十分钟甚至更长时间，为批处理程序。同时由于实时计算的需求，流式计算引擎开始出现，包括 Storm、Flink、Spark Streaming。2019 年，大数据底层技术框架已基本成熟，大数据技术正逐步成为支撑型的基础设施，其发展方向也开始向提升效率转变，逐步向个性化的上层应用聚焦，技术的融合趋势愈发明显。

二、大数据关键技术

世界上每时每刻都在产生大量的数据，包括物联网传感器数据、社交网络数据、商品交易数据等等。面对如此巨量的数据，与之相关的采集、存储、分析等环节都与传统数据处理方式不同。首先，需要有一个系统用来收集数据，然后需要对数据进行提取、转换、加载、清洗，最终按照预先定义好的数据模型，将数据加载到数据仓库中去，最后对数据仓库中的数据进行数据分析和挖掘，必要时进行大数据可视化以辅助决策。下面，将从大数据采集、大数据存储、大数据计算技术、大数据分析与挖掘、大数据可视化、大数据融合等角度阐述大数据关键技术。

（一）大数据采集技术及其发展

数据采集是进行大数据分析的前提也是必要条件，在整个流程中占据重要地位。目前主流的大数据采集形式主要有三种，即数据库采集、系统日志采集和网络数据采集。数据库采集的方式即为直接与业务系统的后台服务器相结合，将业务后台所产生的大量业务记录写入采集数据库中后再进行下一步处理。系统日志采集方式是通过收集信息系统中自动记录的系统日志、应用程序日志和安全日志中的相关数据，然后进行有针对性的数据分析，从而得出所需要的高价值数据。最后一种网络数据采集法是通过利用一些网站平台所提供的公共API(应用程序接口)及开源的 Apache Nutch、Crawler4j、Scrapy 等网络爬虫框架，在网站或应用所允许的情况下合理地爬取网站的数据。

在以上三种常规的大数据采集方式之外，还有一些结合物理设备的数据采集方式，例如物联网领域中较为常见的温湿度传感器、RFID 身份识别等常用传感器，智能手表、手环等能够获取用户第一手精确数据的可穿戴设备以及视频监控设备中能够部署的一些实时图像视频处理系统。这些系统都能够在自身所在的领域中收集到用户所需的一些专有数据，与上文所述的三种主流采集技术相辅相成，共同形成完善全面的大数据采集能力。

(二)大数据存储技术及其发展

数据业务的急剧增加，传统单一的存储区域网络存储或网络接入存储方式已经不适应业务发展需要。随着大数据应用的爆发性增长，它已经衍生出了自己独特的架构，而且也直接推动了存储、网络以及计算技术的发展。

当前大数据存储方式主要有分布式数据库、分布式文件系统、NoSQL 数据库、云数据库等。下面对这几种常用的存储方式分别进行简单介绍。

分布式数据库是从传统的基于单机的关系型数据库扩展而来，用于存储大规模的结构化数据，常用的分布式数据库有 MySQL Cluster、DB2、ORACLE、SYBASE、SQL Server 等。

分布式文件系统是一个高度容错性系统，包含多个自主的处理单元，通过计算机网络互联来协作完成分配的任务，其分而治之的策略能够更好地处理大规模数据分析问题，当前的分布式文件系统有 GFS、HDFS、Lustre、Ceph、GridFS、MogileFS、TFS、FastDFS 等。

NoSQL 是一种不同于传统数据库的非关系数据库，与传统数据库相比较，NoSQL数据库可以支持超大规模数据存储，灵活的数据模型可以很好地支持 web 2.0 应用，具有强大的横向扩展能力等，典型的 NoSQL 数据库包含以下几种：键值数据库、列存储数据库、文档数据库和图形数据库。

云数据库是基于云计算技术发展的一种共享基础架构的方法，是部署和虚拟化在云计算环境中的数据库。但它并非一种全新的数据库技术，而只是以服务的方式提供数据库功能，可以实现按需付费、按需扩展、高可用性以及存储整合等优势。云数据库根据数据库类型一般分为关系型数据库和非关系型数据库(NoSQL 数据库)。云数据库的特性有：实例创建快速、支持只读实例、读写分离、故障自动切换、数据备份、Binlog 备份、SQL 审计、访问白名单、监控与消息通知等。

(三)大数据计算技术及其发展

随着互联网、物联网等技术得到越来越广泛的应用，需要进行计算处理的数据规模不断增加，TB、PB量级成为常态，对数据的处理已无法由单台计算机完成，而只能由多台机器共同承担计算任务。而在分布式环境中进行大数据处理，还涉及计算任务的分工、计算负荷的分配等工作。因此为解决以上问题，各个大数据应用均采用了多种计算框架，当前的大数据计算框架有分布式批处理、分布式内存型、分布式流计算、交互式分析四种。

分布式批处理框架。Hadoop是典型的分布式批处理框架。它需先将数据汇聚成批，经批量预处理后加载至分析型数据仓库中，以进行高性能实时查询。Hadoop的优势在于容错率高且所需硬件价格较低，但缺点也较为明显，由于Hadoop的计算任务需要在集群的多个节点上多次读写，存在数据迟滞高等问题。

分布式内存型计算框架。分布式内存计算的并行过程是通过多个进程(执行多线程)来完成的，每个进程都拥有各自的内存空间，其他进程无法访问。分布式内存计算拥有众多优点，其中一个优点与共享内存相同，为了增强系统的计算能力，不管我们在集群中增加内核、插槽还是节点，都有助于启动更多进程，充分利用新添加的资源，运用更强大的计算能力，更快地获得仿真结果。

分布式流计算框架。以Storm、Flink、Spark Streaming为代表的流处理大数据系统将实时数据通过流处理，逐条加载至高性能内存数据库中进行查询。此类系统可以对最新实时数据实现高效预设分析处理模型的查询，数据迟滞低。然而，受限于内存容量，系统需丢弃原始历史数据，无法在完整大数据集上支持Ad-Hoc查询分析处理。

交互式分析框架。交互式分析框架为数据分析人员提供了方便的交互式查询，这几年交互式分析技术发展迅速，目前有十余个领域知名平台，包括Google开发的Dremel和PowerDrill，Facebook开发的Presto等。由于SQL已被业界广泛接受，目前的交互式分析框架都支持用类似SQL的语言进行查询。

(四)大数据分析与挖掘技术及其发展

大数据分析技术就是改进已有数据挖掘和机器学习技术。数据挖掘(Data Mining)是从海量的、不完全的、有噪声的、模糊的、随机的数据中提取隐含在其中的、人们事先不知道的，但又是潜在有用的信息和知识的过程。大数据分析与挖掘技术主要分为数据预处理与特征选择、数据分析、数据挖掘等技术。

1. 数据预处理与特征选择

为了有效地进行数据挖掘，需要按功能要求理解数据，依据模型对数据进行预处理，使之适合于数据分析和数据挖掘，主要典型方法有：去除唯一属性、处理缺失值、数据变换、特征编码、数据标准化与正则化、特征选择与降维等。

2. 数据分析

数据分析是指用适当的统计分析方法对收集来的大量数据进行分析，提取有用信息和形成结论而对数据加以详细研究和概括总结的过程。数据分析划分为描述性统计分析、探索性数据分析以及验证性数据分析。其中，探索性数据分析侧重于在数据之中发现新的特征，而验证性数据分析则侧重于已有假设的证实或证伪。探索性数据分析是指为了形成值得假设的检验而对数据进行分析的一种方法，是对传统统计学假设检验手段的补充。在进行数据分析的时候，经常会用到 OLAP 技术，基于用户的一系列假设，在多维数据集上进行交互式的数据集查询、关联等操作(一般使用 SQL 语句)来验证这些假设，代表了演绎推理的思想方法。

3. 数据挖掘

数据挖掘方法分为监督方法、无监督方法和半监督方法。监督方法是从给定的训练数据集(有标记)中学习出一个函数(确定模型参数)，当新的数据到来时，可以根据这个函数预测结果。监督挖掘的训练集要求包括输入输出，也可以说是特征和目标。训练集中的目标是由人标注的。无监督方法是指事先没有任何训练数据样本(无标记数据)，需要直接对数据进行建模。半监督方法是事先有少量的带标签训练样本，而多数样本是没有标签的。

其中，监督挖掘中最常见的就是分类，通过已有的训练样本(即已知数据及其对应的输出)去训练得到一个最优模型。当有新数据输入时，利用这个模型将所有的输入映射为相应的输出，对输出进行简单的判断从而实现分类的目的。解决分类问题的方法很多，单一的分类方法主要包括：决策树、贝叶斯、人工神经网络、K-近邻、支持向量机和基于关联规则的分类等。

无监督挖掘的方法主要是聚类。聚类是自动寻找并建立分组规则的方法，它通过判断样本之间的相似性，把相似样本划分在一个类别中。从统计学的观点看，聚类分析是通过数据建模简化数据的一种方法。传统的聚类分析方法分为划分法、层次法、基于密度的方法、网格算法、图论聚类法、模型算法等。

半监督挖掘主要有半监督分类、半监督回归、半监督聚类三种，其典型方式是 EM 算法框架。来源于数据挖掘、统计学、生物学、数据安全以及机器学习、地理、web 文档分类、仿真等领域。其应用相当广泛，例如市场或客户分割、模式识别、生物学研究、空间数据分析、web 文档分类、异常检测、数据流挖掘。它可以成为一种单独的数据挖掘工具。

深度学习是当前的研究热点，也是一种独立的数据挖掘方法。同样可以实现分类、回归、聚类等挖掘功能。2006 年之后提出的深度学习通过组合低层特征形成更加抽象的高层表示属性类别或特征，形成多层次的网络结构，以发现数据的分布式特征表示。典型的深度学习模型有卷积神经网络(Convolutional Neural Network)、DBN 和堆栈自编码网络(Stacked Auto-Encoder Network)模型等。[①]

在数据量迅速膨胀的同时，传统的数据挖掘方式和工具无法适应大数据的新需要，对自动化分析要求越来越高。越来越多的大数据分析工具和产品应运而生，同时更优秀的大数据挖掘算法不断涌现，特别是基于深度学习的大数据挖掘将成为重要的发展方向。

(五)大数据可视化技术及其发展

数据可视化主要是根据数据的特性，如时间信息和空间信息等，旨在借助于图形化手段，找到合适的可视化方式，例如图表(chart)、图(diagram)和地图(map)等，将数据直观地展现出来，以帮助人们理解数据，同时找出包含在海量数据中的规律或者信息。

1. 大数据可视化的类型

大数据可视化可分为科学可视化、信息可视化、数据可视化三种。

科学可视化(Scientific Visualization 或 Scientific Visualisation)是科学之中的一个跨学科研究与应用领域，主要关注的是三维现象的可视化，如建筑学、气象学、医学或生物学方面的各种系统。侧重于利用计算机图形学来创建客观的视觉图像，将数学方程等文字信息转换并大量压缩呈现在一张图纸上，从而帮助人们理解那些采取错综复杂而又往往规模庞大的方程、数字等形式所呈现的科学概念或结果，除有助于公众吸收之外，重要的是便于专家快速了解状况，在同样时间内做出有效的筛选和判断。

信息可视化(Information Visualization, InfoVis)是对抽象数据进行(交互式的)可视化表示以增强人类感知的研究。抽象数据包括数值和非数值数据，如文本和地理信息。然而，信息可视化不同于科学可视化："信息可视化侧重于选取的空间表征，而科学可视化注重于给定的空间表征。"

数据可视化(Data Visualization)被许多学科视为与视觉传达含义相同的现代概念。它涉及数据的可视化表示的创建和研究。为了清晰有效地传递信息，数据可视化使用统计图形、图表、信息图表和其他工具。用户可能有特定的分析任务(如进行比较或理解因果关系)，以及该任务要遵循的图形设计原则。

从以上分析可以看出，科学可视化侧重于利用计算机图形学来创建客观的视觉图像；信息可视化侧重于选取的空间表征，对抽象数据进行可视化；数据可视化侧重于在视觉上传达定量信息。

2. 大数据可视化表现形式

许多传统的数据可视化方法经常被使用，比如表格、直方图、散点图、折线

① 崔广风：《数据挖掘中的统计方法及其应用研究》，西南石油大学硕士论文，2014 年 6 月。

图、柱状图、饼图、面积图、流程图、泡沫图表等，以及图表的多个数据系列或组合像时间线、维恩图、数据流图、实体关系图等。同时，也有一些可视化形式，如平行坐标式、树状图、锥形树图和语义网络等。

3. 大数据可视化工具

随着数据时代的到来，数据可视化工具已经替代了传统手工来统计分析数据。目前，市场上数据可视化工具不断出新，各种语言都是自己的可视化库，好的可视化工具可有效提高分析效率，减少分析成本，有效提升数据价值。在选择可视化工具时，不仅要满足互联网爆发的大数据需求，还要能够快速地收集、筛选、分析、归纳、展现决策者所需要的信息，并根据新增的数据进行实时更新。从学习难度角度看，分为操作性可视化工具、在线数据可视化工具和 GUI 编程可视化工具。

操作性可视化工具是可视化工作者必须掌握的，如 Excel、Pajek、Gephi。Excel 能创建专业的数据透视表和基本的统计图表，Pajek 是大型复杂网络分析工具，用于带上千乃至数百万个结点大型网络的分析和可视化操作。Pajek 向以下网络提供分析和可视化操作工具：合著网、化学有机分子、蛋白质受体交互网、家谱、因特网、引文网、传播网(AIDS、新闻、创新)、数据挖掘(2-mode 网)等。[①]

在线数据可视化主要有 Google Charts 与 Flot 等优秀工具。其中 Google Charts 是一个免费的开源 js 库，只需要在标签中将 src 指向，然后即可开始绘制。它支持 HTML5/SVG，可以跨平台部署，并特意为兼容旧版本的 IE 采用了 vml。Flot(浮悬)是一个很棒的线图和条形图创建工具，可以运用于支持 canvas 的所有浏览器——意味着支持大多数主流浏览器。这是一个 jQuery 库，优点是你可以访问大量的调用函数，这样就可以运行你自己的代码。设定一种风格，可以在用户悬停鼠标、点击、移开鼠标时展示不同的效果。比起其他制图工具，Flot 给予你更多的灵活空间。Flot 提供的选项不多，但它可以很好地执行常见的功能。

GUI 编程可视化工具主要有 Crossfilter 和 Processing。Crossfilter 是一个用来展示大数据集的 Java 库，它可以把数据可视化和 GUI 控件结合起来，按钮、下拉和滑块演变成更复杂的界面元素，使你扩展内容，同时改变输入参数和数据。交互速度超快，甚至在上百万或者更多数据下都很快。Processing 也是基于 Java，具有一个简单的接口、一个功能强大的语言以及一套丰富的用于数据以及

① 《Pajek 中文使用手册》，https://wenku.baidu.com/view/e368760e52ea551810a68773.html。

应用程序导出的机制。利用其能构建各种库、进行动画化、可视化、网络编程。[①]

目前，很多公司和学者也正在试图研究新的可视化形式，以适应不断涌现的新型大数据形态。如基于 VR 的数据可视化形式就是其中的一个发展方向，帮助决策者利用虚拟空间更好地理解和分析大数据。

(六)大数据融合技术及其发展

大数据融合技术包括几大方面，分别是算力融合、模块融合、云数融合和数智融合等。

1. 算力融合

随着大数据应用的逐步深入，场景愈发丰富，数据平台开始承载人工智能、物联网、视频转码、复杂分析、高性能计算等多样性的任务负载。同时，数据复杂度不断提升，以高维矩阵运算为代表的新型计算范式具有粒度更细、并行更强、高内存占用、高带宽需求、低延迟高实时性等特点，以 CPU 为底层硬件的传统大数据技术无法有效满足新业务需求，出现性能瓶颈。当前，以 CPU 为调度核心，协同 GPU、FPGA、ASIC 及各类用于 AI 加速的"xPU"的异构算力平台成为行业热点解决方案，以 GPU 为代表的计算加速单元能够极大提升新业务计算效率。腾讯云发布了两款异构计算产品，包括搭载 Xilinx 数据中心加速卡 Alveo U200 的 FPGA 实例 FX4，以及采用 NVIDIA T4 的 GPU 实例 GN7。英特尔公司正在设计支持跨多架构(包括 CPU、GPU、FPGA 和其他加速器)开发的编程模型 oneAPI，它提供一套统一的编程语言和开发工具集，来实现对多样性算力的调用，从根本上简化开发模式，针对异构计算形成一套全新的开放标准。

2. 模块融合

大数据的工具和技术栈已经相对成熟，大公司在实战经验的基础上围绕工具与数据的生产链条、数据的管理和应用等逐渐形成了能力集合，并通过这一概念来统一数据资产的视图和标准，提供通用数据的加工、管理和分析能力。数据能力集成的趋势打破了原有企业内的复杂数据结构，使数据和业务更贴近，并能更快地使用数据驱动决策。主要针对性地解决三个问题：一是提高数据获取的效率；二是打通数据共享的通道；三是提供统一的数据开发能力。这样的"企业级数据能力复用平台"是一个由多种工具和能力组合而成的数据应用引擎、数据价值化的加工厂，来连接下层的数据和上层的数据应用团队，从而形成敏捷的数据驱动精细化运营的模式。阿里巴巴提出的"中台"概念和华为公司提出的"数据基础设施"概念都是模块融合趋势的印证。

---

① 《4 款超好用的数据可视化工具介绍》，快资讯网，https://www.360kuai.com/pc/93765226c997d6796.html。

3. 云数融合

大数据基础设施向云上迁移是一个重要的趋势。各大云厂商均开始提供各类大数据产品以满足用户需求，纷纷构建自己的云上数据产品。比如 Amazon Web Service(AWS)和 Google Cloud Platform(GCP)很早就开始提供受管理的 MapReduce 或 Spark 服务，以及国内阿里云的 MaxCompute、腾讯云的弹性 MapReduce 等，大规模可扩展的数据库服务也纷纷上云，比如 Google Big Query、AWS Redshift、阿里云的 PolarDB、腾讯云的 Sparkling 等，来为 PB 级的数据集提供分布式数据库服务。早期的云化产品大部分是对已有大数据产品的云化改造，现在，越来越多的大数据产品从设计之初就遵循了云原生的概念进行开发，生于云长于云，更适合云上生态。

4. 数智融合

大数据与人工智能的融合也是目前大数据领域的主要趋势之一。用智能化的手段来分析数据是释放数据价值的高阶之路，但用户往往不希望在两个平台间不断地搬运数据，这促成了大数据平台和机器学习平台深度整合的趋势，大数据平台在支持机器学习算法之外，还将支持更多的 AI 类应用。Databricks 为数据科学家提供一站式的分析平台 Data Science Workspace，Cloudera 也推出了相应的分析平台 Cloudera Data Science Workbench。2019 年底，阿里巴巴基于 Flink 开源了机器学习算法平台 Alink，并已在阿里巴巴搜索、推荐、广告等核心实时在线业务中有广泛实践。①

三、大数据相关热点信息技术

随着大数据技术的蓬勃发展，相关的数据结构形态和技术方法都发生了系统性的变化，带动了多个相关信息技术的发展，种种迹象都标志着大数据时代的来临。除云计算和物联网等大家耳熟能详的技术外，近年来新兴起了诸多热点信息技术，简介如下：

(一)机器学习(Machine Learning)

机器学习理论专门研究计算机怎样模拟或实现人类的学习行为，以获取新的知识或技能，重新组织已有的知识结构使之不断改善自身的性能。由于数据采集的限制，最初的机器学习更多的是考虑小训练集。

随着大数据的出现，为机器学习注入了新的活力。机器学习大量的应用都与大数据高度耦合，大数据为机器学习提供了更全面的样本，促进了机器学习效果的提升。在大数据的时代，有好多优势促使机器学习能够应用更广泛。例如，随

① 中国信息通信研究院：《大数据白皮书(2019 年)》，2019 年 12 月。

着物联网和移动设备的发展，拥有的数据越来越多，种类更加丰富，如包括图片、文本、视频等非结构化数据，这使得机器学习模型可以获得越来越多的数据。同时，大数据技术中的分布式计算 MapReduce 使得机器学习的速度越来越快，获得更好的性能。在大数据时代，机器学习的优势可以得到最佳的发挥。

(二)深度学习(Deep Learning)

从根本上来说，深度学习和所有机器学习方法一样，是用数学模型对真实世界中的特定问题进行建模，以解决该领域内的相似问题，但深度学习是一种更深层的机器学习模型，其深度体现在对特征的多次变换上。它的灵感来源于人类大脑的工作方式，是利用深度神经网络来解决特征表达的一种学习过程。常用的深度学习模型为多层神经网络，神经网络的每一层都会将输入进行非线性映射，通过多层非线性映射的堆叠，在深层神经网络中计算出抽象的特征来帮助学习。

与机器学习的算法不同，深度学习的效果更依赖于大数据。但大数据也为深度学习在性能和效果方面提出了挑战。深度学习应用于文字识别、人脸技术、语义分析、智能监控等领域。目前在智能硬件、教育、医疗等行业也在快速布局，并且在语音识别和图像处理方面表现出了优异的性能。

(三)虚拟现实(Virtual Reality)

虚拟现实技术是利用计算机模拟产生一个三维空间的虚拟世界，提供一种多源信息融合的、交互式的三维动态视景和实体行为系统仿真，并使用户沉浸到该环境中。

VR 将通过如下方式改变大数据：(1)VR 能使你沉浸于大数据中，以不同的角度查看数据点。(2)VR 将大数据分析变成交互式的，并允许触摸数据，使大数据成为一种触觉体验，让大数据更容易被理解和操纵。交互性是理解大数据的关键。(3)VR 使数据以更自然和拟真的方式呈现，使用户以更快的速度了解更多信息。

大数据已经是我们生活的重要组成部分，而 VR 将帮助我们重塑与大数据的关系，并可能增强我们的数据分析能力。VR 正让数据变得拟真和交互，增加我们可摄取的信息量，并让我们更好地了解数据。随着可用信息量的不断扩大，我们必须找到更有效的技术来分析数据，而 VR 可能帮助我们做到这一点。

(四)区块链技术(Blockchain Technology)

区块链是分布式数据存储、点对点传输、共识机制、加密算法等计算机技术的新型应用模式。其本质上是一个去中心化的数据库，同时作为比特币的底层技术，是一串使用密码学方法相关联产生的数据块，每一个数据块中包含了一批次比特币网络交易的信息，用于验证其信息的有效性和生成下一个区块。①

① 钱卫宁，邵奇峰，朱燕超，等：《区块链与可信数据管理：问题与方法》，载《软件学报》2018 年第 1 期。

区块链在国际汇兑、信用证、股权登记和证券交易等金融领域有着潜在的巨大应用价值。区块链与物联网和物流领域也可以天然结合。通过区块链可以降低物流成本，追溯物品的生产和运送过程，并且提高供应链管理的效率。区块链在公共管理、能源、交通等领域都与民众的生产生活息息相关，但是这些领域的中心化特质也带来了一些问题，可以用区块链来改造。通过区块链技术，可以对作品进行鉴权，证明文字、视频、音频等作品的存在，保证权属的真实、唯一性。作品在区块链上被确权后，后续交易都会进行实时记录，实现数字版权全生命周期管理，也可作为司法取证中的技术性保障。①

2019 年 10 月 24 日，中共中央政治局集体学习了区块链技术发展现状和趋势。就区块链技术发展现状和趋势，习近平总书记强调，要加快产业发展，发挥好市场优势，进一步打通创新链、应用链、价值链。要构建区块链产业生态，加快区块链和人工智能、大数据、物联网等前沿信息技术的深度融合，推动集成创新和融合应用。

(五)安全多方计算(Secure Multi-Party Computation)

安全多方计算是密码学研究的核心领域，解决一组互不信任的参与方之间保护隐私的协同计算问题，能为数据需求方提供不泄露原始数据前提下的多方协同计算能力，为需求方提供经各方数据计算后的整体数据画像，因此能够在数据不离开数据持有节点的前提下，完成数据的分析、处理和结果发布，并提供数据访问权限控制和数据交换的一致性保障。

安全多方计算拓展了传统分布式计算以及信息安全范畴，为网络协同计算提供了一种新的计算模式，对解决网络环境下的信息安全具有重要价值。利用安全多方计算协议，一方面可以充分实现数据持有节点间互联合作，另一方面又可以保证秘密的安全性。

安全多方计算理论主要研究参与者间协同计算及隐私信息保护问题，其特点包括输入隐私性、计算正确性及去中心化等特性。

(1)输入隐私性：安全多方计算研究的是各参与方在协同计算时如何对各方隐私数据进行保护，重点关注各参与方之间的隐私安全性问题，即在安全多方计算过程中必须保证各方私密输入独立，计算时不泄露任何本地数据。

(2)计算正确性：多方计算参与各方就某一约定计算任务，通过约定 MPC 协议进行协同计算，计算结束后，各方得到正确的数据反馈。

(3)去中心化：传统的分布式计算由中心节点协调各用户的计算进程，收集各用户的输入信息，而安全多方计算中，各参与方地位平等，不存在任何有特权

① 《成都市政协委员、欧科云链行政总裁任煜男：制定区块链算力中心标准 打造区块链算力高地》，载《人民政协报》2020 年 5 月 24 日。

的参与方或第三方，提供一种去中心化的计算模式。①

(六)同态加密(Homomorphic Encryption)

同态加密是一种无须对加密数据进行提前解密就可以执行计算的方法。使用同态加密技术在区块链上加密数据，不会对区块链属性造成任何重大的改变。也就是说，区块链仍旧是公有区块链，然而区块链上的数据将会被加密，因此照顾到了公有区块链的隐私问题，实现与私有区块链一样的隐私效果。

同态加密技术不仅提供了隐私保护，它同样允许随时访问公有区块链上的加密数据进行审计或用于其他目的。换句话说，使用同态加密在公有区块链上存储数据将能够同时提供公有区块链和私有区块链最好的部分。比如，使用同态加密的以太坊智能合约能够提供相似的特点和更强的掌控，同时完整地保留以太坊的优点。

在 Shield128 区块链安全平台上，Kobi Gurkan 提到了一个同态加密在区块链上的应用案例——使用同态加密，以太坊智能合约能够用于管理员工开支。在这个案例中，如果员工不想让其同行知道他们的开支，那么他们可以加密其开支详细信息，然后发送到智能合约上。经过加密的开支信息会被算入总开支。最后，当公司财务部门想要分析开支时，可以在本地对最终的智能合约进行解密，将总开支详细分解开。这样的效果与公有账本相同，但是只有最终机构能够看到开支详细信息，其他的用户则只能看到一些加密的条目。

(七)知识图谱(Knowledge Graph)

在维基百科的官方词条中：知识图谱是 Google 用于增强其搜索引擎功能的知识库。本质上，知识图谱旨在描述真实世界中存在的各种实体或概念及其关系，其构成一张巨大的语义网络图，节点表示实体或概念，边则由属性或关系构成。现在的知识图谱已被用来泛指各种大规模的知识库。知识图谱中包含五种节点：

1. 实体：指的是具有可区别性且独立存在的某种事物。如某一个人、某一个城市、某一种植物、某一种商品等等。世界万物由具体事物组成，此指实体，如图 1-1 的“中国”“美国”“日本”等。实体是知识图谱中的最基本元素，不同的实体间存在不同的关系。

2. 语义类(概念)：具有同种特性的实体构成的集合，如国家、民族、书籍、电脑等。概念主要指集合、类别、对象类型、事物的种类，例如人物、地理等。

3. 内容：通常作为实体和语义类的名字、描述、解释等，可以由文本、图像、音视频等来表达。

① 《一文了解安全多方计算(Secure Muti-party Computation)》，搜狐网，https://m.sohu.com/a/329244646_120136504。

4. 属性(值)：从一个实体指向它的属性值。不同的属性类型对应于不同类型属性的边。属性值主要指对象指定属性的值。如图 1-1 所示的“面积”“人口”“首都”是几种不同的属性。属性值主要指对象指定属性的值，例如 960 万平方公里等。

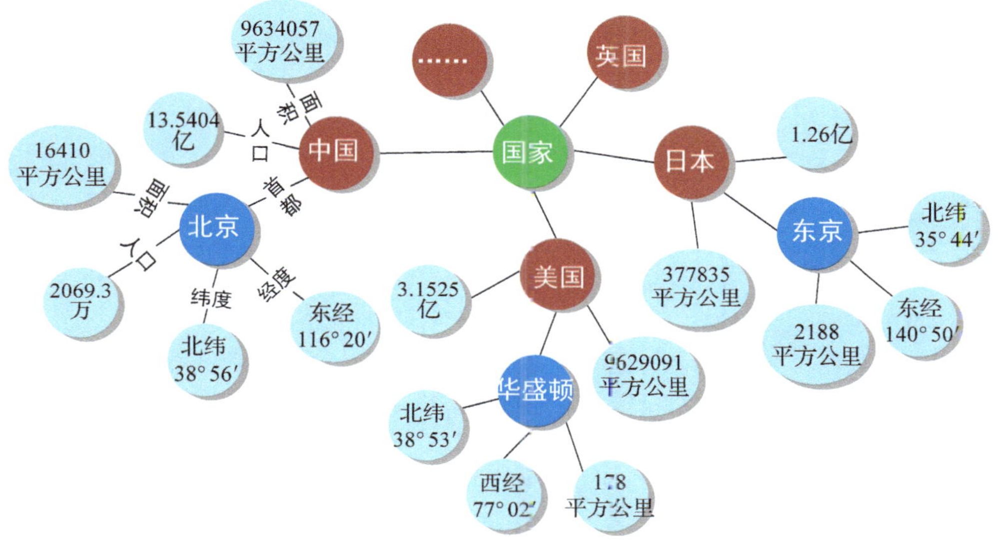

图 1-1　知识图谱示例

5. 关系：形式化为一个函数，它把 kk 个点映射到一个布尔值。在知识图谱上，关系则是一个把 kk 个图节点(实体、语义类、属性值)映射到布尔值的函数。

基于上述定义，三元组是知识图谱的一种通用表示方式，即，其是知识库中的实体集合，共包含｜E｜种不同实体；是知识库中的关系集合，共包含｜R｜种不同关系；代表知识库中的三元组集合。三元组的基本形式主要包括(实体 1—关系—实体 2)和(实体—属性—属性值)等。每个实体(概念的外延)可用一个全局唯一确定的 ID 来标识，每个属性—属性值对(Attribute-Value Pair，简称 AVP)可用来刻画实体的内在特性，而关系可用来连接两个实体，刻画它们之间的关联。如图 1-1 的知识图谱示例所示，中国是一个实体，北京是一个实体，中国—首都—北京是一个(实体—关系—实体)的三元组样例；北京是一个实体，人口是一种属性，2069.3 万是属性值。北京—人口—2069.3 万构成一个(实体—属性—属性值)的三元组样例。[①]

① 《最全知识图谱的概念篇》，中科天玑大数据，https://baijiahao.baidu.com/s?id=159265304733321258&wfr=spider&for=pc。

(八)云服务总线 CSB(Cloud Service Bus)

越来越多的企业组织需要以 API 方式把自己的核心业务资产贯通整理并开放给合作伙伴，或者让第三方的应用整合，以发掘业务模式、提高服务水平、拓展合作空间。云服务总线面向专有云和专有域，帮助企业在自己的多个系统之间，或者与合作伙伴以及第三方的系统之间实现跨系统跨协议的服务能力互通。各个系统以发布、订阅服务 API 的形式相互开放，并对服务 API 进行统一管理和组织，围绕 API 互动，实现企业内部各部门之间，以及企业与合作伙伴或者第三方开发者之间业务能力的融合、重塑和创新。CSB 主要包括三个方面：API 服务总线，提供高可用、稳定高效、可线性扩容的服务能力以及丰富全面的访问控制；API 管理组织，提供可灵活定制的 API 全环节管理和组织；API 运维监控，提供多样的运维管控工具用以获取及时详尽的系统状态信息，系统维护方便快捷。①

(九) BaaS(Backend as a Service)

BaaS 是移动中间件的替代品(或者说备选方案)，它使用统一的 API(应用程序接口)和 SDK(软件开发工具包)来连接移动应用到后端云存储，传统的移动中间件通过本地的物理服务把后端服务集成到应用中。而 BaaS 通过云来集成后端服务。中间件和 BaaS 的最大不同是它们是否包含或者提供云的服务，BaaS 可以说是 PaaS 平台在移动垂直领域的延伸，更可以说是移动中间件和云的融合。而现在它们都在以不同的形式来存在，云的优势很明显，那就是简单、成本低廉，中间件的优势是数据安全、易于扩展。所以，从现在的趋势来看，它们不存在明显的取代关系，只不过可能以后 BaaS 的体量会更大。移动中间件将更多地被有能力的企业使用，同时也会有越来越多的中小型企业、开发者选择使用 BaaS。

虽然 BaaS 属于 PaaS 的范畴，但两者也有区别。Quora 上有人简要描述了二者的不同，BaaS 简化了应用开发流程，而 PaaS 简化了应用部署流程。PaaS 是一个执行代码以及管理应用运行环境的开发平台，用户通过 SVN 或者 Git 之类的代码版本管理工具与平台交互，对于开发者来说，PaaS 就像是一个容器，输入是代码和配置文件，输出是一个可访问应用的 URL。而 BaaS 平台进一步将用户需求进行了抽象，比如用户管理，开发者希望创建用户数据库表(模型)后，客户端就可以通过 Restful 接口直接操作对应的模型，所有的操作都可以被抽象为 CRUD。之前，开发者需要创建表、写接口、写校验，而在 BaaS 平台中，开发者只需要定义模型，平台就会自动生成对应的接口，这可以让开发者更加专注于具体的客户端代码。专门针对手机端的 BaaS 服务称为 MBaaS，目前大多数的

① 《阿里云服务总线》，新浪博客，http://blog.sina.com.cn/s/blog_493a84550102whm0.html。

BaaS 平台都属于这一类。[①]

第 3 节　大数据价值认识

大数据时代，一个国家拥有数据的规模和运用数据的能力将成为综合国力的重要组成部分，对数据的占有和控制也将成为国家间新的争夺焦点。大数据作为全球竞争中新的战略资源正在改变各国综合国力增速，重塑未来国际战略格局，依托大数据提升国家治理能力和战略能力、抢占新时期国际竞争制高点已经成为各个国家的共识。

2014 年 3 月，“大数据”首次写入国家政府工作报告，大数据从一种新兴技术逐步走入政府管理、社会生活的方方面面。2015 年 8 月，国务院正式印发了《促进大数据发展行动纲要》，为我国大数据应用、产业和技术的发展提供了行动指南；同年 10 月，党的十八届五中全会通过《中共中央关于制定国民经济和社会发展第十三个五年规划的建议》，正式提出“实施国家大数据战略，推进数据资源开放共享”，大数据已被视作战略资源并上升为国家战略。2016 年底，国家工业和信息化部正式发布《大数据产业发展规划(2016—2020 年)》，从产业发展角度明确了从数据大国向数据强国转变的总目标。

2017 年 12 月起，中共中央政治局在第二次、第九次、第十八次集体学习中分别针对实施国家大数据战略、人工智能发展现状和趋势、区块链技术发展现状和趋势等内容进行了研讨，习近平总书记强调“实施国家大数据战略，加快建设数字中国……运用大数据提升国家治理现代化水平”“人工智能是新一轮科技革命和产业变革的重要驱动力量”“区块链技术的集成应用在新的技术革新和产业变革中起着重要作用……要构建区块链产业生态，加快区块链和人工智能、大数据、物联网等前沿信息技术的深度融合”。2019 年 10 月，党的十九届四中全会审议通过的《中共中央关于坚持和完善中国特色社会主义制度推进国家治理体系和治理能力现代化若干重大问题的决定》，将“数据”与劳动、资本、土地等并列为生产要素。大数据在国家治理、社会经济生活中的地位和作用不断提升。

一、大数据与政府治理

传统政府在实施决策、监管和服务工作时，受制于技术条件的限制，往往是基于宏观情况、面上情况开展，从而造成决策不够科学、监管不够充分、服务不够细致等问题，整体工作模式较为粗放。随着云计算、物联网、大数据的发展，政府的决策、监管和服务能力将得到极大提升。

① 《后端即服务：BaaS 服务的定义、发展以及未来》，传送门网，https://chuansongme.com/n/1121500。

(一)大数据提升政府治理的科学性

政府监管能力有赖于对监管对象及其活动的科学认知，而面对巨大的经济规模和复杂的经济活动，虽然各地政府针对“数据孤岛”“烟囱”等问题进行了多种努力，但面对海量、复杂的数据时依旧感到应接不暇、不堪重负，政府在监管中越位、缺位、错位现象依然时有发生，政府治理效率、绩效亟待提升。大数据则可以通过对海量、动态、高增长、多元化、多样化数据的高速处理，快速获得有价值信息，准确动态地反映客观现实，提升政府治理的时效性和科学性，提高政府决策能力。

(二)大数据促进政府治理的透明化

通过打造完善的大数据基础设施环境，实现部门间数据共享和推进公共数据开放，逐步将政府治理和监管的各个程序与环节进行公开，社会公众和市场主体就能更好地监督政府行为，从而有效促进政府的权力规范运用，实现政府负面清单、权力清单、责任清单的透明化管理；加强大数据标准体系建设，优化、细化、固化政府治理各个环节及流程，做到政府治理的标准化、一体化，依托大数据做到处处留痕，让权力在阳光之下运行，确保政府治理的公平、公正。

(三)大数据技术有利于改善民主决策

政府治理现代化的一个重要标识是社会多元主体的参与，大数据的最大特征就是信息来源多样化和数据量规模庞大、交叉复现与数据混搭。一方面，通过大数据分析提高“数据决策”力度，让每一个决议有“数”可依；另一方面，通过公共数据开放，让社会及公众均能及时了解和反馈发展动态，有序地进行协同配合，参与政府治理。大数据改变了政府治理的决策思维、范式和方法，为民主决策提供了更有效的技术基础。①

(四)大数据是驱动政府治理变革的新动力

随着政府和社会数据汇聚融合及共享开放工作的不断深入，政府治理表现出从政府独大向多元共治转变、从封闭性向开放性转变、从政府配置资源模式向市场配置资源模式转变等特性，同时大数据分析应用能够揭示传统技术方式难以展现的政府治理各方之间的关联关系，推动建立“用数据说话、用数据决策、用数据管理、用数据创新”的管理机制，实现基于数据的科学决策，将推动政府治理理念和模式共同进步，逐步实现政府治理能力现代化。

二、大数据与公共服务

一般来说，公共服务是由政府主导、保障全体公民生存和发展基本需要的基

① 史丹：《大数据技术助推国家治理现代化》，载《学习时报》2017年7月12日。

本服务，应当具备普惠性、公平性和动态性等基本特性，针对服务碎片化、服务方式单一、服务供给不足和不均等问题，各地政府依托大数据、移动互联网等新技术应用，推进“互联网＋政务服务”，提升社会公众的获得感。

(一)大数据为公共服务政策提供科学精准依据

传统公共服务政策往往是基于经验而形成的，其针对性、适当性、便捷性和及时性存在一定局限，政策的科学性和可用性便打了折扣。依靠大数据可以通过及时了解公共服务需求所在地区、相关领域及人群的共性及个性化需求，进而分析出需求对应的规模、时间和重要性的次序等信息，从而有效保障政策设计的针对性和有效性。同时，由于决策所依据的数据精准，公共服务供给的规模也可以合理控制、供给的标准也可以量化，也为有效评估和考核奠定了基础。

(二)大数据实现公共服务供给和政策执行精准高效

公共服务供给的对象明确、规模明确、优先次序明确，政策落实及各项服务执行就可确保不走样。底层数据打通及大数据分析可以促进对执行效果的即时反馈和处理，以及对偏差的及时纠正；同时，有了大数据的支持，可以针对不同个体提供个性化的、更加适合具体情况的服务，逐步实现精准化的公共服务。

(三)大数据促进公共服务效果评估便捷真实准确

大数据为公共服务效果评估提供便捷、真实、准确的依据，保证效果评估结果的科学性。传统上，对公共服务效果的评价靠的是手工作业和抽样技术，手工作业效率低下，人力、财力及时间成本居高不下，即便如此也难以做到真实反映客观现实。大数据技术及应用在此方面有更好的适用性，数据体量上，是传统方式难以企及的，能够更完整地反映真实情况；数据的打通，以及不断优化和完善的算法、模型，让我们能够从更多视角了解公共服务的效果，从而做出更加真实准确的评估。

(四)大数据为公共服务质量的持续改进提供支持

有了前面三个环节的保障，公共服务质量就完全可以把握、可以控制，包括公共服务供给多大规模、供给给谁、供给的优先次序、供给的程序和方式方法以及公众的满足程度，公共服务的差距在哪里、差距有多大等也完全一目了然，公共服务质量的持续改进就有了坚实的基础。①

三、大数据与经济发展

大数据是新型生产要素和重要的基础性战略资源，隐含巨大的经济价值，已引起科技界和企业界的高度重视。如果有效地组织和使用大数据，将对经济发展

---

① 阴江烽：《公共服务标准化的大数据视角》，载《中国质量万里行》2016 年第 8 期。

产生巨大的推动作用，孕育出前所未有的机遇。

(一)大数据为农业插上智能的翅膀

目前我国农业生产精细化、集约化程度不高，利用现代农业技术指导生产能力还不足，客观上造成农产品质量参差不齐，而农业生产中成本依然较高，若遭遇极端天气、区域性病虫灾害、贸易摩擦等不可控因素将会导致农产品滞销。

通过大数据技术，打通传统农业产前、产中、产后的数据壁垒和“信息孤岛”，通过数据挖掘技术，实现从产前开始根据农产品市场动态指导种植，到产中阶段提供高效的农作物生产管理技术指导和交流，到产后无中介环节的农产品功效对接，并提供农产品安全信息全程可追溯。政府相关部门可通过大数据整合各个区域的农业相关信息，了解农业产业分布状态，及时梳理产业基本面，有的放矢地开展精准招商；农户、涉农企业可通过手机 App、小程序等互联网方式获取种养技术、市场行情、产品销售、专家培训等信息，指导农业生产销售的各个环节科学决策并获得支持，从而完善现代农业产业体系建设，实现农业智慧化种植、精细化管理、高效化运作、绿色化生产，为现代农业转型升级插上数据驱动的翅膀。

(二)大数据将带动传统产业实体转型升级

工业互联网和智能制造为引领的先进制造业中，大数据成为智能制造的源泉。通过分析在生产线上传回的海量数据，可以改进生产工艺流程，优化生产流程并提高效率；通过分析在功能退化过程中的信息，预测和预防潜在的故障，进而规避生产中的风险；整合企业生产数据、财务数据、管理数据、采购数据、销售数据和消费者行为数据等资源，推动经营管理全流程的衔接和优化，优化企业生产经营；通过互联网平台收集用户的个性化产品需求，获取产品的交互和交易数据，再通过大数据来分析消费者的需求变化，灵活调整营销策略。一方面，大数据具有决策依据的属性，能够精准分析供给与需求，减少生产经营中的盲目性，让传统产业创新经营模式，实现智能生产；另一方面，大数据具有新型经济资源的属性，能够与传统产业融合而产生新型生产性服务业，推动产业升级。

(三)大数据驱动商业模式的改变

第一，大数据使企业真正以客户为中心。由于大数据能搜集所有的信息，所以它不需要通过样本群来代替全体样本。大数据能够使企业的经营对象从对客户群的粗略归纳，转变成一个个活生生的客户。这样企业的经营就有针对性，对客户的服务就更好，投资效率就更高。

第二，大数据改变企业的管理方式。在大数据时代，通过大数据的分析与挖掘，我们可以重构企业的管理方式。通过对大量的业务本身的分析，可以为决策提供必要的科学的手段。通过大量的数据分析，不必依靠庞大的组织和复杂的流程，就可以找到最合适、最有效的管理流程。大数据能有效改善企业的数据资源利用能力，提高从数据到信息的转化率，让企业的决策更为准确，从而提高整体运营效率。

第三，大数据改变了商业逻辑。大数据在任何时候都可以搜索到答案，都可以用最省力的方法找到最佳答案。我们可能有全新的视角来发现新的商业机会和重构新的商业模式。在产品设计上，不用假设用户的习惯，而是直接就可以知道客户的习惯和偏好，设计能轻易命中客户的心窝；在营销上，通过对大数据的分析，企业可以实时掌握市场动态并迅速做出应对，可以制定更加精准有效的营销策略，可以为消费者提供更加及时和个性化的服务。

(四)大数据推动新产业的诞生

在政府公共事业、商业企业、国防军事等领域大数据都有所应用，已然形成一个新的产业，围绕产业链的上下游，大数据必将带动智能终端的普及应用，物联网、云计算等产业的蓬勃发展，高性能服务器产业的发展和信息技术服务业等产业的发展。同时，大数据的出现使得产业界的需求与关注点发生变化：企业关注的重点转向数据，计算机行业正在转变为真正的信息行业，从追求计算速度转变为关注大数据处理能力，软件也将从编程为主转变为以数据为中心的新型技术服务。

大数据将带动新兴商业的发展。新兴商业指的是以互联网为基础来构建的各种商业模式，电商、线上线下服务等商业模式在大数据时代依然有广泛的发展空间。在 5G 时代，基于移动互联网、物联网和大数据技术所构建的新兴商业模式也许会给市场带来更多的惊喜。

(五)大数据是推动经济社会发展的新动力

大数据推动社会生产要素的网络化共享、集约化整合、协作化开发和高效化利用，改变了传统的生产方式和经济运行机制，可显著提升经济运行水平和效率。大数据持续激发商业模式创新，不断催生新业态，已成为互联网等新兴领域促进业务创新增值、提升企业核心价值的重要驱动力。大数据产业链主要包括大数据 IT 基础设施、大数据组织与管理、大数据分析与发现、大数据应用服务等。根据 IDC 新的全球半年度大数据和分析开支指南，全球大数据和业务分析收入将从 2015 年的 1220 亿美元增加到 2019 年的超过 1870 亿美元，在 5 年间的增幅超过 50%。其中，大数据服务市场规模作为大数据的核心产业，增速领跑其他所有 IT 产业。大数据产业正在成为新的经济增长点，将对未来信息产业格局产生重要影响。

四、大数据与科学创新

大数据时代的到来，为我们带来了新的机遇和挑战。大数据不仅在社会学领域、商业界等掀起了一场革命，而且给传统的科研方法带来了巨大的挑战。大数据从不同角度带给了我们许多新的科研方法和技术手段。

(一)大数据驱动科研方法的变革

随着科研范式自身的不断发展以及大数据的出现，科学研究领域需要一种新型科研方法作为对传统科研方法的补充和发展来指导新形势下的科研活动，因此，科研第四范式——数据密集型科学随之产生。这种科学研究方法的变革主要表现在以下几个方面：一是科研数据的全面性。在大数据时代，数据已经成为科研活动的核心，我们可以看到很多领域都在快速产生着海量的数据，尽可能地将数据全部收集起来进行分析，与以往小数据相比，能获得更加精确的规律或者结果。二是科研分析注重相关性，使得科研工作更加高效便捷。在传统的科研方法中，基于小数据科学研究，科学家更容易发现其中的因果关系，但面对海量数据，如果将关注点只放在数据之间的因果关系上，试图找出所有数据之间的因果关系是无法实现的。通过对大数据进行相关分析来找出事物之间的关联，既可以避免主观偏见的影响，对被研究对象有更进一步的了解，又可以为研究因果关系打下良好基础。也就是说，对相关性的重视并不意味着对因果性的摒弃。三是科研数据类型的多样性。以前的科研数据，总是以拥有统一标准的小数据为主，但随着网络化技术的发展，数据已不仅仅是结构化的数据，占比更大的是半结构化数据甚至是非结构化数据。放宽了数据的统一标准，便增强了数据的延伸性和预测性。①

(二)大数据驱动相关科学技术的研究

现有的数据中心技术很难满足大数据的需求，因此促进了大数据相关技术的开发研究，例如：研究开发更有效、更实用的大数据分析和管理技术；研究处理网络大数据所必需的既有效又简易的数据表示方法的技术；研究形成人、机、物三元世界的统一数据格式的技术；研究有效消除数据冗余的技术；研究高效率低成本的数据存储方式；研究开发适合不同行业的大数据挖掘分析工具和开发环境；研究大幅度降低数据处理、存储和通信能耗的新技术等。

(三)大数据为研究复杂系统提供新途径

数据间的复杂关联形成数据网络，大数据正是以这种形式存在的，在这些数据网络中包含有大量的数据的共性关系和数据网络的整体特征，对于大数据的分析理解，往往都存在于这些复杂关联的数据网络中。

以往人们研究复杂系统，都是先对其进行解构分析，这使得我们对整个社会、整个生命系统、整个物质系统的理解并没有增加很多，有时候反而可能把系

① 李国杰，程学旗：《大数据研究：未来科技及经济社会发展的重大战略领域——大数据的研究现状与科学思考》，载《中国科学院院刊》2012 年第 6 期。

统更加复杂化。而对于复杂系统的研究，网络科学理论则是通过组装这些节点和链接，帮助我们重新看到整体。基于大数据技术对复杂系统进行整体性的研究，将为研究复杂系统提供新的途径。

(四)大数据有利于加强学科融合发展

现在各学科专业分得比较精细，这种学术分工大大提高了研究效率和学术领域内的交流评估质量，但是对于交叉学科的创新则有可能形成阻碍，大数据技术则推动了社会科学和自然科学的融合，促进各学科对新研究领域的开拓，使研究者的认知形成新的研究视角。譬如，将大数据技术应用于哲学社会科学领域，不仅可以对哲学社会科学领域现有的研究方法与研究工具的缺陷进行补充，还能提高哲学社会科学研究的科学化和定量化水平，有利于加强学科融合发展，提高理论研究能力。

五、大数据发展面临的挑战

从国内外大数据发展现状来看，大数据建设在世界各国都得到充分重视，当然，我国也不例外。目前，我国大数据产业发展已经具备一定基础，同时，我国已经成为数据生产大国，大数据将为我们带来前所未有的机遇，而要实现从“数据大国”向“数据强国”的转变，大数据建设还面临众多挑战。

(一)数据可用性低，数据质量差

“大数据”的概念被提出以后，人们的数据思维观念发生了变化。受大数据是信息时代金矿观念的影响，各行各业纷纷采集各种数据，大数据公司和部门纷纷成立，多渠道立体化采集数据。

在早期进行系统建设的时候，还没有制定一套统一的数据标准。在进行数据的传输和存储的过程中也没有考虑到传输受干扰的问题以及数据源的差异导致的数据冗余、数据不规范、数据错误等问题，缺少对数据的清洗和预处理环节，导致后期数据可用性差。

由于网络的开放性，会有上亿的用户和监控网络随机产生数据，网络采集的成本很低的同时也意味着重复内容多、价值密度低。要想分析数据首先要在这些看似杂乱无章的数据中寻找有价值的信息。网络大数据有许多不同于自然科学数据的特点，包括多源异构、交互性、时效性、社会性、突发性、不规范和高噪声等，不但非结构化数据多，而且数据的实时性强，大量数据都是随机动态产生，数据质量很难保证。

很多数据采集时，也不确定将来是否有用，只要是数据就加以采集，以避免在更新周期中数据消失。随着数据量的扩大，劣质数据也随之而来。劣质数据主要体现在：关键数据不完整，数据不正确、不准确、不一致或陈旧等；在使用过程中，不同数据源间的抽取和集成致使劣质数据再次传播，依据劣质数据得出的知识和决策也会产生严重错误，极大地降低数据可用性。总之，采集数据中价值密度低、质量问题也无法保证。

虽然定义了数据可用性综合评价指标体系，即数据完整性、数据一致性、数据时效性、数据精确性和实体同一性，但在实施中难以操控。数据质量问题严重影响挖掘的效果。

(二)对大数据安全和隐私的担忧

大数据时代的开启，个人信息的收集、处理和利用在深度和广度上也有了实质性飞跃。这不仅仅给我们带来了各种便利，同时也让我们陷入难以有隐私的境地，各种信息收集也让我们陷入恐慌。数据的采集、传输、存储和处理过程中存在着因人为原因或系统漏洞导致的隐私泄露的风险，所以大数据的安全和隐私问题就变得日益严峻。

“人肉”一词近些年非常流行。我们经常在微博上面看到某个事件中被认为行为有背道德的人被网友们自告奋勇地“人肉”出来，家庭地址、联系电话、工作单位，甚至家人的信息都会被搜索出来公布到网络上。很多人会在不明真相的情况下就对隐私被泄露的人进行人身攻击，最终导致隐私权被侵害者自杀的情况也时有发生。

类似的还有网络用户受到各类推销电话骚扰、高考完还没拿到成绩就接到奇怪的录取通知、个人信息被骗子盗用后向亲友诈骗钱财等等。这些都是隐私数据泄露导致用户人身财产被侵害的常见事例。

个人隐私的泄露虽然对个人来说是损失巨大的，但影响是有限的；而对国家和企业而言，造成的损失和危害可能难以估量。有些不法分子通过非常规的手段获取到企业信息，并将其转卖给企业的竞争对手，使得企业遭受巨大的经济损失。而如果是重要企业的机密文件被盗，那么对于国家安全也会产生无法预计的影响，如“棱镜门”事件、WannaCrypt 病毒事件等。这些事件不仅使得相关企业和机构受到了经济上的损失，也令国家安全陷入危机。

隐私泄露除了会对个人、企业和国家的安全造成严重威胁，更为可怕的是还有可能被有心之人利用于影响用户的思维，最终引导整个社会朝着某个设计好的方向发展。例如，当时引发大量关注的 Facebook 用户隐私泄露案件，剑桥分析利用从 Facebook 手中获取到的用户数据分析用户行为和思维，并向用户精准投放广告，在用户接收到的信息中加入影响总统竞选的成分，从而潜移默化地影响广大选民的思想，达到裹挟用户思想的目的，进一步操纵美国总统大选。

(三)跨学科大数据人才缺乏

大数据已成为国际竞争的新焦点，而制约大数据产业发展的最大瓶颈在于人才(特别是高端人才)的极度紧缺。在大学的人才培养体系中，一直按专业培养。但大数据人才应是多学科交叉型人才，应系统掌握数学、概率论、统计学、数据分析与挖掘、自然语言处理，以及相应的应用领域知识等。

2016 年，我国人才培养工作取得了一定的进展和突破。在专业设置上，教育部分别于 2016 年 2 月和 9 月公布新增本科和专科专业。在鄂维南院士的牵头下，北京大学率先建成了本科、硕士和博士三个层次的完整的大数据教育体系。清华大学数据科学研究院开展了大数据硕士项目，在大数据人才培养上进行了有力的尝试。除上述高校外，上海交通大学、中山大学、贵州大学、武汉大学等国内高校也均开始设置大数据学院或开始大数据人才培养方面的布局。

“应该强调的是虽然教育部已经新增了几个大数据相关的专业，各大高校纷纷成立中心或大数据学院，大数据学科的发展依然是比较落后的。”北京大数据研究院院长鄂维南院士在一次访谈中提到，“这种落后是多方面的，不仅是观念上的落后，还包括培养体系上的落后。举个例子，涉及到的最重要的两块是统计和算法。而要让做统计的老师重视算法，让做算法的老师关注数据，这需要时间和努力。”

虽然我国已经开始设置相关专业，但从本科到研究生、到博士生的培养周期太长，另一方面，大数据人才不仅要掌握多学科知识，而且要有充分的实践和理论提升，才能独当一面。同时，大数据在各行各业迅猛发展，人才缺口大，这都使得大数据人才的匮乏在短期内难以解决。

(四)大数据共享与交易的困难

在人们充分认识到大数据的价值之后，许多企事业单位开始广泛收集数据。一方面是一些单位手握数据不知如何使用，而另一方面是一些单位拥有技术，需要大数据却无法获得。还有，目前的数据市场面临许多问题。首先，数据本身非常巨大且良莠不齐，数据的质量没有统一标准，这些直接导致了数据难以定价的困境。其次，数据交易形式各异，交易范围也尚不清晰，有些卖方只提供数据，而有些会提供数据分析的服务，需要交易双方去协商和确认。更重要的是没有良好的交易环境，目前我国对数据交易的监管制度和法律都不够完善，交易双方尤其是买方在进行交易时要承担巨大的风险。大数据共享与交易机制是大数据发展面临的主要问题。

(五)人工智能对大数据的新要求

随着云计算、多核处理器的普及，大数据正在成为人工智能，特别是深度学习成功的关键。这也为大数据提供了新的发展点，从而使二者正逐渐成为共生关系。首先，大数据技术的发展提高了计算机处理海量数据的能力，正是这样的能力和技术使得现代人工智能成为可能。另外，知识是智能发展的基础，大数据技术使得虚拟世界可以收集到足够的感知数据，从而让人工智能可以越来越好地还原真实世界。大数据为人工智能的发展提供了新的动力和燃料，数据规模大了之后，传统机器学习算法面临挑战，要做并行化、要加速、要改进。当前的弱人工智能应用都遵从这一技术路线，绕不开大数据。我们可以说大数据是人工智能的“灵魂”。

同时，大数据支撑人工智能发展，人工智能基础理论技术的发展为大数据机器学习和数据挖掘提供了更丰富的模型和算法，如深度神经网络衍生出的一系列技术和方法，这些技术就是深度学习、强化学习、迁移学习、对抗学习等。人工智能技术的使用也可以加快大规模数据的采集过程以及提高采集到的数据质量，同时优化大数据的存储过程。通过人工智能获取到的更多可用性更强的数据可以推进大数据技术的发展，使大数据的应用效率不断提高。除此之外，智能展示技术天生的交互性、可视化特性，也使得更多的人可以享受到大数据的成果。

从上面分析可以看出，大数据为人工智能提供了足够的学习样本，如果没有大数据，就没有深度学习的成功。而人工智能促进了大数据的进一步需求与发展。人工智能的发展也对大数据的质量、专业性和数据治理水平提出了更高的要求。

第2章　大数据发展概况

当前，许多国家和地区的政府都认识到大数据的重要作用，对大数据产业发展有着高度的热情，纷纷制定大数据发展战略，将其上升为国家战略。

本章从大数据的政策法规、标准与评估、应用情况和产业发展等方面对国内外大数据发展现状进行了梳理。

第1节　大数据政策法规

大数据建设是一项复杂的系统工程，为了使参与大数据工作的各方统一目标、统一行动、统一共识，需要建立配套的制度规则体系。政策法规和标准规范是规则体系的一体两翼，政策法规侧重于管理规则，而标准规范则侧重于技术规则，两者有机结合、互为补充，为大数据工作提供制度保障。国内外大数据政策法规详见附录4。

一、国外大数据政策法规

(一)国外大数据基本法规

美国、英国、澳大利亚等发达国家高度重视大数据政策法规建设，将大数据升级为国家战略，对本国大数据的应用发展起到了积极的促进作用。

1. 美国

美国通过出台一系列大数据政策，在大数据技术研发、政用、商用以及保障国家安全等方面已全面构筑起全球领先优势。其大数据政策建设的重要节点可归纳为：一是快速部署大数据核心技术研究，并在部分领域积极开发大数据应用；二是调整政策框架与法律规章，积极应对大数据发展带来的隐私保护等问题；三是强化数据驱动的体系和能力建设，为提升国家整体竞争力提供长远保障。

以下内容摘选自美国部分代表性大数据政策：

(1)《大数据：把握机遇，守护价值》：2014年5月，美国总统执行办公室发布2014年全球“大数据”白皮书——《大数据：把握机遇，守护价值》(*Big Data: Seize Opportunities, Preserving Values*)，从政策调整、法律制定、法律解释和技术革新几个方面对大数据时代下完善公民个人数据保护提出了建议，试图解决大数据利用与公民信息保护价值之间的冲突，以释放大数据为经济社会发展带来的新动能。

(2)《联邦大数据研发战略计划》：2016 年 5 月 23 日，美国政府发布了《联邦大数据研发战略计划》(*The Federal Big Data Research and Development Strategic Plan*)。该计划旨在构建数据驱动战略体系，基于大数据的分析、信息提取以及做出决策和发现的能力将激发联邦机构和整个国家的新潜能，加速科学发现和创新进程，并培育 21 世纪下一代科学家和工程师，促进经济增长。

(3)《开放政府数据法》：2019 年 1 月，美国国会两院通过了《基于证据的政策制定基础》法案(HR4174)。该法案的第二部分为《开放政府数据法》，全称为《开放的、公开的、电子化的及必要的政府数据法》(*The Open, Public, Electronic, and Necessary Government Data Act*)，为美国的开放数据改革奠定了法律基础。《开放政府数据法》旨在：使开放数据的定义能适应技术演进的需要，制定向公众提供联邦政府数据的最低标准，要求联邦政府使用开放数据来改善决策，通过定期监督来确保问责制，在各联邦机构设立首席数据官(CDO)，并确定其数据治理和实施责任，白宫管理与预算办公室(OMD)下将设立首席数据官委员会。

2. 欧盟

欧盟对数字经济有着多重认知。一方面，欧盟意识到数字产业是未来经济和科技的制高点，也是大国综合实力愈发重要的基石以及自身创造经济新动能的源泉，因此，需要从政策上大力支持鼓励。另一方面，作为在两次世界大战中被现代工业成果恶性运用深深打击的大陆，欧盟也十分警惕新技术背后的两面性，希望从发展之初为其设置伦理规划，防止其不受控制的发展最终反噬人类，这在欧盟对于数据保护和人工智能伦理的重视中即可见一斑。

以下内容摘选自欧盟部分代表性大数据政策：

(1)《数据价值链战略计划》：2015 年，欧盟力推的《数据价值链战略计划》旨在用大数据改造传统治理模式，大幅降低公共部门成本，并促进经济和就业增长。这一计划的重点是培育一个连贯的欧洲数据生态系统，促进围绕数据的研究和创新工作，采用数据服务及产品，采取具体行动，改善数据价值提取的框架条件，包括基础能力、基础设备、标准以及有利的政策和法规环境。

(2)《打造欧洲数据经济》：2017 年，欧盟委员会发布《打造欧洲数据经济》报告，对数据驱动型经济的潜力、面临的障碍、解决方案等进行了分析总结。报告指出，大数据是经济增长、就业和社会进步的重要资源。该报告明确了欧盟数据经济面临的障碍主要体现在以下两个方面：第一，不合理的限制导致欧盟数据流动性降低；第二，法律上的不确定性，由于对共享数据这一行为没有明确的规则，限制了由新技术生成的数据的访问权限。

3. 其他发达国家

英国是公共数据开放推动公共服务改善及创新发展相当成功的国家。英国政府数据开放行动的顺利进行来源于一系列法律、政策文件的支撑，包括《信息自由法》(2000)、《公共信息再利用条例》(2005)、《开放数据白皮书：释放潜能》(2012)、《G8 开放数据宪章英国行动计划》(2013)、《2013—2015 年国家行动方案》(2013)、《地方政府透明准则》(2014)，通过开放数据来惩治腐败、增强民主、提升政府透明度。英国特别重视大数据对政府数字化转型、经济增长的拉动作用。从近几年政策分析，其密集发布《数字战略 2017》《政府转型战略(2017—2020)》《工业战略：建设适应未来的英国》等，大力推动政府数字化转型战略计划，成为了全世界领先的数字政府，积极应对脱欧可能带来的经济风险冲击。

以下摘选英国部分代表性大数据政策：

(1)《“数字政府即平台”计划》：2015 年启动“数字政府即平台”计划，助推英国政府获得 2016 年联合国电子政务调查评估第一名，成为全球表现最为卓越的数字政府。“数字政府即平台”并不是一个新概念，电子商务发展过程中形成的平台运营模式，可以作为以平台为基础提供政府公共服务的参考样本。就英国的实践环境而言，其具体是指政府数字服务组(Government Digital Service)提供通用共享平台设施，内阁组成部门或者第三方在平台上开发附加应用，推动以平台为基础的政府数字化转型。

(2)《政府转型战略(2017—2020)》：2017 年，该战略明确政府以民众需求为核心，不断解决公共服务提供中存在的问题，制定整合的数字化路线，以提升用户体验、提高工作效率，使英国民众、企业和其他用户都能够享受到更优质、更可靠的在线服务体验。这是英国就政府转型做出的系统性安排，力图寻求建立一种“全政府”的转型方式，旨在向英国民众提供世界一流的公共服务，推动政府数字化进程。①

(3)《数字战略 2017》：2017 年，新战略中提出七大目标及相应举措，特别是对各个目标都提出了更高标准的要求。一是打造世界一流的数字基础设施；二是使每个人都能获得所需的数字技能；三是成为最适合数字企业创业和成长的国家；四是推动每一个企业顺利实现数字化智能化转型；五是拥有最安全的网络安全环境；六是塑造平台型政府，为公众提供最优质的数字公共服务；七是在充分释放各类数据潜能的同时解决好隐私和伦理等问题。

① 张晓，鲍静：《数字政府即平台：英国政府数字化转型战略研究及其启示》，载《中国行政管理》2018 年第 3 期。

(二)国外大数据安全政策

1. 美国

美国在1974年出台了世界上第一部以隐私命名的法律文本——《隐私权法》，其明确了收集个人信息对于保证政府机构正常运作的必要性，为政府机构收集个人信息规定了直接法律依据，进一步明确了行政机关对于公民个人信息的收集、使用目的，并赋予个人私人信息自觉权，即可对本人信息有权进行查询、修改、删除或是注销。

在美国立法中，数据保护融合了数据隐私领域(即如何控制个人数据的收集、使用)以及数据安全领域(即如何保护个人数据免受未经授权的访问与使用，以及如何解决未经授权访问的问题)。与欧盟统一立法模式不同，美国联邦层面并没有统一的数据保护基本法，而是采取了分行业式分散立法模式，在电信、金融、健康、教育以及儿童在线隐私等领域都有专门的数据保护立法。在美国的州层面，各州也形成了各自的数据保护法律框架。目前，各州均已制定了应对数据泄露的法律，一些州也出台了不同类型的消费者保护法。其中，加利福尼亚州(以下简称加州)发布了《加州消费者隐私保护法》(以下简称CCPA)，对消费者个人数据进行全面保护。

2. 欧盟

2016年4月14日，欧洲议会投票通过了讨论4年之久的《通用数据保护条例》(*General Data Protection Regulation*，简称GDPR)，该法案于2018年5月25日正式生效，作为欧盟统一的法律，保障成员国个人信息的安全。相较于《1995年个人信息保护指令》(GDPR生效后废止)，新法案以法律而非指令的形式生效，极大地避免了各国法律转换过程中尺度不一的问题。同时，新法还保障了个人对其信息的控制权，重新分配了信息控制者、处理者之间的义务和责任，完善了信息跨境和刑事活动领域的特殊信息保护规则。

本法案以欧盟法规的形式确定了对个人数据的保护原则和监管方式。GDPR还提出了“被遗忘权”(Right to Be Forgotten)，即个人可以要求搜索引擎从包含“不相关”或者“过期”个人信息的结果里移除链接。这种法律拘束性判决现在不仅是欧盟法律的一部分，还延伸到覆盖各种类型的个人数据。

GDPR是国际个人数据保护立法的里程碑，是目前世界上最为全面的数据保护法律之一，通过人员、流程和产品控制组合实现个人数据保护的合规性，其概念体系构建独具创新性，无疑将会成为正在谋求数据保护法律改革国家和地区的蓝本。GDPR克服了欧盟成员国之间分散不一的数据保护规则，减少了商业成本并且创造了数据保护的公平标准，删除了欧盟范围内部市场的障碍，对中国这种数据庞大而复杂的国家而言具有一定的借鉴意义。

3. 其他发达国家

(1)德国：在保护公民个人信息的立法方面走在世界前列。早在 1970 年德国黑森州就颁布了德国首部地方性《数据保护法》，从而在全球开辟了一个新的立法领域。《联邦数据保护法》和《州数据保护法》在 1977 年和 1981 年先后出台。1983 年，德国立法机构全面修订了《数据保护法》。为适应时代变化，德国又于 2001 年和 2006 年根据欧盟的新规定两度修订《联邦数据保护法》。

(2)英国：1984 年英国议会通过了《数据保护法》，并于 1998 年对该法进行了修订。此后，英国陆续通过了《调查权法》《通信管理条例》和《通信数据保护指导原则》等一系列旨在保护公民个人信息的法律。此外，英国贸工部和计算机协会还制定了专门的信息安全认证计划，得到了全球主要软件商的承认。

(3)日本：2005 年 4 月生效的《个人信息保护法》是日本保护个人信息安全的根本法律。根据这一法律，日本国家行政机关、独立行政法人和地方公共团体还制定了多项法律和条例，为个人信息保护中遇到的各种具体问题提供法律依据。该部法律是一部企事业单位规制法，规制对象为所有持有并处理个人信息的企事业单位，并且其行为受到行政厅的监督和管理。

(4)澳大利亚：澳大利亚在 1988 年就专门制定了保护个人信息安全的《隐私法》，该法律为联邦公共部门制定了 11 条信息隐私原则，这些隐私原则涉及个人信息处理过程中的所有手段，针对个人信息的收集、使用、披露，以及信息的性质和安全性的判定提出了具体的标准。2012 年的《隐私(加强隐私保护)修正案》，对 1988 年《隐私法》进行了补充和修正。①

(三)国外大数据开放政策

1. 美国

在政府数据开放实践方面，2009 年 5 月，美国政府颁布《开放政府指令》，首次提及数据层面的开放，标志着政府数据开放拉开序幕。美国首席信息官委员会和电子政务与信息技术办公室正式推出数据开放门户网站(www.data.gov)，该网站为以往分散的联邦部门或机构数据提供了一个统一的管理平台，成为企业、公众、社会组织免费获取公共数据的有效途径，促使政务信息资源走出政府，得到更广泛的创新与应用。同年，美国政府颁布《开放政府指令》，首次提及数据层面的开放，标志着政府数据开放拉开序幕。2013 年，美国政府颁布《开放数据政策》，对数据开放的领域及开放时间做出明确要求；同年 5 月，美国推出“开放数据项目”，旨在向社会开放更多的政府数据，让公民可以便捷地利用政府数据创造经济价值。近年来，随着数据开放政策的完善和实践，美国政府数据开

① 赵雯：《国外保护个人信息各有招数》，载《中国防伪报道》2015 年第 1 期。

放的推行力度还在不断加强，成为推动美国经济、科技发展的又一重要加速器。

2. 英国

英国政府数据开放运动紧随美国的脚步。2009 年 12 月，英国政府发布报告《迈向第一线：更聪明的政府》，提出要把公共数据开放作为国家首要战略。2011 年 2 月，为保护公民的个人隐私，英国众议院发布《自由保护法(2012)》；2011 年 12 月，英国政府出台《英国公共部门信息原则》，对政府数据信息管理及使用方式进行了明确规定。2012 年 12 月，英国数据战略委员会成立开放数据协会，为推动开放数据进程提供组织保障；随后，英国政府发布了《开放数据的国家信息基础设施》，明确了公共数据开放的核心任务，为公共数据开放的进一步发展指明方向。

3. 其他国家和联盟

除英美两国之外，澳大利亚、丹麦、加拿大、法国等国也在不断推动本国公共数据的开放工作。在推进本国数据开放进程的同时，各国政府也高度重视国际间的数据开放合作。2011 年，美国、英国、墨西哥、巴西、挪威、印度尼西亚、菲律宾、南非等八国宣布成立“开放政府联盟”，并联合签署了《开放政府宣言》；2013 年 6 月，美国、英国、法国、德国、日本、意大利、加拿大和俄罗斯八国集团首脑在北爱尔兰峰会上签署《开放数据宪章》，明确了数据开放的 5 大原则，即不附加任何条件的开放数据、数据质量和数量、向所有人开放、为提高治理能力开放数据、为创新开放数据，并确定了公司、犯罪与司法、地球观测、教育、能源与环境、财政与合同、地理空间、全球发展、政府问责与民主、健康、科学与研究、统计、社会流动性与福利、交通运输与基础设施等 14 个重点开放领域，其主要宗旨是推动政府更好地向公众开放数据，挖掘政府拥有的公共数据的经济潜力，促进经济增长，激发创新，加强责任感。

纵观国际公共数据开放的发展历程，各国政府通过颁布数据开放的相关政策法规，为公共数据开放的发展提供标准和依据。部分国家还成立了专门的数据治理机构，负责公共数据开放的执行和监督。

二、国内大数据政策法规

(一)国内大数据基本法规

我国大数据政策法规体系正在逐步完善，重点省市结合本地大数据发展的实际需要先行先试，在大数据立法及相关制度建设上取得了一定突破。

1. 国家大数据政策法规

自 2014 年将“大数据”写入政府工作报告以来，我国大数据发展的政策环境揭开了全新的篇章。目前，我国从中央到地方的大数据政策体系已经基本完善，进入落地实施阶段。以下摘自我国部分代表性大数据政策法规：

(1)《中华人民共和国政府信息公开条例》

为了保障公民、法人和其他组织依法获取政府信息，提高政府工作的透明度，建设法治政府，充分发挥政府信息对人民群众生产、生活和经济社会活动的服务作用，我国于 2008 年 5 月 1 日正式施行《中华人民共和国政府信息公开条例》，并于 2019 年 4 月 3 日经中华人民共和国国务院令(第 711 号)修订。修订后的《条例》在总结实践经验的基础上，结合人民群众对于政府信息公开的需求，从我国现阶段的国情出发，推进政府信息公开制度的完善：一是积极扩大主动公开，坚持“公开为常态、不公开为例外”的原则，凡是能主动公开的一律主动公开，切实满足人民群众获取政府信息的合理需求；二是平衡各方利益诉求，既要保障社会公众依法获取政府信息的权利，也要保护国家秘密、商业秘密和个人隐私，同时要防止部分申请人不当行使申请权、超出行政机关公开政府信息的能力，影响政府信息公开工作的正常开展；三是坚持问题导向，研究梳理现行条例实施中遇到的突出问题，将行之有效的经验和做法上升为法律规定，增强制度的针对性、操作性和实效性；四是研究国外政府信息公开的新经验、新做法，对适合我国国情的予以借鉴。

(2)国务院《促进大数据发展行动纲要》

2015 年 9 月 5 日，国务院《关于印发促进大数据发展行动纲要的通知》(国发〔2015〕50 号)正式发布。《行动纲要》是到目前为止我国促进大数据发展的第一份权威性、系统性文件，从国家大数据发展战略全局的高度，提出了我国大数据发展的顶层设计，是指导我国未来大数据发展的纲领性文件。其内容可以概括为“三位一体”，即围绕全面推动我国大数据发展和应用，加快建设数据强国这一总体目标，确定三大重点任务：一是加快政府数据开放共享，推动资源整合，提升治理能力；二是推动产业创新发展，培育新业态，助力经济转型；三是健全大数据安全保障体系，强化安全支撑，提高管理水平，促进健康发展。围绕这“三位一体”，具体明确了五大目标、七项措施、十大工程。并且据此细化分解出 76 项具体任务，确定了每项任务的具体责任部门和进度安排，确保《行动纲要》的落地和实施。

(3)国务院《政务信息资源共享管理暂行办法》

为加快推动政务信息系统互联和公共数据共享，增强政府公信力，提高行政效率，提升服务水平，充分发挥政务信息资源共享在深化改革、转变职能、创新管理中的重要作用，2016 年 9 月 5 日，国务院印发《政务信息资源共享管理暂行办法》(国发〔2016〕51 号)。《办法》提出，政府部门及法律法规授权具有行政职能的事业单位和社会组织均应共享信息资源，遵循“共享为原则、不共享为例外”，因履行职责需要使用共享信息的各部门提出明确的共享需求和信息使用用途，共享信息的产生和提供部门应及时响应并无偿提供共享服务。《办法》要求，凡列入不予共享类的政务信息资源，必须有法律、行政法规或党中央、国务院政策依据；人口、法人、地理空间、电子证照等基础信息项必须通过在各级共享平台上集中建设或通过接入共享平台实现基础数据统筹管理、及时更新，在部门间实现无条件共享；健康保障、社保、信用体系、城乡建设等主题信息资源应通过各级共享平台予以共享。《办法》明确，政务信息化项目立项申请前应预编形成项目信息资源目录，作为项目审批要件；项目建成后应将项目信息资源目录纳入共享平台目录管理系统，作为项目验收要求；政务信息资源共享相关项目建设资金纳入政府固定资产投资，政务信息资源共享相关工作经费纳入部门财政预算，并给予优先安排。

(4)国务院《新一代人工智能发展规划》

2017 年 7 月 8 日，国务院印发《新一代人工智能发展规划》(国发〔2017〕35 号)，提出了面向 2030 年我国新一代人工智能发展的指导思想、战略目标、重点任务和保障措施，部署构筑我国人工智能发展的先发优势，加快建设创新型国家和世界科技强国。《规划》明确了我国新一代人工智能发展的战略目标：到 2020 年，人工智能总体技术和应用与世界先进水平同步，人工智能产业成为新的重要经济增长点，人工智能技术应用成为改善民生的新途径；到 2025 年，人工智能基础理论实现重大突破，部分技术与应用达到世界领先水平，人工智能成为我国产业升级和经济转型的主要动力，智能社会建设取得积极进展；到 2030 年，人工智能理论、技术与应用总体达到世界领先水平，成为世界主要人工智能创新中心。

(5)国家发展改革委《政务信息资源目录编制指南(试行)》

2017 年 6 月 30 日，国家发展改革委、中央网信办联合印发《政务信息资源目录编制指南(试行)》(发改高技〔2017〕1272 号)，用于指导国家政务信息资源目录的编制，以及对基于国家数据共享交换平台、国家政务数据开放网站的政务信息资源进行管理、共享交换和开放发布等。

(6)中央网信办《公共信息资源开放试点工作方案》

2018 年，中央网信办、发展改革委、工业和信息化部联合印发《公共信息资源开放试点工作方案》(中网办发文〔2017〕24 号)，确定在北京市、上海市、浙江省、福建省、贵州省开展公共信息资源开放试点，要求针对当前开放工作中平台缺乏统一、数据缺乏应用、管理缺乏规范、安全缺乏保障等主要难点，在建立统一开放平台、明确开放范围、提高数据质量、促进数据利用、建立完善制度规范和加强安全保障 6 方面开展试点，探索形成可复制的经验，逐步在全国范围加以推广。

2. 地方大数据政策法规情况

截至 2019 年底，全国有 31 个省(区、市)累计发布政策法规 347 部，其中贵州、福建、广东和浙江在数量上领先。

(1)贵州省：制度先行和创新

贵州省开创大数据立法先河，敢于探索突破实现制度创新，在数据安全管理、数据交易服务机构管理、个人信息保护、促进大数据产业发展、数据资源管理等方面制定了一系列既能体现地方特色，又极有创新意义的具体规定，为深挖政府数据这一绿色“钻石矿”构筑了坚强的制度保障。贵州省于 2016 年 1 月发布我国首部大数据地方性法规《贵州省大数据发展应用促进条例》，将大数据产业纳入法治轨道，以立法引领和推动大数据产业蓬勃发展；贵阳市于 2017 年 4 月出台了《贵阳市政府数据共享开放条例》，这是我国首部设区的市关于大数据的地方性法规，旨在推动政府数据共享开放和开发应用，促进数字经济健康发展，提高政府治理能力和服务水平，激发市场活力和社会创造力。贵阳市还配套出台了《贵阳市政府数据资源管理办法》《贵阳市政府数据共享开放实施办法》《贵阳市政府数据共享开放考核暂行办法》等三个政府规章；2018 年 8 月出台了地方性法规《贵阳市大数据安全管理条例》，分别从安全责任、监督管理、支持与保障、法律责任等方面对大数据安全保障做了明确的规定。上述法规规章的出台为贵州省抢抓国家大数据战略机遇，依法推进大数据发展及应用提供了重要保障。

(2)上海市：大力推动数据开放

上海在数据开放立法和实践方面为全国树立了榜样。2019 年 8 月 29 日，上海在全国率先出台数据开放地方性法规《上海市公共数据开放暂行办法》，其中重点考虑了四个关系：开放服务和管理责任、数据开放和数据安全、国际通行原则和上海实际情况、统一平台开放和多元合作生态，其将指导上海市公共数据开放利用工作进入全新阶段。该《办法》在国内首次提出分级分类开放模式，对开放数据进行标准化、精细化管理，提升开放数据质量，不断满足社会公众对公共数据的需求，对于促进和规范公共数据的开放和利用，推动数字经济发展，提升政府治理能力和公共服务水平具有重要意义。此外，上海市还出台了《上海市政务数据资源共享管理办法》《上海市公共数据和一网通办管理办法》，规范和促进本市数据资源共享与应用，推动数据资源优化配置和增值利用，促进政府部门间业务协同，避免重复建设，进一步提高该市公共管理和服务水平。

(3)天津市：有力支撑产业发展

2018 年 12 月 14 日，天津市发布《天津市促进大数据发展应用条例》，旨在构建大数据发展应用新格局，加快培育数据驱动、人机协同、跨界融合、共创分享的智能经济形态。该条例的出台，为天津市大数据发展应用提供了重要的法治保障，标志着天津大数据发展应用步入一个新的阶段，深入推动了国家大数据战略在天津的实施，大力推进数据资源开放共享和开发应用，快速推动了大数据技术产业创新发展。另外，天津市于2019年6月26日出台《天津市数据安全管理办法(暂行)》，全力保障数据安全，加快构建以数据为关键要素的数字经济，对全面提速数字天津建设具有十分重要的意义和作用。

(4)浙江省：加强政府治理和民生服务

2017年3月16日，浙江省出台《浙江省公共数据和电子政务管理办法》，为浙江“最多跑一次”改革提供了法律支持。2017年9月30日，浙江省出台《浙江省公共信用信息管理条例》，为完善公共信用信息管理提供了法制保障。通过对公共数据的“综合性立法”，浙江省逐步建立了大数据管理制度体系，引导大数据规范化发展，发挥大数据在政府治理和民生服务等方面的独特优势，实现大数据与实体经济的融合应用。

(二)国内大数据安全政策

在大数据时代，我国数据安全保护传统理论与相关制度的局限性日益凸显。自2017年6月1日《中华人民共和国网络安全法》正式实施以来，信息安全的立法进程越来越紧凑，国家在积极推动大数据产业发展的过程中，非常关注大数据安全问题，相继出台和发布了一系列大数据产业发展和安全保护相关的法律法规和政策，并在网络安全等级保护、关键信息基础设施保护、个人信息安全保护、密码安全等方面采取了一系列的保障措施。

1. 国家大数据安全政策

(1)《宪法》

宪法是规定公民基本权利和义务的根本大法，是一国法律体系的基石和总纲，对于隐私权主要体现在：《宪法》第38条规定我国公民享有人格尊严，禁止用任何方法对公民进行侮辱和诽谤；《宪法》第39条明确规定了我国公民住宅不受侵犯，不受非法的搜查与侵入，注重保障公民生活的安宁权；《宪法》第40条规定了公民享有通信秘密和通信自由的权利，非属法定事项任何组织或个人不得以任何理由侵犯公民的通信秘密和通信自由。

《宪法》从基本法的角度对隐私权所做的原则性保护，为网络隐私权在其他法律部门中获得保护提供了根本依据。

(2)《民法》

2017年3月15日，第十二届全国人民代表大会第五次会议通过了《中华人民共和国民法总则》(简称《民法总则》)。《民法总则》是民事领域最基础的、框架性的立法，在我国民事立法史上具有里程碑式的意义。作为对数字时代的回应，

《民法总则》对个人信息、数据保护进行了针对性的规定。《民法总则》第 111 条规定，“自然人的个人信息受法律保护。任何组织和个人需要获取他人个人信息的，应当依法取得并确保信息安全，不得非法收集、使用、加工、传输他人个人信息，不得非法买卖、提供或者公开他人个人信息。”《民法总则》第 127 条规定“法律对数据、网络虚拟财产的保护有规定的，依照其规定”①。

(3)《刑法》

2005 年《刑法修正案(五)》的修订，首次规定了个人信息保护条款，但只是限于对信用卡的保护，即第 177 条规定的“窃取、收买或者非法提供他人信用卡信息资料的，依照前款规定处罚”。

为了更好地对个人信息进行保护，在 2009 年《刑法修正案(七)》在第 253 条之后增加了一条，作为第 253 条之一，明确规定了侵犯公民个人信息罪。

随后在 2015 年的《刑法修正案(九)》中，又对该罪进行了修改，删掉了《刑法修正案(七)》中规定的主体限制，其侵权主体不再限于国家机关或者金融、电信、交通、教育、医疗等单位的工作人员，而是将特定主体身份作为从重处罚的情节。《刑法修正案(九)》不仅扩大了行为实施的主体范围，而且也加重了对侵权人的刑罚，增加“情节特别严重的，处三年以上七年以下有期徒刑，并处罚金”。从对条文修改的内容看，立法在不断加强对个人信息保护的力度，扩大保护范围。②

此外，自 2017 年 6 月 1 日起施行的《最高人民法院最高人民检察院关于办理侵犯公民个人信息刑事案件适用法律若干问题的解释》(以下简称《解释》)明确了侵犯公民个人信息罪的定罪量刑标准。侵犯公民个人信息罪的入罪要件为“情节严重”。根据法律精神，结合司法实践，《解释》第五条第一款设十项对“情节严重”的认定标准做了明确规定，大致涉及如下三个方面：

一是信息类型和数量。公民个人信息的类型繁多，行踪轨迹信息、通信内容、征信信息、财产信息、住宿信息、交易信息等公民个人敏感信息涉及人身安全和财产安全，被非法获取、出售或者提供后极易引发绑架、诈骗、敲诈勒索等关联犯罪，具有更大的社会危害性。基于不同类型公民个人信息的重要程度，《解释》分别设置了“五十条以上”“五百条以上”“五千条以上”的入罪标准，以体现罪责刑相适应。

二是违法所得数额。出售或者非法提供公民个人信息往往是为了牟利，基于此，《解释》将违法所得五千元以上规定为“情节严重”。

三是信息用途。被非法获取、出售或者提供的公民个人信息，用途存在不

① 董潇，蔡克蒙，周梦瑶：《〈民法总则〉中的隐私、个人信息和数据保护规定》，http://www.junhe.com/law-reviews/627。

② 崔晨阳：《大数据时代公民个人信息的刑法保护》，https://www.sohu.com/a/301481004_595483。

同，对权利人的侵害程度也会存在差异。基于此，《解释》将“非法获取、出售或者提供行踪轨迹信息，被他人用于犯罪”“知道或者应当知道他人利用公民个人信息实施犯罪，向其出售或者提供”规定为“情节严重”。[①]

(4)《中华人民共和国网络安全法》及其配套法规

《中华人民共和国网络安全法》(以下简称《网安法》)由全国人民代表大会常务委员会于2016年11月7日发布，自2017年6月1日起施行，以中华人民共和国主席令(第五十三号)公布。《网安法》第四章网络信息安全中明确了网络运营者在运营过程中对收集的个人信息负有管理、保密、告知、报告等方面的义务，强化了运营者维护公民隐私的责任。该法的修订在一定程度上弥补了立法上对于个人隐私信息保护的空白，明确了大数据时代下经营者应承担的隐私保护的责任导向，比如该法第四十条明确提出网络运营者应当对其收集的用户信息严格保密，并建立健全用户信息保护制度；之后用九个条款详细规定了网络运营者对个人信息所负的责任和要求以及违反相关保密规定应负的责任，从而保护了个人信息的安全，特别是在一定的程度上赋予个人对错误信息更正和删除的权利，具有很大的进步意义。

近几年，我国还陆续出台了一系列配套网络安全法的条例和管理办法，主要有：

《儿童个人信息网络保护规定》

2019年8月22日，国家互联网信息办公室正式发布《儿童个人信息网络保护规定》，10月1日正式实施。作为国内第一部专门规范儿童个人信息网络保护的规定，有很多值得关注的地方。与成年人相比，儿童心智发育尚不完全，在通过网络参与的活动中更易泄露个人信息，而且儿童对于自己的行为性质和行为后果均缺乏必要的判断和识别能力，个人信息关系到其切实利益和健康成长，需要予以特别保护，因此相关保护工作尤为重要。

《App违法违规收集使用个人信息行为认定方法》

2019年12月《App违法违规收集使用个人信息行为认定方法》正式发布。该认定方法对6种情形进行了明确说明，分别为：没有公开收集使用规则的情形，没有明示收集使用个人信息的目的、方式和范围的情形，未经同意收集使用个人信息，违反必要性原则收集与其提供的服务无关的个人信息的情形，未经同意向他人提供个人信息的情形，未按法律规定提供删除或更正个人信息功能的情形或未公布投诉、举报方式等信息的情形。

还有一些配套法规目前已向社会公开征求意见，相信不久就会正式出台，涉

---

① 《最高人民法院最高人民检察院关于办理侵犯公民个人信息刑事案件适用法律若干问题的解释》，中华人民共和国最高检察院网，http://www.spp.gov.cn/xwfbh/wsfbt/201705/t20170509_190088.shtml。

及关键信息基础设施安全保护、数据安全管理、个人信息出境安全评估等。

(5)《中华人民共和国密码法》

《中华人民共和国密码法》(以下简称《密码法》)旨在规范密码应用和管理，促进密码事业发展，保障网络与信息安全，提升密码管理科学化、规范化、法治化水平，是我国密码领域的综合性、基础性法律。2019 年 10 月 26 日，十三届全国人大常委会第十四次会议表决通过《密码法》，自 2020 年 1 月 1 日起施行。《密码法》的颁布为数据安全保护中涉及密码应用、密码技术、密码管理等内容奠定了法律基础，强化了密码在数据安全保护中的重要作用。

2. 地方和行业大数据安全政策

除了以上国家层面的大数据安全政策管理外，各省市及行业主管部门也制定了属地或者行业的数据保护要求相关的法律法规和标准规范。

以贵州省为例，《贵阳市大数据安全管理条例》也明确了措施以防范数据泄露。作为全国首部大数据安全管理的地方法规，《贵阳市大数据安全管理条例》于 2018 年 10 月 1 日正式施行。该《安全管理条例》分别对大数据安全定义、防风险安全保障措施、监测预警与应急处置、投诉举报等方面做出规定。法规的颁布对大数据安全使用提出了要求：安全责任单位应当建立大数据安全审计制度，记录并保存数据分类、采集、清洗、查询和销毁等操作过程，定期进行安全审计分析，详细记录数据全生命周期活动，防范数据被伪造、泄露或者被窃取、篡改、非法使用等风险，以保障数据安全。2019 年 8 月 1 日，贵州省第十三届人民代表大会常务委员会第十一次会议举行第三次全体会议，表决通过了《贵州省大数据安全保障条例》，于 10 月 1 日起正式施行。《贵州省大数据安全保障条例》是全国首个省级层面大数据安全保障法规，在诸多方面进行了积极尝试和有效探索。该《安全保障条例》共六章六十一条，在《贵州省大数据发展应用促进条例》对大数据安全管理做出的原则性、概括性、指引性规定的基础上，进一步细化了贵州省大数据安全保障的相关问题，对大数据安全责任人的安全责任、监督管理、法律责任等进行了明确，体现了发展与安全并重，以安全保发展、以发展促安全的理念。《安全保障条例》针对实践中大家普遍关注的过度采集数据、非法倒卖数据、不敢开放共享数据等问题，对网络服务经营者数据采集行为、公共服务数据安全管理责任、提供数据的责任免除等进行规范。

在行业领域，为指导个人信息持有者建立健全公民个人信息安全保护管理制度和技术措施，有效防范侵犯公民个人信息的违法行为，保障网络数据安全和公民合法权益，2018 年 11 月，公安机关结合侦办侵犯公民个人信息网络犯罪案件和安全监督管理工作中掌握的情况，组织北京市网络行业协会、北京邮电大学和公安部第三研究所相关专家，研究起草了《互联网个人信息安全保护指引(征求意见稿)》。2019年4月，公安机关会同北京网络行业协会和公安部第三研究所等单位，研究制定了《互联网个人信息安全保护指南》。这两个在遵循网络安全法的基础上，同《信息安全技术网络安全等级保护基本要求》(GB/T 22239—2019)和《信息安全技术个人信息安全规范》(GB/T 35273—2017)两个国家标准从内容和要求上做了对接，方便互联网服务单位在个人信息保护工作中参考借鉴。

《信息安全技术个人信息安全规范》2020年修订版已正式获批发布，实施时间为2020年10月1日，并替代GB/T 35273—2017版本国标。2020版加强了标准指导实践，明确了数据安全责任人相关要求，规范了个人信息保护负责人的相应工作职责；规定了定向推送相关要求以及用户可以撤回的权利；提出了平台第三方接入责任相关要求，对第三方接入的监督管理责任进行细化。在支撑App安全认证方面，在标准条款中以App为例进行解释说明，增强其指导性。

(三)国内大数据开放政策

1. 国家大数据开放政策

公共数据开放，一直以来都是党中央和国务院高度重视的工作，早在2004年，中共中央办公厅、国务院办公厅就联合印发了《关于加强信息资源开发利用工作的若干意见》(中办发〔2004〕34号)，提出应加强政务信息资源的开发利用工作，对于具有经济和社会价值、允许加工利用的政务信息资源，应鼓励社会力量进行增值开发利用。

近年来，国家加大了对公共数据开放的重视力度。2015年印发的《促进大数据发展行动纲要》(国发〔2015〕50号)中，指出数据已成为国家基础性战略资源，提出要形成公共数据资源合理适度开放共享的法规制度和政策体系，建设国家政府数据统一开放平台，落实数据开放和维护责任，充分释放“数据红利”，推进公共机构数据资源统一汇聚和集中向社会开放。该文件明确了公共数据开放的方式，数据汇聚后通过统一开放平台集中开放。

2016年出台的《“十三五”国家信息化规划》(国发〔2016〕73号)中，提出到2020年公共数据开放共享体系基本建立的发展目标，再次重申了建设统一的开放平台，逐步开放公共数据，支持企业和公众使用公共数据并挖掘数据价值。

2017年出台的《政务信息系统整合共享实施方案》(国办发〔2017〕39号)，提出基于政务信息资源目录体系，构建公共信息资源开放目录，按照公共数据开放的有关要求，推动政府部门和公共企事业单位的原始性、可机器读取、可供社会化再利用的数据集向社会开放。

2018年1月，中央网信办、国家发展改革委、工业和信息化部联合印发了《公共信息资源开放试点工作方案》，再一次明确推进公共信息资源开放是党中央、国务院部署的重要改革任务，方案确定北京市、上海市、浙江省、福建省、贵州省为试点地区，开展公共信息资源开放试点工作。明确提出试点地区要依托现有资源建立统一的省级公共信息资源开放平台，并与本地政府门户网站实现前端整合，与本地共享平台做好衔接。试点方案同时对数据开放领域、开放数据质量、促进数据利用、完善制度规范和加强安全保障等方面进行了要求。

2. 地方大数据开放政策

为推动公共信息资源的开发利用，部分省市也在探索开展公共数据开放的工作。2012 年，北京市、上海市分别建设了公共数据开放的网站，以平台为载体，集中开放公共数据资源。据不完全统计，截至 2020 年，已有 80 多个省级、副省级和地方政府上线了数据开放平台。

各地方也相继出台了开展公共数据开放的相关政策，从而确保公共数据开放依法有序。上海市已于 2019 年 10 月 1 日起正式施行的《上海市公共数据开放暂行办法》，作为国内首部针对公共数据开放进行专门立法的政府规章，明确了公共数据开放的管理体制，建立了公共数据开放的长效机制，指导公共数据开放平台的建设，确保公共数据利用合法正当，打造公共数据多元开放系统，强化公共数据开放的监督保障。

第 2 节　大数据标准与评估

一、国外大数据标准与评估

(一)国外大数据标准化组织

1. ISO/IEC JTC1/SC32 数据管理和交换分技术委员会

ISO/IEC JTC1/SC32 数据管理和交换分技术委员会(以下简称 SC32)是与大数据关系最为密切的标准化组织。SC32 持续致力于研制信息系统环境内及之间的数据管理和交换标准，为跨行业领域协调数据管理能力提供技术性支持，其标准化技术内容涵盖：协调现有和新生数据标准化领域的参考模型和框架；负责数据域定义、数据类型和数据结构以及相关的语义等标准；负责用于持久存储、并发访问、并发更新和交换数据的语言、服务和协议等标准；负责用于构造、组织和注册元数据及共享和互操作相关的其他信息资源(电子商务等)的方法、语言服务和协议等标准。SC32 下设四个工作组：WG1 电子业务工作组、WG2 元数据工作组、WG3 数据库语言工作组、WG4SQL 多媒体和应用包工作组。

2. ISO/IEC JTC1/WG9 大数据工作组

ISO/IEC JTC1/WG9 大数据工作组于 ISO/IEC JTC1 2014 年 11 月全会上成立，是负责大数据国际标准化的大数据研究组。工作重点包括：调研国际标准化组织(ISO)、国际电工委员会(IEC)、第 1 联合技术委员会(ISO/IEC JTC1)等在大数据领域的关键技术、参考模型以及用例等标准基础；确定大数据领域应用需要的术语与定义；评估分析当前大数据标准的具体需求，提出 ISO/IEC JTC1 大数据标准优先顺序等。

2014 年 11 月，SG2 向 ISO/IEC JTC1 全会提交了研究报告，其中包括建议成立独立的 ISO/IEC JTC1 大数据工作组。ISO/IEC JTC1 于此次全会上成立了 ISO/IEC JTC1/WG9 大数据工作组。WG9 工作重点包括：开发大数据基础性标准，包括参考架构和术语；识别大数据标准化需求；同大数据相关的 JTC1 其他工作组保持联络关系。

3. ITU－T 国际电信联盟的电信标准化部门

ITU－T 开展的标准化工作包括：高吞吐量、低延迟、安全、灵活和规模化的网络基础设施，汇聚数据机和匿名，网络数据分析，垂直行业平台的互操作，多媒体分析，开放数据标准等。目前，ITU－T 大数据标准化工作主要集中在 SG13(第 13 研究组)、SG16(第 16 研究组)、SG17(第 17 研究组)以及 SG20(第 20 研究组)等开展。

ITU 在 2013 年 11 月发布了题目为《大数据：今天巨大，明天平常》的技术观察报告，该技术观察报告分析了大数据相关的应用实例，指出大数据的基本特征和促进大数据发展的技术，在报告的最后部分分析了大数据面临的挑战和 ITU－T 可能开展的标准化工作。从 ITU－T 的角度来看，大数据发展面临的最大挑战包括：数据保护、隐私和网络安全，法律和法规的完善。①

4. IEEE BDGMM 电气和电子工程师协会大数据治理和元数据管理组

在 IEEE 新倡议委员会(NIC)的 IEEE 大数据倡议(BDI)下，IEEE 大数据治理和元数据管理组(BDGMM)于 2017 年 6 月成立，主导大数据标准化工作。BDGMM 的工作是指导如何开展大数据治理和大数据交换工作，使得大数据消费者能更好地了解和访问可用数据，帮助大数据生产者正确设定期望值并确保按照期望值维护和共享数据集，帮助拥有大数据的组织做出如何存储、策划、提供和治理大数据的决策，以便更好地服务于大数据消费者和生产者。BDGMM 每两周召开一次远程会议。BDGMM 的目标是能够整合来自不同领域的异构数据集，通过可机读和可操作的规范的基础设施，使数据可发现、可访问和可利用。

5. NIST 美国国家标准与技术研究院

NIST 是最早进行大数据标准化研究的机构之一。2013 年 6 月 19 日，NIST 大数据公共工作组(NBD－PWG)在全国各地的工业界、学术界和政府的广泛参与下建立。NBD－PWG 的范围涉及来自所有部门(包括工业界、学术界和政府)的利益共同体，目标是就定义、分类、安全参考架构、安全性及隐私达成共识，

① 赵鑫，宋耀东，张坤：《陕西省地理空间大数据中心标准化建设探讨》，载《地理空间信息》2020 年第 2 期。

并从中获得标准路线图。

工作组最重要的输出是被广泛参考的大数据互操作性框架（NBDIF）报告。大数据互操作性框架的核心是面向各个角色（系统协调者、数据提供者、大数据应用提供者、大数据框架提供者、数据消费者等）定义一个由标准接口互联的、不绑定技术和厂商实现的、模块可替换的大数据参考架构（NBDRA）。

（二）国外大数据评估

大数据时代强调数据的整合、共享和价值挖掘。政府"作为社会资源的主要管理者和分配主体"，掌握着社会上超过 80%的数据资源，需要将其数据开放给公众来加强公共数据价值的有效利用。这不仅可以改善公共服务水平，提高公共治理能力，同时"也提升社会运行效率"，有效推动"智慧城市"建设。自 2013 年以来，许多国家启动了政府数据门户网站建设工程，制定了实施开放政府数据的国家战略，全面推进政府数据的开发与再利用工作。但通过针对已实施的开放政府数据活动评价和客观分析，推动政府数据开放走向深入的研究应用在国内外还处于起步阶段。在全球范围内，目前已有包括联合国经济与社会发展事务部、世界银行、开放知识基金会、万维网基金会等组织机构，对开放政府数据进行了评估方法的讨论，以及政府开放数据的评估评价。

涉及各国开放政府数据评估的项目很多，从评估对象与内容体系的角度可将当前评估项目划分为两类：一是开放政府数据准备度评估，侧重于从国家层面分析开放政府数据建设的环境生态；二是开放政府数据发展性评估，主要针对国家或地区实施开放政府数据的进展过程进行系统的考察。具体示例如表 2-1 所示。

表 2-1　国际各类组织开放政府数据评估项目比较

评估项目	评估主体	评估侧重点	评估对象	评估方法
联合国电子政务调查（含开放政府数据）	联合国经济与社会发展事务部	聚焦政策、组织架构、法律开放性和技术开放性	全球 193 个国家	带有结构化调查的桌面研究，对政府门户网站采用定量数据观测
开放政府数据指数（OGD 指数）	世界经合组织	侧重数据可用性、可访问性以及再利用政策	绝大多数经合组织成员，2016 年 94 个国家参与	对各国政府首席信息官/数据官进行问卷调查
开放数据准备度评估（Open Data Readiness Assessment）	世界银行开放政府数据工作组	划分 3 个等级，侧重开放数据生态系统建设，如领导、体制、需求法律、技术基础等	国家级政府、地区级政府和大城市政府，还包括个别政府机构和部门	针对政府机关与官员以及公民社会、数据用户等不同利益相关者进行调查和会议访谈

续表

评估项目	评估主体	评估侧重点	评估对象	评估方法
开放数据晴雨表（Open Data Barometer）	万维网基金会	划分4类，侧重各国开放数据准备度（生态环境）、执行力（数据量）和影响力	国家（国家级政府层面），2013年77个国家，2015年86个国家，2017年115个国家	专家调查和相关评估数据等辅助数据相结合，以定量数据为基础
开放数据指数（Open Data Index）	开放知识基金会	考察关键数据集是否在技术和法律方面以开放数据形式提供利用	国家，有些还包括市级政府。2015年调查了122个国家	志愿者问卷调查和专家评估相结合
欧洲公共部门信息记分牌（European PSI Scoreboard）	欧盟	侧重公共信息再利用情况，包括格式、定价、独家安排、活动等	欧盟国家	数据的网络搜索和专家调查针对7个维度进行定量测量
欧洲开放数据监督（Open Data Monitor）	欧盟	评估各国开放许可、机器可读、可访问性以及核心元数据和整体数据质量等	欧洲国家，现已涉及28个国家	对数据门户网站开放数据目录等进行自动分析，提供实时数据和数据开发的具体方法

二、国内大数据标准与评估

(一)国内大数据标准化组织

国际大数据标准化组织积极推动大数据标准化工作，占据了国际大数据标准话语权。我国大数据标准体系初步建立，相关标准陆续落地实施；广东、贵州等省市结合本地大数据实践先行先试，探索大数据标准路径。北京市大数据标准详见附录5。

1. 全国信息技术标准化技术委员会大数据标准工作组

为了推动和规范我国大数据产业快速发展，建立大数据产业链，与国际标准接轨，2014年12月2日全国信息技术标准化技术委员会大数据标准工作组正式成立，组长由梅宏院士担任。工作组主要负责制定和完善我国大数据领域标准体系，组织开展大数据相关技术和标准的研究，申报国家、行业标准，承担国家、行业标准制修订计划任务，宣传、推广标准实施，组织推动国际标准化活动。

目前，工作组已发布《信息技术大数据术语》《信息技术大数据技术参考模型》

《多媒体数据语义描述要求》《信息技术科学数据引用》《信息技术数据溯源描述模型》《数据管理能力成熟度评估模型》等 9 项国家标准。

2. 全国信安标委大数据安全标准特别工作组

2016 年，全国信安标委(TC260)成立大数据安全标准特别工作组(SWG－BDS)，主要负责数据安全、云计算安全等新技术新应用标准研制。目前，TC260 主要围绕个人信息保护和数据安全两个方向开展标准研究工作。

在个人信息保护方向，主要聚焦于个人信息保护要求、去标识技术、App 收集个人信息、隐私工程、影响评估、告知同意、云服务等内容，已发布 GB/T 35273《个人信息安全规范》、GB/T 37964《个人信息去标识化指南》2 项标准。

在数据安全方向，主要围绕数据安全能力、数据交易服务、出境评估、政务数据共享、健康医疗数据安全、电信数据安全等内容，已发布 GB/T 35274《大数据服务安全能力要求》、GB/T 37932《数据交易服务安全要求》、GB/T 37973《大数据安全管理指南》、GB/T 37988《数据安全能力成熟度模型》4 项标准。

3. 国家大数据标准体系框架

2018 年 3 月，在工业和信息化部及国家标准化管理委员会指导下，全国信息技术标准化技术委员会研究发布了《大数据标准化白皮书(2018 版)》(以下简称《白皮书》)，提出了大数据标准体系框架，如图 2-1 所示。

大数据标准体系由七个类别的标准组成：基础标准、数据标准、技术标准、平台/工具标准、管理标准、安全和隐私标准、行业应用标准。

(1)基础标准：该类标准为整个标准体系提供包括总则、术语、参考架构等基础性标准。

(2)数据标准：该类标准主要针对底层数据相关要素进行规范，包括数据资源和数据交换共享两部分。

(3)技术标准：该类标准主要针对大数据相关技术进行规范，包括大数据集描述及评估、大数据处理生命周期技术、大数据开放与互操作、面向领域的大数据技术四类标准。

(4)平台/工具标准：该类标准主要针对大数据相关平台和工具进行规范，包括系统级产品和工具级产品两类。

(5)管理标准：管理标准作为数据标准的支撑体系，贯穿于数据生命周期的各个阶段，主要对数据管理、运维管理和评估三个层次进行规范。

(6)安全和隐私标准：数据安全和隐私保护作为数据标准体系的重要部分，贯穿于整个数据生命周期的各个阶段，除了数据安全和系统安全外，还包括基础软件安全、交易服务安全、数据分类分级、安全风险控制、电子货币安全、个人信息安全、安全能力成熟度等方向。

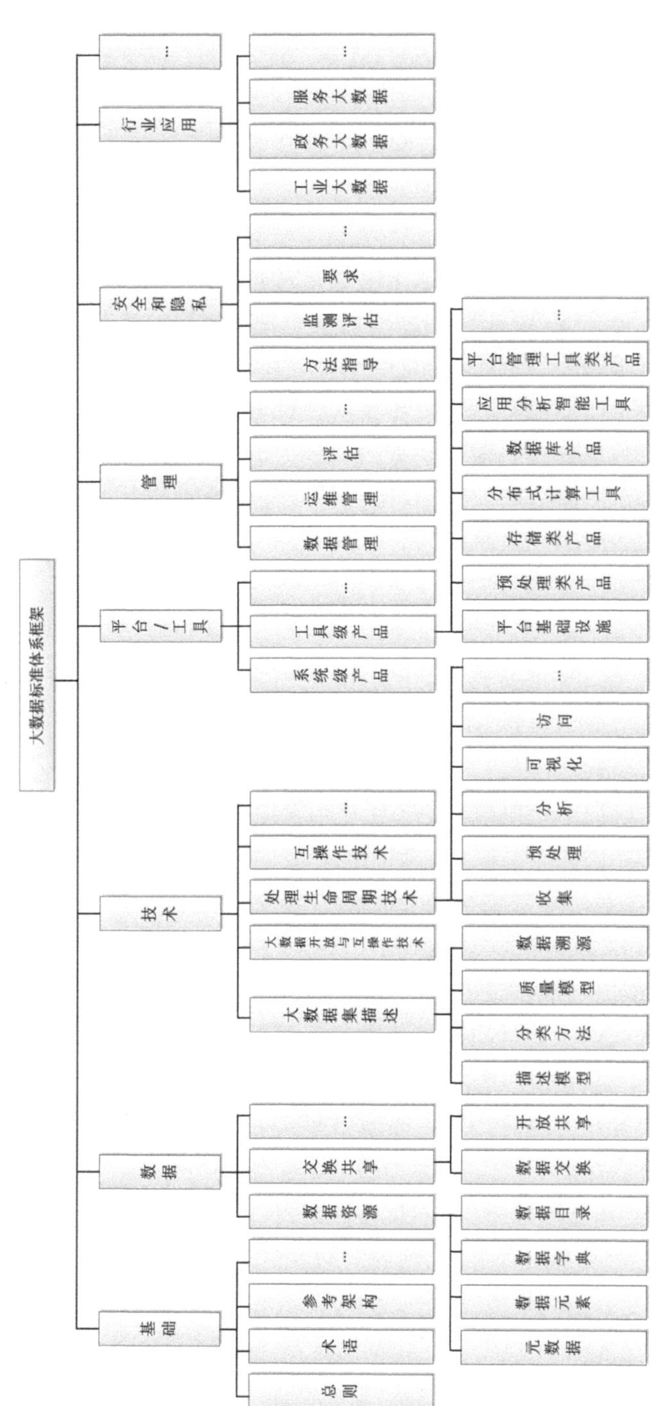

图 2-1 《大数据标准化白皮书(2018 版)》大数据标准体系框架

(7)行业应用标准：行业应用类标准主要是针对大数据为各个行业所能提供的服务角度出发制定的规范，包括工业、政务、服务等领域。

4. 广东省大数据标准建设情况

《政务信息资源标识编码规范》(DB 44/T 2109—2018)是数据开放和共享系列地方标准，用于广东省各级政府部门的各种信息，并为各相关部门政务信息资源开放、共享和交换提供实操性指导。该标准规定了政务信息资源的信息分类编码原则和方法、分类编码、标识符、提供方代码、标识符的管理。

《电子政务数据资源开放数据技术规范》(DB 44/T 2110—2018)是数据开放和共享系列地方标准，用于广东省各级政府部门开放各种政务数据，并为各相关部门政务数据资源开放提供实操性指导。该标准规定了电子政务数据资源开放数据的分类组织方式、元数据、数据格式、版权声明、数据使用策略、数据更新及数据质量要求。

《电子政务数据资源开放数据管理规范》(DB 44/T 2111—2018)是数据开放和共享系列地方标准，用于广东省各级政府部门开放的各种数据，并为各相关部门政务数据资源开放的数据管理提供实操性指导。该标准规定了政务数据资源开放数据管理的角色与职责、管理过程、政务数据资源开放内容、数据开放各环节的管理要求，并为政务数据资源开放各环节中的提供部门、运维部门和使用者以及其他相关人员提供指导。

5. 贵州省大数据标准建设情况

《政府数据数据分类分级指南》(DB 52/T 1123—2016)是贵州省政府数据进行数据分类和分级的顶层标准，用于指导政府部门在开放和共享本部门政府数据时，对之进行正确分类，并对分类后的政府数据定级提供参考。

《政府数据数据脱敏工作指南》(DB 52/T 1126—2016)是贵州省政府数据进行数据脱敏的地方标准，于 2016 年 9 月 28 日发布。该标准规定了政府数据的脱敏原则、脱敏方法和脱敏过程，可以对数据脱敏工作的规划、实施和管理提供有效的参考。

《政府数据资源目录第 1 部分：元数据描述规范》(DB 52/T 1124—2016)规定了贵州省全省范围内政府数据资源的元数据描述规范。

《政府数据资源目录第 2 部分：编制工作指南》(DB 52/T 1125—2016)规定了贵州省全省范围内政府数据资源目录的编制工作的方法和原则。

(二)国内大数据评估

为了推动大数据技术发展，持续提升大数据应用建设，我国也相继出台了一系列大数据治理规则和评估体系相关文件。在数据治理评估评价方面，《信息技术服务治理第五部分：数据治理规范》(GB/T 34960.5—2018)中提出了数据治理的总则和框架，规定了数据治理的顶层设计、数据治理环境、数据治理域及数据治理过程的要求。在政府大数据成熟度测评方面，发布了《促进大数据发展行动纲要》、《数据管理能力成熟度模型》(GB/T 36073—2018)等文件，明确政府大数据治理成熟度的要素指标和执行指标，构建了政府大数据治理成熟度评测指标体系(简称 GBD-GMIS)，推进国家治理体系和治理能力现代化水平提升。在数据质量评估评价方面，出台《信息技术：数据质量评价指标》(GB/T 36344—2018)标准，规定数据质量评价指标的框架和说明。此外，还有很多专家学者研究形成了相关成果，如马一鸣在《政府大数据质量评价体系构建研究》一文中，针对政府大数据质量评价共设计了 17 个二级指标。在“互联网+政务”服务质量评估方面，刘洋在《智慧城市战略下“互联网+政务”绩效评估体系》中提出 SERVQUAL 模型，用于“互联网+政务”的服务质量的客观评价。在大数据绩效评价方面，程淑琴在《大数据时代政府绩效评估与创新研究》中对大数据支撑绩效评价的技术框架进行了深入研究，在大数据技术的助力下，通过动态监测、多因素考核、群体和个体分析、交叉验证的模型，对多来源、非结构化数据进行定量分析。在大数据的安全保障方面，吕欣在《大数据安全保障框架与评价体系研究》中建立了大数据安全保障框架，包括大数据安全战略保障、组织管理、运行保障、技术保障和过程管理。在大数据发展水平评估方面，安晖在《区域大数据发展水平评价方法》中，建立了区域大数据发展水平评价指标体系，同时借鉴已有信息化相关指标体系和“智慧城市”评价指标体系，实现对大数据的发展水平的综合评价。

第 3 节　大数据应用情况

一、国外大数据应用

(一)政务大数据应用

进入 21 世纪，欧、美、日等发达国家纷纷将大数据的发展和应用作为夺取新一轮国际竞争制高点的重大战略举措。英国启动“数据权”运动，美国发布了《大数据研究和发展计划》，欧盟提出《开放数据战略》，日本发布“创建最尖端 IT 国家宣言”，澳大利亚发布《公共服务大数据战略》。在政务领域，各国政府利用大数据也开展了各种应用推广工作。

美国：大数据的应用推广主要由白宫科技政策办公室主导。美国数据开放一直走在全球前列，2009 年美国奥巴马政府通过启动 data.gov 网站向公众提供各种各样的政府数据，并作为向政府透明化和问责制迈进的一个步骤。截至 2014 年 10 月，该网站已收集了超过 13 万个数据集。内容涵盖了农业、气候、教育等 20 余个门类，并提供了数据分级评定、高级搜索、用户交流以及和社交网站互动等新功能。美国这一行动也激发英国等众多国家政府部门相继推出类似举措。

2010 年，美国总统科学技术顾问委员会在《规划数字化的未来》中建议联邦政府的每一个机构和部门，都需要制定一个应对“大数据”的战略。2012 年，奥巴马政府颁布了《大数据的研究和发展计划》，通过提高从大型复杂的数字数据集中提取知识和观点的能力，进而加快美国在科学与工程中的步伐，加强国家安全。2014 年 5 月，美国白宫发布了《大数据：把握机遇，守护价值》。鼓励利用大数据创造更多的社会价值，同时强调需加强对个人隐私的保护。①

英国：一方面，英国政府力推数据公开，为商业企业和研究机构提供数据支持；另一方面，政府在资金和政策上支持大数据在医疗、农业、商业等领域的发展。2011 年 11 月，英国政府就发布了对公开数据进行研究的战略政策。2012 年 5 月，英国政府注资 10 万英镑，支持建立了世界上首个开放式数据研究所 ODI (The Open Data Institute)。2013 年，商业部、农业部均加大了对大数据研究的资金支持。英国在积极推动大数据实践中已取得了显著的成效。据统计，英国政府通过高效使用公共大数据技术每年可节省约 330 亿英镑，相当于英国每人每年节省 500 英镑。其中，通过优化政府部门的日常运行可节省 130 亿至 220 亿英镑；减少福利系统的诈骗行为和错误数量可节省 10 亿至 30 亿英镑；追收逃税漏税可节省 20 亿至 80 亿英镑。

法国：法国自 2006 年以来，政府投资部已经支持了 16 个重大的数据中心项目。2011 年 12 月，法国政府推出的公开信息线上分享平台 data. gov. fr 正式上线。2013 年，法国政府决定将投入 1150 万欧元用于促进大数据领域的发展。同年，法国教育部推出了四项数字化服务，进一步提升教育服务平台的建设和服务效率。

西班牙：借助“智慧城市”的试点，西班牙政府对大数据的应用开展了许多有效的尝试。桑坦德成为欧盟“智慧城市”模板的试点，并提出建立数字版的“市民广场”，创建市民和政府之间的新型合作关系。

印度：印度政府将 2010—2020 年作为“创新十年”，并组建了国家创新委员会，提出借助大数据应用跻身全球科技强国的构想。2009 年印度政府建立了用于身份识别管理的生物识别数据库，联合国全球脉冲项目已研究了如何利用手机和社交网站的数据源来分析预测从螺旋价格到疾病暴发之类的问题。

韩国：韩国大数据的应用推广主要由科学、通信和未来规划部主导。2011 年韩国政府提出打造“首尔开放数据广场”，力图通过建设大数据中心，快速提高科技企业的技术水平，任何人均可通过该中心对大数据进行提炼和分析。

新加坡：新加坡政府于 2004 年发布了“风险评估和水平扫描计划”，2007 年正式开放了“风险评估和水平扫描计划”实验中心，通过大数据提升政府对国家安

① 工业和信息化部赛迪研究院：《大数据提升政府治理能力国内外案例分析与启示》，载《软件与信息服务研究》2016 年第 1 期。

全的保障能力。此外，新加坡还推出了政府信息公开的门户网站。

日本：从2005年到2011年，日本文部科学省与相关的大学和研究机构合作，设立了“信息爆炸时代的新IT基础设施”项目。文部科学省与国家科学基金会合作提高研究和利用大数据的技术，以预防、减轻和管理自然灾害。作为内务省的两个分支机构，信息和通信委员会与ICT战略委员会，把“大数据应用”作为日本面向2020年的关键使命。日本成立了大数据专家组来指导大数据的应月推广。

(二)工业大数据应用

近些年，全球范围内都掀起了以制造业转型升级为首要任务的新一轮工业变革，包括美国、德国和法国在内的主要的工业发达本纷纷制定工业再发展战略。具体来说，在政府政策上，美国白宫分别在2014年和2018年发布了《2014年全球大数据白皮书》和《美国先进制造领导战略》，指出了美国大型企业在大数据科技方面存在的问题和发展计划。德国在2015年提出“工业4.0”战略，强调了传统工业和信息互联网技术结合的重要性，并指出以“智能工厂”“智能生产”和“智能物流”为代表的大数据分析技术将会在未来得到广泛应用。法国在2015年分别推出了“新工业法国战略”和未来工业计划，提出通过实现工业生产的数字化、智能化的工业生产，带动商业模式转型，实现经济增长模式的转变。在工业大数据处理云平台方面，美国通用电气公司、德国西门子公司和瑞士ABB公司先后推出了各自的云平台Predix(通用电气公司推出的工业互联网平台)、MindSphere(西门子公司推出的基于云的开放式物联网操作系统)和ABB Ability(ABB公司推出的云到边缘到端的一体化数字化解决平台)，美国加州大学伯克利分校提出了基于“雾计算”的机器人云平台架构。①

(三)农业大数据应用

美国的孟山都公司(Monsanto Company)从2012年初开始，通过收购精密播种公司开始发展农业大数据应用。通过不断地收购相关的农业数据分析公司，将数据与生物技术解决方案整合作为主要方向，随后推出了“我的智慧农场”(MySmartFarm)这一应用，利用大数据改造农业，它利用收集相关数据和预测技术进行综合判断，实时监测并分析收获、施肥、疾病、土壤和水分等相关数据，从而可以有效提高农场主对气候和土壤生产力等农业生产必备要素的预测和判断的能力，指导他们做出决策，及时采取行动。这不仅会节约更多的水和化学肥料，还可以使农业更加生态化。②

① 中国电子技术标准化研究院：《工业大数据白皮书(2019版)》，2019年3月。

② 《大数据的价值：孟山都豪掷9.3亿美元收购天气保险公司Climate》，经管之家网，https://bbs.pinggu.org/thread-3238602-1-1.html。

同样也是在农业领域，几名谷歌的早期员工创立了一家名为 Climate 的天气意外保险公司，他们为天气保险的投保人开发了一种自助式服务——农场主们可以登录公司的网站，确定特定时间段内需要投保的气温和/或降水量范围。公司收到订单后就会在 100 毫秒内综合分析天气预报、近 30 年来的美国国家气象局(National Weather Service)数据以及用户所在地的地质调查数据，并结合气候变化，对分析结果进行微调。根据结果，Climate 公司就会对意外天气风险做出综合判断，并作为保险商向用户开出保费，提供农作物保险。如果投保人因为意外天气而遭受损失就能自动获得赔偿。自 2007 年创立并开始融资以来，Climate 得到了大量投资者的支持，融资金额已达 1.07 亿美元，投资者包含了谷歌风投(Google Ventures)、指数创投(Index Ventures)等著名风投公司。

(四)商业大数据应用

梅西百货(Macy's)、沃尔玛这两大西方商业巨头也纷纷通过大数据技术来提升自身的业绩，梅西百货通过建设其自身的 SAS 系统，获取旗下各个门店的实时库存和需求情况，实现了对 7300 多万种商品的实时定价，在利润和销量两方面取得了最大化的均衡。沃尔玛这家零售业巨头为其网站 walmart.com 自行设计了最新的搜索引擎 Polaris，利用语义数据进行文本分析、机器学习和同义词挖掘等。根据沃尔玛的说法，语义搜索技术的运用使得在线购物的完成率提升了 10%到 15%，这个数字对于整个沃尔玛公司来说，意味着每年能够多出数十亿美元的利润。同样，沃尔玛在对消费者购物行为分析时发现，男性顾客在购买婴儿尿片时，常常会顺便搭配几瓶啤酒来犒劳自己，于是尝试推出了将啤酒和尿布摆在一起的促销手段。没想到这个举措居然使尿布和啤酒的销量都大幅增加了。如今，"啤酒＋尿布"的数据分析成果早已成了大数据技术应用的经典案例，被人津津乐道。

(五)城市管理大数据应用

芝加哥市通过"路灯杆装上传感器"，进行城市数据挖掘。在人们的生活里，无处不在的传感器被应用在了芝加哥市的街边灯栏上。通过"灯柱传感器"，可以收集城市路面信息，检测环境数据，如空气质量、光照强度、噪声水平、温度、风速。芝加哥城市信息技术委员会提供的资料表明，"灯柱传感器"不会侵犯个人隐私，它只侦测信号，不记录移动设备的 MAC 和蓝牙地址。在今后几年"灯柱传感器"将分批安装，全面"占领"芝加哥市的大小街区，每台传感器设备初次采购和安装调试成本在 215—425 美元之间，运行后的年平均用电成本约为 15 美元。该项目得到了思科、英特尔、高通、斑马技术(Zebra Technologies)、摩托罗拉以及施耐德等公司的技术和资金支持。[①]

① 《大数据在智慧城市建设中的应用案例》，数据观网，http://www.cbdio.com/BigData/2015—09/25/content_3884687.htm。

(六)医疗健康大数据应用

在国外，美国、英国、日本、加拿大等国相继建立了规模化的医疗健康大数据库、一体化医疗照护信息储存服务系统等平台，其覆盖电子病历数据、医疗知识中心、医学影像与生物信息数据中心等，可基本实现辅助决策支持、处方自动分析和匹配功能。国外健康医疗大数据公司主要为医疗服务提供者提供平台及服务，将大量数据变为规范化数据后，基于人工智能或机器学习技术提供辅助决策支持。①

(七)教育大数据应用

自欧洲文艺复兴起，西方各发达国家均重视教育，近些年来大数据技术也在教育领域中得到了实际的应用。美国亚拉巴马州的县级公共学校移动系统发现，自2008年以来，该州的各个州立高中学校的学生辍学率高达48%，也就是意味着平均每两名高中生中只有一人能够完成学业，从而直接导致该州能够接受大学教育的高素质人才越来越短缺，直接影响到该州的经济科教实力。因此，州政府教育部门在对95所学校的学生数据进行深入挖掘分析后，提炼总结出学生辍学前的各种信号迹象，并协调学校一同根据这些迹象制定有针对性的措施来引导学生继续完成学业，最终经过学校和政府的一同努力，2018年该州的高中生毕业率提高到了70%，毕业学生的成绩也获得了大幅度的增长，有效缓解了亚拉巴马州高素质人才短缺的状况。②

二、国内大数据应用

(一)政务大数据应用

近年来不断发展的互联网技术为新的改革提供了契机，大数据、云计算、移动应用程序(App)等在商业领域越来越广泛的应用，创造了良好的用户体验和价值。充分发挥互联网的优势，推动政府数字化转型，把新技术与公共服务更加有机地结合起来，让公民感受到最佳的用户体验，不断深化“互联网+政务服务”成为近几年最为重要的改革趋势。

浙江省于2016年底正式启动的“最多跑一次”改革无论是改革的力度、深度还是影响力无疑是最具代表性的。改革设定了“最多跑一次”的结果目标硬约束，实现“最多跑一次”最关键的是不断深化“互联网+政务服务”，让数据和干部真正“跑”起来，让群众“少跑路”“不跑路”。为了实现这一目标，改革集中解决几个关

① 火石创造：《国内外健康医疗大数据建设及应用发展现状分析》，健康界网，https://www.cn-healthcare.com/articlewm/20190806/content-1066830.html。

② 《国内外政府大数据六大典型应用》，数据观网，http://www.cbdio.com/BigData/2016-06/30/content_5038380.htm。

键“堵点”：一是打破“信息孤岛”，实现深度共享。全面打造全省统一的公共数据共享和交换平台，建立各层级、各部门、各相关组织全面联通和无缝对接政务服务“一张网”，网上办事实现“全程在线、一网办理”；二是打破流程和权责重叠，实现全面集约。“一窗受理、集成服务”，全面对接前台流程职能整合，实行前台综合受理、后台分类审批、统一窗口出件的模式，业务全程电子化流转；三是打破标准、规范离散，实现高度统一。统一办事目录、办事规范，统一数据标准和业务流程，打造一体化经办平台；四是打破线上线下隔离，实现全面融合。通过代办点、自助服务终端、应用程序、村干部集中服务等形式，实现就近办、异地办，实现网端推送、快递送达，让公民获得最佳的使用体验。

除了浙江省以外，不少地方政府在结合自身实际以“办事难”的体验为切入点，在深化“互联网＋政务服务”方面探索出了一些有特色、有效果的做法和经验，如 2017 年 12 月，为了打造“贸易投资最便利、行政效率最高、服务管理最规范、法治体系最完善”的城市，上海市启动了优化营商环境专项行动计划，针对企业办事难这一核心问题，以办事全流程便利为目标，推动政府服务理念转变和系统性流程再造。就企业开业面对的全流程环节事项，提供一键式、一站式便捷服务，实行时限办理；2017 年以来，江苏省大力推行“不见面审批(服务)”改革，通过“网上办、集中批、联合审、区域评、代办制、不见面”等，全面推进政务服务“一张网”建设，“网上办”，营造最便利的办事环境；湖北省武汉市于 2017 年 3 月启动“马上办网上办一次办”改革，厘清、明确“马上办”“网上办”“一次办”事项清单，通过机构集成、流程集成和数据集成，实现到政府部门办事少跑腿、零跑腿；早在 2014 年，广东省佛山市就针对群众和企业到政府办事难的问题，推出“一门式、一网式”做法。充分发挥互联网的技术特点，通过简政放权、数据共享、流程整合、审批标准化和业务协同，实现只进一个门就可以办理各项事情，只上一张网就可享受全程服务的政务服务新模式；天津市滨海新区同样在 2014 年就开始推行“一枚印章管审批”的做法，成立审批局，减少、整合审批权限，通过整合职能、优化流程等改革，将所有必要的审批都集中到一起，最大化减少群众跑路。此外，一些地方，如福建省厦门市的“多规合一”等改革也同样引人关注。①

(二)工业大数据应用

中国制造业正处于从中国制造向中国创造转变的重要阶段，工业大数据作为我国“智能制造”和“工业互联网”的关键技术支撑以及“两化融合”的重要基础备受关注。对于我国来说，工业大数据是国家大数据发展战略的重要内容，党中央、

① 钟伟军，王巧微：《用户体验：地方政府深化‘互联网＋政务服务”的实践逻辑》，载《湖南行政学院学报》2019 年第 6 期。

国务院高度重视工业大数据发展，在《大数据发展纲要》中明确提出新型大数据工程，把工业制造的产供销产业链利用大数据技术完整连接起来，从而通过工业大数据达到降本增效的目的，这也是中国工业转型升级、创新驱动发展的重要抓手。《促进大数据发展行动纲要》《关于深化"互联网＋先进制造业"发展工业互联网的指导意见》等政策文件均提出要促进工业大数据的发展和应用的重点任务。党中央、国务院出台了一系列"大数据""两化融合""互联网与制造业融合"等综合性政策与指示，其中对工业大数据发展提出了明确的要求，全面指导我国工业大数据技术发展、产业应用及其标准化进程。[①]

(三)农业大数据应用

大数据在农业领域的应用让我国农业资源得到充分利用和整合，打破了传统农业信息化服务的限制，在驱动农业现代化发展方面发挥着重要作用。

中国农批公司建立了自己的数据中心，基于其下属几十个实体市场收集的数据，通过对市场价格信息、物流信息、质量安全信息等精准信息的筛选、分析、建模，已经能对市场价格、指数数据、供求趋势等做出分析，为农民做出种植指导，为政府部门相关决策的制定提供可靠的数字性依据。

中国搜农是国内第一款农业垂直搜索引擎，目前已持续稳定运行 10 多年，开发并部署了 6000 多个软机器人对农业类网站上的信息进行搜集、清洗聚类、排序等工作，基本上实现了 web 信息处理的自动化。并与主流农业门户网站和农业专业网站保持信息同步更新。在获取海量数据的基础上，其采用基于 Hadoop 的大规模分布式并行索引与检索技术，对农民及时准确地获取农产品市场信息、分析市场动向并及时调整种植方向，以及减少农产品浪费、扩大内部市场具有重大意义。[②]

(四)商业大数据应用

1. 京东集团的"用户画像"。作为国内最优秀的电商平台之一，京东每天拥有着巨大的访问量，海量商品和消费者产生了从网站前端浏览、搜索、评价、交易到网站后端支付、收货、客服等多维度全覆盖的数据体系。在京东用户行为日志中，每天记录着数以亿计的用户来访及海量行为。通过对用户行为数据进行分析和挖掘，发掘用户的偏好，逐步勾勒出用户的"画像"。京东建立了多种"用户画像"模型，对冲动型用户，就直接推荐给他/她最畅销的同类商品，而对理性型用户就推荐给他/她口碑最好的商品，并且针对每一个用户，根据其购物性格定制了个性化的营销手段。通过建立"用户画像"从而更好地在首页向用户展示最适

① 中国电子技术标准化研究院：《工业大数据白皮书(2019 版)》，2019 年 3 月。

② 漆海霞，林圳鑫，兰玉彬：《大数据在精准农业上的应用》，载《中国农业科技导报》2019 年第 1 期。

合用户的产品，进而促进销量，提升业绩水平。[①]

2. 优酷土豆的中国网络视频指数。最初，大数据的数据挖掘分析还仅仅用在视频推荐上，在 2010 年，优酷推出的“优酷指数”把大数据精神进一步强化，把视频播放周期、用户核心特征、用户播放行为、视频热度排行等数据进行展示，而在 2019 年，“优酷指数”进一步演变成“中国网络视频指数”，加入了土豆网以及移动客户端的视频数据，作为一款平台化的产品，“中国网络视频指数”在优酷土豆集团中的参考价值无处不在，从广告售卖，到版权购买，再到播放器产品的优化等等，处处都能够作为指导依据。优酷土豆集团推出的数据报告给节目制作方、影视剧公司、第三方分析机构等了解视频节目的播放信息，以及观众人群的分析提供了依据；在广告销售方面，能够为广告主呈现出用户行为特征，提供广告投放价值的分析；在进行版权购买的时候，可以让指数的走向来帮助决策；公司内部，哪怕是播放器产品的用户体验优化，都可以查看数据分析结果，查看按钮的摆放和使用频率等。例如，优酷有很多自制的内容，有很多的微电影、综艺节目等等，这些播放数据可以显示出哪些题材是用户喜欢的，用户看到哪里就看不下去了，在哪里是拖放观看的，一系列的用户行为可以清晰地告诉内容制作人员，应该怎么去剪辑视频，怎么去选择内容题材。[②]

(五)城市管理大数据应用

“城市大脑”的建设不仅仅是技术创新，更是社会创新，社会治理模式的创新，揭示了城市未来的发展模式，预示着城市文明新阶段的到来。

促进城市空间结构优化。“城市大脑”能够缩短城市中心与边缘地区的逻辑距离。大量高成本的城市物理活动将通过智慧商务、智慧政务等在线实现，降低城市对空间上人口集聚和产业集聚的依赖；同时，城市的精细化管理将提高公共资源的使用效率，从而有效降低城市中心区的拥挤成本和环境治理成本。如利用“城市大脑”，杭州上塘高架路 22 公里里程，出行时间平均节省 4.6 分钟，约为 10%；萧山区 104 个路口信号灯自动调控，车辆通过速度提升 15%，平均节省时间 3 分钟。有专家曾畅想，有了“城市大脑”，一个城市未来可能只需今天十分之一的土地、十分之一的水资源，甚至十分之一的电力，就可以支撑美好的生活。

强化城市治理能力。在日新月异的今天，对城市的治理要有更高、更宽的视野，更新、更灵的工具。“城市大脑”就是城市治理者的全新工具，不仅能实时掌握一手资料，而且能通过分析、比较做出更精准的决策。尤其能做到各种资源体系协同共享，形成具有统一性的城市资源体系，任何一个应用环节都可以在授权

① 《大数据在京东的典型应用：京东用户画像技术曝光》，http://www.360doc.com/content/16/0518/14/3852985_560158315.shtml。

② 《解读优酷土豆的大数据工程》，中国 IDC 圈网，http://bigdata.idcquan.com/dsjyy/50372.shtml。

后启动相关联的应用，并对其应用环节进行操作，从而使各类资源可以根据系统的需要，各尽其能地发挥其最大的价值。如用电、月气数据与独居老人生活状况关联，词条检索用来预测疫情流行等等。

提升市民生活品质。目前，杭州“城市大脑”已上线的智能交通、便捷泊车、舒心就医、30 秒入住、20 秒入园、数字旅游专线、应急防汛、叶菜基地管理、食安慧眼、电梯智管、易租房、智慧环保等 12 个重点领域 37 个应用场景，无不从惠民利民着眼，从民生实事切入，让市民有真真切切的获得感，改善了生活品质，提升了幸福指数。到 2019 年底，杭州“城市大脑”上线的应用场景将达到 48 个。①

(六)医疗健康大数据应用

中国人口众多，拥有全世界最为丰富的医疗健康大数据资源，医疗健康领域或成为中国在全球信息化竞争中的一个关键突破口。在国内，国家卫生计生委(现国家卫生健康委)指导和组建了以国有资本为主体的三大健康医疗大数据集团公司(中国健康医疗大数据产业发展集团公司、中国健康医疗大数据科技发展集团公司、中国健康医疗大数据股份有限公司)，承担国家健康医疗大数据中心、区域中心、应用发展中心和产业园建设等国家试点工程任务。其目标为建设一个国家数据中心、七个区域中心，并因地制宜建设应用发展中心，实施“1＋7＋X”健康医疗大数据应用发展的总体规划，力图大力发展医疗健康大数据，提高全民身心健康水平。② 目前，已经在华南和华东进行了国家第一批试点(其中属于华东区域的福建省福州市、厦门市，江苏省南京市、常州市为健康医疗大数据中心)，其他的区域中心也将很快通过调研、专家论证和国家批复以后进入正式建设阶段。全国已有超过 20 个省市申请健康医疗大数据中心及产业园国家试点工程，国内外知名企业也纷纷要求加入。

(七)教育大数据应用

基于对大数据的认识，分析大数据在教育业中的应用及存在的问题，并结合教育发展的实际需要与未来趋势，提出教育业面对大数据冲击下的对策，为大数据在教育业中的应用提供参考。南京理工大学曾做过一个调查，每个月在食堂进餐 60 次以上，但花费不足 420 元的学生会被列为资助对象。学生无需填写申请表，也不需要审核，学校直接将资助饭费打到学生的饭卡中，并对学生的隐私保密。通过数据分析得出学生在学校中遇到的问题，并用适当的方式去帮助他们，在一定程度上减少校园悲剧的发生。大数据预测得出的不只是一个简单的结论，

---

① 陈卫强：《杭州城市大脑的实践与思考》，人民网，http://theory.people.com.cn/n1/2019/0908/c40531－31342597.html。

② 中国电子技术标准化研究院：《工业大数据白皮书(2019 版)》，2019 年 3 月。

还能帮助学校实现更好的教育管理。上海市闵行区推行数字化管理，不仅记录学生的成绩情况，还采集学生的身体素质情况、公益劳动次数、阅读书籍情况等信息。学生电子成长档案包括学业学习、身体健康、个性技能和成长体验四个方面，这对教育管理有很大帮助。当今社会，学校意识到应重视学生的综合发展。数字化管理全面、客观地记录了学生的成长路程，把反映学生生活、学习的数据显示出来，使得培养学生的模式和教育管理方式更加科学，更好地与现代教育文化相融合。①

第 4 节　大数据产业发展

一、国外大数据产业发展

（一）国外大数据产业概况

发达国家高度重视大数据蕴含的战略及商业价值，纷纷把发展大数据作为国家战略，相继出台了大数据战略规划和配套法规。美国、日本、韩国等发达国家充分认识到数据资源的战略价值，将大数据置于国家战略高度加以推动，在国家资金投入、开放共享、人才培养等方面提出了多项举措。其中，美国曾于 2012 年颁布《大数据研究和发展计划》，专门组建“大数据高级指导小组”，积极联合企业、科研院校等机构推动大数据发展。美国国家科学基金会等六个联邦部门和机构承诺，投入超过 2 亿美元资金用于研发从海量数据信息中获取知识所必需的工具和技能，着力改善与大数据相关的采集、组织、分析及技术、决策等工作。同时，优质的学校及人才为美国大数据产业的发展提供了充分的劳动力资源，斯坦福大学、麻省理工学院等全球顶尖大学的大数据人才培养成为美国促进大数据产业发展的重要推动力。欧盟委员会亦从战略全局的高度，协调德国、英国、法国等各成员国通过开放数据、加大资金投入、推进信息平台建设、保障数据安全等方面推进大数据发展。日本、韩国、新加坡等国家均从加强信息基础设施建设、培养大数据人才、推动公共数据资源开放共享、保障数据安全等方面系统推进大数据战略实施。

全球排名靠前大数据企业主要包括 IBM、SAP、HPE、Teradata、Oracle、Amazon、Microsoft、Google、Palantir、Splunk 等。根据 Wikibon 数据，2017 年，IBM 占据全球大数据市场的 10% 份额，SAP 占 4%，Oracle 、HPE 和 Splunk 各占 3%。

根据 Wikibon 研究数据，全球大数据市场规模将从 2018 年的 420 亿美元增长至 2024 年的 840 亿美元，年复合增长率为 12.3%。从细分市场来看，大数据

① 祁俊琴：《大数据在教育行业中的应用研究》，载《经营与管理》2019 年第 7 期。

软件市场份额占比将呈逐渐上升趋势，2018 年，大数据软件市场份额占比为 33.3%；2018 年大数据硬件市场规模约为 120 亿美元，占比为 28.6%。

(二)国外数据交易

以美国 Factual、Azure、Acxiom 等为代表的国外大数据经纪商交易面向零售、金融、医疗等行业，通过数据资源企业或大型互联网企业从数据脱敏、数据服务、解决方案和产业应用等四个层次设计交易产品，建立会员制度，以数字资产化的手段实现会员间的互利互惠，聚合全球各类数据资源，促进数据流通。加拿大的世界经济金融数据平台(Quandl)是一个针对金融投资行业的大数据平台，其数据来源包括联合国、世界银行、中央银行等的公开数据，核心财务数据来自 CLS 集团、Zacks 和 ICE 等，所有的数据源自 500 多家发布商。其采用 API(Application Programming Interface，应用程序编程接口)和数据包等产品类型，为非会员提供开放数据，为会员提供收费数据。总体而言，以美国为代表的国际大数据产业生态较为成熟，交易贴近市场，聚焦行业需求，呈良性发展势态。①

二、国内大数据产业发展

(一)国内大数据产业概况

受宏观政策、技术升级和应用场景拓展等利好因素的影响，2018 年我国大数据产业规模达到 5540 亿元，比 2017 年增长 23%，处理海量数据的大数据硬件、大数据软件、大数据服务产品不断涌现，大数据与实体经济各产业领域加速融合，已构建起覆盖数据采集、存储、处理、分析、应用和可视化的大数据产业链。

在科技创新方面，中国大数据相关专利新增数量从 2015 年开始快速增加。2018 年单年的新增专利数量达 7887 个，其中发明专利占比达 77.0%，实用新型专利占比达 21.7%，授权发明占 1.3%。进一步分析发现，企业和科研院所是大数据创新的主力军，数据显示，2018 年两者合计贡献了 7273 项专利，占到了全年新增数量的 92.2%。

在大数据人才方面，截至 2018 年底，中国大数据核心人才数量为 200 万人，缺口为 60 万人。为了应对大数据人才的紧缺态势，国家加快设立数据科学与大数据技术等一批相关专业。教育部的统计数据显示，2017—2019 年高校数据科学与大数据技术专业新增备案数量依次为 32 所、250 所和 196 所。②

但是，目前我国大数据发展仍然存在发展不均衡的现象，包括业务类型不均

① 《大数据在京东的典型应用：京东用户画像技术曝光》，http://www.360doc.com/content/16/0518/14/3852985_560158315.shtml。

② 孙会峰：《2019 中国大数据产业发展白皮书》，载《互联网经济》2019 年 Z2 期。

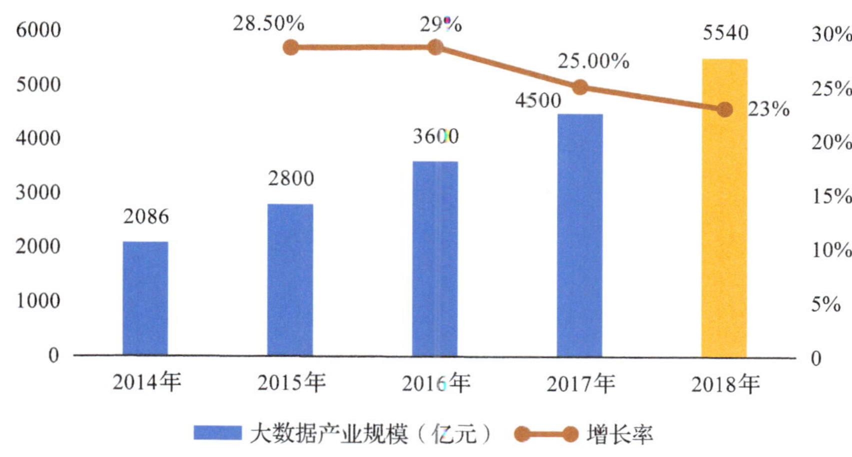

图 2-2　中国大数据产业规模

（来源：赛智产业研究院）

衡、地域分布不均衡等，各省份不同程度落实政策促进大数据产业加速发展。为了更好地推动我国大数据产业在全国范围内的发展，2016 年，国家发展改革委、工业和信息化部、中央网信办先后同意贵州、京津冀、珠三角、内蒙古、河南、上海、重庆、沈阳八个区域推进国家大数据综合试验区建设，形成了特色的“1＋7”大数据产业布局。

国家大数据贵州综合试验区：围绕数据资源管理与共享开放、数据中心整合、数据资源应用、数据要素流通、大数据产业集聚、大数据国际合作、大数据制度创新等七大主要任务开展系统性试验，通过不断总结可借鉴、可复制、可推广的实践经验，最终形成试验区的辐射带动和示范引领效应。

国家大数据京津冀综合试验区：立足京津冀三地各自特色和比较优势，北京强化创新和引导，天津强化带动和支撑，河北强化承接和转化，形成北京中关村＋天津滨海新区、武清＋河北张家口、廊坊、承德和秦皇岛“1＋2＋4”协同发展功能格局。

国家大数据珠三角综合试验区：珠三角地区在超大规模数据仓库、分布式存储和计算、基于人工智能的大数据分析等领域处于全国领先地位，政务数据开放、工业大数据和以两个超级计算机中心为代表的大数据基础设施建设发展迅速。

国家大数据上海综合试验区：围绕科创中心和自贸区的建设来推动大数据发展。在数据开放上，围绕政府数据以及自贸区监管等政府治理方面，加大力度推进数据共享、开放和应用，同时考虑长三角区域的辐射联动。

国家大数据河南综合试验区：着力打造“两区两基地”支撑河南国家大数据综

合试验区的建设。“两区两基地”分别是，国家交通物流大数据创新应用示范区、国家农业粮食大数据创新应用先行区、国家中部数据汇聚交互基地、全国重要的大数据创新创业基地。

国家大数据重庆综合示范区：将培育壮大电子制造业作为大数据产业发展的重中之重，电子设备制造业经过长期的发展具有全国范围内的比较优势，以笔记本电脑、手机制造为主的电子信息产业高端品牌加速集聚，基本形成集成电路、新型显示等核心产业链。

国家级大数据沈阳综合试验区：依托工业基础推进工业大数据发展，实施了沈阳机床 i5 智能制造战略、中科院自动化所关键技术研发、梵天设计公司工业研发设计、美林数据的工业数据交易、清华大学和树根互联的机器数据优化等多个试点示范。

国家大数据内蒙古综合示范区：内蒙古自治区依托多条国际省际干线光缆设立了区域性国际通信业务出入口局。将打造中国北方数据中心作为大数据产业建设发展的切入点，加速推进大数据基础设施建设，打造国内最大的数据中心基地，建设节能绿色数据中心。

（二）国内大数据产业解析

2019 年 9 月 11 日，由大数据产业生态联盟联合赛迪顾问共同编制的《2019 中国大数据产业发展白皮书》在“计算机未来：算力驱动万物互联”主题论坛上隆重发布，对大数据产业进行了解析：

1. 市场需求和相关技术进步驱动未来大数据产业增长

受宏观政策、技术升级和应用场景拓展等利好因素的影响，2018 年中国大数据产业规模为 4384.5 亿元，预计 2021 年将达 8070.6 亿元。从 2016—2021 年，大数据产业规模增长 5230 亿元，5 年复合增长率达 23.2%。赛迪顾问分析

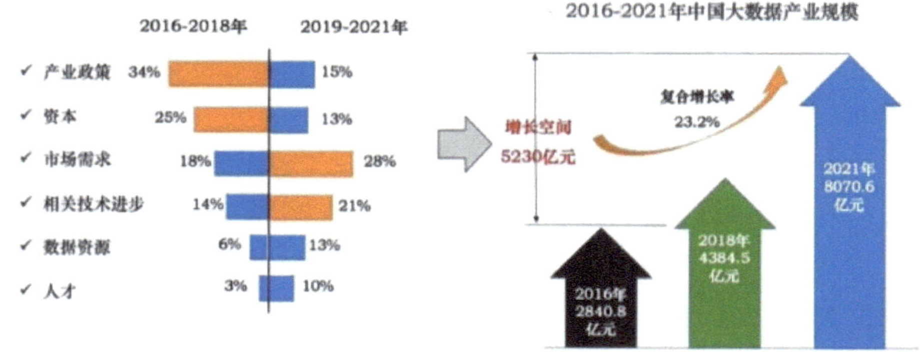

图 2-3 大数据产业解析

（来源：赛迪顾问）

发现，2016—2018 年的增长主要由产业政策和资本协力推动。2019 年以来，随着大数据技术和应用的持续爆发，以及 5G 和物联网等相关技术的成熟，市场需求和相关技术进步将成为大数据产业持续高速增长的最主要动力。①

2. 中国大数据产业规模持续增长，华北、中南和华东地区领跑

从创新能力、政府服务能力、典型园区数量和产业规模四个方面评价全国六大区域的大数据产业综合发展能力。如表 2-2 所示。

表 2-2　2019 年全国各区域大数据产业综合发展能力评估

	综合能力	创新能力（项）	政府服务能力	典型园区（个）	产业规模（亿元）	区域核心省份/城市	区域潜力省份/城市
华北	★★★★	4668	80.9	15	1210.1	北京	内蒙古
中南	★★★☆	7246	83.6	25	1148.7	河南、广东	广西
华东	★★★★☆	8635	89.1	30	881.3	上海、浙江	安徽、福建、山东
东北	★★☆	801	78.9	5	267.5	辽宁	—
西北	★★	720	73.2	4	249.9	陕西	—
西南	★★★	2432	83.2	12	622.6	四川、贵州	重庆

（来源：《省级政府和重点城市网上政务服务能力调查评估报告(2019)》和赛迪顾问）

研究显示，华东地区在创新能力、政府服务能力和典型园区数量方面优势明显，典型代表地区包括上海市和浙江省；华北地区虽然综合评价略逊于华东，但其产业规模在六个区域中处于领跑地位；中南地区近年来发展迅速，代表省份河南和广东相继落地了大量产业园载体，其政府服务能力和区域创新能力均得到了快速提升；西南地区主要由四川省和贵州省领衔，已经打造形成区域发展新高地；东北和西北地区的整体发展能力相对滞后，各项指标均有待提升。②

3. 综合试验区和各级产业园成为大数据产业的重要载体

大数据综合试验区和大数据产业园成为集聚产业资源的重要载体。当前，不仅八个国家级大数据综合试验区(贵州、京津冀、沈阳、内蒙古、上海、河南、重庆、珠三角)的大数据产业园/基地快速发展，与这些试验区毗邻的省份，如安徽、湖北、四川、陕西、浙江、山东和江苏，也都加快落实“大数据产业园区/基地”建设，意图增强数字经济发展实力，助力产业转型升级。

中国的大数据产业园可以划分为三类：

① 《解读优酷土豆的大数据工程》，中国 IDC 圈网，http://bigdata.idcquan.com/dsjyy/50372.shtml

② 大数据产业生态联盟，赛迪顾问股份有限公司：《2019 中国大数据产业发展白皮书》，2019 年 9 月。

(1)北京、上海、广州和深圳的大数据产业园多脱胎于原先的各类软件园，具有良好的发展基础和优势。

(2)河南、重庆、大连、沈阳、内蒙古、贵州等国家大数据综合试验区，积极响应国家号召，其辖区内的产业园加速涌现并壮大。

(3)部分中、东部省份，如安徽、江苏和浙江等，积极顺应产业发展趋势，布局大数据产业园，加快经济社会高质量发展。

表 2-3　2019 年中国大数据产业园布局情况

大数据产业园区	区域	大数据产业园区	区域
国家健康医疗大数据中部中心暨大健康产业园	安徽	光谷云村	湖北
庐阳大数据产业园		左岭大数据产业园	
中关村大数据产业园	北京	郴州东江湖大数据产业园	湖南
东南大数据产业园	福建	湖南云龙大数据产业园	
厦门软件园		证通云计算大数据产业园（长沙云谷）	
厦门国家健康医疗大数据中心与产业园		南京大数据产业基地	江苏
国家地理空间大数据产业基地		苏州高铁新城大数据产业园	
肇庆大数据云服务产业园	广东	常州国家健康医疗大数据中心与产业园	
江门市“珠西数谷”省级大数据产业园		环渤海（营口）大数据产业园	辽宁
广州增城大数据产业园		草原云谷大数据产业基地	内蒙古
韶关“华南数谷”大数据产业园		中国电信云计算内蒙古信息园	
中山市火炬大数据产业园		济南高新区齐鲁创新谷	山东
贵安综保区电子信息产业园	贵州	山东数字经济产业园	
贵阳大数据安全产业园		国家健康医疗大数据北方中心及产业园	
贵安数字经济产业园		沣西新城大数据产业园	陕西
张家口大数据产业园	河北	宝鸡大数据产业园	
廊坊开发区大数据产业园		上海市北高新技术服务园	上海
郑州高新区大数据产业园区	河南	仙桃数据谷	四川
郑州航空港经济综合实验区国际智能终端大数据产业园区		国家健康医疗大数据西南中心及产业园	
洛阳先进制造业产业集聚区大数据产业园区		乌镇大数据高新技术产业园区	浙江
鹤壁市大数据产业园区		浙江工业大数据创新中心	
华记黄埔大数据产业园	重庆	百度云智-宁波大数据产业基地	
重庆两江数字经济产业园		杭州云谷（一期）云计算大数据产业园	

（来源：赛迪顾问）

4. 大数据软硬件产品、应用服务和基础设施等领域热点布局

调研结果显示，大数据软硬件产品、应用服务、基础设施、数据源等领域的热点布局情况如图 2-4 所示，其中深蓝色表示热度高，浅蓝色表示热度低。

从数据源来看，企业运营生成数据、政府数据整合共享和互联网数据爬取占据主导，未来随着 5G 应用的快速拓展，从传感终端获取的数据将愈发重要。从数据基础设施来看，数据中心建设持续领跑，云计算服务（包括公有云和私有云）紧随其后，为企业和政府提供重要的云化基础支撑。从数据流通来看，数据标准化和开放共享的需求愈发强烈，反映出当前大数据行业的一大痛点，也折射出企业和政府对数据资源高效利用的期待；大数据交易由于商业模式和数据合规性等

硬件产品	基础软件	应用软件
存储设备	大数据平台	数据可视化
其他硬件	数据采集	用户画像
服务器	数据清洗	商业智能
智能终端	结构化数据库	日志分析
超融合一体机	非结构化数据库	自然语言分析
芯片（如GPU等）	数据中台	图像识别
传感器	数据安全	地理空间分析
高性能计算机	主数据管理平台	语音识别
	计算、存储和网络虚拟化	机器视觉
	操作系统	其他应用软件
	中间件	
	其他基础软件	

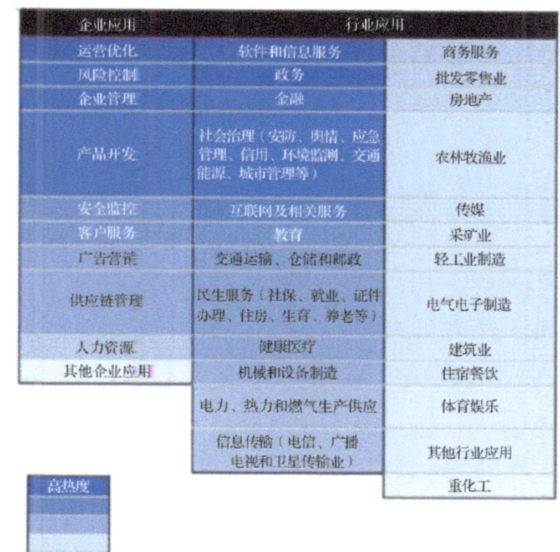

数据源	数据基础设施	数据流通
企业运营生成数据	数据中心	数据标准化
政府数据整合共享	私有云	数据开放共享平台
互联网数据爬取	公有云	数据交易平台
API接口	IDC租赁服务	其他数据流通渠道
传感终端获取	其他基础设施	
其他数据源		

高热度

低热度

图 2-4　大数据产品应用服务热点布局

（来源：2019 年大数据产业生态联盟问卷调查）

因素制约，其热度较低，不再是市场追捧的重点。

从软硬件产品来看，软件产品最能体现大数据的内涵，其日益丰富并持续拉升大数据产业发展水平。在基础软件维度，大数据平台、数据采集、数据清洗和数据库建设引领细分市场发展，数据中台、数据安全和主数据管理平台等产品的热度紧随其后。在应用软件维度，数据可视化、用户画像和商业智能最受客户追捧，自然语言分析、图像识别、语音识别和日志分析等软件产品同样备受关注。

从应用端来看，企业端高度重视大数据在运营优化、风险控制、企业管理和产品开发四个维度的应用；行业端应用以服务业为主，热点集中于政务、金融、社会治理(安防、舆情、应急管理、信用、环境监测、交通、能源、城市管理等)、互联网和相关服务等领域。①

(三)国内大数据产业态势

2019 年 12 月 10 日，中国信息通信研究院发布了《大数据白皮书(2019)》，相关内容在指出我国大数据产业蓬勃发展的同时，从产品生态和行业应用等方面对我国大数据发展的态势进行了分析：

1. 我国大数据基础类技术产品市场成熟度相对较高

一是供应商越来越多，从最早只有几家大型互联网公司发展到目前的近 60

① 大数据产业生态联盟，赛迪顾问股份有限公司：《2019 中国大数据产业发展白皮书》，2019 年 9 月。

家公司可以提供相应产品，覆盖了互联网、金融、电信、电力、铁路、石化、军工等不同行业；二是产品功能日益完善，根据中国信息通信研究院的测试，分布式批处理平台、分布式流处理平台类的参评产品功能项通过率均在95%以上；三是大规模部署能力有很大突破，例如阿里云MaxCompute通过了10000节点批处理平台基础能力测试，华为GuassDB通过了512台物理节点的分析型数据库基础能力测试；四是自主研发意识不断提高，目前有很多基础类产品源自对于开源产品进行的二次开发，特别是分布式批处理平台、流处理平台等产品九成以上基于已有开源产品开发。①

2. 我国大数据行业应用不断深化

前几年，大数据的应用还主要在互联网、营销、广告领域。而随着大数据工具的门槛降低以及企业数据意识的不断提升，越来越多的行业开始尝到大数据带来的“甜头”。这几年，无论是从新增企业数量、融资规模还是应用热度来说，与大数据结合紧密的行业逐步向工业、政务、电信、交通、金融、医疗、教育等领域广泛渗透，应用逐渐向生产、物流、供应链等核心业务延伸，涌现了一批大数据典型应用，企业应用大数据的能力逐渐增强。电力、铁路、石化等实体经济领域龙头企业不断完善自身大数据平台建设，持续加强数据治理，构建起以数据为核心驱动力的创新能力，行业应用“脱虚向实”趋势明显，大数据与实体经济深度融合不断加深。②

电信行业方面，电信运营商拥有丰富的数据资源，除了传统经营模式下存在于BOSS、CRM等经营系统的结构化数据，还包括移动互联网业务经营形成的文本、图片、音视频等非结构化数据。数据来源涉及移动通话和固定电话、无线上网、有线宽带接入等所有业务，也涵盖线上线下渠道在内的渠道经营相关信息，所服务的客户涉及个人客户、家庭客户和政企客户。三大运营商2019年以来在大数据应用方面都走向了更加专业化的阶段。电信行业在发展大数据上有明显的优势，主要体现在数据规模大、数据应用价值持续凸显、数据安全性普遍较高。2019年，三大运营商都已经完成了全集团大数据平台的建设，设立了专业的大数据运营部门或公司，开始了数据价值释放的新举措。通过对外提供领先的网络服务能力，深厚的数据平台架构和数据融合应用能力，高效可靠的云计算基础设施和云服务能力，打造数字生态体系，加速非电信业务的变现能力。

金融行业方面，随着金融监管日趋严格，通过金融大数据规范行业秩序并降低金融风险逐渐成为金融大数据的主流应用场景。同时，各大金融机构由于信息

---

① 中国信息通信研究院：《大数据白皮书(2019年)》，2019年12月。

② 《2019大数据发展关键字：技术融合、产业深化、数据资产、数据合规》，利国网，http://www.liguo.cc/5/191636.html。

化建设基础好、数据治理起步早，使得金融业成为数据治理发展较为成熟的行业。

互联网营销方面，随着社交网络用户数量的不断扩张，利用社交大数据来做产品口碑分析、用户意见收集分析、品牌营销、市场推广等“数字营销”应用，将会是未来大数据应用的重点。电商数据直接反映用户的消费习惯，具有很高的应用价值。伴随着移动互联网流量见顶，以及广告主营销预算的下降，如何利用大数据技术帮助企业更高效地触达目标用户成为行业最为热衷的话题。“线下大数据”“新零售”的概念日渐火热。但其在个人信息保护方面容易存在漏洞，也使得合规性成为这一行业发展的核心问题。①

工业方面，工业大数据是指在工业领域里，在生产链过程包括研发、设计、生产、销售、运输、售后等各个环节中产生的数据总和。工业大数据来源主要有三类，一是生产经营相关数据，主要存储于企业信息系统内部，涵盖传统工业设计和制造类软件、客户关系管理(CRM)、供应链管理(SCM)、产品生命周期管理(PLM)等；二是设备物联数据，主要包括物联网运行模式下工业生产设备和目标产品实时运行数据、设备和产品运行状态相关数据；三是外部相关数据，主要涵盖与工业主体生产活动和产品相关的企业外部数据。设备故障预测、能耗管理、智能排产、库存管理和供应链协同一直是工业大数据应用的主攻方向。随着工业大数据成熟度的提升，工业大数据的价值挖掘也逐渐深入。目前，各个工业企业已经开始面向数据全生命周期的数据资产管理，逐步提升工业大数据成熟度，深入工业大数据价值挖掘。

能源行业方面，2019 年 5 月，国家电网大数据中心正式成立，该中心旨在打通数据壁垒、激活数据价值、发展数字经济，实现数据资产的统一运营，推进数据资源的高效使用。这是传统能源行业拥抱大数据应用的一次机制创新。②

医疗健康方面，医疗大数据成为 2019 年大数据应用的热点方向。2018 年 7 月颁布的《国家健康医疗大数据标准、安全和服务管理办法》为健康行业大数据服务指导了方向。电子病历、个性化诊疗、医疗知识图谱、临床决策支持系统、药品器械研发等成为行业热点。

除以上行业之外，教育、文化、旅游等各行各业的大数据应用也都在快速发展。我国大数据的行业应用更加广泛，正加速渗透到经济社会的方方面面。

(四)国内数据交易

在我国，数据使用需求旺盛，各地政府相继启动在数据流通及交易领域的探索，2014 年北京中关村大数据交易联盟在全国率先探索，建设中关村数海大数

① 中国信息通信研究院：《大数据白皮书(2019 年)》，2019 年 12 月。

② 闫树：《大数据：发展现状与未来趋势》，载《中国经济报告》2020 年第 1 期。

据交易平台，贵阳、上海等省市也陆续成立大数据交易平台。

上海数据交易中心成立于2016年，采用民营企业控股、国有企业参股的混合运营模式，面向企事业单位进行会员制管理，提供基于市场营销、金融风控、城市治理服务等场景的商业数据服务交易，交易中心不做标准化产品，而是关注基于场景的应用，推进数据应用纵深发展。虽然上海在数据产业上取得了一定成就，但也存在无法有效破解数据定价及数据确权难、数据质量难以保证、大数据人才匮乏、数据技术标准缺乏等不足。[①]

贵阳大数据交易所成立于2015年，是国内唯一一家大数据交易所，采取由政府主导、贵阳市政府国有企业控股的混合所有制公司化运营模式，面向会员企业提供完善的数据确权、数据定价、数据指数、数据交易等综合配套服务，交易所对与数据交易有关的产品、组成部分均进行交易，形成数据全产业链交易体系。虽然贵阳在大数据产业上取得了不少突破，但也存在数据粗放、数据供需不对称、数据成交率和成交额不高、数据开放进程缓慢、数据交易法律法规和行业标准尚未完善等问题。

① 《热点聚焦！中国1+7+X健康医疗大数据中心盘点》，HC3i中国数字医疗网，http://dy.163.com/v2/article/detail/DENU4BOF05119DU8.html。

第3章　北京市大数据建设顶层设计

2018年开始，历经一年多的实践，北京市逐步形成了大数据建设和发展的总体规划，进而提出了大数据技术及应用体系的顶层设计方案，为后续的大数据建设和发展指明方向与目标。

本章分为三节内容，从全局角度介绍了北京市大数据发展的现实基础，以及在此基础上的大数据建设发展需求，简要阐述了北京大数据行动计划的推进思路、组织体系，提出了"四梁八柱"的总体架构设计，以及基于此架构的推进实施路径。了解顶层设计的内容，有助于更清楚地认识北京市在数据、平台、应用、产业等方面的实践成果。

第1节　大数据建设的总体情况

近年来，随着物联网、电子商务、社会化网络的快速发展，全球大数据储量呈现爆炸式增长。国际数据公司IDC和数据存储公司希捷的一份报告显示："中国数据产生量增长最为迅速，平均每年增长速度比全球快3%，随着物联网等新技术的持续推进，预计到2025年中国产生的数据将超过美国，成为全球最大的数据圈。"①

北京市作为首都和特大城市，政务数据具有体积大、增速高、种类多、价值大的特点，数据涵盖国民经济、社会民生等方方面面，数据积累量巨大、数据种类非常丰富，年处理数据呈指数级增长。这些数据是北京市的宝贵财富，是极具社会价值和经济价值的数据"石油"。伴随大数据、云计算、人工智能、物联网、移动互联网等新技术的崛起与成熟，北京市具备更多能力去整合和唤醒这些处于割裂和休眠状态的数据，为政府公共管理和公共服务优化提供新的工具和手段，为北京市经济发展和社会民生服务带来强大动力。经过多年的建设发展，北京市在城市发展、信息化建设及大数据应用等方面取得了一系列成果。

① David Reinsel，武连峰，John F. Gantz，等：《IDC：2025年中国将拥有全球最大的数据圈》，2019年1月。

一、北京市信息化发展概况

北京市信息化发展起步较早，从发展阶段来看，北京市“智慧城市”建设先后经历了“数字北京”阶段（1999—2010年）、“智慧北京”阶段（2010—2015年）、“新型智慧北京”阶段（2015—2018年），现正在向“数字生态城市”阶段跨越式前进。

其中“数字北京”阶段是以基础整合为主的“上网”阶段。“智慧北京”阶段是以夯实基础为主的“网上”阶段，此阶段各部门以自建基础设施和业务系统为主，政府运行表现出各自为政、“烟囱”林立的特点。“新型智慧北京”阶段是以系统整合为主的“云上”阶段，此阶段通过基础设施的“池化”实现基础资源的集约共享，但业务和数据仍然处在逻辑隔离状态，数据融合和业务整合相对匮乏，政府运行表现出聚而不通、交换无序的特点。“数字生态城市”阶段是以数据整合为主的“数上”阶段，此阶段通过构建公共的基础数据资源池将有共性、高频的数据充分融合，实现政府内部的数据共享和对社会的开放利用，通过数据治理实现“三融五跨”（即技术融合、业务融合、数据融合，跨层级、跨地域、跨系统、跨部门、跨业务）的协同管理和服务新模式，政府运行表现出全链打通、深度协同的特点。

2019年，北京市作为“新型智慧城市”建设的首批实践城市，正处于由“云上”向“数上”即由“新型智慧北京”向“数字生态城市”的过渡阶段，通过数据治理实现“三融五跨”，同时呈现出向以信息资源开发利用和融合应用为核心的“智上”阶段演进的特征。接下来，北京市将全面推进以数据驱动为核心的“数字生态城市”建设，实现城市大数据的共享融合，健全大数据发展生态，成为我国在城市发展升级道路上的样板城市。北京市“智慧城市”建设阶段如图3-1所示：

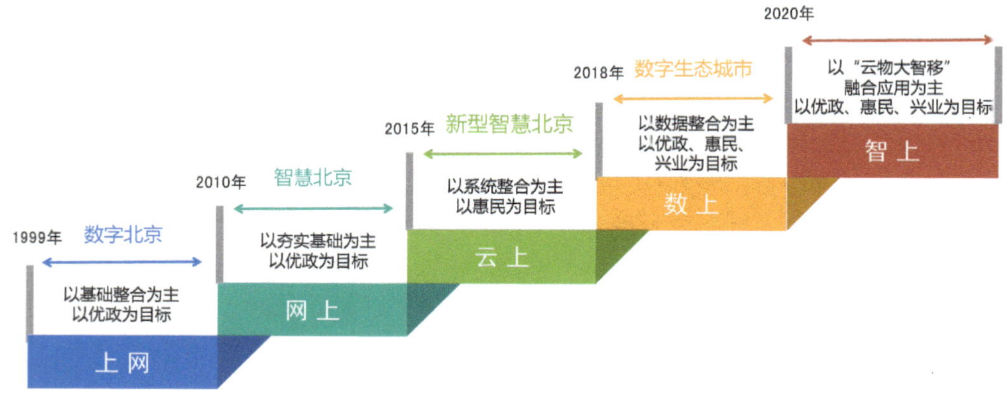

图3-1 北京市“智慧城市”建设阶段图

北京市信息化工作经过多年建设发展，已经形成较好的信息化基础，在信息化基础设施、数据资源整合共享、公共服务等方面取得突破式进展：

在信息化基础设施方面，北京市 98 个市级部门共计上线 2904 个信息化系统，有效支撑了各级政府的政务办公及履职需要。在机房和基础设施建设方面，建立了六里桥政务服务中心、通州副中心行政办公区双政务云机房，具备完善的消防、配电、网络等基础能力；机房水冷空调和风冷空调相配合，机房环境监控系统具备多种形式的报警及远程专家指导功能。多年以来，公安、国安、社保、财政等特殊部门根据各自业务需求构建了 17 个业务专网；政务外网作为覆盖业务最多、使用频次最高的核心网络，分为市区两级，采用新一代 IP 高速骨干网络技术架构，建有 4 个核心节点、34 个汇聚节点，实现了与国家政务外网和各大运营商网络的连接，充分满足政务部门履行职能的需要，同时政务外网共为 8000 余家各级政务部门(含区)提供了网络联通和信息共享及域名解析服务，区级政务外网覆盖至街道(乡镇)、社区(行政村)，满足了全市 10 万公务人员的办公需求。初步形成了全市统一的政务云平台，面向政府提供计算服务、普通存储、高性能存储、互联网链路带宽、安全服务等基础服务，物理服务器租用服务、应用负载服务、互联网 IP 地址租用服务、web 防护服务、远程接入服务、本地云主机备份服务、异地云主机备份服务等增值服务及部分个性化服务，基本实现了全市基础设施的集约化和政务服务信息资源的互通，为开展大数据行动计划提供了强有力的支撑。

在数据资源整合共享方面，北京市经济和信息化局以“疏整促、规建管、网上公安、一网通办、反恐维稳、应急管理、社会信用”等应用领域为主题，先后进行了多次数据汇聚，归集了来自全市 81 个单位的 604 类数据，建立了人口库、法人库、地理空间信息资源库、公共信用信息资源库、电子证照库等，有效支撑了委办局业务应用需求。并在此基础上搭建了数据共享交换平台、政务地理空间信息资源共享服务平台、法人基础信息共享服务系统、公共信用信息统一管理服务平台、电子证照库共享服务系统、政务大数据平台、移动公共服务平台、“北京通”、“一证通”等共性平台，有效支撑了跨部门、跨地域的数据与业务协同。其中，数据共享交换平台支撑了人口、法人等基础信息资源目录，应急指挥、领导决策、执法信息共享、个人信用共享等主题目录以及 27 个委办局部门目录的注册工作，同时支撑了大数据管理平台、领导决策、应急指挥、房地产监管、小客车调控、限购房调控、低保信息审核、高法案件执行、出入境证件办理、执法信息共享、人口数据核实、基层数据共享、法人数据共享、信用信息共享、工程建设领域诚信体系建设、行政监察现代化工程等重大应用。北京市政务地理空间信息资源共享服务平台实现全市共用同一张“政务地理底图”，共享应用绩效显著。相关的建设理念、模式在国家部委、其他省市得到了普遍推广。移动公共服务平台是全市集约化、标准化的“互联网＋政务服务”和移动政务服务共性支撑平台，包括统一认证集中管理(自然人、法人)、电子证照与电子签章、统一支付、公共服务接入与分发、App开发组件和平台、“北京通”App惠民服务建设等。

在智慧应用方面，智慧交通一直是“智慧北京”建设过程中最重要的一环，北京市交通综合治理力度逐步加大，制订实施交通综合治理年度行动计划，努力改善绿色出行条件，更新完善一批科技设施，积极运用大数据、云计算等先进技术，整体提高交通治理科技水平，规范网约车行业发展，鼓励共享出行，开展轻微型封闭货车综合治理。在智慧医疗方面，持续推进健康北京建设，强化全科医生培养与使用激励，推进分级诊疗，推广“智慧家医”服务，提高基层医疗服务能力和水平。在城市管理方面，推进城市管理、社会服务、社会治安、城管综合执法等多网融合，推广“北京通”，实施一批智慧惠民工程，积极建设“智慧城市”。深入开展综合治理和环境提升，改善中心城区市容市貌。充分运用信息化、智能化手段加强城市管理，实施北京大数据行动计划，建立城市大数据平台。推进“智慧城市”建设，开展副中心“智慧城市”试点。深化城市网格化管理，完善市级管理平台和市区街三级监督指挥体系。

当然，北京市信息化工作也存在一些问题，在充分运用大数据和智能化手段加强城市精细化管理、缓解“大城市病”、引领城市发展转型等方面还需要加强。具体表现在：

在数据汇聚方面，一是全市范围的数据“一次汇聚、多方共享”的机制尚未形成，信息资源目录鲜活性不够，各部门不愿、不敢、不能共享仍是造成共享困局的主因；二是政企数据合作机制尚未形成，各部门采集、购买社会数据基本是“各自为战”。

在大数据应用方面，整体还停留在初级层面，包括三个方面：一是各部门以基础的数据共享服务为主，对数据的融合分析不够，对领导决策、城市精细化管理、经济创新发展等方面的需求理解和支撑不足；二是越来越多的部门意识到需要借助社会数据进行业务创新，但各部门对社会数据的整合和利用仍不足；三是政府对大数据应用带动产业发展缺乏顶层设计和政策引导，对重点领域的重点企业数据反哺和成果转化支持不足。

在大数据平台建设方面，仍需进一步加强，包括三个方面：一是数据资源管理方面缺少更细粒度的管理制度及全流程管理手段，尚未做到对数据全生命周期的管理；二是数据共享与开放体系没有完全形成，迫切需要升级建设面向政府内部的数据共享交换平台和面向社会的数据开放平台，将政务大数据价值传递出去；三是大数据平台支撑能力不够，需要进一步建设数据清洗、数据存储、大数据应用支撑能力，提供一站式的企业级大数据服务平台，缩短各项大型复杂大数据应用的建设周期。

在制度和法规方面，各部门数据应用及共享的权利和义务、数据共享边界和方式等问题尚在逐步明确中，“领导一抓就给，领导一放就停”仍是当前北京市数据共享的现实情况；社会企业参与大数据平台建设的途径和模式暂未界定清晰；现有的《北京市信息化促进条例》是依法开展共享工作的依据，已施行 10 余年之久，很多条款已无法适应大数据运行管理的需要，亟须修订或单独进行大数据立法；在数据保密、脱敏、个人隐私保护等方面普遍缺乏具可操作性的法规依据，成为各部门不共享的理由，也制约了社会数据的有效利用。以上这些问题都需要在大数据行动计划推进过程中制定完善相应的制度、机制和标准。

二、北京市大数据建设应用情况

北京是向世界展示中国形象的首要窗口，建设和管理好首都，是国家治理体系和治理能力现代化的重要内容。北京市早在 2015 年就出台了《北京市大数据和云计算发展行动计划(2016—2020 年)》，计划详细阐述了北京市大数据建设的总体思路：以创新、协调、绿色、开放、共享的发展理念，围绕首都城市战略定位，以夯实发展基础为依托，以推动融合开放为目标，以推动创新应用为核心，以强化安全保障为重点，大力支持大数据、云计算等新一代信息技术发展，释放“技术红利”“制度红利”和“创新红利”，为疏解非首都功能、构建高精尖经济结构、治理“大城市病”、建设国际一流的和谐宜居之都提供有力支撑。

北京大数据行动计划是深入贯彻落实党中央、国务院关于推动大数据发展决策部署的重大举措。2018 年 5 月北京市全面启动大数据行动计划，从构建集大数据汇聚、管理、应用和评估“四位一体”的“汇管用评”工作闭环机制出发，计划按照“边共享、边整合；边应用、边完善”的策略，通过若干个三年计划的滚动实施，逐步建立大数据管理体制和数据安全防护体系，逐步实现政务数据汇聚共享和社会数据融合共用，逐步落实大数据绩效评估相关工作，逐步推进城市大数据共享应用，逐步建成完备的大数据产业生态体系，力争北京市大数据整体发展达到国际领先水平。

截至 2019 年底，北京大数据行动计划已实施近两年，取得了阶段性的成果。

组织体系方面。全市“三位一体”的大数据组织工作体系基本建立，市级层面组建大数据工作推进小组统筹全局，并成立推进大数据行动计划核心工作组协调推进日常工作，市级部门层面组建市大数据管理局(市经济和信息化局加挂牌子)及市大数据中心具体推进大数据行动计划相关任务，各市级部门及各区明确大数据工作牵头部门、责任处室(科室)等具体组织各项任务落实。

顶层设计方面。印发《北京大数据行动计划工作方案》，明确年度工作任务及远期工作目标。大数据顶层设计基本完成，由系统总体组牵头，在专家咨询组指导下完成北京大数据行动计划总体设计，提出了“四梁八柱深地基”的大数据平台技术体系总体架构。

重点任务落实方面。全市大数据基础设施不断完善，市级政务云形成“8＋1”的新格局，同时以搬迁副中心为契机，全面推动市级部门政务信息系统入云迁移，市大数据平台初步具备服务能力；以环保、交通、应急指挥等应用需求为牵引，分批开展政务数据汇聚，实现49个市级部门的7923个数据项在市级大数据平台的汇聚共享；以电信类及出行类社会数据为试点，推动社会数据“统采共用”机制落地实施；创新建设目录区块链，结合部门职责完成市级部门职责目录、重要数据目录和关联信息系统的梳理，构建“职责—数据—库表”三级目录体系，初步实现了数据访问的全程留痕、数据共享的有序关联，数据共享启动链上审核机制，由线下沟通转为线上运行。

产业推动方面。为了深入实施国家大数据战略，加快推动国家大数据京津冀综合试验区建设，认真落实《北京大数据行动计划工作方案》，2019年5月，北京市经济和信息化局组织开展了大数据应用试点示范项目征集活动，旨在通过试点先行、示范引领，总结推广可复制的经验、做法，做大应用市场、培育大数据企业，为科技创新中心建设、京津冀协同发展、优化营商环境、保障和服务民生等方面发挥有力支撑作用，共征集到321个应用场景项目，涉及工、农、服务业等产业大数据应用，公共服务、城市管理、社会治理、市场监管等政府大数据应用，医疗、交通、教育、扶贫等民生大数据应用，人工智能、区块链、物联网等新技术应用。2019年1月23日，北京市经济和信息化局与移动、联通、电信、阿里、腾讯、百度、京东、中国进出口银行、阳光保险、中国经济信息社、京投、新京报、北京市城市大数据研究院、启明星辰、亚信安全、360企业安全、数据堂、数知科技等18家社会机构（或其代表主体）签署了首批数据合作框架协议，共同推进北京大数据行动计划的深入开展。下一步，北京市经济和信息化局将进一步引入优质的社会力量，充分发挥出社会数据的价值和社会机构的“活力”，加强政务数据和社会数据的融合应用，真正释放“数据红利”，构建高质量、可持续的“数字生态”。

根据大数据战略重点实验室2019年5月发布的《大数据蓝皮书：中国大数据发展报告No.3》中，北京市大数据发展总指数为74.11，在全国31个省域中排名第1位，从大数据应用来看，北京市大数据商用和民用方面均位列全国第一，大数据政用暂列第三，该报告认为北京市大数据建设属于全面领先型，其大数据发展在全国范围优势明显。同年6月，北京市经济和信息化局编制完成了《北京市大数据应用发展报告》，深入总结了北京市大数据应用的发展现状。该报告认为：北京市大数据与实体经济融合应用示范较为活跃，实体经济大数据应用占比较大，在政用、民用、商用等各个领域涌现了一批新应用，且成效显著；北京市企业投资主导的大数据应用试点示范项目占比较大，试点示范以市场驱动为主，具有很强的自我驱动力和应用活力；大数据应用北京市特色鲜明且水平较高，体现了北京市城市治理水平和科技创新实力；北京市大数据应用主要面向海量非结构化数据处理，在数据来源、数据处理技术等方面处于较高水平；北京市云集数百家网络安全企业，并成立了网络与信息安全部门，保障了大数据应用保持健康发展。此外，该报告也指出，北京市在数据共享开放、应用场景拓展、政策支持保障等方面仍有较大提升空间。①

三、北京市大数据建设需求分析

在数据储量不断增长和应用驱动不断创新的推动下，我国正在加速从数据大国向数据强国迈进，全国大数据建设势在必行。大数据的兴起为北京市发展带来了新的机遇，也为北京市政府公共管理和公共服务优化转型提供了新的工具和手段。结合北京城市发展和北京市信息化发展的现状来看，政府部门迫切需要借助大数据解决城市发展过程中面临的诸多问题与挑战，从城市整体发展来看，北京市大数据发展主要包括四个方面的需求：

一是北京市作为中央党政军领导机关所在地，政治中心安全保障工作尤为重要，北京大数据行动计划首先要保障中央首脑机关、国家政务工作安全、高效、有序地运行；

二是要对标国内外最先进的城市发展案例，借助大数据全面提升北京市政府治理能力、加强城市精细化管理、提高民生服务水平、促进首都社会经济高质量发展；

三是要积极改善民生，创新社会治理，通过整合不同部门的政务服务，建立政府与民生、公众与公共服务之间的“连接器”，让首都人民办事最多跑一次，提升百姓的获得感；

四是需要充分发掘和释放“数据红利”，通过创新大数据应用模式，结合首都高科技产业的聚集优势，借助数据资源，集中培育一批大数据高精尖产业，培养一批大数据高端人才，通过商业模式创新发挥大数据资源在各项高精尖产业中的催化剂作用，拉动首都高精尖产业快速发展。

根据以上需求，进一步细化、归纳、总结，明确为三方面需求：业务需求、技术需求和制度需求。

① 连玉明主编：《大数据蓝皮书：中国大数据发展报告No.3》，北京：社会科学文献出版社，2019年，第18—65页。

(一)业务需求

从具体的业务需求来看，传统的部门业务应用系统相对独立，可以满足部门自身业务发展需要，但随着大数据技术的发展和政府治理能力的提升，北京市跨领域、跨部门的大数据业务应用需求越来越多，如交通出行、城市管理、公共安全、社会信用、生态环保、教育医疗等应用场景，都需要多个部门的信息系统和数据资源的整合。在这一背景下，北京市大数据建设具有非常明确的业务需求指向：

加强城市精细化管理。大数据建设可能成为北京市治理“大城市病”、探索构建超大城市治理体系、疏解非首都功能、推进首都经济社会转型发展的有效路径。将企业精细化管理理念和操作方法引入政府行政管理，精简行政审批项目，简化办事程序，抓住痛点、急民之所急，抓住难点、想民之所想，既要打好集中治理的“攻坚战”，更要打好巩固成效的“持久战”。在城市网格化管理、城管联合执法指挥、疏整促等方面建立精确、高效、透明、全方位覆盖的管理和服务系统，实现整合城市数据资源、优化城市管理流程的目的。

提升政府政务管理效能。大数据能有效提升政务管理效能，帮助北京市构建一个廉洁、勤政、务实、高效的节约型政府。通过细化、量化、标准化、流程化、系统化方法建立行政工作标准，形成统一、科学、系统的精细化管理模式，精简行政审批项目，简化办事程序，开发完善政府办公系统，推进部门间数据的共享和使用，通过领导驾驶舱等跨部门数据应用的建设，提升政府依据数据进行决策的能力。

提升重点领域服务能力。大数据的影响不仅体现在互联网领域，也体现在金融、教育、医疗等诸多领域。在人工智能研发领域，大数据也起到了重要的作用，尤其在机器学习、计算机视觉和自然语言处理等方面，大数据正在成为智能化社会的基础。围绕公共安全、交通出行、生态环保等“大城市病”比较严重的问题领域，重点提升重大活动安保、群体事件应对、交通拥堵疏解、污染控制等方面数据的实时汇聚、分析预测、判断处置的能力，以大数据建设推动城市治理领域的跨越式发展，将更快更好地实现习近平总书记关于北京市“四个中心”城市战略定位的要求。

发挥科技资源优势，促进产业创新发展。经过近些年的发展，北京市大数据已经初步形成了一个较为完整的产业链，包括数据采集、整理、传输、存储、分析、呈现和应用，众多企业开始参与到大数据产业链中，并形成了一定的产业规模。充分发挥丰富的科技资源优势，引导区域大数据发展合理布局，围绕诸如科技金融、制造业升级等高精尖产业和关键领域发挥大数据的产业溢出效应，构建大数据创新创业生态系统，实现科技创新与产业发展的双向互促，培植首都优势产业链，为京津冀协同发展共同决策、交通一体化、医疗一体化等区域发展提供了条件。

创造更多“数据红利”。随着相关技术的快速发展，创新应用的逐步落地，数据本身的价值红利在逐步显现出来，数据价值化将为国家和城市开辟出更广阔的市场空间。北京市作为全国数据资源最多、信息化基础最好、信息化人才最为集中、大数据市场潜力最大、政策制度保障最全面的城市，具备大数据建设更充分、更扎实、更完善的基础环境，在此条件下推进大数据建设，能够挖掘数据的价值潜能，创新数据的价值应用，最大程度地释放“数据红利”。

(二)技术需求

大数据运用新系统、新工具、新模型，挖掘大量、动态、持续的数据，创造新价值、新知识、新能量，帮助提升社会生产效率，了解事物真相，认识客观规律，加快进入智慧社会。大数据能够创造出多少价值，与其技术依托息息相关，而大数据平台为数据汇聚、管理、应用提供有力的技术支撑环境。因此，数据汇聚与治理的技术需求、数据共享与开放的技术需求、大数据支撑能力的技术需求以及安全保障与运维保障的技术需求成为接下来必须探讨的问题。

首先，数据是大数据平台的核心要素，数据的汇聚与治理是大数据平台建设成败的关键。政府可以通过升级政务信息资源共享交换平台的方式完善数据汇聚交换能力；通过自动化手段和工具快速、智能地编制信息资源目录体系；可以引入“目录区块链”等理念构建数据交换体系，以保障目录不可随意篡改和数据交换的可持续性；此外，政府还应该积极开展数据治理工作，对数据进行清洗、转换，建设资源库、基础库、主题库，为数据共享与开放提供有质量的数据基础。

其次，大数据建设的最终目的是实现大数据的应用，而数据的共享与开放则是开展大数据应用建设的基础。因此，构建数据共享与开放体系，实现面向政府部门的数据共享和面向社会的数据开放，挖掘数据的价值潜能，创新数据的价值应用，是建立北京市大数据应用生态的关键所在。

再次，大数据支撑能力建设是开展大数据行动计划的基础，这就需要依托大数据相关技术构建统一的大数据平台，以提供基础能力的输出，大数据平台会在未来大数据建设中帮助实现集约化管理，促进政务资源集约共享，大大节省政府的财政投入。此外，一套集数据存储、数据计算、机器学习、人工智能为一体的一站式企业级大数据套件能够更好地实现大数据基础支撑能力；而一个功能完整、性能优良、可靠性高的共性应用环境和应用支撑环境则充分发挥大数据应用支撑能力，从而解决应用系统建设中的共性问题。

最后，大数据支撑能力的建设还需要考虑安全保障和运维保障两方面内容。安全保障需要从管理、运营、技术等多个方面入手，保护大数据权属性、保密性、完整性、可用性、可追溯性。而运维保障则需要从运维管理制度和运维信息化支撑环境等方面入手，形成一整套因地制宜、持续改进的运维支撑体系。

(三)制度需求

大数据行动计划是一项任重而道远的长远长效工程，因此需要一套具有前瞻性、科学性、完整性的制度法规和标准规范来支撑保障。

在制度法规方面，有效开展大数据立法工作，尽快建立支撑大数据建设的法律保障，优先出台一批配套制度办法进行试点先行，按照“边设计、边实施、边完善”的策略在实践中逐步优化完善制度法规。针对不同性质、来源、阶段的数据，政府需进一步细化相关管理办法，以确保其行之有效，贴合实用。针对社会数据采购和使用制定管理办法，在统筹管理、统一平台的前提下，帮助实现社会数据的“统采共用”和“分采统用”；针对政府数据制定管理办法，严格按照目录、系统和数据强关联的要求申报、管理和验收项目，实现数据资源增量部分的管控；针对数据共享开放制定管理办法，引入第三方评估机构重点对数据共享率、使用率和民众满意度等数据绩效和价值进行评价，以评代管、由评促用，规范约束政府内部行为，解决公共企事业单位数据不共享等问题。

在标准规范方面，配合北京大数据行动计划的实施，开展大数据标准体系顶层设计，摸底国家标准和北京地方标准情况，确定大数据平台设计应遵循的标准范围和急需制定的标准计划项目，建立一套结构合理、体系完善、协调配套的北京市大数据标准体系，配合北京大数据行动计划的实施，细化完善大数据平台技术框架、建设要求、运维管理要求、评估评价指标体系、安全管理要求等内容，指导和规范大数据标准制定工作，为大数据平台的建设、验收、运营和管理提供标准支撑和保障。

在智力保障方面，建立适应大数据发展需求的人才供应体系和评价机制，建成多层次、多类型的大数据人才培养体系，完善配套设施，鼓励科研机构、高等学校及科研企业培养大数据领域创新型领军人才，注重大数据发展急需的信息化、数字化、智慧型专业人才引进。聘请国内相关领域专家，组建大数据专家团队，为北京市提供前瞻性、引领性和针对性的决策建议，对总体规划、顶层设计、标准规范、项目论证等进行全过程的咨询评审指导。依托知名高校、骨干数字企业等学术、科研资源，设立大数据发展研究智库，负责开展顶层设计和研究创新，承担规划标准研究、重大项目可行性研究、技术设计咨询等任务。

第 2 节　大数据建设的规划思路

为深入贯彻国家实施大数据发展战略和北京市委市政府大数据工作决策部署，着眼高质量发展根本要求，需坚持“一张蓝图绘到底”，做好顶层设计，明确北京市大数据发展总体规划的指导思想、发展原则和总体目标，从全局指导大数据工作的统筹发展，认真落实《北京大数据行动计划工作方案》，为北京市大数据发展确定方向，实现数据“落得下、管得住、用得好、带得起”，形成与国际一流的和谐宜居之都相匹配的大数据综合能力。

一、指导思想

一直以来，国家层面始终重视北京市城市发展建设，习近平总书记曾在2014 年和 2017 年两次视察北京市并发表重要讲话，提出“四个中心”城市战略定位，要求努力把北京市建设成为国际一流的和谐宜居之都。同时，新一版北京市城市总体规划进一步明确了北京市未来城市发展目标，将北京市打造成为具有广泛和重要国际影响力的全球中心城市，世界主要科学中心和科技创新高地。要实现这一目标，北京市就要抓住当前大数据行动计划推广实施的机遇期，充分利用自身良好的信息化基础、丰富的数据资源和应用市场优势，加强大数据基础设施建设，推动大数据应用切实落地，力争实现城市治理领域的跨越式发展，在短期内赶超国际先进水平，建设成为符合“四个中心”城市战略定位要求，国内领先、国际一流的数据生态城市标杆。

因此，根据国家大数据发展战略及习近平总书记重要讲话，立足北京市大数据发展实际情况与定位需求，进一步明确了北京市大数据建设的指导思想：全面贯彻党的十九大和十九届二中、三中、四中全会精神，以习近平新时代中国特色社会主义思想为指导，立足北京市“四个中心”的功能定位，坚持创新驱动、数字化引领，紧紧围绕“汇管用评”工作闭环，以数据为核心，推动制度创新、模式创新和生态创新，全面推进全市大数据创新应用，释放“数据红利”，切实提升公共管理和服务水平，加快推进数字经济发展和数字生态城市建设，为疏解非首都功能、构建高精尖经济结构、治理“大城市病”、建设国际一流的和谐宜居之都提供有力支撑。

二、发展原则

先立后破、示范引领。“先立后破”是北京市开展大数据建设的重要原则，随着项目落地实施和不断迭代演进，新旧系统在功能上实现覆盖和替换，在这一过程中要保证不断档、不空缺，在没有建立新的系统之前，应保证原有系统的正常运行。推进新技术、新应用、新模式发展，促进大数据在经济社会各领域深入应用。以需求为导向，面向服务和业务应用，围绕公共安全、交通出行、生态环保、城市管理等重点领域，率先实施一批应用示范工程，提升运用大数据解决城市治理问题的能力。积极培育发展一批大数据示范园区、示范平台、示范企业、示范项目和创业创新模式，带动大数据深入实施，通过在各行各业的试点示范，打造各行业的大数据应用标杆，在各行各业推广大数据的产品、集成方案和服务。

汇管用评、四位一体。为实现北京大数据行动计划“汇管用评”的有关要求，市大数据建设及应用将遵循以下原则：一次配置、自动汇聚、持续优化——建设架构弹性、应变敏捷、接入高效、开放可扩的新一代北京市大数据技术体系，保证数据资源自动、持续汇聚。统筹管理、协同治理、安全可控——对通过多种渠道接入汇聚的数据资源，按照数据治理的标准与流程进行清洗、加工，并根据业务需求与数据质量进行数据关联与融合，从而实现数据资源的“一数一源”和“多源校核”。共享融合、应用闭环、高效实用——面向领域应用，通过示范工程提升基于数据的数字政府管理与服务能力，形成“以用促汇”的大数据应用与服务闭环。可信追溯、评估优化、滚动调整——实现大数据资源全生命周期的监控与追溯，通过量化的可视化评估体系，促进汇聚与共享交换工作的高效推进。同时，对各个主题应用进行综合评价与评估，在建设和运营过程中不断总结优化，进行滚动调整。

统一标准、安全可靠。大数据建设和应用应在一定的技术标准和规范条件下建设，以确保其具有开放性、兼容性和可扩展性。强化安全意识和保障措施，坚持安全体系与应用系统同步规划、同步建设、同步运行，通过合理的安全策略和先进的安全技术降低数据在接入、存储、传输、使用等环节的安全风险，至少符合国家等保三级要求。同时，需充分考虑关键数据服务和业务应用的容灾能力，构建完善可靠的安全保障体系，增强关键数据资源保护能力、网络安全预警和溯源能力，以安全保发展，以发展促安全。

技术领先、迭代创新。在设计思想、系统架构、采用技术上要具有一定的先进性、前瞻性，在充分保证可用性、开放性、扩展性的前提下，采用大数据、人工智能、区块链等先进技术建设创新型的大数据建设及发展体系。瞄准大数据技术发展前沿领域，强化创新能力，提高创新层次，以企业为主体集中攻克大数据关键技术，加快产品研发。大数据建设是一个循序渐进、不断扩充的过程，应充分考虑未来发展，总体设计应采用层次化、组件化设计，整体构架考虑与现有系统的连接，为今后的扩展留有余地，保证建设和发展的连续性、继承性。

三、总体目标

围绕北京市首都城市的战略定位，全面建立基于大数据的城市运行模式，将大数据广泛深入应用到各个领域，加强顶层设计和统筹协调，不断完善大数据基础设施，强化政务数据和社会数据汇聚融合，推动大数据试点应用，疏解非首都功能、构建高精尖经济结构，有效破解首都“大城市病”，实现超大城市精细化管理，建立大数据产业生态体系，“以人为本、数据赋能”的数字生态城市发展水平达到国内领先、世界一流。

为实现这一长远目标，需具体完成四个小目标：

做实平台。按照市政府工作报告提出的“实施北京大数据行动计划，建立城市大数据平台”要求，运用大数据、人工智能等先进技术搭建北京市大数据平台，加强技术平台建设，升级政务大数据平台、数据共享交换平台等现有基础设施，建设共性应用平台，构建北京市大数据汇聚、开发和利用的基础支撑和服务保障能力体系，推动政府部门和社会企业大数据应用不断发展，使大数据成为提升政府治理能力、加强城市精细化管理、提高民生服务水平、促进经济高质量发展的重要引擎和支撑。

整合数据。以需求为导向，以数据为核心，以目录为抓手，通过数据应用驱动汇聚政务数据和社会数据，形成人口、法人、地理空间等基础数据库及领域主题库，搭建数据管理、数据应用、数据运维、数据评估等功能平台，建立“一次汇聚、多方共享、协同应用、安全开放”的城市运行数据链。打破“重采集、轻管理；重规模、轻质量；重利用、轻安全”的现象，产出高质量数据，增强数据可信度，降低成本，促进大数据服务创新和价值创造，提升组织的数据管理和决策水平。

创新应用。围绕首都功能定位开展疏整促、规建管、京津冀协同、中央机关安全保障等应用，充分发挥数据支撑应用服务创新的作用；结合北京市城市特色，基本实现体系交通、城市管理、公共安全、社会信用、政务服务、生态环保、医疗健康等领域大数据应用；发展制造业升级、高精尖产业、科技金融、大数据产业等面向产业提升的场景应用，大数据应用整体全国领先；建设面向领导的决策支撑类应用和面向企业、群众的政务服务类应用，抓重点、补短板，提升大数据在城市治理精准服务和科学决策中的作用，大数据成为城市管理、政府治理、民生服务和经济高质量发展的重要支撑。

完善机制。优化工作推进机制，建立可视化评估与考核机制，量化管理，明确各部门在大数据行动计划中的角色定位和主要任务，厘清各部门数据管理及共享的责任和权力，明确各部门数据共享的边界和方式，提升政府部门工作效率。从大数据工作推进的实际需要出发，以信息化项目为切入点，强化数据资源的统筹管控。聚集信息化项目申报、验收、考核三个环节，强化信息化项目的数据管理体系、数据运行体系、考核评价体系建设，形成项目建设一运行一评价的管理闭环，实现“用得好”“拿得出”“引得进”“管得住”“看得远”。

第3节　大数据建设的总体架构

北京作为首都和特大城市，面临治理“大城市病”和优化提升城市管理服务水平等重要任务。虽然大数据建设已在全市形成广泛共识，各区、各部门大数据建设主动性不断增强，在数据共享、城市管理和服务应用等方面取得了一定成绩，但是北京市大数据建设工作仍处于初级阶段，为了更好地推进北京大数据行动计划，挖掘数据价值，解决城市痛点，统一全市布局、明确大数据发展总体架构和重点模块尤为重要。

一、北京市大数据建设的基本体系框架

根据北京市自身定位及现有基础，进一步明确了北京市大数据发展顶层设计的基本框架：即围绕大数据这一核心资源要素，着力构建大数据技术能力体系、大数据业务创新体系、大数据支撑保障体系、大数据制度保障体系等四大体系，共同支撑北京市数字生态城市目标的实现。

在北京市大数据发展框架体系中，大数据技术能力体系为上层业务应用提供可靠的数据平台技术服务和数据处理能力；大数据业务创新体系包括面向首都功能、城市发展、产业创新三个方向的大数据业务应用；大数据支撑保障体系包括提供安全保障能力和运维支撑能力，保障平台与数据安全，提供立体的运维平台服务能力；大数据制度保障体系包括制度法规、管理机制、标准规范、评估评价，为整个平台有序、健康地运行提供制度化、标准化、可量化的服务与标准化能力。四大能力体系框架如图3-2所示。

(一)大数据技术能力体系

大数据技术能力体系是北京市大数据建设顶层设计的重中之重，以人口、法人、地理空间、电子证照、信用等基础库和城市管理、交通出行、生态环保、公共安全、政务服务等主题库为数据基础，以北京市大数据平台为核心设施。

北京市大数据平台基于云化基础设施，以提供集约化、服务化、一体化的平台服务模式为目标，优化数据汇聚能力、数据管理能力、数据共享与开放能力，提供通用的PaaS层技术支撑服务，对接国家数据共享交换平台、市级各部门业务系统和专网系统、区级大数据平台，汇聚各委办局、各区的政务数据，以及来自运营商、互联网公司、相关国有企业的社会数据，实现数据汇聚，形成基础库和主题库，同时为各委办局、各区、企业的业务应用提供充足可靠的数据资源服务、开发集成环境和应用管理支撑环境，为社会企业提供数据开放接口，实现社会数据统筹采买和数据应用的社会化开发。

从功能角度讲，北京市大数据平台由九大子平台构成，分别是共享交换平

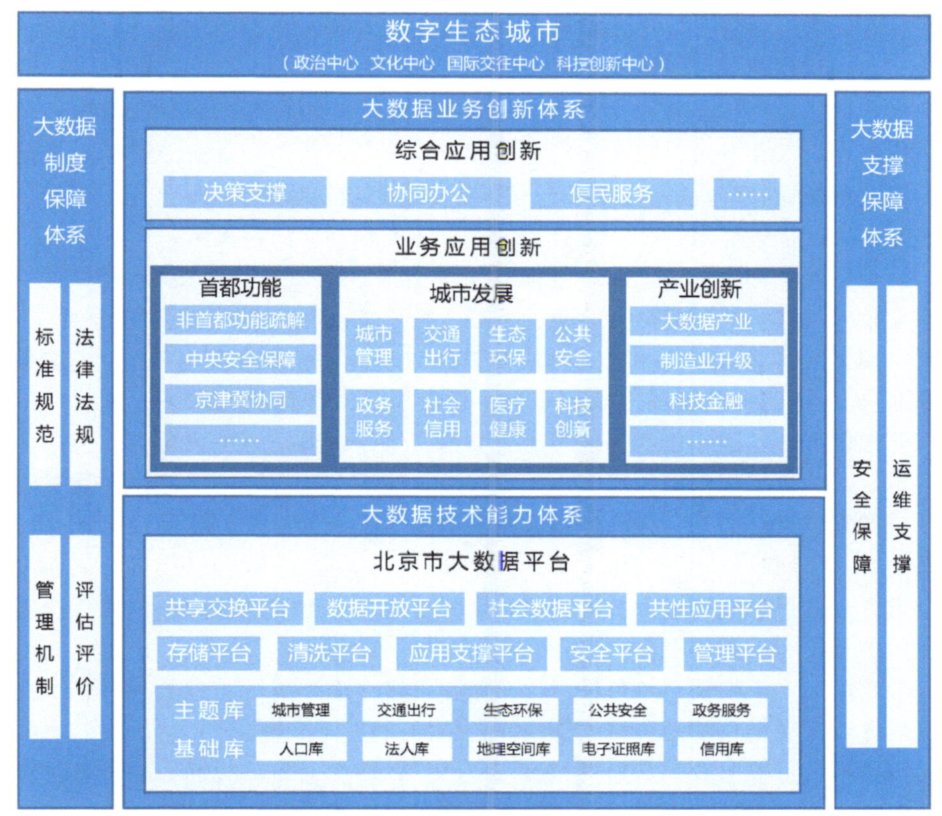

图 3-2　大数据建设体系框架图

台、存储平台、清洗平台、社会数据平台、数据开放平台、共性应用平台、应用支撑平台、管理平台和安全平台。其中，共享交换平台是北京市大数据平台的核心和数据汇聚入口，通过数据目录和服务目录为其他平台提供数据交换和数据共享通道。存储平台汇聚了人口、法人等基础数据和高频数据，为其他平台提供数据服务。清洗平台专注于对在大数据平台落地留存的基础数据和高频数据进行数据对标、数据对账、数据质量检查、数据一致性检查、数据关联融合等数据清洗过程进行监控和管理。社会数据平台是社会数据汇聚、存储、交换和处理的逻辑场所，是连接大数据平台管理部门、社会数据供给企业、需求社会数据的政务部门的桥梁。数据开放平台通过共享交换平台将可开放数据同步到互联网开放数据库，为企业、科研院校和社会公众开展政府信息资源的社会化开发利用提供数据支撑，推动分析研究工作的开展以及相关产业发展。共性应用平台涵盖部门共性的业务组件和应用系统，基于共享交换平台实现对基础数据的访问和管理。应用支撑平台为其他平台提供共性、高频的组件技术，支撑个性化模块服务开发。管理平台和安全平台为其他平台提供统一的管理支撑和安全控制服务。

（二）大数据业务创新体系

大数据业务创新体系包括业务应用创新和综合应用创新两部分。其中，业务应用创新立足于北京市首都功能定位、城市发展、产业创新等三个方面，推动首都生态城市建设，解决“大城市病”，引导“非首都功能疏解”和产业合理布局、促进产业升级，推进城市经济、社会、文化、环境等要素协调发展。

一是面向首都功能定位的特色应用：在“疏解整治促提升”方面，通过大数据分析手段对“疏整促”数据进行分析、预测、场景模拟与研判，加强“疏整促”工作决策支撑体系的能力，助力北京市城市精细化治理与精准化服务；在“规划建设管理”方面，运用大数据加强城市规划、建设与管理的精细化水平，建立网格化城市管理模型，实现城市管理的精治、共治和法治，建设与国家首都相适应的宜居城市；在中央安全保障方面，以大数据综合应用为核心，建立面向实战需要的新型公共安全运行体系，开展城市公共安全领域大数据应用，提升社会治安防控体系数字化、网络化、智能化水平；在京津冀协同方面，结合京津冀协同发展规划要求，在重点领域推进大数据应用，全方位、多维度地发挥大数据对京津冀协同发展的引领和支撑作用。

二是面向城市发展的特色应用：在城市管理方面，建设城市管理联合执法大数据指挥调度系统，辅助各相关部门联合协同执法，搭建支撑“多规合一”协同工作的信息平台，打通政策落地的“最后一公里”；在交通出行方面，综合运用大数据、人脸识别等高科技手段，加强部门间交通信息数据共享，提高交通运行管理效率，探索大数据技术在支撑交通规划和交通管理等方面的创新应用；在生态环保方面，利用全市环境物联网数据，在生态环保监管领域探索创新应用，将环保监管作为推动产业升级、提高城市精细化管理水平、提升超大型城市治理能力的重要抓手；在公共安全方面，探索公共安全数据分析、数据挖掘应用；在政务服务方面，打造“都省事”政务服务品牌，使之成为政府面向企业和公众服务的统一出口，利用大数据加强政府服务的“供给侧”改革，利用大数据精准感知用户需求，变“被动服务”为“主动服务”；在社会信用方面，通过大数据创新应用牵引，推进社会信用信息归集，推动信用服务市场和信用产品创新；在医疗健康方面，通过创新医疗大数据应用来实现提高诊断准确度、提高疗效、降低费用、减少浪费的目的；在科技创新方面，建立首都科技大数据资源池，实现科技资源数据分析处理和多种灵活应用，协助研判科技创新发展趋势，为市领导和科技主管部门提供信息及决策参考，提高政府决策效率。

三是面向产业创新的特色应用：通过产业转移、产业集群和产业融合等多种方式持续迭代进行产业创新。在大数据产业方面，依托北京市大数据平台，成立北京大数据产业联盟，支持大数据共性关键技术研究和产品研发，引导区域大数据发展布局，形成比较完善的大数据产业链，初步形成大数据产业体系；在制造业升级方面，推进工业大数据应用全面支撑智能制造和工业转型升级，以订单驱动，集成大数据、人工智能等先进技术将产业链上各企业连接起来，实现降成本、提效率，实现以消费数据引导生产端供给。

综合应用创新以数据汇聚和挖掘分析为重点，从提升城市视角数据的权威性和整体性出发，重点包括：面向政府领导的以数据汇聚为基础、以辅助科学决策为目标的决策支持应用，提供数据展现、信息推送和数据挖掘服务；面向群众办事创业的政务服务业务，加速推动一网通办、移动政务、电子证照等在线政务服务，加快推进政务服务集约化建设及移动公共服务的快速融合；面向业务人员跨层级、跨区域的协同办公业务，推动政务信息系统整合共享，实现横向与纵向的全流程公文流转、审批、协同和移动办公。

(三)大数据支撑保障体系

大数据支撑保障体系包括安全保障能力和运维支撑能力。

大数据安全保障能力涉及安全管理、安全运营、安全技术、安全标准四部分。一是安全管理，主要制定大数据安全管理方面的总体方针，这是其他体系建设的基本依据，包含大数据内部管理、第三方合作管理、数据分类分级等方面的安全要求和实施方法。二是安全运营，通过建设包括数据管理员、安全管理员、安全审计员、系统管理员在内的分权体系，支撑数据安全运营过程中的平台管理权限、数据管理权限、单位管理权限、应用系统权限、数据访问权限的分配与管理。三是安全技术，建设安全平台，在北京市政务云整体安全技术支撑基础上实现数据汇聚、数据传输、数据存储、数据处理、数据使用及数据销毁的全生命周期数据安全管控。四是安全标准，在完全符合国家法规标准、北京市安全标准、行业安全标准规范的基础上，引进和参照国外先进的安全标准规范来支撑和指导北京市大数据平台的安全建设和安全运营。

大数据运维支撑能力是保障北京市大数据平台可靠运行的基石。运维支撑能力以数据资源安全可控为核心、以严防敏感数据泄露为原则，主要包括：一、运维管理制度建设，在组织架构、岗位职责、人员行为、机房管理、设备操作、应急响应、人员考核等方面制定规范化的制度和操作规程。二、部署大数据运维管理平台，构建基础运维、自动化运维、智能化运维、统一监控与告警、运维运营流程管理等功能，应用于北京市大数据平台的数据服务、数据监控、数据管理等运维场景。通过监控数据资源和基础资源使用情况，搜集、整理运维过程中产生的系统运行数据，持续对大数据平台进行优化；通过监控告警、事件响应、审核评估等机制，对大数据平台的运行状态、风险情况进行分析。

(四)大数据制度保障体系

大数据制度保障体系包括标准规范建设、法律法规建设、管理机制建设及评估评价建设。重点解决大数据平台的设计、建设、运营、服务与应用过程中的共性问题，提升工作的规范化水平和制度保障能力。

标准规范建设是北京市大数据平台体系建设的重要指引和保障，贯穿北京市大数据平台体系建设的全过程。通过制定大数据平台标准规范，全面梳理北京市政务数据资源标准化现状，结合大数据平台建设需求和未来发展需要，重点制定大数据平台建设、数据治理、安全防护、运维保障等方面急需的技术和管理标准，为平台建设提供坚实的标准支撑。

法律法规建设主要包括研究制定或修订完北京市大数据建设、管理、应用及产业相关法律法规，出台适应大数据发展现状的政策文件，进一步明确政府内部数据、外部社会数据的管理方式，为大数据管理、应用提供制度和法规支撑。

管理机制建设具体包括建立参与方工作推进机制，明确相关单位在大数据顶层设计与规划、项目管理、基础设施建设、数据资源支撑、政策体系以及绩效考核等方面的职责分工，确保相关单位在北京市大数据的发展上各司其职、紧密协调；建立目录管理与数据更新机制，结合“三定”方案及自身实际，编制数据资源目录，完成数据与目录挂接，以数据需求、专项资金、项目审批验收等措施，拉动数据资源目录及数据更新频率；建立政府和社会企业数据协同机制，通过“统采共用”机制，以数据互换、数据购买、协议共享等方式开展政府和社会企业的数据合作。

评估评价建设关系到北京市大数据平台体系建设工作的顺利推进和未来的长效运行。评估评价体系涵盖北京市大数据平台体系的规划设计、运营管理、运行维护、组织管理等多个环节，与各级政务部门、企业、公众密切相关，一般采用定量分析与定性分析相结合的方法，执行综合指标体系评价法。

二、北京市大数据建设的“四梁八柱”

“十三五”时期是北京市率先全面建成小康社会、建设国际一流和谐宜居之都的决胜时期，是高标准建设市行政副中心、构建“高精尖”经济结构、实现创新驱动发展的关键时期，但当前北京市人口资源环境矛盾突出，人口过多、交通拥堵、环境污染等“大城市病”久治不愈，科技创新优势发挥严重不足。在这一背景下，大数据成为北京市新一轮城市建设中重要的基础性战略资源，大数据建设应用成为稳增长、促改革、调结构、惠民生和推动政府治理能力现代化的有效手段。

为贯彻落实国家大数据发展战略，全面铺开大数据行动计划，破解北京市城市发展难题，构建“以人为本、数据赋能”的数字生态城市发展目标，北京市着眼自身、立足国情、面向世界，坚持目标导向与问题导向相统一，做好上位规划与下位规划关系处理，以深邃的战略思维、辩证思维、创新思维、底线思维，提出一套具有战略性、前瞻性、针对性的“四梁八柱深地基”建设思路。

所谓“四梁”，是指实现安全、优政、惠民、兴业四大目标，是北京市大数据建设的重要梁顶。架好“四梁”，要做到：安全——聚焦公共安全、反恐维稳、应急管理、安全生产、食品安全等领域，利用大数据提高城市安全管理水平，让城市更安全、更和谐、更稳定。优政——用数据说话、用数据决策、用数据管理、用数据创新，有效提升政府执政能力、治理能力。惠民——发展“互联网＋政务服务”，推行“一网通查、一网通答、一网通办”改革，让数据多跑路、百姓少跑腿。兴业——促进大数据共享开放，发展新模式、新技术、新产业、新应用，推动社会产业快速发展。

所谓“八柱”，是指体系交通、生态环保、规划管理应急、人文环境、执法公安、商务服务、终身教育、医疗健康等八大支柱应用，是北京市大数据建设的重要骨架。摆正“八柱”，就是要重点做好八个方面的大数据建设，推进政务应用与社会应用的融合互通。在体系交通领域，整合交通出行、运营及行政管理等数据，借助大数据分析技术，应用于城市政策评估、城市规划支撑、公共交通优化、特定人群识别、城市感知及预警等方面，形成具有交通领域特色的数据分析体系和应用主题，为完善交通部门管理、企业运营、公众出行服务提供数据支撑。在生态环保领域，借助大数据技术加速推动环境信息资源的开发利用，聚焦空气检测、移动源监管、扬尘管控、水质监测等方面，通过大数据采集、管理、价值挖掘分析，实现对海量环境资源的汇聚和交互共享，进行关联分析，从中发现趋势、找准问题、把握规律。在规划管理应急领域，以数据驱动和新技术应用为支点，充分发挥大数据在应急管理预防与应急准备、监测与预警、处置与救援、恢复与重建等全过程、多要素工作中的重要作用，有效提升智能化决策水平和业务协同水平，充分释放城市应急管理效能。在人文环境领域，针对文化遗产、电影创作、院线及视频网站、传媒动画、文化产业管理、旅游、文化创意产业等方面，利用大数据的存储、处理和挖掘技术手段，对文化发展方向、战略布局、文化金融、内容产业、文化管理、文化营销与文化消费等环节进行研究与应用。在执法公安领域，通过公共安全、智慧安防、社区管理、社会维稳等方面的社会治理大数据应用，有效提升城市执法能力、管控能力、预警能力，实现社会协同共治。在商务服务领域，互联网金融服务行业主要是基于大数据的手机支付，传统金融服务业如银行、证券、保险等行业通过大数据驱动业务运营。在终身教育领域，通过对海量教育数据资源的深入分析和挖掘，将进一步加速教育领域变革，创新学生学习方式、教师教学方式以及学校管理方式，同时利用教育大数据可进一步均衡教学资源的配置、优化专业设置、合理布局学校分类、辅助教育决策，从而推动教育朝着更加智能化、更加个性化、更加全面化的方向发展。在医疗健康领域，医疗健康大数据包括医院内部大数据、医院外部大数据和基因数据，医疗健康大数据的分析运用在医学诊断、药物研发、临床用药、健康管理等方面都意义重大。

所谓“地基”，是指一体化的数字基础设施，是北京市大数据发展的重要基石。夯实“地基”，就是完善基础设施建设，优化流程，整合资源，开放共享，打造全网络、全流程、全集约、全通道的支撑平台，包括：依托网络基础设施和北京市政务云平台等数字基础设施，实现人、地、事、物、组织、城市生命体征等物理城市全要素数字化标识；建设北京城市大数据平台，打造城市数据运营管理中枢，汇聚融合政务数据和社会企业数据等多源城市数据，形成统一的城市数据资源池，实现城市全局实时分析和公共数据资源智能化配置；完善信息资源动态更新汇聚、评估管理和共享开放机制，为业务应用和数据开发提供充足、可靠、鲜活、准确的数据资源服务；构建规范统一、开放创新、公平竞争的应用开发集成环境，提升数据基础支撑服务能力。“四梁八柱深地基”建设思路如图 3-3 所示：

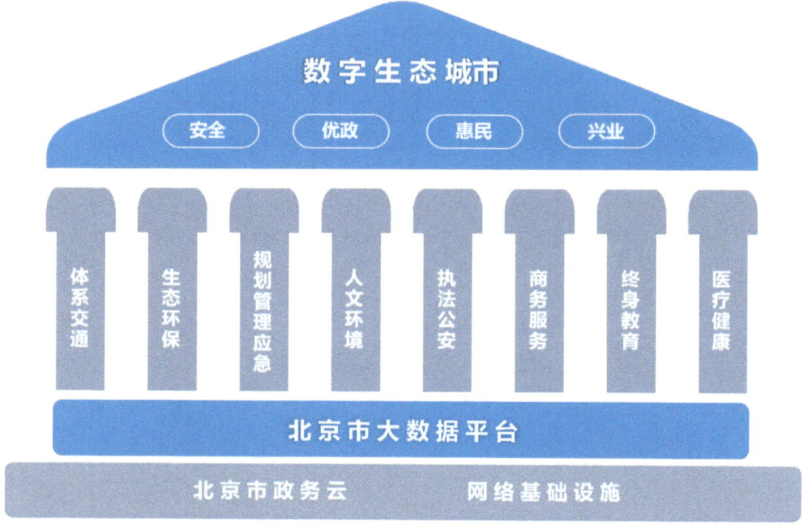

图 3-3 “四梁八柱深地基”建设思路图

三、北京市大数据建设的实施路径

从顶层设计到落地实施，北京市大数据发展怎么走，往哪儿走？根据北京市四大能力体系框架和“四梁八柱深地基”建设思路，进一步明确大数据发展的具体实施路径：基于开放体系搭建大数据框架；通过筑基工程夯实数字基础设施；点面结合、条块兼顾，面向“四梁八柱”开展试点示范；建立健全组织体系和管理制度，保障大数据顺利推进；坚持从“1＋N”到“由 1 到 N”的建设路线。

第一步：基于开放体系搭建大数据平台框架。

北京市大数据平台汇聚的政务数据和社会数据具有数据量大、数据类型多等特征，考虑到当前的建设需求和未来的发展趋势，从大规模数据存储、复杂关联查询、海量数据挖掘的需求出发，在技术选型上建议采用基于开源社区的 Hadoop 技术路线构建基础的存储和计算环境，提供开放融合的数据采集、数据存储、数据分析的服务能力。Hadoop 具有高可靠性、高扩展性、高效性、高容错性、低成本等优点，采用开源技术体系能够避免系统建设过度依赖某家厂商甚至被其垄断的可能，同时国内外大数据技术厂商围绕 Hadoop 生态发展的事实，也为大数据平台技术方案设计提供可选择、可持续的保障。

第二步：通过筑基工程夯实数字基础。

北京市大数据平台是全市数据汇聚、共享、管理、应用、服务的综合性基础平台。以“汇管用评、四位一体”原则，建设北京市大数据平台，打造城市数据运营管理中枢，汇聚融合政务数据和社会企业数据等多源城市数据，形成统一的城市数据资源池，实现城市全局实时分析和公共数据资源智能化配置。以共享交换平台为核心，以三级目录为抓手，以数据管理、安全和评价为保障，以社会数据平台为数据唯一入口，以数据开放平台为数据唯一出口，“统采共用”，加强政企数据融合，以满足领导驾驶舱应用、领域大数据应用、部门和区大数据应用为目标，构建数据“进出有序、感知可控、应用牵引、开放共融、评价有力”的全市一体化大数据运行管理体系。完善信息资源动态更新汇聚、评估管理和共享开放机制，为业务应用和数据开发提供充足、可靠、鲜活、准确的数据资源服务。“汇管用评”逻辑关系如图 3-4 所示。

第三步：点面结合、条块兼顾，面向“四梁八柱”开展试点示范。

3 大类 14 项试点示范，急用先行，有序推进，反向验证与推动大数据平台建设。围绕“大城市病”、城市精细化管理等综合性问题，依托统一的城市数据资源池和大数据平台的数据融合分析能力，以驾驶舱为牵引，倒逼内部数据统筹整合，多维度全息数据监控，预警洞察高危事件，辅助决策，“用数据说话”，综合展示城市总体态势、运行情况和未来发展趋势。以数据开放为突破，建立北京大数据开放数据联盟，通过数据资源的统一汇聚和依法有序向社会开放，鼓励联盟企业融合政府和社会数据，基于各部门业务需求，突破大数据关键技术，孵化大数据应用，培育安全可控的大数据产品体系，发展新的技术服务模式，支撑大数

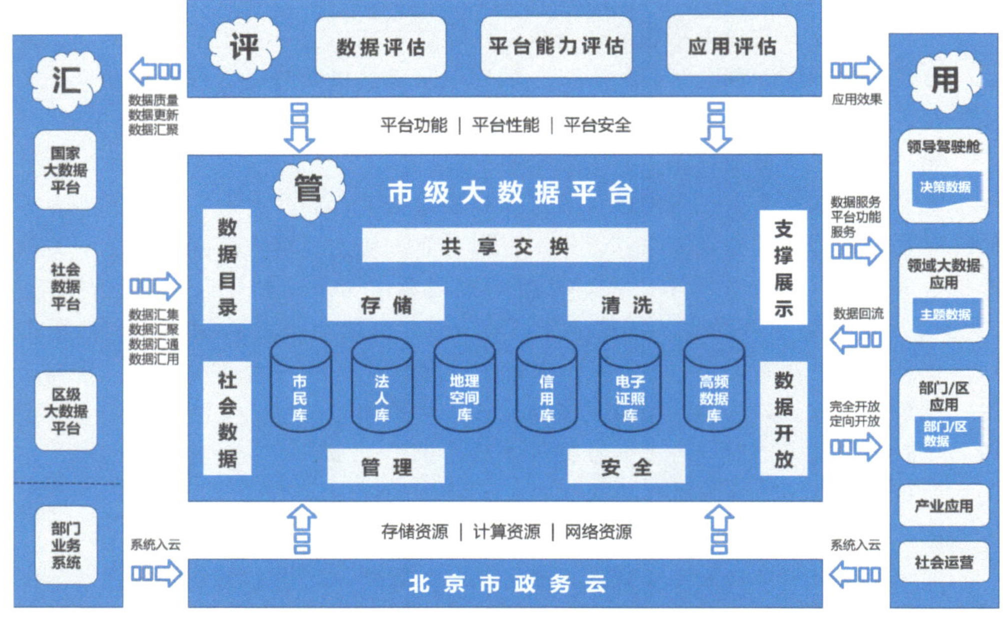

图 3-4 “汇管用评”逻辑关系图

据产业发展，构建“政府搭台、企业唱戏、市场主导、产学研相结合”的大数据创新发展及产业集聚生态体系。先立后破，逐步实现政府采购模式由购买资产向购买服务的转变，各部门按需选购应用服务，逐步实现应用的优胜劣汰。

第四步：建立健全组织体系和管理制度，保障大数据顺利推进。

推进大数据立法，建立数据资源保护和开放等相关制度，健全网络数据和用户信息的防泄露、防篡改和数据备份等安全防护措施及相关的管理机制。推动两个办法先行，《政府投资信息化项目数据资源管理办法》主要涉及新建和升级改造的信息化项目的前置评审、项目验收、绩效评估等内容，明确各环节对数据资源目录编制、汇聚共享、系统整合以及数据质量等方面的相关要求。《社会数据采购和使用管理暂行办法》主要涉及社会数据采购、接入、使用和安全等内容，明确相关方权责利和工作流程。

加强组织力量，保障大数据闭环推进。以管理层面改革为重点，从编制、经费方面强化约束、推动措施，形成倒逼机制，促进数据目录编制、不同层面数据对接、管理流程改革等工作。建立相关技术标准和管理规范体系，制定大数据平台体系建设、数据治理、业务创新、体制机制、评价评估急需的技术标准、管理办法和相关政策文件，重点解决大数据行动计划相关任务的设计、建设、运营、服务与应用全过程中的共性问题，从运维管理资源和运维管理系统两方面入手，形成一整套因地制宜、持续改进的运维支撑保障机制，从业务、技术双轮驱动思路出发，提升工作的规范化水平和制度保障能力。

第五步：坚持从“1＋N”到“由 1 到 N”的建设路线。

“1＋N”：1 个大数据平台＋N 个大数据应用，要求底层全部打通、上层无限应用。

“由 1 到 N”：1 套家底＋2 个抓手＋3 阶步骤＋4 统模式＝N 个应用。“1 套家底”是基础，包括一套支撑平台、一套管理目录、一套保障制度、一套标准规范。“2 个抓手”是策略，依托项目和采购，按照以点带面、由表及里、先立后破、持续演进的原则，严控信息化项目建设、社会数据采购等数据“增量”，辐射带动既有数据“存量”逐步纳管统筹。“3 阶步骤”是方法，按照“系统入云－目录上链－数据确权”的总体设计并行推进，通过入云解决物理环境问题——实现物理的“聚”，通过上链解决数据环境问题——实现逻辑的“通”，并确保“聚”的可靠，依据机构“三定”职责核准部门数据确权，建构统一政府条件下“云在‘聚’、链在‘看’、数在‘转’”的首善标准大数据运行体系。其中，“系统入云”指符合条件的必须全部入云，确有特殊情况的需报市政府审定，已入云系统同步对照梳理，实现“入云即汇聚”；“目录上链”指所有项目采集、产生及管理的数据，其相关目录必须严格与部门的“职责－数据－库表”三级目录对应并实现上链管理，做到申报时对照“职责”、验收时完成上链(更新部门相关目录并提交系统密钥)、共享时锁定关联，实现全市数据即时可靠共享的“1 套家底”；“数据确权”指项目涉及数据须对应部门职责目录内容，并在申报时明确其共享开放属性，验收前严格遵照其共享条件和范围执行。“4 统模式”是用法，包括社会数据“统采共用”、热点数据“统汇分用”、特种数据“统通能用”、数据工具“统建共用”，所有的数据通过“目录上链”统筹管理，所有的工具通过“平台”集约共享使用。“N 个应用”百花齐放，与统一政府相适应的大数据管理、运行和考核体系真正建立健全。

四、北京市大数据建设的组织保障

北京市实施大数据行动计划前，为统筹和推动信息化及安全相关工作，建立了相应的组织保障体系。

1996 年，市政府成立北京市信息化工作领导小组，作为市政府负责全市信息化工作的议事协调机构；2000 年，成立北京市信息化工作办公室，2009 年，北京市信息化工作办公室与其他部门整合成立北京市经济和信息化委员会；2000 年，市政府专家顾问团信息化顾问组成立，2006 年以此为基础成立北京市信息化专家咨询委员会；同期，各区(含北京经济技术开发区)均成立信息化工作办公室(后改为经信委等)和信息中心，市委市政府各委办局也都成立了信息中心。

2018 年北京市实施大数据行动计划以来，组建了与之相适应的北京市大数据建设组织领导体系，与原有信息化组织体系一起，共同领导和推动大数据行动计划各项工作。总体上，北京大数据建设组织领导体系分为三层：一是决策领导层，全市层面上成立以市大数据工作领导小组为核心的组织体系，负责全市中长期规划和重点问题的协调解决；二是统筹协调层，即北京市经济和信息化局(加挂“北京市大数据管理局”牌子)和北京市大数据中心，主要负责市级规划、研究、全市性大数据基础设施建设等，落实推进小组交办任务；三是管理实施层，即各委办局大数据相关处室和信息中心，负责部门大数据工作规划、资金分配、大数据项目建设、基础设施建设等。组织体系框架如图 3-5 所示。

(一)决策领导层

为强化北京市大数据工作的领导协调机制，成立北京市大数据工作推进小组(以下简称推进小组)，由市政府主要领导任组长，市委办公厅、市政府办公厅、市委编办、市委机要局、市发展改革委、市经济和信息化局、市财政局等 34 个部门为成员，办公室设在市经济和信息化局。推进小组负责组织落实国家大数据战略和市委市政府关于大数据工作的各项要求，统筹推进全市信息系统数据整合、数据管理、数据应用和服务体系建设工作，协调解决工作中遇到的重大问题，着力推进大数据生态体系建设，提升城市精细化管理水平和政务服务强政惠民能力。

推进小组下设推进小组办公室、专家咨询组、系统总体组、绩效评估组(由

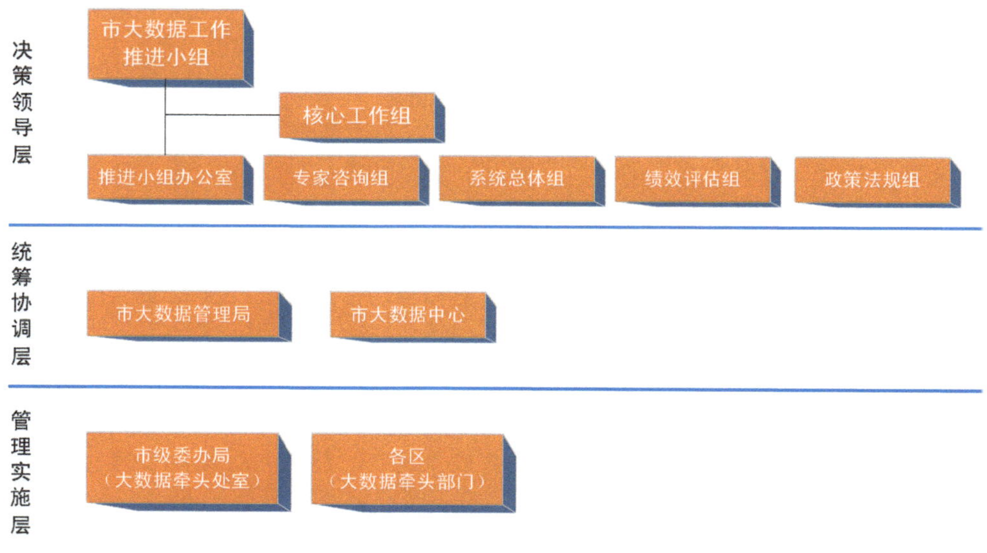

图 3-5　北京市大数据组织体系框架示意图

第三方评估支撑机构支撑完成日常工作）和政策法规组。其中，专家咨询组主要负责在大数据行动计划推进过程中“把方向、提建议”，对大数据发展战略规划、政策措施、相关制度设计以及重大问题等提出咨询建议。系统总体组和第三方评估支撑机构通过面向社会，从国内知名机构中遴选优秀团队组建，负责提出城市大数据顶层设计和总体方案，为大数据平台的建设和应用提供全流程的技术支撑服务。政策法规组负责大数据发展相关政策法规的制定。

随着大数据工作的深入推进，为解决在人员编制、经费统筹、目录编制等方面面临的难点、痛点问题，成立推进小组核心工作组，由常务副市长和主管市领导为组长，市经济和信息化局、市委编办、市财政局为成员。核心工作组主要负责在推进小组领导下，以管理层面改革为重点，从编制、经费、人员等关键环节强化约束、多措并举，形成倒逼机制，促进目录编制、流程优化、经费统筹等工作，破解大数据发展过程中的难点和痛点问题，实现全市数据管理的集中统一和统筹推进。

（二）统筹协调层

由北京市经济和信息化局加挂“北京市大数据管理局”牌子，下设大数据建设处、大数据应用与产业处和大数据标准与安全处，作为统筹全市大数据管理、应用和服务的市级政府工作部门。

整合北京市信息资源管理中心、北京市民卡管理中心（北京市公共信息服务中心），组建北京市大数据中心，主要负责研究提出本市大数据管理规范和技术标准建议，本市政务数据和相关社会数据的汇聚、管理、共享、开放和评估，以及市级政务云、大数据管理平台等数据基础设施的建设、运维和应用支撑等工作。

（三）管理实施层

各市级部门和区政府结合自身实际情况，确定大数据工作责任领导，并设立大数据专管部门。各政务部门负责部门和领域的数据采集、更新，并向市级大数据平台进行汇聚，依托市级大数据平台开展大数据应用，提高政务管理和公共服务水平。市财政局出台了《北京市财政局关于推进财政大数据应用的实施方案》，市审计局印发了《北京市审计局 2019 年度大数据审计工作计划》，市税务局印发了《国家税务总局北京市税务局税收信息对外提供实施办法（试行）》和《国家税务总局北京市税务局税收信息对外提供数据清单（V1.0）》，市城管执法局牵头起草的《北京市城市管理综合执法大数据平台建设方案》以市大数据工作推进小组名义印发，中关村科技园区管理委员会制定了《智慧中关村数据资源整合应用行动方案 2019 年工作任务》。

16 个区政府及经济技术开发区中，有东城、房山、通州、顺义、怀柔等 5

个区设立了大数据管理机构，编制形成《东城区大数据平台标准规范实施方案》《房山区社会数据采购和使用管理暂行办法》《房山区目录区块链管理规划》《房山区大数据行动计划(2019—2021)》《通州区政务大数据平台建设方案》等多个指导性文件，着手启动顺义区大数据三年行动计划(2020—2022年)。

第 4 章　北京市数据治理

数据标准不一致，数据质量有瑕疵是阻碍数据互联互通、造成“信息孤岛”的重要因素之一。数据治理是数据安全与价值的保障，是数据产业健康发展以及大数据战略实施不可或缺的前提条件。

本章介绍了数据治理的基本概念和发展趋势，详细阐述了北京市进行数据治理“编、聚、存、洗、通、标、服”七个阶段，以及北京市全面启动实施北京大数据行动计划以来，通过区块链技术进行数据治理并支撑共享应用的实践。

北京市大数据建设从构建大数据汇聚、管理、应用和评估四位一体的“汇管用评”工作闭环机制出发，按照“边共享、边整合、边应用、边完善”的实施策略，一直在全国处于领先水平。目前从“重汇聚”逐渐过渡到“强管理”阶段，通过实践打造一套完整的数据治理体系，利用大数据技术强化城市精细化管理，落实习近平总书记提出的“精治、共治、法治”的要求。

第 1 节　数据治理概述

大数据时代，特别是移动互联网和物联网迅速发展的今天，随着大数据技术的日益成熟和越来越多物联网传感器的出现，世界万物都在时时刻刻产生大量的数据，成为大数据时代加速发展的重要因素。面对如此巨大的数据量，如何做好大数据治理就成为当前研究的重要课题，数据治理在最近也被越来越多地讨论和研究。

一、数据治理的基本概念

(一)数据治理的对象

大家都在说数据治理，但是到底哪些数据需要被治理？到底什么是数据资产？又如何识别数据资产？

维基百科中关于数据资产的定义：数据资产属于普通个人和组织的数字财产，数据资产是无形资产的延伸，不具有实物形态。其本质是数据作为一种经济资源参与组织的经济活动，减少和消除了组织经济活动中的风险，为组织的管理控制和科学决策提供合理依据，并预期给组织带来经济利益。

数据资产虽然不具备实物形态，但是它必定是实物在网络世界映射的一种虚拟形态。对于组织而言，人、设备、产品、物料、软件系统、交易信息，以及任何可以记录的各类数据，都属于组织的数据资产。

数据治理的对象不能简单地概括，需要根据不同组织的数据治理目标来给出。如果组织数据治理的目标是保证各个部门数据的统一性、可使用性，那么数据治理的主要对象就是各个部门都会使用到的相互交叉的数据；如果组织数据治理的目标是实现精准营销等市场目标，那么数据治理的对象就是客户信息、交易记录等。

(二)谁来主导

常常有这样一个误区，很多人认为数据治理只是信息化部门的事情，和业务部门无关。数据治理是对数据资产的治理，既然是资产，就一定要确权。数据资产的生产、使用应该有明确的责任部门，显然数据资产的生产及归属部门应该是业务部门，信息化部门最多也就是一个数据资产的托管部门而已。组织的数据问题，80%是业务和管理的问题，20%是技术问题。

所以，数据治理应有高层领导牵头、业务部门负责、信息部门执行以及全员的参与。全员应培养起数据思维和数据意识，当然这是一个长期的过程，也是一件很不容易的事情，需要一点一滴地积累沉淀。

(三)数据治理的范围

数据治理的技术架构包括数据标准管理、数据模型管理、元数据管理、主数据管理、数据质量管理、数据安全管理等几个方面。

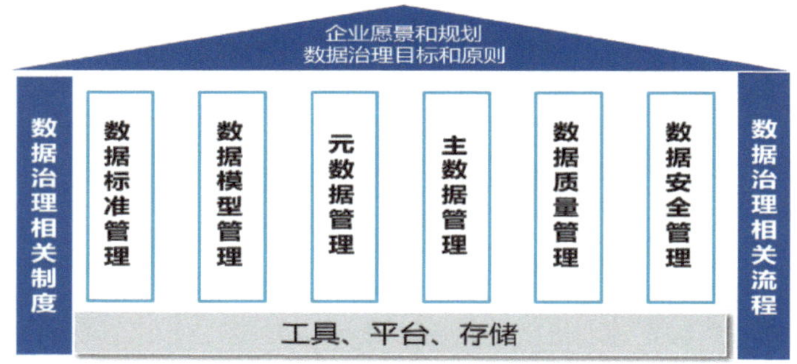

图 4-1　数据治理架构图

1. 数据标准管理

数据标准是指保障数据的内外部使用和交换的一致性和准确性的规范性约束。数据标准一般包括三个要素：标准分类、标准信息项(标准内容)和相关公共代码(如国别代码、邮政编码)。数据标准通常可分为基础类数据标准和指标类数据标准。

基础类数据标准一般包括数据维度标准、主数据标准、逻辑数据模型标准、物理数据模型标准、元数据标准、公共代码标准等。指标类数据标准一般分为基础指标标准和计算指标（又称组合指标）标准。基础指标一般不含维度信息，且具有特定业务和经济含义，计算指标通常由两个以上基础指标计算得出。

数据标准管理的目标是通过统一的数据标准制定和发布，结合制度约束、系统控制等手段，实现大数据平台数据的完整性、有效性、一致性、规范性、开放性和共享性管理，为数据资产管理活动提供参考依据。

2. 数据模型管理

数据模型是现实世界数据特征的抽象，用于描述一组数据的概念和定义。数据模型从抽象层次上描述了数据的静态特征、动态行为和约束条件。数据模型所描述的内容有三部分：数据结构、数据操作、数据约束。

概念模型：是一种面向用户、面向客观世界的模型，主要用来描述现实世界的概念化结构，与具体的数据库管理系统（Database Management System，简称 DBMS）无关。

逻辑模型：是一种以概念模型的框架为基础，根据业务条线、业务事项、业务流程、业务场景的需要，设计的面向业务实现的数据模型。逻辑模型可用于指导数据治理在不同的 DBMS 系统中实现。逻辑数据模型包括网状数据模型、层次数据模型等。

物理模型：是一种面向计算机物理表示的模型，描述了数据在储存介质上的组织结构。物理模型的设计应基于逻辑模型的成果，以保证实现业务需求。它不但与具体的 DBMS 有关，而且还与操作系统和硬件有关，同时考虑系统性能的相关要求。

数据模型管理是指在信息系统设计时，参考业务模型，使用标准化用语、单词等数据要素来设计数据模型，并在信息系统建设和运行维护过程中，严格按照数据模型管理制度，审核和管理新建数据模型。数据模型的标准化管理和统一管控，有利于指导数据整合，提高信息系统数据质量。数据模型管理包括对数据模型的设计、数据模型和数据标准词典的同步、数据模型审核发布、数据模型差异对比、版本管理等。

数据模型是数据治理的基础，一个完整、可扩展、稳定的数据模型对于数据治理的成功起着重要的作用。通过数据模型管理可以清楚地表达内部各种业务主体之间的数据相关性，使不同部门的业务人员、应用开发人员和系统管理人员获得关于内部业务数据的统一完整视图。①

① 中国信息通信研究院：《数据资产管理实践白皮书 3.0》，2018 年 12 月。

3. 元数据管理

元数据(Metadata)是描述数据的数据。元数据按用途不同分为技术元数据、业务元数据和管理元数据。

技术元数据(Technical Metadata):描述数据系统中技术领域相关概念、关系和规则的数据;包括数据平台内对象和数据结构的定义、源数据到目的数据的映射、数据转换的描述等。

业务元数据(Business Metadata):描述数据系统中业务领域相关概念、关系和规则的数据;包括业务术语、信息分类、指标、统计口径等。

管理元数据(Management Metadata):描述数据系统中管理领域相关概念、关系、规则的数据,主要包括人员角色、岗位职责、管理流程等信息。

元数据管理(Metadata Management)是数据治理的重要基础,是为获得高质量的、整合的元数据而进行的规划、实施与控制行为。元数据管理的内容可以从以下六个角度进行概括,即"向前看":"我"是谁加工出来的;"向后看":"我"又支持了谁的加工;"看历史":过去的"我"长什么样子;"看本体":"我"的定义和格式是什么;"向上看":"我"的父节点是谁;"向下看":"我"的子节点是谁。

元数据分析指通过元数据管理活动,使数据信息的描述和分类实现格式统一。其有助于理解数据的真实含义,为数据资源的管理和数据应用奠定了基础。

4. 主数据管理

主数据(Master Data)是指用来描述核心业务实体的数据,是核心业务对象、交易业务的执行主体,是在整个价值链上被重复、共享应用于多个业务流程的、跨越各个业务部门、各个系统之间共享的、高价值的基础数据,是各业务应用和各系统之间进行信息交互的基础。从业务角度看,主数据是相对"固定"的,变化缓慢。主数据是信息系统的神经中枢,是业务运行和决策分析的基础。

主数据管理(Master Data Management,简称 MDM)是一系列规则、应用和技术,用以协调和管理与核心业务实体相关的系统记录数据。

主数据管理通过对主数据值进行控制,使得组织可以跨系统地使用一致的和共享的主数据,提供来自权威数据源的协调一致的高质量主数据,降低成本和复杂度,从而支撑跨部门、跨系统数据融合应用。

5. 数据质量管理

数据质量是保证数据应用的基础。衡量数据质量的指标体系有很多,几个典型的指标有:完整性(数据是否缺失)、规范性(数据是否按照要求的规则存储)、一致性(数据的值是否存在信息含义上的冲突)、准确性(数据是否错误)、唯一性(数据是否是重复的)、时效性(数据是否按照时间要求进行上传)。数据质量是描述数据价值含量的指标,就像铁矿石的质量,矿石的质量高,则炼出来的钢材就会多；反之，矿石的质量低，不但炼出来的钢材少了，同时也增加了提炼的成本。

数据质量管理是指运用相关技术来衡量、提高和确保数据质量的规划、实施与控制等一系列活动。

通过开展数据质量管理工作，组织可以获得干净、结构清晰的数据，是开发大数据产品、提供对外数据服务、发挥大数据价值的必要前提，也是开展数据资产管理的重要目标。

6. 数据安全管理

数据安全管理是指对数据设定安全等级，保证其被适当地使用。组织通过数据安全管理，规划、开发和执行安全政策与措施，提供适当的身份以实现确认、授权、访问与审计等功能。

数据安全管理的目标是建立完善的体系化的安全策略措施，全方位进行安全管控，通过多种手段确保数据资产在“存、管、用”等各个环节中的安全，做到“事前可管、事中可控、事后可查”。

二、数据治理的发展趋势

(一)数据治理逐步智能化

随着 AI 技术的兴起，数据治理技术和 AI 技术开始融合，使得数据治理开始向“智能化”转变，主要体现在以下几个方面：一是在数据质量检查时，针对少量核心检查规则，从大数据中选取训练数据样本，利用机器学习算法进行深度分析，提取公共特征和模型，可以用来定位数据质量问题的原因，进行数据质量问题的预测，并进一步形成知识库，进而增强数据质量管理能力。二是在数据模型管理过程中，通过机器学习技术分析数据库中数据实体的引用热度，通过聚类算法自动识别数据模型间的内在关系，同时也可对数据模型质量进行检测和评估。三是在数据传输监控中，利用机器学习技术对数据历史到位情况进行分析，预测数据的到位时间，为保证数据处理的及时性和应对数据晚到的影响提供支撑。四是在数据问题发现方面，可以应用 NLP 技术对住址、单位名称等数据进行词性、句式、语义分析，进行用户隐私数据发现和数据一致性问题发现等方面的探索，为避免隐私数据泄露、治理数据不一致等问题提供治理线索，增强数据质量和数据安全管理能力。

(二)重“关联”、轻“采集”

目前，数据管理和集成已开始呈现出一种新趋势，即更加注重数据的“关联”，也就是无论数据是在本地、云端、某个设备感应器上或其他任何地方，我们都可以在数据保留在原地的情况下，将它们关联起来，而无须采集到特定地方。

在未来增强式的数据管理的环境中，自动发掘数据、透过机器自动意识识别数据中的价值、认定有价值的数据、分析数据、自动采用适合数据的安全措施、分享数据、优化数据，最终实现在最短时间内将精准的数据发送给对的人。

(三)数据目录广泛采用

未来，数据目录(Data Catalogs)将被广泛使用。数据目录是元数据的重要基础，以往数据目录主要用于帮助机构了解数据的定义和来源，但现在的趋势是数据目录可以帮助机构了解数据的特性、使用者以及使用场景。因此，在数据管理的未来趋势中，数据目录将具有举足轻重的地位。

第 2 节　数据治理实施七阶段

数据治理是一整套的工程，旨在解决数据的“可用性差”“残缺”“孤立”“不准确”的问题，是整合数据现有价值，提炼挖掘新价值，实现 1+1>2 的过程。

数据治理工程包括“编、聚、存、洗、通、标、服”等七个阶段，展现数据治理各个阶段的功能与具体动作。各个阶段融会贯通、承上启下，完成数据治理工作的同时，保证数据安全，形成清晰编目的数据服务资源。

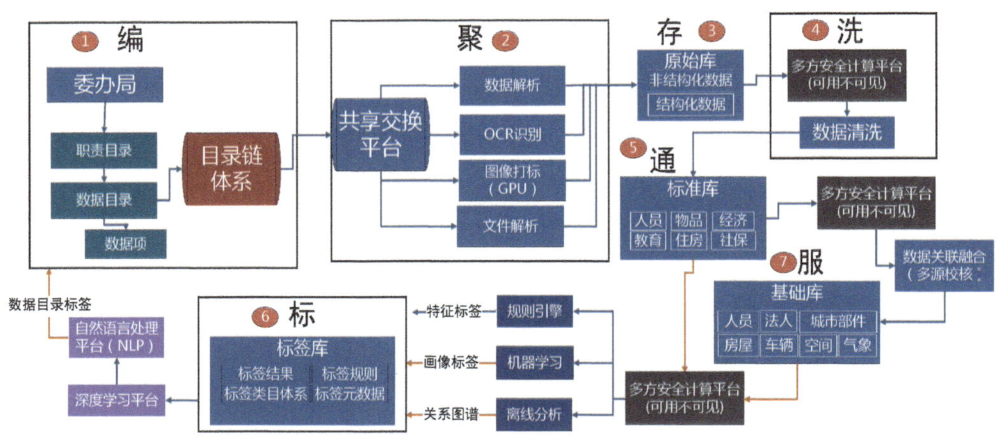

图 4-2　数据治理七阶段流程图

如图 4-2 所示，数据治理从数据的编目到最后的数据标签以及数据服务体现数据自身价值，经历了“编、聚、存、洗、通、标、服”七个阶段。

要对数据有一定了解，才能“对症下药”进行数据治理，所以，数据治理的第一步是要进行数据编目。

数据编目是一个持续性的对已知原始数据进行全面而深入的认知过程，为后续数据处理和应用提供依据。

数据汇聚是指从数据源中读取数据或抽取数据进入大数据平台的过程，是整个大数据平台的基础，是数据之源、工作之本。通过接入汇聚委办局政务数据资源、社会资源，形成平台的整体数据资源。

数据存储是指对不同来源的数据，按照数据的原始格式进行存储，支持所有的数据类型。综合来自各委办局负责的各种数据资源、支撑各项业务工作的公共数据集合，可以脱离任何业务而独立存在，与每一项业务相关。原始资源接入系统后，按照数据特点进行存储，主要存储数据库包括：关系型数据库(Oracle)、分布式并行数据库(GaussDB)、NoSQL 数据库(Hbase)、分布式文件系统(Hadoop)等。

数据清洗是对数据进行标准化、清洗、关联打标签，为后续的数据融合进行标准化的预处理的一个过程，包括垃圾信息过滤、数据去重和数据标准化，提高数据的价值密度。

数据贯通是把清洗后的标准化数据进行原子化处理，形成以单一对象为主题的全域数据关联关系，形成政务领域数据的融会贯通，形成逻辑上的数据聚合。

数据打标支持实时打标以及离线打标。其中，实时打标通过对数据的实时计算来完成打标；离线打标通过离线计算来实现数据间的挖掘运算，最终输出标签定义要求的标签结果。

数据服务是对各委办局日常工作中重点关注的数据进行综合、归类和分析利用的一个抽象概念，对于每个宏观的分析领域形成相应的一个主题。面向主题的数据组织就是在较高层次对分析对象数据的一个完整并且一致的描述，能刻画各个分析对象所涉及的各项数据，以及数据之间的关系，按照相应的数据模型，形成相应的基础库，诸如人员基础库、企业基础库和物基础库。

一、数据目录的编制

按照国家《政务信息资源目录编制指南(试行)》的要求，北京市政务数据资源目录体系将管理和技术两个层面分开，具体由三部分组成：一是依据三定职责确定的职责目录；二是支撑各单位领导决策和数据共享的数据目录；三是由各单位应用系统形成的库表目录。

职责目录：指政务部门依据三定职责，依法采集、依法授权管理和履职产生的数据资源的描述，包括数据资源和核心数据项两部分。

数据目录：指对应职责目录的数据资源和数据项的具体描述，包括数据资源名称、数据资源摘要、数据起始日期、数据更新周期、数据格式、字段名称、数据类型及长度、是否主键、是否非空、数据量等。

库表目录：指数据目录的具体实现，包括政务信息系统中具体存储数据的库表(或文件)的描述。

(一)职责目录编制规范

管理要求：职责目录由政务部门负责编制，由本级编办和大数据工作主管部门共同审核确定。

技术要求：以处室为单位，依据三定职责的描述，逐句确认职责对应的职责目录，包括数据资源和核心数据项两部分。原则上，三定职责的每句话应对应一条或多条职责目录。涉密的三定职责、数据资源、政务信息系统也应编制职责目录，并按照保密规定进行管理。

(二)数据目录编制规范

管理要求：数据目录由政务部门编制，本级大数据工作主管部门审核确定。

技术要求：对应本部门职责目录，明确数据资源和数据项的具体描述，包括数据资源名称、数据资源摘要、数据起始日期、数据更新周期、数据格式、字段名称、数据类型及长度、是否主键、是否非空、数据量等。

信息化项目建设需依据《北京市政府投资信息化项目数据资源管理办法(试行)》要求，在申报阶段编制“申报项目数据目录”，在验收前编制“拟验收项目数据目录”。

(三)库表目录编制规范

库表目录由政务部门自行编制，不做统一要求，但需按照信息系统“交钥匙”的相关要求建立目录和数据(库表)的映射关系。

二、数据汇聚的策略

数据汇聚主要指政务部门和社会机构的数据(或服务)接入市级大数据平台的过程。

汇聚范围主要包括市级政务部门、区级政务部门、国家部委和社会机构四类。

市级政务部门：直接汇聚至市级大数据平台。

区级政务部门：由各区大数据主管部门统一汇总后，汇聚至市级大数据平台。

国家部委：一是国家共享交换平台统一发布的数据接口，由市级大数据平台依申请接入转发；二是各垂管领域的数据，通过对应的市级政务部门汇聚至市级大数据平台。

社会机构：一是全市共性需要的社会数据，由市经济和信息化局通过“统采共用”方式接入市级大数据平台；二是市级政务部门个性化需要的社会数据，经报市大数据工作推进小组审议通过后，由市级政务部门通过“分采统用”方式接入市级大数据平台。

(一)数据汇聚方式

数据汇聚主要包括数据交换、数据接口、数据探针三种方式。

1. 数据交换：指市级政务部门通过市级大数据平台，以前置机方式进行P2P数据传输。

2. 数据接口：指通过XML、JSON等标准化格式的描述，实现数据在不同环境和平台之间的相互调用。

3. 数据探针：指分布式存储在各目录区块链节点上，用于探测数据变化、实时抽取数据和封装数据接口的技术手段。

(二)数据汇聚要求

1. 数据完整性

汇聚数据应保证目录完整、字段完整和周期完整。

(1)目录完整

数据汇聚前应确认形成完整的数据目录，并对应职责目录的数据资源和数据项的具体描述，主要包括：

数据描述完整。主要包括数据资源名称、数据资源摘要、数据来源信息、数据起始日期、数据更新周期、数据格式等。

示例：数据资源名称为“户籍人口登记信息”，数据资源摘要为“记载和留存住户人口基本信息”，数据来源为“市公安局”，数据起始日期为“2000.01”，数据更新周期为“每月”，数据格式为“Oracle”。

字段描述完整。主要包括字段名称、数据类型、数据描述、取值范围、是否主键、是否非空、长度、数据样例等。

示例：字段名称为“曾用名”，数据类型为“char(100)”，数据描述为“公民过去在户口登记机关申报登记并正式使用过的姓名”，取值范围为“不得含有字母、数字、符号”，是否主键为“否”，是否非空为“否”，长度为“4”，数据样例为“张三”。

数据属性完整。主要包括共享类型、共享条件、是否开放等。

示例：共享类型为“有条件共享”；共享条件为“市公安局，用于反恐维稳主题应用”；是否开放属性为“否”。

数据解释完整。主要指字段取值所配套的字典表、码表的完整性。

示例：“SEX”字段对应的字典名称“性别”，数据内容为“0”“1”。“0”对应的实际内容为“男”，“1”对应的实际内容为“女”，汇聚数据所有字段的完整解释均应包含在内。

(2)字段完整

主要指涵盖该数据的所有有效字段。

示例："户籍人口登记信息"包含"姓名、出生日期、性别、身份证号码、籍贯、家庭住址、曾用名"字段，汇聚数据应包含全部字段。

(3)周期完整

主要指覆盖该数据自采集日期起至今的全量历史数据，同时数据字段中应包含数据入库时间。

示例："户籍人口登记信息"采集起始时间为2006年，则应汇聚自2006年至今的全量历史数据。

2. 数据合规性

数据中不应包含"脏数据"，主要包括以下三种情况：

(1)缺失值

主要指数据的核心(非空)字段为空值。

示例："户籍人口登记信息"中的"姓名"字段为空。

(2)重复数据

主要指因业务或技术原因产生的冗余数据。

示例：同类数据中包含2条完全相同的记录。

(3)错误数据

无效测试数据。主要指系统建设或测试过程中残留的、无实际业务意义的测试数据。

示例：数据中包含多条"test""111111"等无效记录。

非法格式数据。主要指字符类型、长度等不满足格式规范约束的数据。

示例："年龄"为"％％"；"身份证号码"位数为19位。

范围溢出数据。主要指超出字段取值范围的数据。

示例："年龄"为"300"。

逻辑错误数据。主要指明显不符合合理业务逻辑的数据。

示例："身份证号码"7到10位(表示出生年份)为"1790"。

非法值错误数据。主要指数据中包括多余的空格、乱码、全角、繁体等错误数据。

示例："姓名"为"张三"；"电话号码"为全角数字例如"１３５１２３４５６７８"。

3. 数据一致性

同一数据来源的数据不应存在不一致，主要包括以下三种情况：

(1)同名不同义

主要指数据名称相同、数据项(字段)不同。

示例：两类数据名称均为"北京市平均薪资水平"，其中一类数据的字段为

“教育行业平均薪资、公安行业平均薪资等”，另一类数据的字段为“年份、薪资水平、详情”。

(2)同义不同名

主要指数据项(字段)相同、数据名称不同。

示例：三类数据的字段均为“姓名、身份证号码、性别、年龄、居住地”，但数据名称分别为“个人基本信息”“个人信息”“个人基本数据”。

(3)同名同义不同项

主要指数据名称和数据项(字段)相同、数据内容不同。

示例：来自两个信息系统的“2007 年平均薪资”数据，分别为“2000”和“2500”。

4. 数据时效性

(1)更新周期

汇聚数据应按照数据目录的更新周期保证及时更新，主要包括以下两种情况：

同步更新：主要指市级大数据管理平台汇聚的数据与各部门生产系统的数据保持同步更新。

按需更新：主要指根据实际应用需求进行更新，如生产系统数据按天更新，市级大数据管理平台汇聚数据根据实际应用需求按月更新。

(2)更新方式

增量方式：一般情况下以增量方式对汇聚数据进行更新。

全量方式：如有特殊原因需要全量更新的，根据具体情况判断。但数据量较大的数据不建议以全量方式更新，例如数据量条数在 100 万量级以上的。

三、数据存储的方法

数据在多数据源汇聚后，根据数据类型分别存储。数据存储主要包括原始库、规则库、基础库、业务库、知识库、标签库等，数据库建设采用关系型数据库(Oracle、MySQL)、分布式并行数据库(GaussDB、Greenplum)、NoSQL 数据库(MongoDB、Hbase)、分布式文件系统(HDFS)、索引数据库(Solr、ElasticSearch)等技术。

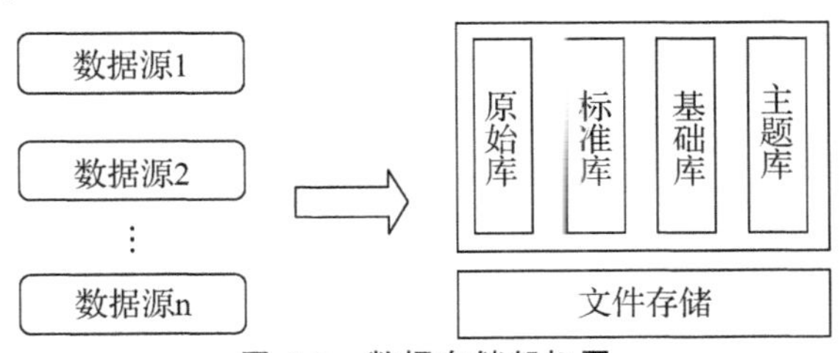

图 4-3　数据存储架构图

对于结构化数据利用数据清洗平台提供的数据清洗工具、数据清洗转换、数据对账、数据对标、数据质量管理等数据处理功能，从数据接入原始库开始，经过标准库，进入基础库、高频库以及面向不同领域的主题库。

原始库：对不同来源的数据，按照数据的原始格式进行存储。从来源上看包括政务数据和社会数据；从数据结构上看包括结构化数据、非结构化数据以及半结构化数据。主要存储方式包括：分布式文件系统、NoSQL 数据库、分布式对象存储等。

标准库：主要通过对原始数据进行提取、清洗、关联、比对、标识形成符合标准的数据资源。它是标准化的数据全集，也是基础库和主题库的数据来源。主要存储方式包括：分布式文件系统、NoSQL 数据库、分布式并行数据库等。

基础库：基础库是北京大数据行动计划建设的重点。已建的人口、法人、信用等政务基础库已无法满足政府部门对数据丰富度、及时性等方面的需求，表现在数据不够鲜活、动态数据缺乏、服务方式单一等方面，急需从全市统筹角度，提炼共性数据需求，丰富数据来源渠道，将现有的人口数据库、法人数据库、信用数据库、电子证照数据库、地理空间数据库进行升级改造。基础库的主要存储方式包括：NoSQL 数据库、分布式并行数据库、全文数据库等。

主题库：主题库是对各业务领域关注的数据进行综合、归类的一个抽象概念，对每个宏观的分析领域形成相应的主题。主题库分为两类，一类是委办局自建的主题库，如交通委牵头建设的交通出行主题库等，另外一类是由大数据管理局牵头建设的综合性的主题库，如领导驾驶舱主题库等。主题库的存储方式包括：NoSQL 数据库、分布式并行数据库、全文数据库等。

四、数据清洗和标准化

数据清洗主要利用了大数据平台的实时计算、离线计算、流式计算、内存计算与机器学习等组件，实现了数据预处理、数据重组、业务提取、知识提炼与索引信息提取等功能。其是对数据进行重新审查和校验的过程，目的在于删除重复信息、纠正存在的错误，并提供数据一致性。

(一)数据清洗过程

数据清洗过程通常是订正“脏数据”，同时希望数据仓库能够提供对组织生产系统中的数据的准确描述，在各种冲突的目标之间实现平衡是基本的要求。

清洗系统目标之一是提供清洗数据、获取数据质量事件，以及度量并最终控制数据仓库中的数据质量的全面结构。数据清洗就是以实现最好的数据轮廓分析为起点，清洗结果有助于理解改善潜在的“脏数据”降低不可靠数据的风险，并有助于确定数据清洗系统需要完成的工作的复杂程度。

数据清洗系统的任务包括：

- 尽早诊断并分类数据质量问题。
- 为获得更好的数据提出对源系统及集成工作的需求。
- 提供在数据治理流程中可能遇到的数据错误的专门描述。
- 获取所有数据质量错误以及随时间变化精确度量数据质量矩阵的框架。
- 附加到最终数据上的质量可信度度量。

(二)重复数据删除

重复数据维度通常来自多个源。多个面向客户的源系统建立并管理不同的客户主表，这种情况在政务大数据中比较常见。客户信息需要从多个业务项和外部数据源中融合获得。有时，数据可以通过匹配同一键列的相同值获得。然而，即使在定义相互匹配时，数据的其他列相互之间也可能存在矛盾，需要确定保留哪些数据。

遗憾的是，很少存在统一的列能使融合操作更方便。有时，唯一可用的线索是几个列的相似性，需要集成不同的数据集合，已经存在的维度表数据可能需要对不同的字段进行评估以实现匹配。有时，匹配可能基于模糊评判标准，例如，对包含少量拼写错误的名字和地址进行近似匹配。

数据保留(survivorship)是合并匹配记录集合到统一视图的过程，该统一视图将从匹配记录中获得的具有最高质量的列合并到一致性的行中。数据保留包括建立按照来自所有可能源系统的列值而清楚定义了优先顺序的业务规则，用于确保每个存在的行具有最佳的留属性。如果维度设计来自多个系统，则必须维护带有反向引用的不同列，例如自然键，用于所有参与的源系统行的构建工作。

(三)一致性处理

一致性处理包含所有需要调整维度中的一些或所有列的内容以与数据仓库中其他相同或类似的维度保持一致的步骤。例如，在大型组织中，可能有一个获取发票和客户服务呼叫同时又都利用了客户维度的事实表。通常发票和客户服务的数据来自不同的客户数据库。通常情况下，来自两个不同客户信息源的数据很少能保证具有一致性。需要对来自这两个不同客户源的数据进行一致性处理，使某些或所有描述客户的列能够共享相同的领域。

建立一致性维度的过程采用敏捷方法。对两个需要一致性处理的维度，它们必须至少有一个具有相同名称和内容的公共属性。必须考虑使用单一的一致性属性，例如，客户分类，让其不受任何影响地添加到每个面向客户的过程中的客户维度中。在添加每个面向客户的过程时，扩展可以集成的过程列表并使其能够参与横向钻取查询过程。还可以增量式添加一致性属性的列表，例如，城市、省和国家等。

一致性系统负责建立并维护一致性维度和一致性事实。要实现这些工作，需要合并且集成从多个源输入的数据，因此，需要其内容行具有相同的结构、重复数据删除、过滤掉无效数据、标准化等特点。一致性处理的主要过程是如前所述的重复数据删除、匹配和数据保留处理过程。

(四)数据清洗实施步骤

数据清洗是政务级数据治理的核心内容之一，政务数据治理主要处理从采集、标准化、数据统一视图、数据标签及主题、专题的全流程数据，支撑政务数据共享交换、政务类场景化分析等的数字化支撑。数据治理在规划设计时就应考虑业务的优先顺序，逐步扩展全政务业务。

数据治理需要合理的规划设计，应满足“一数一源”的政务数据需求，为各类政务业务要求及统计分析等提供一致的数据模型视图。为确保数据流程的清晰及数据支撑的时效性，将数据清洗分为三部分，详情如下：

1. 数据整理与规范化：首先处理数据的标准化，包括编码映射、编码转换、数据格式统一等；其次，各部委数据的拉通，并且进行“一数一源”的处理，沉淀历史的、稳定的数据是政府业务核心处理流程，后续的拆分与整合、关联与融合工作，均需要基于该部分数据模型的支撑。

2. 数据拆分与整合：首先为政务的核心实体进行派生(如生成人口库基本信息、扩展信息等)，用于筛选的信息属性化、标签化；其次为核心业务实体进行汇总，横向扩展为宽表。

3. 数据关联与融合：主要支撑政务业务主题数据，利用数据模型算法形成最终业务目标。

五、数据贯通

数据在汇聚、清洗标准化后，各个委办局数据的贯通是真正去伪存真、逐步提炼数据价值的过程。以综合态势感知的经济态势专题为例，经济态势通过整合碎片化的经济数据，进行集中、融合、统计分析和展示，可以更好地反映经济变化的趋势，有利于全面掌握整体发展趋势和变化。通过趋势分析，判断下季度乃至更长一段时间的指标走势，并根据因素的可塑性提出可操作的建议，为经济指标的达成奠定基础。在本领域下，通过接入国民经济核算、劳动就业、能源消费、固定资产投资、涉外贸易和投资、公共财政、三资监管、科学技术等城市各方面的宏观经济发展数据，实现整个城市宏观经济运行态势的感知。

此外，为满足用户深层的感知需求，可根据指标体系实现层层下钻，每个指标均可点击下钻，查看指标的组成部分，进一步深入地了解指标的运行态势。以市生产总值为例，可进一步下钻至产业细分以及行业细分，进而感知全市生产总值的各个部分是否运行正常、是否达到设定的目标。通过下钻，让用户更立体地感知到指标运行态势。只有数据融合，才能数据贯通。

(一)数据层融合

数据层融合即直接在采集到的原始数据层上进行的融合，在各种数据源的原始测报未经预处理之前就进行数据的综合与分析。

数据层融合一般采用集中式融合体系进行融合处理。这是低层次的融合，体现在数据量级上的变化上。即将多个表达同一类数据的数据源统一汇总，例如，对多个系统中都存在教育的信息、工作的信息进行统一汇总等。

(二)特征层融合

特征层融合属于中间层次的融合，它先对来自数据源的原始信息进行特征提取(特征可以是目标的边缘、方向、速度等)，然后对特征信息进行综合分析和处理。特征层融合的优点在于实现了可观的信息压缩，有利于实时处理，并且由于所提取的特征直接与决策分析有关，因而融合结果能最大程度地给出决策分析所需要的特征信息。

特征层融合一般采用分布式或集中式的融合体系。特征层融合可分为两大类：一类是目标状态融合；另一类是目标特性融合。即将同一个实体的多个特征合并，例如，通过身份证号或者企业的统一信用编码将多个委办局的数据拉通。

(三)决策层融合

决策层融合是通过不同类型的数据源观测同一个目标，每个数据源在本地完成基本的处理，其中包括预处理、特征抽取、识别或判决，以建立对所观察目标的初步结论，然后通过关联处理进行决策层融合判决，最终获得联合推断结果。

即存在多个数据描述同一个实体的同一个特征，需要通过特定的业务方法判断取用哪个数据源。例如存在多个数据表示学历，需要选取最高的学历作为最高学历，最新的学历数据作为最近学历。

六、数据标签管理

北京大数据标签体系建设以各部门、各主题应用的业务核心为中心，建立标签类目体系，体现数据标签设计的逐级抽象分层；要求对数据标签类目能够根据管理和服务的需求进行动态管理，在保障高效管理的前提下，满足业务的灵活适配。

北京大数据标签建立流程包括标签类目定义、变更和下线等流程，确保标签能灵活扩展、动态更新、迭代优化，从而实现标签管理的体系化与规范化。

北京大数据标签体系不仅是大数据各项分析与应用的基础，同时也是大数据模型、指标、监管等高级数据体系的支撑，所以，实现大数据标签动态管理，对整个大数据平台的有序建设具有意义重大。

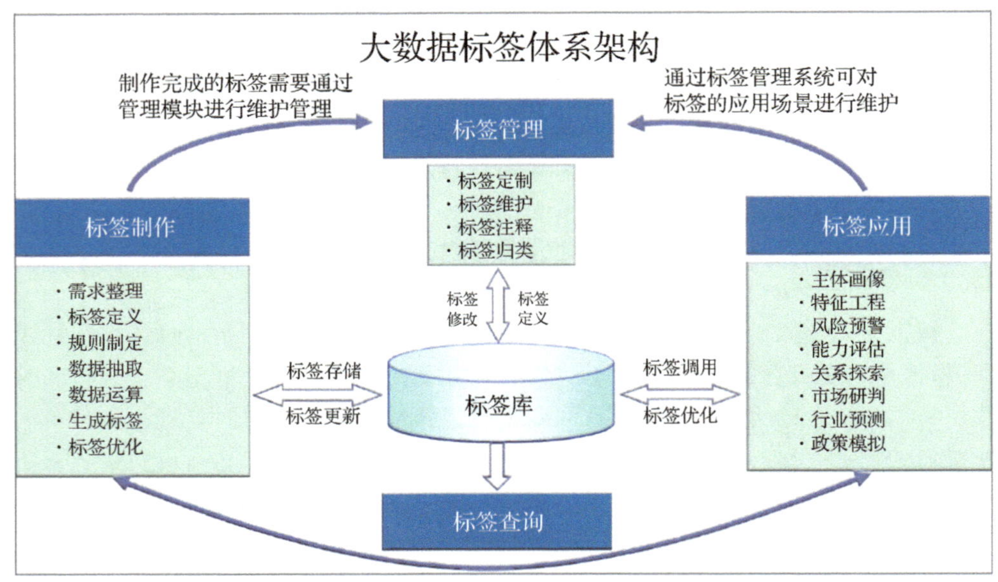

图 4-4　大数据标签体系架构图

标签库是标签的存储场所，供各个功能模块调用标签。

大数据标签制作模块是数据标签的生产车间，在标签制作模块中，数据标签经历从需求确认到最终生成的全过程，最终，制作生成的标签存储在标签库当中。

大数据标签应用模块是数据标签的应用场所，标签应用模块既是原始需求的生成地，更是最终标签在功能应用中的部署地，是整个标签体系存在合理性的根本。

大数据标签管理模块是对标签结果和应用的管理场所，通过标签管理模块，可以对标签质量、内容、定义和应用性进行维护管理，是整个标签体系的助推器。

大数据标签查询模块是标签体系的窗口，可通过标签查询模块对标签对象的数量、内容、标签规则等一系列标签情况进行检索，方便对标签的了解与掌握。

七、数据封装与服务化

治理后的数据、标签化的数据需要数据服务实现数据价值化的“最后一公里”，以便用户与上层应用快速获取和使用数据。数据服务包括数据接口封装和服务管理两大块内容。

(一)数据接口封装

将各种数据转换为 API 接口，包括主流数据库，如 Oracle、MySQL、SQLserver、Greenplum、PostgreSQL、Hive 等数据库类型；也包括对 HDFS 文件、FTP 资源的 TXT、XML、CSV 等多格式的文件类型的支持。

接口设计需遵从统一的接口规范，这是实现各部门现有信息化系统互联互通的重要保障。一方面，需要实现与已有信息化系统的对接；另一方面，需要有效支撑未来规划信息化系统建设。因此，数据接入接口体系对于打破现有“信息孤岛”，实现各类数据资源的采集交换共享及各项应用系统的深入融合至关重要。

数据服务传输接口是底层数据处理模块向高层数据展示模块传输数据的接口，其主要为系统设计的内部接口。

接口支持多源异构的数据库格式及协议，包括主流商用关系型数据库、Hadoop、WebService、FTP、HTTP、自定义协议接口等。

支持分布式异构数据交换，支持数据传输过程在单进程内完成，全内存操作，提供高吞吐量的数据传输能力；支持异构数据源的统一管理，统一的配置页面、统一管理、统一监控、统一调度；支持可视化数据流程调度，数据采集与交换任务状态的可实时、可视及数据采集问题报告等。

1. 接口通信方式

(1)同步请求/应答方式：客户端向服务器端发送服务请求，客户端阻塞等待服务器端返回处理结果。

(2)异步请求/应答方式：客户端向服务器端发送服务请求，与同步方式不同的是，在此方式下，服务器端处理请求时，客户端继续运行；当服务器端处理结束时返回处理结果。

(3)会话方式：客户端与服务器端建立连接后，可以多次发送或接收数据，同时存储信息的上下文关系。

(4)广播通知方式：由服务器端主动向客户端以单个或批量方式发出未经客户端请求的广播或通知消息，客户端可在适当的时候检查是否收到消息并定义收到消息后所采取的动作。

(5)事件订阅方式：客户端可事先向服务器端订阅自定义的事件，当这些事件发生时，服务器端通知客户端事件发生，客户端可做出相应处理。事件订阅方式使客户端拥有了个性化的事件触发功能，极大方便了客户端及时响应所订阅的事件。

(6)文件传输：客户端和服务器端通过文件的方式来传输消息，并做出相应处理。

(7)可靠消息传输：在接口通信中，基于消息的传输处理方式，除了可采用以上几种通信方式外，还可采用可靠消息传输方式，即通过存储队列方式，客户端和服务器端来传输消息，采取相应处理。

2. 接口的接入安全性保障

(1)接口的安全是系统安全的一个重要组成部分。保证接口的自身安全，通过接口实现技术上的安全控制，做到对安全事件的“可知、可控、可预测”，是实现系统安全的一个重要基础。

(2)根据接口连接特点与业务特色，制定专门的安全技术实施策略，保证接口的数据传输和数据处理的安全性。

(3)系统应在接入点的网络边界实施接口安全控制。

(4)接口的安全控制在逻辑上包括：安全评估、访问控制、入侵检测、口令认证、安全审计、防恶意代码、加密等内容。

3. 接口的传输控制

系统应采用传输控制手段，利用高速数据通道技术，把前端的大数据量并发请求分发到后端，从而保证应用系统在大量客户端同时请求服务时，能够保持快速、稳定的工作状态，降低接口网络负担，提高接口吞吐能力，保证系统的整体处理能力。具体手段包括负载均衡、伸缩性与动态配置管理、网络调度等功能。

(1)负载均衡：为了确保接口服务吞吐量最大，接口应自动地在系统中完成动态负载均衡调度。

(2)伸缩性与动态配置管理：由系统自动伸缩管理方式或动态配置管理方式实现队列管理、存取资源管理，以及接口应用的恢复处理等。

(3)网络调度：在双方接口之间设置多个网络通道，实现接口的多数据通道和容错性，保证当有一网络通道通信失败时，进行自动的切换，实现接口连接的自动恢复。

(二)数据服务管理

数据服务管理是为数据提供者开放的数据服务的相关管理，包括对数据产品的安全管理、服务注册以及服务的审核功能。

1. 数据资源服务授权

对于以 API 接口服务方式提供的服务，可以在配置下发或获取方式的时候指定数据范围，系统自动生成接口的授权，访问者只有根据该授权才能获取到数据。

2. 数据资源服务注册

系统提供对发布成功的 API 接口的注册功能，在注册成功后该接口能被其他用户进行调用。

3. 服务审核发布

平台提供产品发布审批流程，需要主管负责人对产品审核后才可发布成功，最大程度保障数据的安全。

服务获取申请记录，当数据目录中有此产品时，提供基于产品的获取申请。申请审核流程的模板可以根据业务需要进行设计。

第 3 节　北京市数据治理实践

自 2018 年 4 月北京市全面启动实施北京大数据行动计划以来，北京市在大数据治理方面不懈努力，一直进行着创新性的探索与实践。目录区块链不仅成为全市大数据行动计划的“定海神针”，更是改善营商环境等重点应用不可或缺的“神来之笔”。北京大数据标签体系建设以各部门、各主题应用的业务核心为中心，建立标签类目体系，体现数据标签设计的逐级抽象分层。通过数据治理，大数据平台支撑北京市上百项市区核心业务应用。

一、北京市目录区块链应用

北京市始终高度重视区块链、大数据等新技术、新模式的应用，创造性地将区块链的理念和技术与北京政务信息资源的共享、开放、应用实践有机结合在一起，针对共享难、协同散、应用弱等长期桎梏问题，利用区块链将全市 53 个部门的职责、目录以及数据高效地协同联结在一起，打造形成了职责为根、目录为干、数据为叶的目录区块链系统，为全市大数据的汇聚共享、数据资源的开发利用以及营商环境的改善提升等提供了支撑、创造了条件、营造了环境。

一方面，北京市委编办、市经济和信息化局、市财政局等部门协力攻关，严格依据部门职责确定部门数据责任，实现职责—目录—数据的强关联、严绑定，为数据、系统、应用上了“户口”，解决了数据缺位、越位的问题；另一方面，建立健全全市三位一体的目录体系，依托目录区块链将部门间的共享关系和流程上链锁定，建构起数据共享的新规则、新秩序，共享单元下沉定位到“处室”，为共享、协同、整合立了“规矩”，解决了数据流转随意、业务协同无序等问题；最后，所有的数据共享、业务协同行为在“链”上共建共管，无数据的职责会被调整，未上链的系统将被关停，建立起了部门业务、数据、履职的全新“闭环”，解决了应用与数据脱节、技术与管理失控等问题。

总体上，通过“上户口”“立规矩”“建闭环”等系列组合拳的运用，基本形成了一整套基于区块链、大数据的数据共享新格局、数据应用新机制和数据治理新秩序，在特大型城市管理、社会治理和民生服务等重点应用中成效显著。

(一)目录区块链解决共享难题

在信息化发展的过程中，无论是政府、企业还是社会、民众，都普遍面对一个老生常谈却又始终存在的大难题：想要的信息找不到，找到了拿不到，拿到了用不了。比如，市水务局想要市规划和自然资源委“建设用地规划许可证”和“建设工程规划许可证”两项数据，用于支撑其供排水接入营商环境的政策措施落地。在以往，这是一个非常复杂的问题。首先，市水务局要确定这两项数据在哪个部门；其次，数据供需双方要进行反复沟通，甚至“谈判”。市规划和自然资源委会担心：怎么给数据才安全？后续的持续供给需要花费多少工作量？数据给出去到底用在哪儿了？市水务局也会担心：沟通协调需要多长时间？获取的数据质量可不可靠？等等。很多时候，由于协调时间过长，共享流程也就无疾而终了。久而久之，共享行为处于“要得随意、给得为难”的尴尬境地，既是瓶颈、又是鸡肋，效率效能无从谈起。

10分钟，是北京交出的新答卷。2019年10月，首个线上数据共享流程依托目录区块链开启，市水务局对市规划和自然资源委以上两项数据的共享，申请、授权、确认、共享、使用等各环节均在目录区块链管控下自动执行，10分钟内完成共享。这波神奇的操作是如何做到的？关键就是三个字——区块链。自2018年以来，市经济和信息化局、市委编办和市财政局牵头政府各相关部门，以职责为根基，逐条梳理建立“职责目录”，通过与“职责目录”一一对应形成全市“数据目录”一本大台账，利用区块链的分布式存储、不可篡改、合约机制等特点，建立起北京市目录区块链，将各部门目录上链锁定，建立职责、系统、数据之间的对应关系，实现了数据变化的实时探知、数据访问的全程留痕、数据共享的有序关联。由此，在根本上解决了数据共享难题，提升政府内部工作效率的同时，为“放管服”等营商环境改革提供了有效的数据支撑和规则保障。①

（二）“数据专区”创新解决数据使用难题

2019年9月，有两家企业先后获得了300万元和100万元的银行授信，相比传统贷款，这两笔贷款还款方便利率低、方式灵活额度高，并且还贷期长压力小，这就是政采供应链融资产品——“政采贷”，其背后使用了北京市政府的共享数据。这涉及数据共享的另外一个难题：在敏感数据尚无法全方位、无条件向社会开放的情况下，如何对确有需要的社会机构实现安全共享呢？以往，政府会将各部门可开放的各类数据在北京市政务数据资源网进行集中开放，但数据内容和质量距离市场的需求远远不够。例如，企业融资问题一直是经济发展中的重难点问题，企业在发展过程中时刻都在产生各种数据，涉及金融、工商、司法、信用等各领域，而这些数据往往分散在政府各部门，如何将这些数据有效集中起来为企业画像成为关键。谁来画？怎么画？数据如何输出？安全问题怎么解决？……

“数据专区”，是这一系列问题的答案。这是北京市利用目录区块链开展的另

① 《北京打造“目录区块链”10分钟解决数据共享难题》，载《新京报》2019年11月4日。

一个创新探索，目的就是针对金融、医疗、交通、教育等数据热点需求领域，推进政府数据的社会化利用。以“金融数据专区”为例，北京市在北京市大数据平台上专题开辟“金融数据专区”，并将其作为北京市政务数据在金融领域社会化利用的统一接口，通过目录区块链将政、企两端的数据统一管控、授权共享，打通企业应用和政府管理之间的数据壁垒，在确保安全的前提下充分释放“数据红利”，前述两笔快速授信的完成就得益于“金融数据专区”的数据共享。依托目录区块链，“金融数据专区”有效共享了政府数据的“使用权”，打造了“政采贷”产品，相关合作银行通过对政府采购历史交易情况进行评估画像，为有需求的企业提供授信。下一步，“政采贷”将逐步推广，进一步丰富北京地区小微企业信用类贷款产品种类，不断提升全市小微企业金融服务水平。

(三)关键应用助力营商环境改善

大数据给民众带来了什么“获得感”？这是大家普遍关心的，也是大数据人的“初心”所在。事实上，在北京市诸多城市治理改善、便民服务提升的作为中，都有目录区块链和大数据的身影。

北京不动产登记“一个环节、一天办结”。原来，这个业务涉及交易、缴税等 4 个环节，需要 5 天时间，还需要提供户口本、结婚证等一大堆纸质材料。现在，只要登录“北京市不动产登记领域网上服务平台”或者到不动产登记大厅就可以体验方便快捷的新流程，且只有一个环节、一次即可办结。这背后，是目录区块链调度下的全市各部门数据有序运转。通过“链”上实时调用公安、民政等多个部门的户籍人口、社会组织等标准数据接口，实现了减材料、减流程、减时间。

办理建筑许可审批时间大幅压缩。据 2019 年世行报告，北京建筑许可办理时间压缩了 32%，环节压缩了 18%，排名相当于从 2018 年的 132 位跃升至 32 位，提高 100 位，实现了跨越式的提升。实际上，自 2017 年 12 月起，北京市就通过大数据平台共享了建设工程规划核验、建设规划许可证信息等 20 类数据，对压缩建筑许可审批时间提供了有力支撑。如今在目录区块链的统管下，共享完成了闭环的最后一步，从供方的质量提升、到需方的应用反馈，大数据在场景下沉中惠及民生的“最后一米”。

“12345”实现“接诉即办”。“民有所呼，我有所应”，“12345”便民服务热线如今已成了不少市民遇到难题的第一选择。如何做到“接诉即办”？其间关键是数据、要害在关联。借助目录区块链，北京市将“街乡吹哨、部门报到”“接诉即办”的后台数据在民众和政府之间、在部门和街乡之间形成“链接”，依职责完成打通。民众诉求得以准确地派达到责任部门和具体工作人员，减少了以往人工派单流转过程中的推诿扯皮现象。同时，利用大数据、人工智能技术对“12345”接诉、派单、办理等情况进行关联分析、比对，服务效率效能以及精准化程度得到大幅提升。

破解道路停车难题。为解决路侧停车现场议价、黑收费、乱收费等问题，改善停车秩序，北京市逐步实现道路停车电子收费，并纳入政府非税收入管理，为广大市民提供车位查询、停车缴费、电子票据开具等服务，停车入位、停车付费、违停受罚的观念逐步普及。小小的停车、大大的问题，根治顽疾的背后，是目录区块链调度下涉及路段、车位、车辆、管理员、缴费、票据等一系列“人一企一物”数据的联动。

凡此种种，不胜枚举，但目标始终唯一，那就是“数据多跑路、百姓少跑腿”。北京市在实现“马上办、网上办、就近办、一次办”的北京效率实践中，在兑现“有求必应、无事不扰”的北京服务过程中，目录区块链的身影无处不在，已成为北京大数据行动计划的“定海神针”，时刻彰显着北京的“大数据力量”。

营商环境没有最好，只有更好。习近平总书记强调，要利用区块链技术探索数字经济模式创新，为打造便捷高效、公平竞争、稳定透明的营商环境提供动力。在这条新赛道上，北京在已初步完成布局和探索的基础上，将继续秉持“初心即民心”的理念，一如既往、坚定不移地走下去。下一步，北京市将在深化拓展目录区块链应用的基础上，加快建设以信用、证照等核心政务数据为代表的数据区块链，并通过集成多方安全计算、联邦计算等新技术范式，夯实大数据和区块链安全保障体系，在国家科技创新中心建设的征程上，不断完善区块链、大数据集成创新的“北京模式”。

二、北京市大数据标签体系设计

北京大数据标签体系建设要求对数据标签类目能够根据管理和服务的需求进行动态管理，在保障高效管理的前提下，满足业务的灵活适配。形成多类标签层级结构及打标规则，指定打标对象及相关标准。把大数据平台的元数据属性、数据分级分类等管理类属性与数据资源、委办局进行关联，形成基础类标签视图。把大数据平台的数据库访问方式、数据表模型、数据字段含义进行业务语言描述，形成库表映射标签视图。通过对字段内容的关联分析和模型算法分析，形成数据标签的标签视图。

(一)建立标签体系

北京大数据标签类目建立流程主要包括标签类目定义、变更和下线等流程，确保标签能灵活扩展、动态更新、迭代优化，从而实现标签管理的体系化与规范化。

(二)标签体系管理

北京大数据标签体系不仅是大数据各项分析与应用的基础，同时也是大数据模型、指标、监管等高级数据体系的支撑，所以，实现大数据标签动态管理，首先对整个大数据平台的有序建设意义重大。

标签库是标签的存储场所，供各个功能模块调用标签。

大数据标签制作模块是数据标签的生产车间，在标签制作模块中，数据标签经历从需求确认到最终生成的全过程，最终，制作生成的标签存储在标签库当中。

大数据标签应用模块是数据标签的应用场所，标签应用模块既是原始需求的生成地，更是最终标签在功能应用中的部署地，是整个标签体系存在合理性的根本。

大数据标签管理模块是对标签结果和应用的管理场所，通过标签管理模块，可以对标签质量、内容、定义和应用性进行维护管理，是整个标签体系的助推器。

大数据标签查询模块是标签体系的窗口，可通过标签查询模块对标签对象的数量、内容、标签规则等一系列标签情况进行检索，方便对标签的了解与掌握。

(三)标签生成

标签制作是整个标签体系的基础，它涵盖了需求整理、标签定义、规则制定、数据抽取、数据运算、生成标签和标签优化等多个制作环节，是实现标签从无到有的过程。

1. 标签准备过程

标签制作的准备过程需要经历需求整理、标签定义、规则制定三个环节。这三个环节中，需求整理工作决定了标签的存在基础，是标签因何制作、制作为何的具体缘由；标签定义环节完成对标签的命名和简要分类；规则制定环节基于需求内容，对应建立复杂的规则库，根据规则的难度水平，分别得到基于直观事实、统计加工、模型挖掘、组合定义等类别的标签规则，为后续标签制作提供依据。

2. 标签制作过程

标签制作过程需要通过数据抽取和数据运算两个环节完成，其中数据抽取的关键是建立数据关联关系的事实维度表，将制作标签需要的数据内容汇聚到一起；数据运算是标签的生产过程，依据标签规则和运算等级不同，标签共有四种运算获取方式：直观事实、统计加工、模型挖掘、组合定义，通过不同运算等级获取的标签，应用层级也大不相同。

3. 标签验证过程

标签验证过程主要是将生成的标签存入标签库中后，对标签的准确率、覆盖率进行抽查验证，查找规则遗漏，保证标签的合理性。

（四）标签库

标签存储模块即为标签库，是整个大数据标签体系的核心，所有制作完成的标签都在标签库中分类存储。同时，标签库中对每一个标签都进行了再标签化，不仅便于其他体系功能对标签的实时调取查询应用，更便于对既有标签的差异化管理。标签库中的标签将根据运算复杂性进行不同时间周期的定时更新，保证标签内容的实时性。

（五）标签应用类型

标签应用模块为标签体系的虚拟化组成模块，它包括一系列由标签所引申出的功能和应用，主要由以下两部分组成。

1. 标签直接功能应用

有一部分功能应用，其核心内容需要对标签进行直接调取使用，借助调用的标签来实现功能的核心价值，包括以下应用：

(1)主体画像

主体画像的核心内容就是主体的典型标签集，通过典型标签可以清晰地刻画出主体情况，画像功能是标签最主要的应用。

(2)特征工程

特征工程的核心内容就是找到目标的特征标签和权重系数，标签的质量是决定特征准确性的最主要影响因素，建立项目特征和清单特征是特征工程在政务大数据领域最主要的应用。

(3)智能检索

智能检索功能的核心是检索关键字(即内容标签)的制作，通过标签可实现各种检索需求精准匹配。同时，智能检索功能所应用的标签，大部分都是非预设标签，依赖于标签的自动生成。

(4)风险预警

风险预警功能的主要内容为当前业务状态是否触发预警的阈值，阈值就是整个功能的核心，一个阈值就是一个标签，此类标签由于应用性极强，并且涉及的数据面较广，所以在生成标签的过程中，普遍均为模型类标签。

(5)市场研判

在政务大数据领域，市场研判功能将更偏向于对市场和行业指数的研究，而各类指数的实现，其本质也是建立指标类标签，这类标签的生成，将会更加依托于外部经验、知识、理论的集成。

(6)能力评估

能力评估功能的建设对象更偏向于主体、专家和从业人员，评估的标准量化参数其核心也是标签，通过建立多维度关联数据标签，可达到量化评估的应用目的。

2. 标签间接功能应用

还有一部分功能应用，其核心内容虽不是直接依赖于标签，但标签在功能的组成部分中发挥着重要的隐形作用，包括以下应用：

(1)关系探索

关系探索功能其核心虽是基于主体间历史行为交互数据的知识图谱，但在进行关系溯源的时候，借助一些典型关系标签，可很好地对数据关系进行分类处理，使关系探索功能的鲁棒性(Robustness)更强，得到的关系结论也更有典型意义。

(2)行业预测

行业预测功能主要内容虽是建立数据的时序模拟模型，但是在建立数据模型的时候，需要借助一些行业数据标签进行参数约束，防止数据建模时形成过度拟合，所以标签对预测功能的作用也不可忽视。

(3)政策模拟

政务大数据领域的政策模拟功能，主要是针对一些政策和办法进行假设检验，而假设检验的基础就是对一些参数标签进行数据变换，通过标签的差异性来模拟整体的作用效果。

(4)过程监督

价值挖掘功能对标签的使用不是很显性，大部分过程监督内容为一些直接数据项，不需要数据标签的介入，但在一些特定场合，例如，数据项过多，需要融合标签化处理，或者数据项较为冷僻，需要转义为标签，这时标签就会表现出较为明显的作用。

(六)标签归类

标签管理模块主要是供非数据工程师类分析人员和业务人员进行标签管理的模块，与标签应用模块不同，标签管理模块是标签体系的具化模块，它包含标签定制、标签维护、标签注释、标签归类等多项功能，其主要功能如下：

1. 标签定制

通过标签定制功能，相关人员可以定制新的数据标签，包括标签的名称、标签规则、标签分类和标签用途等，这样就能极大丰富标签的内容体系，提升标签应用效率。

2. 标签维护

标签维护功能是标签管理模块的核心功能，相关人员可通过标签维护功能，查看每一个标签的命名、定义、规则和使用场景，同时对一些合理性存在问题的标签进行修改，帮助数据人员对标签进行合理性优化。

3. 标签注释

标签注释功能是指对标签应用场景的注释，相关人员可以通过对标签应用能力的注释，提升其他人员对该标签的理解记忆，优化标签场景应用的规则普遍性，最终提升标签的应用能力。

4. 标签归类

标签体系下的标签数据量极为庞大，标签库从结构到容量都超出了普通数据库的范畴，所以，可通过标签归类功能对标签进行精准管理，通过分类、建立标签的标签等方式，实现标签的有序管理。

(七)标签查询

在标签的使用场景中，使用频次最高的为对每个标签下数据内容和数据条数的汇总、对同类标签下不同数据内容的对比、对某个标签类别下整体数据分布情况的查看，而这些都严重依赖于标签查询模块，通过标签查询模块，可最直观地了解“打”标签后数据结果情况。

1. 单一标签查询

通过单一标签查询功能，可以精准地查找到具有该数据标签的数据记录条数和不同标签值下数据量的对比。

2. 组合标签查询

通过组合标签查询功能，我们可以在某个标签查询结果下，进一步探索同样拥有另一标签的数据表现情况。

3. 同类标签查询

我们可以对确定的目标主体使用同类标签查询功能，例如，查找与该目标主体具有项目标签集的其他主体情况，如查询相似企业、查询同类项目、查询相似专家、查询相似货物、查询相似清单等。

标签审核提供新建标签完成之后的审核功能，用来确保标签高质量、高效率地提供服务；新建标签必须通过审核以后才能够使用。审批功能需有任务通知提醒，并生成审核日志备查。

更改标签的名称、解释、口径等信息，升级标签的版本号，版本号从 1.0 开始记录。

(八)数据分级规则

数据分级的对象是各级行政机关、公共企事业单位和其他组织、社会企业(以下统称“数据提供单位”)在履行职责和提供服务过程中获取和制作的，以电子化等形式记录和保存的各类数据。

数据分级共分为四级，是按照一定的原则、方法和流程将数据分为四个等级，从而为数据开放共享和安全策略的制定提供支撑的过程。

1. 分级原则

分级防护，促进应用。通过对数据进行分级，推动建立基于分级的数据全生命周期安全防护体系，确保在安全可控的环境下，促进数据充分共享和有序开放。

自主分级，参考判例。数据提供单位应该按照本规范的分级方法自主对数据进行分级；当已有类似的数据分级案例时，应参考类似案例进行分级。

2. 分级描述

综合考虑数据发生泄露、篡改、滥用后的影响对象、影响范围、影响程度，将数据划分为四级。具体描述如下：

(1)第一级，数据发生泄露、篡改、滥用后，对单一党政机关、公共服务机构、其他机构和自然人造成一般影响。

(2)第二级，数据发生泄露、篡改、滥用后，对单一其他机构造成严重影响，或对多个其他机构和自然人造成一般影响。

(3)第三级，数据发生泄露、篡改、滥用后，对单一党政机关、公共服务机构、自然人等造成严重影响，或对多个党政机关、公共服务机构造成一般影响。

(4)第四级，数据发生泄露、篡改、滥用后，对单一党政机关、公共服务机构、其他机构、自然人造成特别严重影响，或对多个党政机关、公共服务机构、其他机构和自然人造成严重或特别严重影响。

表 4-1　分级要素与级别的关系

数据等级	影响对象	影响范围	影响程度
一级	党政机关/公共服务机构/其他机构/自然人	单一对象	一般影响
二级	其他机构	单一对象	严重影响
	其他机构/自然人	多个对象	一般影响
三级	党政机关/公共服务机构/自然人	单一对象	严重影响
	党政机关/公共服务机构	多个对象	一般影响
四级	党政机关/公共服务机构/其他机构/自然人	单一对象	特别严重影响
	党政机关/公共服务机构/其他机构/自然人	多个对象	严重或特别严重影响

三、数据治理支撑共享应用

通过大数据平台，以数据、标准接口、专题分析等多种方式，向54个市级部门和16个区提供了数据共享，日均共享数据近3亿条，支撑了领导驾驶舱、一网通办、疏解整治促提升、社会信用、反恐维稳等十余项全市重点主题应用，及财源建设、不动产登记、楼宇经济等上百项市区核心业务应用，为世园会、国庆阅兵等十余次重大活动提供保障。

从数据共享支撑的应用场景上看，主要有综合性的领导决策、多部门的领域应用、单部门的业务应用、阶段性的专题保障等四种类型。

（一）支撑领导综合决策

以综合展现和专题分析为重点。2019年5月起，通过大数据平台向领导驾驶舱共享了市发展改革委的粮油肉蛋菜价格、市应急管理局的突发事件、市政务服务局的“12345”热线等16个市级部门的110类城市运行基础数据，支撑领导驾驶舱热点专题及城市运行监测指标体系建设；同时，共享电信运营商的人口动态监测、千方科技的进出京货车、一卡通的交通运行指数、美团的夜间经济、中国经济信息社的世行营商环境等社会数据，重点为领导驾驶舱提供专题分析服务。

（二）支撑领域重点应用

以跨部门、跨层级的协同联动为重点，具体包括汇聚共享、核实比对、专区融合等三种模式。

1. 汇聚共享模式

支撑了城市规划建设运行管理、疏解整治促提升、政务服务、反恐维稳、应急管理、社会信用、网上公安、生态环保、交通治理、全民健康等十余项重点主题应用。如：

（1）“疏解整治促提升”专项行动（市发展改革委牵头）：2018年9月起，通过大数据平台共享了市规划和自然资源委等17个市级部门的49类政务数据，及电信运营商的23类社会数据，有效支撑了专项行动中各类任务的综合分析研判与指挥调度。

（2）“一网通办”主题（市政务服务局牵头）：2018年1月起，通过大数据平台共享了市发展改革委、市住房城乡建设委等15个市级部门的90类政务数据；同时支撑了28个市级部门和5个区与市政务服务局之间的统一行政审批过程数据交换，有效提升了“数据多跑路、百姓少跑腿”的“获得感”。

（3）反恐维稳主题（市公安局牵头）：2016年12月起，通过大数据平台共享了市人力社保局等14个市级部门的社保、医保、公积金等200多类政务数据，有效支撑了市反恐情报信息平台建设及反恐、维稳、侦查、查控等业务应用开展。

2. 核实比对模式

支撑了小客车调控、限购房调控、积分落户、出入境证件办理、案件联合执行等数十项重点主题应用。如：

(1)小客车调控(市交通委牵头)：通过大数据平台支撑了市交通委与市公安局、市税务局、市人力社保局、市市场监管局之间的购车申请人资格审核数据共享，有效提升了小客车数量调控工作的审核效率和服务质量。

(2)积分落户(市人力社保局牵头)：通过市级大数据平台支撑了市人力社保局与市公安局、市教委、市税务局、市规划和自然资源委、市住房城乡建设委、市科委、市税务局之间的落户申请人资格审核数据共享，有效支撑了积分落户申请人指标测算工作。

3. 专区融合模式

2019 年 8 月起，通过大数据平台支撑首个数据专区——"金融数据专区"的建设和应用，共享了市财政局、市市场监管局等 18 个市级部门的 87 类政务数据以及 7 个市级部门的 14 个数据接口，并通过"金融数据专区"向海淀续贷中心提供 7 个数据接口服务，打通政企之间的数据融合应用，加速释放"数据红利"。

(三)支撑内部业务应用

以部门(区)内部的核心业务支撑为重点。通过大数据平台，支撑了市财政局的财源建设、市规划和自然资源委的不动产登记、市统计局常住人口统计、市城管执法局重点区域人流监测、海淀区的区块链试点和"城市大脑"等上百项市级部门和区的核心业务应用。如：

1. 财源建设(市财政局)

2019 年 8 月起，通过大数据平台共享了市科委的高新技术企业、市民政局的社会组织、市规划和自然资源委的不动产登记等 7 个市级部门的 18 类政务数据，有效支撑了重点财源收入分析和财政资源的合理配置。

2. 区域治理与服务(海淀区)

2019 年 8 月起，通过大数据平台共享了市公安局的居住证、市税务局的纳税信用登记评价结果等标准数据接口，及市城市管理委的建筑垃圾运输车辆准运许可等政务数据，支撑海淀区区块链试点及"城市大脑"建设(渣土车专项治理等)，提升"海淀通"亮证服务和海淀智能办平台应用服务。

(四)支撑重大活动保障

以特定时间和特定空间内的专题整合和连续保障为重点。通过大数据平台，为中非合作论坛、世园会、国庆阅兵等系列重大活动提供保障。

1. 国庆 70 周年保障

2019 年 9 月起，通过大数据平台，为天安门管委会共享了瞬时人流量、流入用户来源、流出用户去向等3类社会数据及全市人口分布热力图，重点支撑了国庆期间重大活动监控，并提供7×24小时数据保障；为市园林绿化局共享了游客出现量及归属、区域停留时长等51类社会数据，重点支撑了天坛公园等13个重点公园的游园动态监测和人群聚集预警服务。

2. 世园会保障

2019年1月起，通过大数据平台，向延庆区共享了市生态环境局、市文化和旅游局、市应急管理局等10个市级部门的83类政务数据，有效支撑了世园会筹备和运行期间的公共安全、交通出行和城市运转保障。

第5章 北京市大数据平台

北京大数据行动计划要求通过不断完善大数据平台基础设施，推进系统入云和数据汇聚融合，深化大数据创新应用，从而充分发挥大数据技术对政府创新、城市管理方式转变的促进作用，为构建高精尖经济结构、建设国际一流的和谐宜居之都提供有力支撑。

北京市大数据平台是北京大数据行动计划“四梁八柱深地基”总体设计框架中的“地基”核心，是支撑北京大数据建设的重要基础设施。平台依托互联网、政务网、局域网和专网，与国家平台、领域平台、区级平台和社会数据形成数据吸纳反哺机制，形成大数据“汇管用评”四位一体管控体系，为北京市大数据建设提供基础计算能力、数据治理、共性组件等技术和部件，实现全网络、全流程、全集约、全通道的综合支撑能力。

本章分七节，分别介绍了北京市大数据平台的总体设计及其功能，阐述了大数据平台实现“四全”能力建设目标、提供三类资源服务体系、支持四种服务模式的建设成果，大数据平台的发展愿景及实践和北京市的市级政务云的建设情况。

第1节 大数据平台总体设计

一、设计思路

依据北京大数据行动计划“四梁八柱深地基”总体设计框架要求，作为“深地基”核心的北京市大数据平台确立了“4－3－4”的建设目标，即具备“四全”能力、提供三类资源服务、支持四种服务模式。

(一)“四全”能力

“四全”能力即全网络、全通道、全流程和全集约，是北京市大数据平台的核心目标。

全网络覆盖能力是指实现大数据平台与政务专网、政务内网、政务外网、互联网联通，实现对政务数据和互联网数据的汇聚，进而实现数据在政府各部门之间、各层级之间、政府与社会之间的共享，充分发挥大数据的价值和作用。

全通道支撑能力是指打通政府内部、政府与社会之间的数据通道，对内实现数据从国家到北京市、市级到各区之间的纵向共享以及市级各部门之间的横向共享；对外实现数据从政府内部向社会的开放，以及从社会向政府部门的汇聚，双向互补。最终，形成内外部横向、纵向和网络化全通道连接，促进数据应用价值的提高。

全流程管控能力是指北京市大数据平台不仅是数据的共享通道，更是各类政务数据和社会数据集中加工融合、创新应用的基地，需要实现数据从汇聚、治理、管理到服务全生命周期的全流程管控。

全集约能力是指作为各类政务应用的数据中台和技术中台，北京市大数据平台统筹数据资源、计算资源和大数据共性组件，为各部门提供大数据应用的“最大公约数”服务，推动北京市各部门业务应用系统建设模式的转变。

(二)三类资源

三类资源服务是北京市大数据平台的主要服务内容，包括数据资源、计算资源和大数据共性组件服务。数据资源服务主要包括各类政务数据、社会数据的原始成果以及各类衍生产品服务，如人、企、物和空间等基础库服务，信用、应急等各类主题库服务，面向相关应用场景的模型、指标成果服务等等。计算资源服务可为全市各部门应用提供基础存储和计算服务，提高计算资源的利用率，降低运行成本。大数据共性组件服务提供“积木式”功能服务，使全市各部门应用建设简单、快捷、高效。

(三)四种服务模式

四种服务模式是北京市大数据平台为各应用提供数据服务的方式方法。各部门业务应用系统依托北京市大数据平台的建设模式可分为共享交换模式、数据接口模式、融合共建模式和全集约模式，其中后三种模式属于服务的主流发展方向。共享交换模式是将大数据平台作为数据流转通道的传统数据调度模式。数据接口模式是通过 API 接口服务的形式向各部门业务应用提供在线服务。融合共建模式是指利用多租户、沙箱、联邦计算等技术，支撑各类跨节点、跨库的多方数据融合计算分析应用。全集约模式是部门业务应用系统的构建全部依托大数据平台能力，真正实现应用与大数据平台的紧密共生。

二、总体架构

(一)大数据平台架构

大数据技术能力体系是北京市大数据平台体系顶层设计方案的重中之重，落脚点就是北京市大数据平台的核心基础设施，从功能角度出发，将北京市大数据平台划分为九个子平台，包括共享交换平台、存储平台、清洗平台、社会数据平台、数据开放平台、共性应用平台、应用支撑平台、安全平台和管理平台，为上层业务应用提供充足可靠的数据资源服务，为使用大数据平台的各委办局、各区提供标准化、可视化的数据应用开发集成环境和应用管理支撑环境，实现业务应用标准化开发、部署和管理，快速、自动响应业务需求。总体功能架构如图5-1所示：

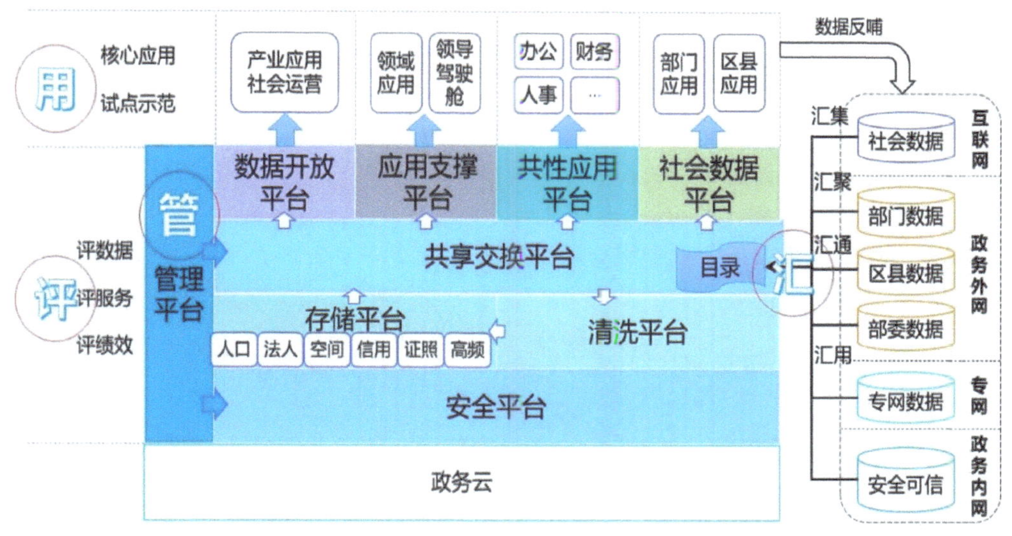

图 5-1　大数据平台总体功能架构图

（来源：《北京市大数据平台体系顶层设计报告》）

(二)大数据平台能力

1. 数据汇聚

大数据平台提供数据交换传输、数据适配、元数据采集、数据整合、桥接、数据探针等服务功能，依托目录区块链实现数据的按需汇聚、更新。

2. 数据管理

为简化数据治理、确保数据安全、全面数据管控、统一数据规范，大数据平台提供数据管理服务，数据管理过程为把原始层数据去除错误后形成原始标准层，原始标准数据关联融合后形成基础/主题层，之后通过模型分析形成模型、指标层。具体功能包括数据治理、数据标签、数据与算法开发、数据存储、数据计算功能。

3. 数据应用

数据应用服务是指对平台的数据、计算资源、共性组件等进行统一的管理，实现统一注册、统一发布、统一授权、统一监控，为各类用户提供服务，支撑其由现有共享交换模式和 API 服务模式步入融合共建、全集约服务模式，让各部门建设应用系统更加简单、高效、低成本，尽可能地减少、减弱大数据时代的“信息烟囱”和“信息孤岛”。

4. 数据评估

围绕职责、数据、系统三大管理对象，结合数据确权、项目评审经费、云资源使用、数据质量、数据共享开放、系统整合度、系统对外关联度(共享其他部门数据情况)等指标，用大数据思维对职责、数据、系统进行多维度多层次评估、全面评价，对每条职责、每类数据、每个系统及每个部门的信息化总体情况进行精准地“刻画”。

(三)大数据平台关系

1. 平台内部关系

如上所述，北京市大数据平台内部可分为九个子平台，九个子平台的相互关系如图 5-2 所示：

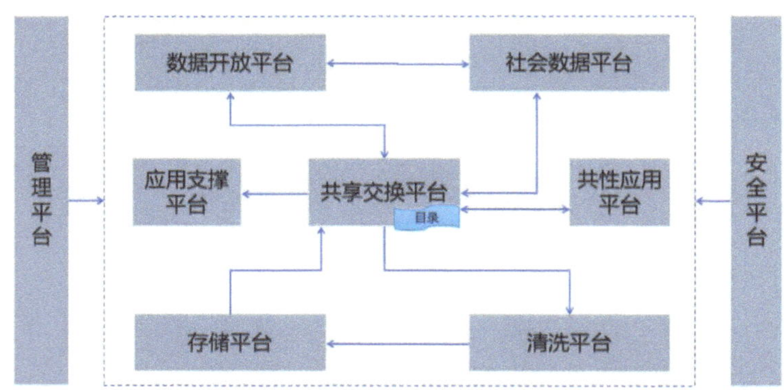

图 5-2　大数据平台内部关系图

(来源：《北京市大数据平台体系顶层设计报告》)

(1)共享交换平台与清洗平台、存储平台的关系

共享交换平台是实现跨层级、跨部门之间数据汇聚和交换的枢纽。数据通过共享交换平台后先经过清洗平台实现数据的加工和治理，最终落地到存储平台。

(2)共享交换平台与共性应用平台、应用支撑平台的关系

共性应用平台与应用支撑平台基于共享交换平台实现对数据的访问，同时二者的业务数据和行为数据通过共享交换平台反馈到存储平台，通过数据挖掘分析后进一步指导共性应用平台和应用支撑平台的优化。

(3)共享交换平台与社会数据平台、数据开放平台的关系

共享交换平台同时是社会数据平台和数据开放平台数据汇聚和访问的通道，社会数据通过共享交换平台接入汇聚到社会数据存储库，面向业务专题形成各类专题库；数据开放平台通过共享交换平台将可以开放给社会的数据同步到互联网

的开放数据库供企业和公众使用。

(4)安全平台和管理平台在大数据平台中的作用

安全平台的目标是保护大数据权属性、保密性、脱敏性、可追溯性等安全特性，实现大数据平台的"可管、可控、可信"。管理平台是大数据平台系统管理、安全管理和系统运维的统一入口，面向大数据平台的各类用户提供系统配置、资源监控、资源调度、权限管理、监控检查、系统审计等相关功能。安全平台和管理平台贯穿于其他各平台，对平台安全、管理涉及的工作进行全方位的对接。

2. 平台外部关系

北京市大数据平台作为北京大数据行动计划体系中的核心基础设施，部署于北京市政务云，对接国家数据共享交换平台、市级各部门业务系统和专网系统、区级大数据平台。同时，为社会企业提供数据开放接口，实现社会数据统筹采买和数据应用的社会化开发。大数据平台与其他外部平台关系如图 5-3 所示：

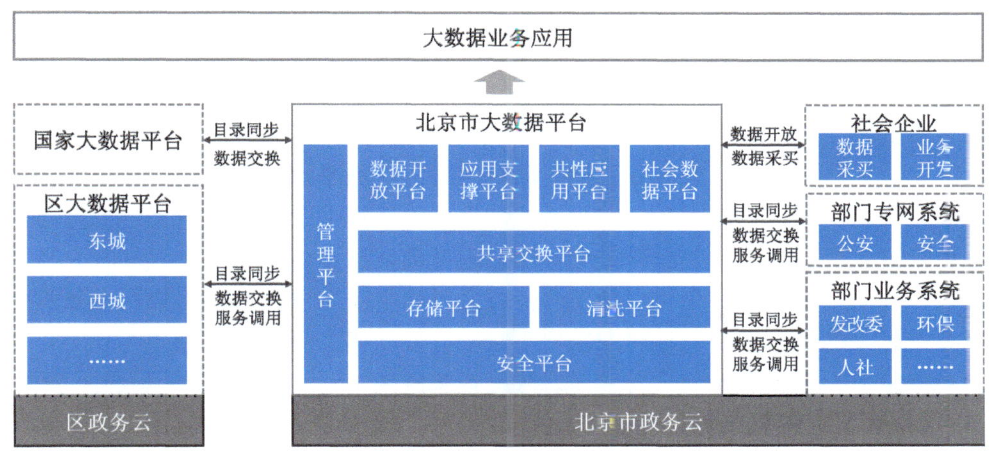

图 5-3　大数据平台外部关系图

(来源：《北京市大数据平台体系顶层设计报告》)

(1)大数据平台与政务云

北京市政务云由市统一组织建设，集中提供基础的 IaaS 云服务，各委办局业务系统迁入北京市政务云后，继续保持系统间的相互独立和逻辑隔离，数据分别沉淀在各自业务系统的数据库中。构建在市政务云上的北京市大数据平台通过汇聚政务基础数据、共性高频数据和社会统采数据，形成基础库和主题库。同时，北京市大数据平台提供的平台服务和数据服务进一步丰富了市政务云基础服务能力，也为政府各部门提供更加集约化的云化基础设施。因此，北京市大数据平台的建设本质上是对政务云服务能力的进一步提升。

(2)大数据平台与政府部门业务系统

北京市各政府部门已建的业务应用有日常办公应用(A类)、大数据应用(B类)、高阶大数据应用(C类)共三类，从发展趋势上讲北京市大数据平台与政府部门业务系统是融合互通的关系。在数据方面，委办局内部系统的人口、法人、信用等基础数据及政务类数据应根据更新机制同步汇聚到数据共享交换平台，再由数据共享交换平台同步到相应基础库和主题库；而委办局所需跨部门数据资源，依据数据资源共享方式通过数据共享交换平台实现共享交换，所需共用社会数据将由市经济和信息化局组织“统采共用”；对个别无法提供数据层交换的部门(如公安、安全等)则需打通政务外网和部门专网，将专网数据资源服务注册到大数据平台。在应用方面，已建各类应用将逐步迁移到北京市政务云上来，新建应用也将根据自身实际情况基于北京市政务云和北京市大数据平台进行开发部署。

(3)大数据平台与区级大数据平台

北京市大数据平台为各区大数据平台的建设提供框架和技术标准规范参考，各区根据自身需要建设的大数据平台须按照标准同北京市大数据平台对接。从数据角度看，各区数据资源目录通过目录区块链与北京市大数据平台进行对接，形成全市统一、逻辑一体的大数据资源目录，并根据更新机制及时同步数据资源目录。在市区两级数据资源服务对接方面，各区大数据平台为北京市大数据平台的领域应用提供数据资源服务，同时通过北京市大数据平台提供的数据资源服务访问市级数据资源；人口、法人、电子证照等基础数据库由北京市大数据平台统筹建设，各区直接使用。从应用角度看，各区根据自身发展大数据、应用大数据的实际情况，可以选择在自建的大数据平台上开发、部署区级业务应用，也可以选择在北京市大数据平台上开发、部署区级业务应用。

(4)大数据平台与国家数据共享交换平台

按照《政务信息系统整合共享实施方案的通知》(国办发〔2017〕39号)的统一要求，北京市大数据平台通过数据共享交换平台与国家数据共享交换平台对接，上报全部政务信息资源目录，在与国家平台实现单点登录和统一认证的条件下，支持在国家平台和北京市大数据平台之间的目录对接、数据交换等工作。

(5)大数据平台与已建共性平台

北京市已经建成并投入使用的共性平台，包括基础库信息资源共享服务平台(包含政务地理空间信息资源共享服务平台、法人基础信息共享服务系统、公共信用信息统一管理服务平台、电子证照库共享服务系统)、“北京通”平台、“一证通”平台等，这些已建共性平台为北京市政务业务提供了高效、专业、智能的共性平台支撑，是北京市大数据平台体系重要的组成部分，需要根据北京市大数据平台的总体技术架构，结合各自数据资源接入、数据治理、数据共享服务等因素，逐步进行改造、优化或重构。

第 2 节　大数据平台功能概述

大数据技术能力体系的核心是北京市大数据平台，主要汇聚各委办局、各区的政务数据以及来自运营商、互联网公司等社会企业的社会数据，形成人口、法人、地理空间、电子证照、信用等基础库，以提供集约化、服务化、一体化的平台服务模式为目标，为各委办局、各区的业务应用提供数据共享和开放服务。大数据平台由九个子平台构成，分别是共享交换平台、存储平台、清洗平台、社会数据平台、数据开放平台、共性应用平台、应用支撑平台、安全平台、管理平台。

一、共享交换平台

共享交换平台是大数据平台的核心，是资源编目、数据汇聚、数据留存和数据交换的枢纽。通过图形化的配置界面实现分布的、异构的、跨网络的多级政府部门间的信息资源交换共享。其功能架构如图 5-4 所示：

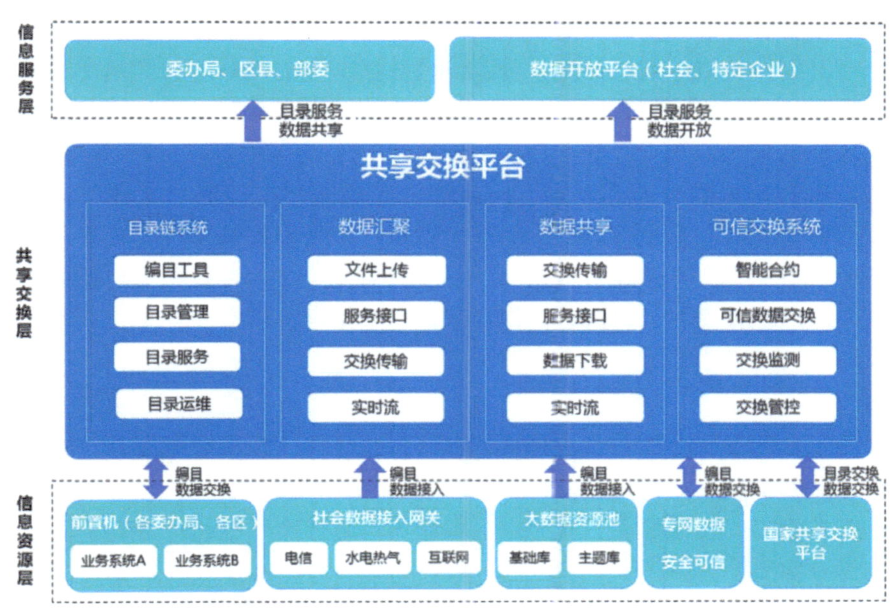

图 5-4　共享交换平台功能架构图

（来源：《北京市大数据平台体系顶层设计报告》）

信息资源层主要由政务数据、社会数据等多方数据组成。其中，政务数据通过前置机中转方式存储业务系统数据，再由前置机与共享交换平台实现实时或定期的数据汇聚；社会数据首先接入到社会数据接入网关，再通过社会数据平台统一汇聚到共享交换平台；专网数据通过前置机中转方式接入数据；国家各部委数据通过国家共享交换平台进行交换。

共享交换平台的核心内容在于共享交换层，主要由目录区块链系统、数据汇聚、数据共享和可信交换系统四部分功能组成。

目录区块链系统作为数据汇聚共享的管控枢纽，主要是借鉴区块链合约机制、共识机制、防篡改、全程留痕等技术理念，结合数据共享管理办法，构建一套基于目录区块链的全量目录管理系统。该系统可以解决困扰北京市多年在数据共享交换中存在的假目录、空目录、没数据、供需不对称、不能共享、不愿共享、共享不及时等问题。数据汇聚指的是包括各委办局/各区的政务数据、社会数据、专网数据、安全可信网数据和国家共享交换平台数据等各类数据的统一汇聚。这需要落地存储到大数据平台的数据(基础数据、主题数据、共享高频数据、社会数据等)，通过共享交换平台汇聚并进行相关处理(数据清洗、数据治理)，之后存储到存储平台。数据汇聚支持文件上传、服务接口(API)、交换传输和实时流等方式。数据共享指的是对汇聚到大数据平台的数据提供对外的统一共享服务接口。根据各单位数据调用请求，共享交换平台对应从存储平台、委办局交换节点、区县交换节点、社会数据平台、专网数据交换节点和国家共享交换平台进行数据定位，并获取相应数据，通过共享交换接口进行数据提供。可信交换系统是基于区块链理念，结合智能合约、加密技术、共识算法等信息技术手段，构建的一种新型数据共享和交换方法。该系统中数据拥有方保留对全部数据的所有权，可信数据交换、全过程监管、共享主动执行等功能得以实现，数据使用过程公开透明可追溯。此外，通过借助“多方安全加密运算”的方式进行数据的接口调用，该系统可支撑限权、限时、限次、限内容等多种共享方式。

二、存储平台

存储平台的主要功能为实现采集的原始数据存储、标准化数据存储、基础信息数据存储和主题应用数据存储，构筑人口、法人、证照、地理空间、社会信用五大基础数据库，及原始库、资源库、主题库、高频库、社会库等，为其他平台提供数据存储支撑。

存储平台主要提供存储 PaaS 层服务和存储 DaaS 层服务，其中 PaaS 服务包括各类主流的分布式文件系统、关系型数据库服务、非关系型数据库服务以及计算引擎服务，在技术选型上建议采用基于开源社区的 Hadoop 技术路线构建，而 DaaS 服务则为其他平台提供基础库、主题库等数据服务，在技术选型上建议采用微服务的架构。存储平台功能架构如图 5-5 所示。

分布式文件系统可以为其他服务提供海量分布式存储服务，诸如对象存储、文件存储以及大数据后端存储等。数据库类服务包括关系型数据库服务以及非关系型(NoSQL)数据库服务。关系型数据库服务提供MySQL、SQLServer、Oracle等传统关系型数据库服务以及高并发的MPP分布式并行数据库服务。NoSQL类数据库服务提供内存数据库、列式数据库、全文数据库、图数据库等服务。计算引擎服务提供包括批处理计算、流式计算、内存计算、实时计算、多维分析、机器学习等计算能力。

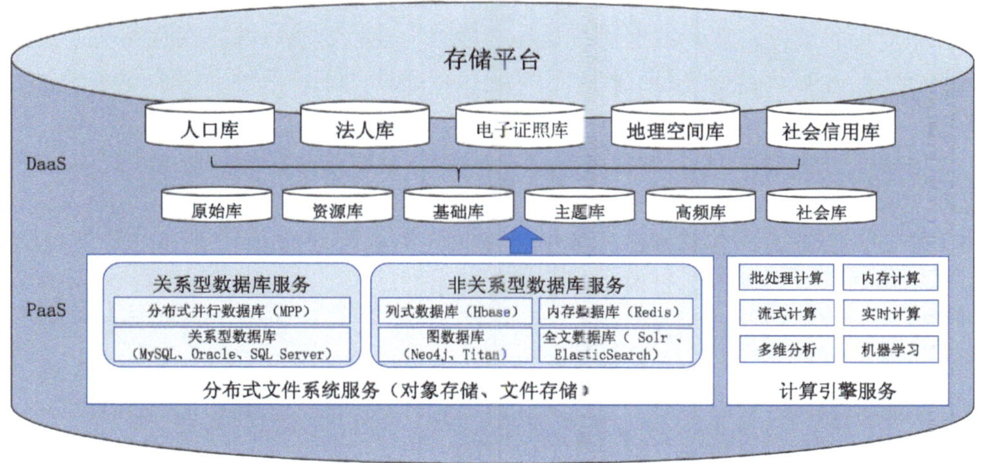

图5-5　存储平台功能架构图

（来源：《北京市大数据平台体系顶层设计报告》）

数据服务层基于不同的数据处理阶段构建了原始库、资源库、基础库、主题库以及高频库和社会库，为其他平台提供基础数据支撑。这涉及各类数据库的建设，其中原始库将不同来源、不经过任何处理的数据按照原始格式进行存储，主要存储集群包括：分布式并行数据库、分布式文件系统、NoSQL数据库等。资源库将原始库数据经过清洗、关联、比对、标识形成符合标准的数据，并将处理后的数据存储到资源库，其主要存储形式包括：分布式并行数据库、分布式文件系统、NoSQL数据库等。基础库包括人口库、法人库、电子证照库、地理空间信息库、社会信用库，提供基础数据的查询和分析服务，以结构化数据为主，需要长期保存，采用分布式关系型数据库构建基础库，提供数据的高并发、低延时的查询。主题库是对各领域行业关注的数据进行综合、归类的一个抽象概念，对于每个特定的分析领域可形成相应的一个主题，面向主题的数据组织是指在较高层次对分析对象数据进行完整、一致的描述，刻画各个分析对象所涉及的各项数据，以及数据之间的关系。按照相应的数据模型，形成相应的主题库，其主要存储数据库包括：分布式并行数据库、NoSQL 数据库、全文数据库等。高频库独立于基础库和主题库，是经过共享交换平台沉淀下来的使用频率较高的数据资源。社会库是对落地的社会数据经过处理后形成的资源库。

三、清洗平台

只有清洗转换后的"干净"数据才是可靠数据，才能为业务应用与业务创新提供决策依据。数据清洗平台针对在大数据平台落地留存的基础数据和高频数据进行数据对标、数据对账、数据质量检查、数据一致性检查、数据关联融合等数据清洗工作，并对其过程进行监控和管理，消除数据的不一致性，对数据资源进行解构、重构、调度、控制与管理，以提高和保证数据的质量。

清洗平台主要由 ETL 数据集成工具、数据对账管理、数据元管理、元数据管理、数据质量管理、管理中心六个子功能组成，用于实现数据接入、加工、清洗、转换、加载、计算等方面的数据处理和数据治理功能。其中 ETL 数据集成工具能够将分布的异构数据源中的数据如关系型数据、平面数据文件、非结构化数据等抽取到临时中间层后进行清洗、转换、集成，在过程中进行数据标准化(格式转换、代码转换等)和数据关联融合，然后加载到分布式文件系统中，成为联机分析处理、数据挖掘的基础。数据对账管理将汇聚到大数据平台的数据进行数据对账，并对数据提供方和数据接收方的数据完整性、实时性和正确性进行检验，提供数据接入效果评估，对于实时性和一致性要求高的数据提供接入日志查询功能。数据元管理是数据清洗的核心依据，主要实现对政务数据元的规范化管理，为构建出统一、集成的、稳定的数据模型奠定基础，同时它也为数据共享和交换奠定基础。元数据管理是对数据采集、存储、加工和展现等数据全生命周期的描述信息进行管理，帮助用户理解数据关系和相关属性。数据质量管理实现对数据全生命周期的质量管理，提供完善的数据质量管理方法和措施，对数据质量进行完整性、一致性、精度性、合理性、有效性、准确性等全方位的检查，保障政务大数据中心归集数据的质量。清洗平台功能架构如图 5-6 所示。

四、社会数据平台

社会数据平台是大数据平台的重要组成部分，是社会数据汇聚、存储、交换和处理的逻辑场所，是连接大数据平台管理部门、社会数据供给企业、需求社会数据的政务部门之间的桥梁。通过接入运营商数据、互联网数据、国有企业数据等社会数据，通过数据清洗平台的数据加工处理功能实现社会数据落地存储；通过建设社会数据专题库实现社会数据的挖掘分析，通过与数据共享交换平台服务

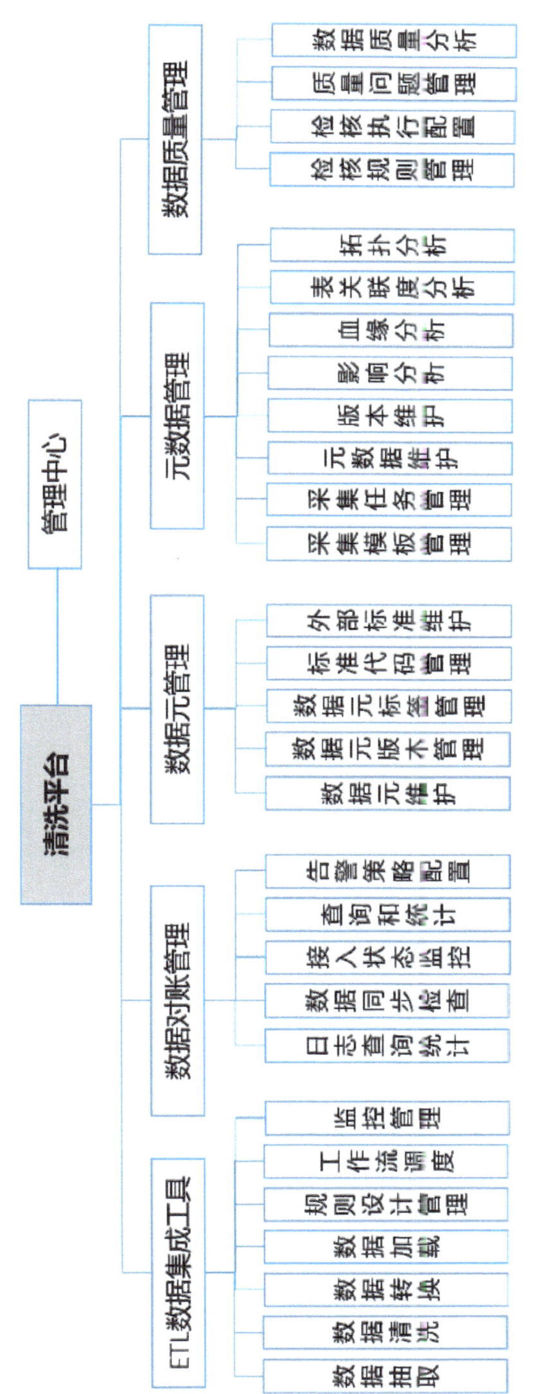

图 5-6 清洗平台功能架构图

（来源:《北京市大数据平台体系顶层设计报告》）

对接，实现各委办局、各区对社会数据的访问。对于管理部门而言，社会数据平台是管理载体；对于社会数据提供单位而言，社会数据平台是提供数据和服务的渠道；对于需求社会数据的政务部门而言，社会数据平台是获取数据和服务的渠道；对于数据运营单位而言，社会数据平台是社会数据价值的挖掘场所。

社会数据平台依据逻辑功能，可以划分为社会数据接入模块、社会数据清洗模块、社会数据存储模块、社会数据服务模块、社会数据运营模块等部分。社会数据接入模块主要负责社会数据经过接入网关由互联网进入政务外网，通过共享交换平台，到原始库存储备份。主要提供接入网关、数据编目、服务调用等功能。社会数据清洗模块主要负责对原始库的社会数据进行提取、清洗、关联、比对和标识等处理，处理后的数据存入主题库。原则上，社会数据清洗模块可以和清洗平台共用，不需要重复设置。社会数据存储模块主要负责存储原始社会数据和清洗后的数据，按照社会数据服务模块和社会数据运营模块的需求，提供所需数据资源。原则上，社会数据存储模块可以和存储平台共用，不需要重复设置。社会数据服务模块主要负责把社会数据存储模块主题库中海量的社会数据封装成服务，并将服务挂接到共享交换平台上，便于委办局业务调用。社会数据运营模块主要负责利用社会数据存储模块中的海量社会数据资源，深入挖掘社会数据的潜在价值，开发新型数据服务、数据模型和应用业务；提供新业务功能展现，试点应用效果展现，数据应用方案验证、评价等功能；对社会数据存储模块中的社会数据资产进行管理。社会数据平台功能架构如图 5-7 所示：

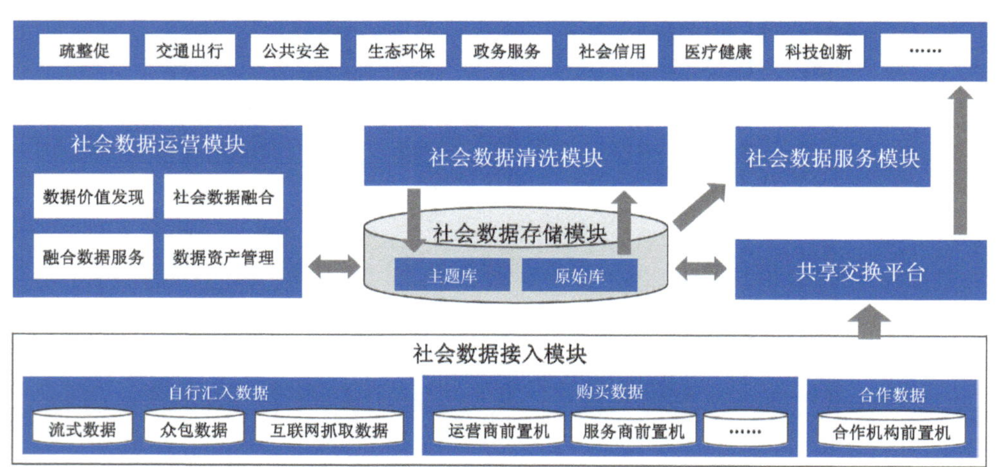

图 5-7 社会数据平台功能架构图

（来源：《北京市大数据平台体系顶层设计报告》）

五、数据开放平台

数据开放平台致力于提供可开放的各类数据资源及服务，为企业、科研院校和社会公众开展政府信息资源的社会化开发利用提供数据支撑，推动分析研究工作的开展以及相关产业发展。通过平台将政务数据的价值传递到数据应用产业链的各个环节，推动产业对接，促进开放、包容的全市大数据统一生态体系的形成。

根据数据性质和服务对象，数据开放平台分为两种，一种是依托于互联网面向社会公众和企业的"数据开放网站"，一种是依托于政务外网面向特定企业的"数据开放服务平台"。前者旨在汇集政府部门可开放的、有经济和社会利用价值的数据资源，向社会公众和企业提供成果展示、数据获取、接口调用服务、互动交流、开发工具等功能，便于方便、快捷的使用开放数据。后者通过建立健康、有序、合理、竞争的环境，合理地引进一定数量的优秀社会企业进驻数据开放平台，对特定企业提供定向政务开放数据，企业能够基于政务数据，结合企业自有的数据进行大数据分析，在社会信用、交通、环保等领域进行数据应用创新。数据开放平台功能架构如图 5-8 所示：

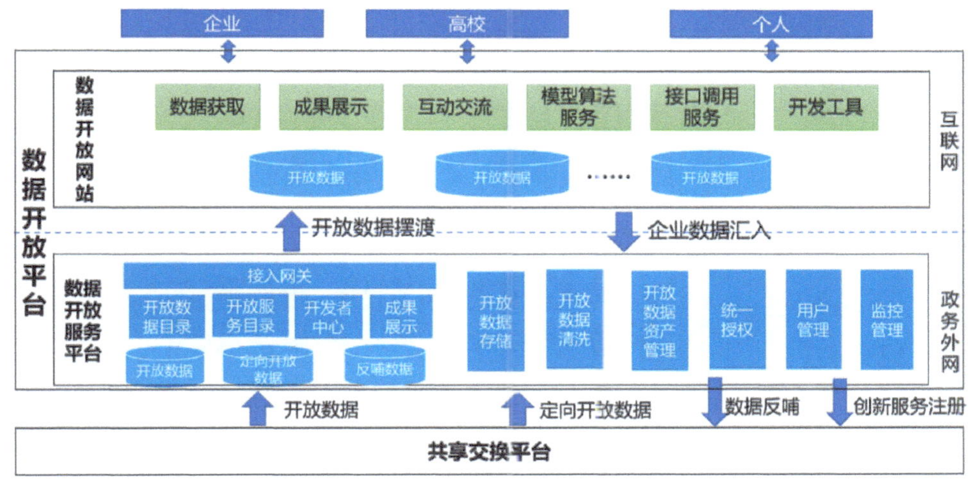

图 5-8　数据开放平台功能架构图

（来源：《北京市大数据平台体系顶层设计报告》）

政府开放数据的根本目的是推动政府数据的再利用，不仅是政务数据单向开放给企业，同时也要引入企业自有数据结合政务数据创造出的一批创新应用与创新服务反哺到共享交换平台。

六、共性应用平台

针对各委办局、区等部门公务员邮箱、短信、传真、电子签章等协同办公组件及人事管理、财务管理、资产管理等通用应用系统的共性需求，共性应用平台将其进行模块化、组件化，通过“积木形式”的复用，逐步解决各委办局、区重复建设的“老大难”问题。

共性应用平台主要有共性应用目录、共性应用调用服务 2 个功能模块，核心功能模块是共性应用目录。共性应用目录包括公务员邮箱、电子签章、人事管理、统一项目管理、短信传真、数字水印、资产管理、OA 办公系统等内容。共性应用调用服务提供的是基于 PaaS 层的应用服务，使用者可通过服务接口直接调用服务进行使用；或通过开发接口基于服务进行二次开发，满足本部门的个性化使用要求。共性应用平台功能架构如图 5-9 所示：

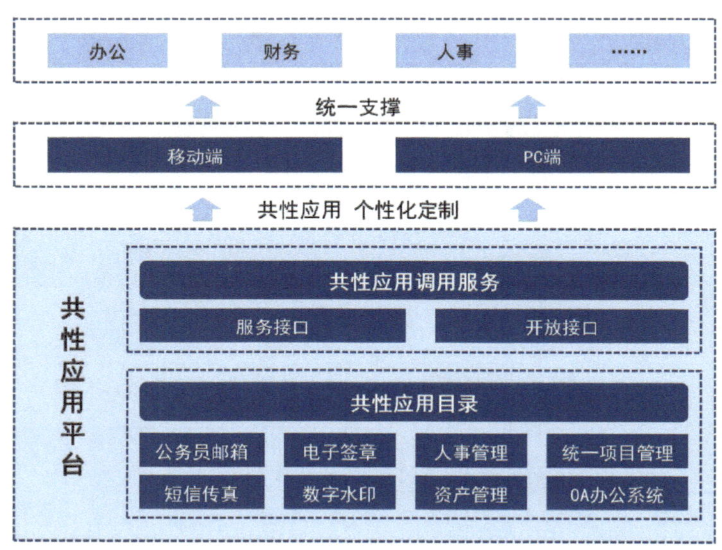

图 5-9　共性应用平台功能架构图

（来源：《北京市大数据平台体系顶层设计报告》）

七、应用支撑平台

应用支撑平台主要负责将技术功能、技术组件通过接口重构与功能封装等方式统一对外提供共性、高频的组件技术支撑，同时结合一体化开发环境，能够以租户池方式进行个性化模型服务开发，在服务发布管理方面，对相关功能进行发布，从而提供集约化、统一化的建设与运行支撑。通过建设研发项目管理、协同开发套件、IDE 集成环境等应用支撑开发环境，API 网关、微服务框架、服务总线等中间件服务，包括表单引擎、身份认证、单点登录、支付等基础支撑组件服务，计算机视觉、语音识别、自然语言处理等 AI 通用应用服务，打造架构敏捷、应变弹性、接入高效、开放可扩的大数据技术支撑环境。应用支撑平台功能架构如图 5-10 所示：

图 5-10 应用支撑平台功能架构图

（来源：《北京市大数据平台体系顶层设计报告》）

通用算法框架主要包括主流深度学习算法、通用机器学习算法及各种算法开发框架，满足业务挖掘分析的能力需求。AI 通用应用服务模块主要包括计算机视觉、语音识别、自然语言处理等通用应用服务能力。基础功能组件服务主要提供表单引擎、身份认证、单点登录等基础支撑组件服务，也可引入第三方开发组件。基础应用组件服务主要包括可视化服务、报表服务、地图服务等应用服务能力。部门自建组件服务主要包括各部门新增的组件功能，可以在平台上进行集成，面向外部使用。支撑开发环境主要包括项目管理服务、协同开发服务、微服务框架等一体化开发管理组件。服务发布管理主要用于发布特定场景的模型服务，如人口预测模型、信用预测模型、部门自建领域模型等，服务可由各部门自行开发或引入第三方服务。

八、安全平台

安全平台是重要的底层基础支撑平台，通过实现安全能力的高内聚、跟其他基础平台的低耦合，提供统一的标准安全控制能力和控制接口，来保障和支撑其他各平台的网络安全和数据安全，实现数据汇聚、存储、管理、应用服务的安全管控；通过建设统一的权限管理系统、数据审计系统和数据安全运营系统，进一步增强大数据平台的安全管控和事后审计能力，为大数据平台提供自动化、智能化的安全管理系统；通过将管理职责、管理人员、管理平台、运营方案、安全平台及其他平台进行有机的结合、联动、闭环，打造一个安全可信的大数据平台运营环境。安全平台功能架构如图 5-11 所示：

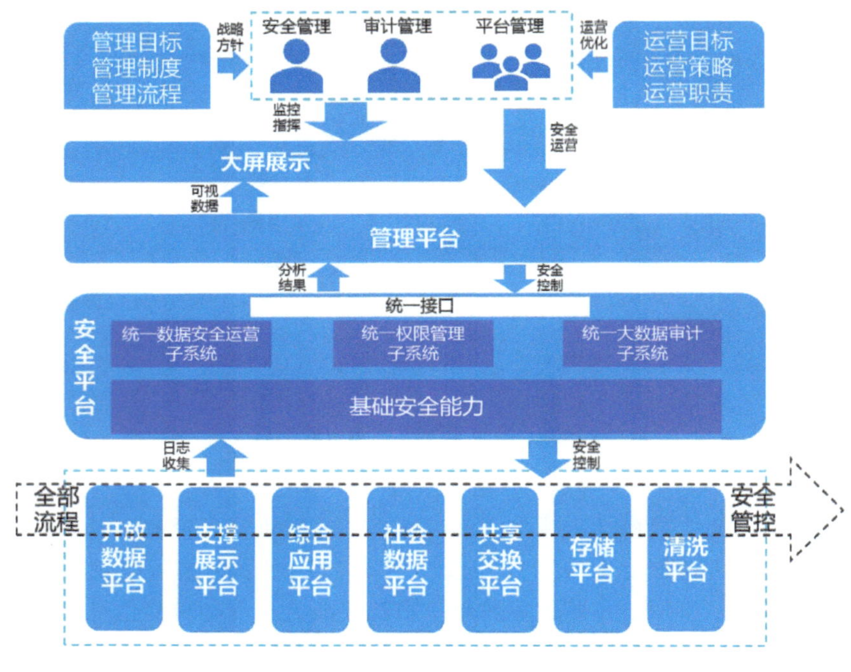

图 5-11 安全平台功能架构图

（来源：《北京市大数据平台体系顶层设计报告》）

安全平台作为大数据平台的基础安全管理平台，需要对其他平台提供统一、标准的控制接口。具体包括统一数据安全运营子系统、统一权限管理子系统及统一大数据审计子系统。

统一数据安全运营系统从系统功能结构上主要由业务层、接入层、存储层、功能层、可视层、管理层六个结构层次组成，承担统一权限管理系统的业务管理、业务系统接入、数据存储、权限管理、系统管理、系统可视化等功能，主要负责大数据平台安全事件运营管理、安全态势运营管理、安全漏洞运营管理、安全策略运营管理、数据安全策略运营管理、数据流动可视化管理等安全运营管理工作。

统一权限管理系统主要负责管理大数据平台数据流动的各个阶段，以及各个相关业务部门的数据安全权限监管工作。

统一大数据审计系统包括数据采集、数据清洗、数据存储、数据计算、审计应用、审计联动、数据可视化等组成部分，对采集的数据进行分类、清洗、存储和计算，并根据审计分析原则计算模型形成策略，通过服务接口为各安全设施、网络设备、主机、数据库、大数据组件提供审计联动服务，还可将数据计算结果进行可视化展示。

九、管理平台

大数据平台的管理以数据资源安全可控为核心、以严防敏感数据泄露为原则，从管理制度和管理平台两方面入手，借鉴互联网企业的海量数据管理经验，结合实际形成一整套因地制宜、持续改进的管理体系。管理平台是人与物理资源之间的总通道，在整个大数据平台体系中具有非常关键的地位与作用，是人感知并控制包括计算、网络、存储、数据、业务等资源运营状态的枢纽。管理平台主要设计并描述管理平台的功能架构及内外部接口，在项目的实际实施中，包括但不限于当前规划的功能及接口。通过统一的门户入口实现包括基础硬件资源、计算和存储资源、数据资源、应用系统的基础数据配置管理、用户权限分配、服务启动停止、全局资源监控、拓扑管理、性能监测、健康度检查、日志审计等管理功能。

将管理平台视作一个整体，它至少包括三类外部接口，第一类是与人(管理员)之间的接口，第二类是与物(资源)之间的接口，包括计算资源、网络资源、存储资源、数据资源和业务资源，第三类是与可视化展示平台之间的接口。将管理平台具体展开来看，则至少需要包括以下几大模块：管理接口、运维管理、用户管理、数据管理、业务管理、安全管理、量化评估。管理平台功能架构如图 5-12 所示。

运维管理实现对物理资源、数据资源、业务资源、安全风险的精准映射、全息感知、全域管控，实现对数据使用全过程的授权、调度、监督、跟踪，具备实时监测资源运行状态、故障定位及策略分析、制度执行及监管功能。用户管理为保证整个大数据平台的安全、可信、可控运行，对包括管理员在内的各级用户进行认证，为用户分配各模块功能权限和数据资源权限。数据管理指的是掌握数据

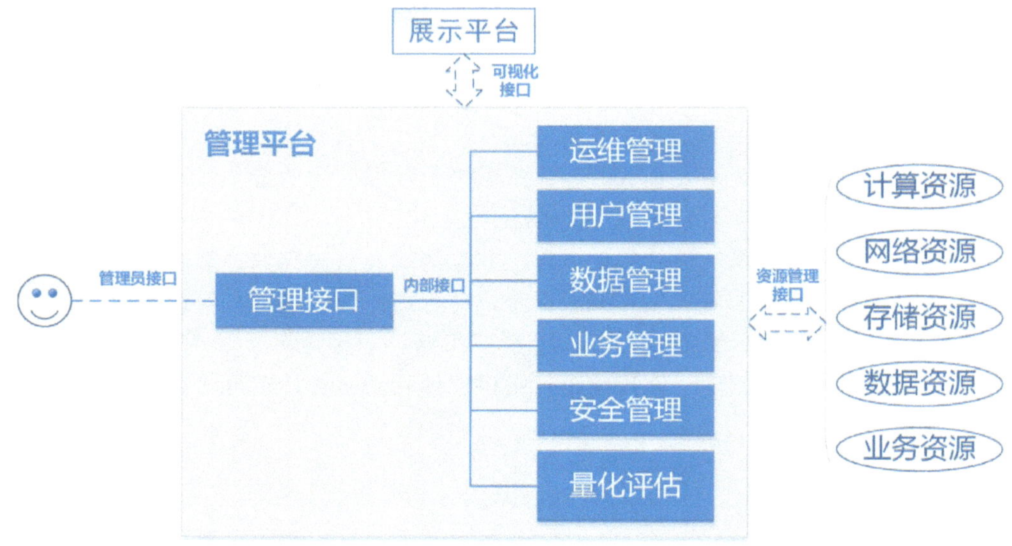

图 5-12　管理平台功能架构图

（来源：《北京市大数据平台体系顶层设计报告》）

接入、数据流量、数据资源的总体情况和使用情况，包括但不限于数据报表、数据分析统计、实时数据监测管理等功能。业务管理指对业务的注册、审核、实施、运营、退出进行完善的全生命周期管理，包括业务准入规则管理、业务的部署管理、业务的实时运营监管、业务的退出规则管理。安全管理是整个大数据平台稳定运行的基础保障，管理平台的安全管理功能应该与安全平台分工明确、紧密联动，应包括制定整个平台安全策略、制定监控规则、制定应急保障规则。量化评估指的是在管理平台中设立对数据进行全流程追溯及量化评估的体系，以便准确界定工作职责及事故责任，精确评价各部门的大数据相关工作。

第 3 节　大数据平台能力建设

“四全”能力作为北京市大数据平台“4－3－4”的建设目标的一部分，指的是大数据平台要具有全网络、全流程、全集约和全通道的综合支撑能力，是北京市大数据平台的核心目标。

一、全网络

“全网络”指大数据平台实现政务外网、互联网、物联网、部分专网等不同网络环境下对不同敏感等级信息资源的共享应用，对内实现数据从国家到北京市、市级到各区之间的纵向共享以及市级各部门之间的横向共享；对外实现数据从政府内部到社会的共享，打破“数据孤岛”，充分发挥大数据的价值和作用。

大数据平台的全网络由政务外网、互联网、局域网、部分专网等构成，政务外网与互联网通过防火墙逻辑隔离，政务外网与部分专网物理隔离。大数据平台数据通过交换、接口和文件的方式进行数据的接入和输出，对于未入市级政务云的系统及文件，宜采用接口与交换的方式进行数据汇聚。大数据平台对外服务方面，根据数据权限和提供服务的不同，分为完全开放、专区开放、授权开放三种开放模式，如对金融数据进行专区开放、医保竞赛数据进行授权开放等；对内实现政务数据和“统采共用”的社会数据的汇聚和共享，同时面向外部的开放服务将会把部分社会数据反哺给大数据平台。平台在专网建设安全通道，将涉密数据和系统直接接入为市领导服务的驾驶舱中。

大数据平台面向市领导、各委办局提供数据指标模型辅助决策分析，面向各区、乡镇/街道提供共性组件便于其日常办公，对社会公众、学校及研究机构与企业等根据数据权限和提供服务的不同，授予不同方式的开放权限，推动新模式、新技术、新产业、新应用的发展。

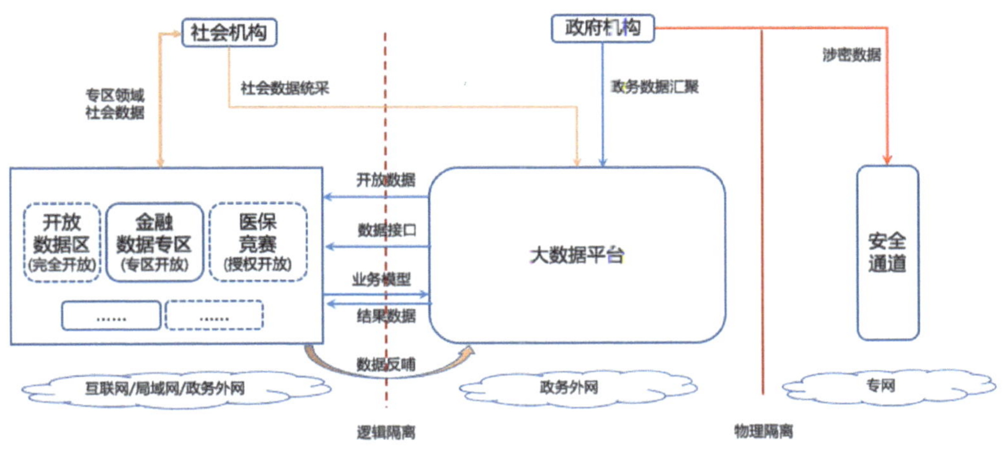

图 5-13　大数据平台全网络能力

二、全流程

“全流程”是指对数据服务生命周期内全流程实时监控，即数据从汇聚、治理、管理到服务的全流程管控，保障数据的集中加工融合，推动各类政府数据和社会数据创新应用。大数据平台依托于目录区块链，对已经发生的行为统一由“链”来记录；正在发生的行为统一由“链”来管控；将要发生的行为统一由“链”来驱动。

依托目录区块链完成市、区、部门三级的目录编制，通过建设职责目录、数据目录、库表目录进行数据确权、数据描述、数据关联，解决目录不全、目录与数据两张皮、目录变更随意、数据共享授权随意、数据更新不及时等问题。在“链”上完成数据分级标签，依照分级标签，控制数据的共享开放要求，确保数据安全。通过目录区块链的合约、目录、钥匙、数据探针机制驱动数据的汇聚，达到统一数据接入、统一数据存储、统一融合的目标。数据治理和数据分析结果上链帮助统一数据标准管理、数据模型管理、质量管理和成本管理等，实现数据的集中、标准与共享，推动智能数据和应用建设。各部门依托目录区块链进行数据申请，数据归档消亡同时注销数据目录，保障数据的管理安全。

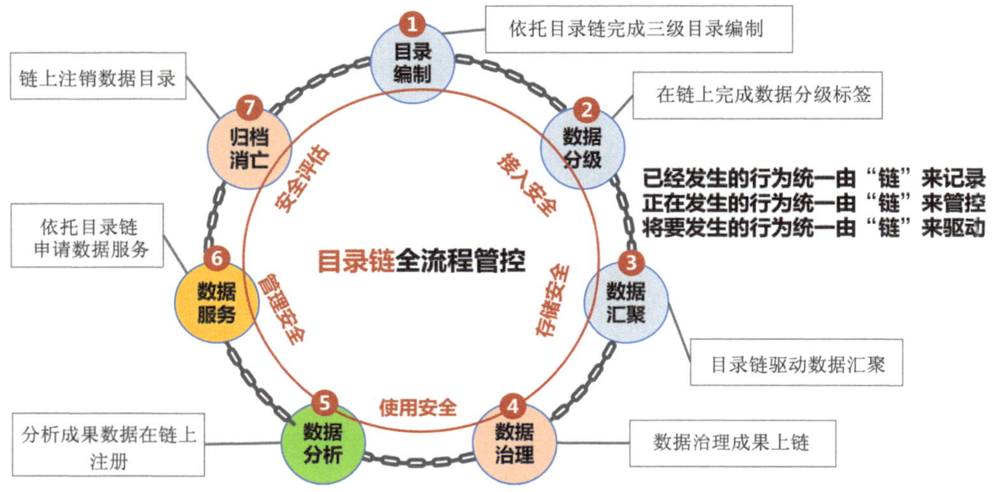

图 5-14　大数据平台全流程能力

通过目录区块链和考核机制，实现对数据汇聚、清洗、分析、应用、成果的全流程管理；对数据共享以及清洗、比对、分级、标签等加工处理过程的管控，包括行为记录和合约驱动数据的共享；对数据服务的管控，包括考核和授权。以此来体现数据绩效和价值，促进大数据共享应用。

三、全集约

大数据平台具有“全集约”能力，统筹数据资源、计算资源和大数据共性组件，为各部门提供大数据应用的“最大公约数”服务，推动北京市各部门业务应用系统建设模式的转变。

大数据平台的共性组件服务包含人工智能服务组件、数据治理组件和基础功能服务组件三大部分。其中，人工智能组件提供人工智能、图像识别、文字识别、智能语音、自然语言处理等服务；数据治理组件提供数据的汇聚、存储、治理等功能；基础功能组件提供 API 网关、表单引擎、身份认证、单点登录等功能。

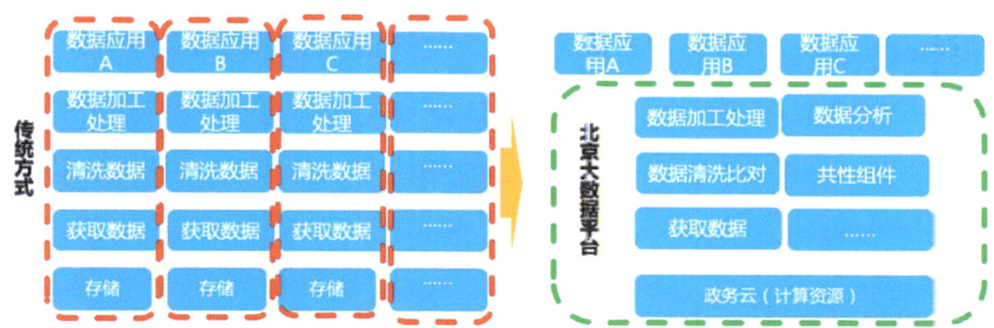

图 5-15　大数据平台全集约能力

作为各类政务应用的数据中台和技术中台，大数据平台提供统一的数据应用及共性组件，以多租户模式为相关领域各部门应用系统建设提供数据和组件服务，包括数据全流程管理的各项组件服务，支持各部门领域应用建设。各委办局依托大数据平台提供的数据和组件服务开展系统开发建设，降低建设门槛，减少应用软件购置、开发和信息资源建设等方面成本；统筹数据资源，让各部门便捷地获取更加全面的数据，促进业务问题分析处理；发挥规模效益，促进跨部门数据、业务的整合，建设大数据资源和能力体系的生态；平台改变了不同数据应用、加工、存储体系以往各自为政的旧模式，实现技术降本、应用提效、业务赋能、生态开放。

四、全通道

“全通道”支撑能力指大数据平台要打通政府内部、政府与社会之间的数据通道，实现跨部门、跨层级的全通道数据共享。北京市大数据平台作为全市大数据资源共享的总通道，通过市级大数据管理平台共享国家共享交换平台数据、领域平台数据、应用平台数据、区级大数据平台数据、社会数据。对内实现数据从国家到市、市级到各区之间的纵向共享以及市级各部门之间的横向共享；对外实现数据从政府内部到社会的共享，打破“数据孤岛”，充分发挥大数据的价值和作用。

各区各部门通过市级大数据平台获取国家共享交换平台的国家/其他省市数

据；部门间可通过市级大数据平台获取跨部门数据、社会数据；区与市级部门间、各区之间通过市级大数据平台共享市、区级大数据平台的数据。基础库由市级统筹建设，市级大数据平台汇聚“统采共用、分采统用”的社会数据。市级大数据平台将逐步成为全市跨部门、跨层级共享开放应用的主要通道，支撑各级政府部门、社会机构的各类应用。

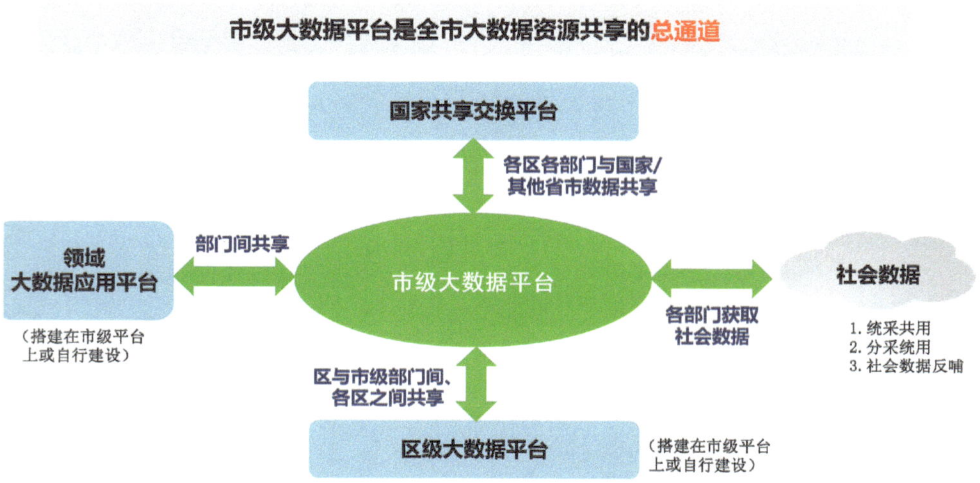

图 5-16　大数据平台全通道能力

第 4 节　大数据平台服务体系

在北京市大数据平台确立的“4－3－4”的建设目标体系中，三类资源服务是北京市大数据平台的主要服务内容，包括计算资源、共性组件和数据资源服务。作为各类政务应用的数据中台和技术中台，北京市大数据平台统筹计算资源、共性组件和数据资源，为各部门提供大数据应用的“最大公约数”服务，推动北京市各部门业务应用系统建设模式的转变。

一、计算资源服务

计算资源服务为全市各部门应用提供存储和计算服务，以期提高计算资源的利用率，降低运行成本。

通过资源服务门户，实现委办局的大数据存储资源申请、存储资源释放、存储资源管理、计算资源管理、计算资源释放；实现市大数据管理局的大数据存储资源审批、大数据存储资源分配、存储资源使用情况监测、大数据计算资源审批、大数据计算资源分配、数据资源使用情况监测，最终实现大数据平台对于用户监控、行为监控、日志监控、数据监控、云资源监控等的统一管理。

(一)存储服务

结合实际情况，北京市将利用关系型数据库、分析型数据库、内存数据库等多种技术实现对数据快速、稳定的存储服务。

关系型数据库具备容量大、高性价比、分钟级弹性、读取一致性、毫秒级延迟(物理复制)、无锁备份和复杂查询加速等能力，采用存储和计算分离的架构，可实现所有计算节点共享一份数据、分钟级的配置升降级、秒级的故障恢复、全局数据一致性等服务特性。

分析型数据库采用分布式计算框架提供实时计算服务，可实现按需扩容，其可扩容支持百 TB 级别数据的存储、计算。

内存数据库具备数据持久化存储、数据主从双备份、访问控制、数据传输加密、网络安全、登录安全、弹性扩容、监控服务和调度服务等功能，满足高读写性能场景及容量需求弹性变更的业务需求。

(二)计算服务

计算资源服务可实现精确的计算资源控制，彻底保证多租户之间作业的隔离性。首先，在每一个工作区内，需要分配工作区所需的资源，包括计算资源、存储资源，工作区内的算法后续将运行在注册的资源上。其次，提供算法资源的统筹管理，为各类型的算法注册、算法数据、算法场景应用提供标准的支撑管理环境，完成数据计算能力建设，为全市各委办局提供数据的离线、内存、流式和实时等多种计算服务，实现全市算力的集约化建设和管理。结合北京市大数据应用的不同场景，大数据计算服务具备离线计算、实时计算等能力。

针对北京城市全量 PB 级别数据规模的需求，大数据离线计算服务具备数据装载、计算模型设计、多集群架构设计、多租户管理等功能，能够对实时性要求不高的数据进行批量处理，满足从数据仓库建设到数据挖掘多种场景的需求。

实时计算主要服务于对数据实时性要求较高的应用，是大数据平台中核心的分布式计算服务之一。通过集成诸多全链路功能，实时计算提供全流程的流式数据处理方案，针对全链路流计算提供包括数据采集、数据开发、数据展现等不同阶段辅助套件，方便用户进行全链路流计算开发，让实时数据开发不再高不可攀。

二、共性组件服务

大数据共性组件服务提供的“积木式”功能服务，包括数据治理、数据分析、数据可视化、人工智能等，利用多租户方式提供共性能力支撑，有助于实现全市各部门应用建设的简单、快捷、高效。

在融合共建、全集约模式下，大数据管理局为每个部门单独开通租户空间，每个租户空间包含数据加工分析全流程数据资源。多租户管理模式下的数据服务流程为：各委办局通过租户申请、数据申请、组件申请、数据清洗、融合分析、服务注册、应用支撑的全流程加工分析，实现计算及存储空间的集约化，数据治理与数据应用的高效化。

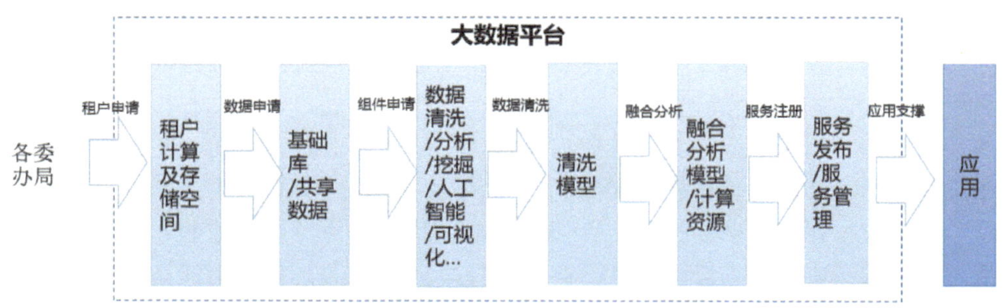

图 5-17　数据加工分析服务流程

以市人大预算联网监督系统为例，通过北京市大数据平台提供财政、发改等政务数据服务和数据清洗、分析等组件服务以及数据基础计算资源，有效降低系统开发成本和周期。

市级大数据平台可提供的共性组件服务可分为如下七大类：

(一)数据治理

利用统一的数据交换监控、数据标准管理、数据模型管理、元数据管理、质量管理和成本管理，以及多维度数据价值链路展现功能，数据治理服务组件可提供全面高效的数据资产管控环境，为智能数据和应用提供干净可靠的数据。

(二)数据分析

数据分析是指用适当的统计分析方法对收集来的大量数据进行分析，将它们加以汇总、理解并消化，以求最大化地开发数据的功能，发挥数据的作用。数据分析主要由多维分析、血缘分析、数据挖掘、视频大数据基础分析等构成。

多维分析通过对数据进行上卷、下钻、切片、切块、旋转等各种分析，便于用户从多个角度、多个侧面观察数据库中的数据，有助于深入了解包含在数据中的信息和内涵。基于元数据存储的数据定义、来源、转换关系、依赖关系等，血缘分析根据给定表回溯找到产生该表的数据来源及相应的处理服务、处理方法、处理过程。按照血缘关系分析得到的处理过程，用户可以运用相应的数据服务。

搭建从数据接入、数据理解到数据建模、评估以及部署的数据挖掘组件，融合了模型训练、模型部署与运营的迭代开发 AI 服务，具备丰富的算法架构，模型可操作性更强。利用模型的全生命周期管理与协作，能够为“智慧城市”主题建设和决策分析提供一系列的数据挖掘工具，助推政府将机器学习和深度学习与日常业务融合。

(三)数据可视化

数据可视化组件主要是借助于图形化手段，清晰有效地传达与沟通信息。其基本思想是将数据库中每一个数据项作为单个图元元素表示，大量的数据集构成数据图像，同时将数据的各个属性值以多维数据的形式表示，从不同的维度对数据进行深入的观察和分析。

数据可视化组件主要由业务场景配置、可视化图表、地理空间信息组件、多种数据源、图形化编辑界面等构成。通过调用可视化资源库中的各类组件资源，并对其进行可视化的编辑和拖拉拽操作，各委办局可以快速灵活地搭建符合不同业务场景的可视场景。其中，立体场景可实现光影粒子、空间背景等效果，可视化图表支持柱状图、折线图、曲线图、饼图、雷达图、散点图、气泡图、词云图等类型，不同区块可以利用热力图进行不同的颜色区块呈现，移动对象可以进行数据轨迹路径的可视化图形呈现。

(四)人工智能

人工智能服务组件主要包括视频分析、智能语音识别、自然语言处理等，这些组件利用在线 API 服务调用的方式，根据各委办局的业务需求为其提供人工智能服务分析，实现智能的分析决策。

视频分析服务组件可基于大数据、深度学习技术、视频智能分析技术，对海量非结构化视频数据进行资源调取、结构化解析、实时视频解析、活动目标检测、检索分析等操作。

智能语音识别服务组件可基于语音识别、自然语言理解等技术，为委办局提供录音文件识别、实时语音识别、语音合成、关键词检测服务等多种在线 API 服务。主要应用于智能问答、智能质检、法庭庭审实时记录、实时演讲字幕、会议录音转写等场景。

自然语言处理服务组件可利用文本实体抽取、文本分类等自然语言(NLP)定制化算法能力，为各类开发者提供用于文本分析及挖掘的核心工具，提供多语言分词、词性标注、命名实体、情感分析、机器翻译等多种服务。

(五)基础功能服务组件

通过多租户租用的形式，各委办局将各自开发的应用与基础功能服务组件(API 网关、表单引擎、身份认证、单点登录)进行对接，利用基础功能服务组件的相应能力，有效缩短开发时间，节省开发成本。

(六)移动公共服务组件

为支撑移动应用服务的构建与运行，移动公共服务平台利用位置服务、在线沟通、内容管理、人脸识别等移动公共服务组件，帮助各委办局快速构建移动应用，为移动惠民服务提供基础支撑。

(七)时空大数据模型组件

针对城市体检、社区治理、态势感知、应急管理、环境监测等时空地图业务场景，基于互联网数据服务、政府数据、第三方数据等，时空大数据模型组件采用政府认可的标准或者相关规范，提供领域化模型，计算相关指标、检测相关异常和动态分析相关影响，为相关业务化时空地理图层提供数据和服务支撑。

三、数据资源服务

市大数据平台对于数据的管理可以分为四个层级，分别为原始层、原始标准层、基础/主题层和模型层。原始层为委办局汇聚的原始数据，经过基本清洗加工后，形成原始标准层；原始标准层经过关联融合后，形成基础/主题层；基础/主题层经过模型分析后，形成模型层。

上述四个层级的数据服务均通过目录区块链进行数据目录注册、服务申请、授权等工作，各部门可结合各自的应用需求，开展数据资源服务的申请、获取。目前，市大数据平台已汇聚人口、法人、空间、信用等 49 个市级部门共 764 类、8000 多个数据项、16 亿条数据和 9 个国家部委的 27 类政务数据，以及 3 家电信运营商共计 55 个指标、302 个数据项、303.5 亿条数据和滴滴出行、一卡通的 7 类、58 个数据项、2.6 万条社会数据；同时，对已汇聚数据经统一清洗后，对外封装接口并提供服务，目前已发布 35 个部门、430 类、4880 个数据项的查询服务接口。

第 5 节　大数据平台应用模式

在北京市大数据平台确立的“4－3－4”的建设目标体系中，四种服务模式是北京市大数据平台为各应用提供数据服务的方式方法，可分为共享交换模式、API 接口模式、融合共建模式和全集约模式。四种模式体现了数据共享服务的演进路线，从各部门之间采用传统“数据搬家”的共享交换方式，到各部门自建应用系统，利用接口方式分别获取国家/省/市垂直领域数据、相关部门数据和社会数据，再到依托云服务和大数据平台，实现应用部门“私有业务数据”和市大数据平台上“公有数据”混合计算分析的融合共建模式，最后为应用部门全依托市大数据平台，实现数据共享、定制服务开发等满足存储资源、计算资源、应用组件全部共享共用的全集约模式。在四种模式的发展过程中，体现了数据汇聚由少到多、云资源统筹力度由小到大、“信息孤岛”由多到少的转变。目前，北京市大数据平台处于融合共建和全集约模式的建设过程中，拟通过大数据平台“地基”的建设，实现政府各部门之间、政府与社会之间真正的数据共融共享、业务增效赋能、资源集约利用。

一、共享交换模式

共享交换模式是将大数据共享交换平台作为数据流转通道的传统数据调度模式，由各委办局在各自业务系统前布置前置机，实现数据交换。

基于共享交换模式的业务应用系统，只是把大数据平台作为一个数据共享流转的通道，业务应用系统与大数据平台之间的关系是一种十分松散的耦合关系，即业务应用系统对大数据平台的依赖度低，数据不便于及时同步更新。因此，该模式今后将主要适合于应用系统运行环境与政务外网隔离的公安等少数部门。

二、API接口模式

API接口模式是通过数据API接口服务的形式向各部门业务应用系统提供在线数据共享服务。该模式通过大数据平台以实时、非实时的方式提供数据API接口服务，提供统一的数据服务能力，支撑对内对外数据应用集约化服务。数据提供部门通过大数据平台实现对数据API接口从创建、发布、测试、审核到下线的全过程管理，数据使用部门通过大数据平台可实现对数据API接口的浏览、申请和服务调用。

该模式一般适用于“互联网+政务服务”等类似的传统业务系统，面向自然人、法人等进行业务办理时，可通过API实现数据核实、核准、补填等功能。

三、融合共建模式

融合共建模式是依托云服务和大数据平台，实现应用部门“私有业务数据”和市大数据平台上“公有数据”混合计算分析的大数据分析应用模式，是现阶段的主要模式。

在融合共建模式下，大数据平台负责计算资源和网络资源的建设，负责数据汇聚、加工、清洗、稽核、模型管理、指标管理、标签管理等数据资源建设；各委办局可根据自身的业务需求，在共用的计算资源和数据资源基础上，建设应用平台和系统。

针对现状信息化系统建设现状，实现融合共建模式涉及两种情况：原业务系统未上云，基于各部门大数据融合共建的思想，原则上要求除公安等特殊部门外，已有信息系统均应全部入云，主题领域应用由各应用领域牵头单位主导，向大数据平台申请租户空间，将数据导入平台，依托市级大数据平台建设；原业务系统已在云上，可直接将数据库服务器注册成大数据平台节点，各委办局可以在云上调用大数据平台的组件服务。

融合共建模式的优势在于可以减少重复建设，促进政府部门之间的互联互通和信息共享。同时，能够以较低的综合成本获取计算、存储与网络传输资源，便于统一管理，也能够提高计算和数据存储的安全性。

四、全集约模式

全集约模式是各部门业务应用系统的构建全部依托大数据平台能力，真正实现应用与大数据平台的紧密共生。

全集约模式是由市大数据平台以多租户的方式为相关领域各部门应用系统建设提供数据和组件服务，包括数据全流程管理的各项组件服务。对于各委办局来说，只需提出定制化的数据查询与分析需求，应用系统的开发建设统一依托市级大数据平台提供的数据和组件服务进行。

全集约模式能够有效降低应用系统的建设门槛，减少应用软件购置、开发和信息资源建设等方面成本。通过全集约模式，改变不同数据应用、加工、存储体系的各自为政的旧模式，实现技术降本、应用提效、业务赋能、生态开放。

第 6 节　大数据平台的愿景及实践

在北京大数据行动计划“四梁八柱深地基”总体设计框架中，大数据平台作为“地基”，是支撑体系交通、生态环保、规划管理应急、人文环境、执法公安、商务服务、终身教育、医疗健康八大应用，实现安全、优政、惠民、兴业四个目标的重要基础。为结合“四梁八柱”的需求，大数据平台拟打造为：北京市数字政府的“大中台，小前台”，提升各部门业务系统建设效率；“互联网＋政务服务”建设的助推器，形成更加便民便企的服务模式；各类服务平台的基础支撑，为城市中不同用户提供分析决策的依据；依托企业画像实现安全共享，改善企业营商环境。

截至 2020 年 1 月，按照“边共享、边整合、边应用、边完善”的建设思路，大数据平台已初步实现了以目录区块链为核心的管控体系，依托目录区块链开展数据的申请、审批和共享。平台建设了目录区块链、数据接入、数据治理、数据分析、数据可视化、服务管理、运维监控等多个功能模块，通过 API 接口、融合共建等模式为各部门应用系统建设提供计算资源服务、共性组件服务和数据资源服务。目前，累计汇聚并存储了 879 类数据资源，发布了 648 类数据接口，提供了数据可视化等组件服务。下一步将不断提升大数据平台服务能力，结合各部门实际应用需求，完善共性组件服务，促进数据的互联互通和功能的集约建设。

一、“大中台，小前台”

北京市大数据平台的重要使命之一即推动全市各部门业务应用系统建设模式的转变，提升全市的统筹集约能力，有效减少政府各部门在大数据领域的重复建设，节约人力、物力和财力。以市人大预算联网监督系统为例，通过北京市大数据平台提供财政、发改等政务数据服务和数据清洗、分析等组件服务以及数据基础计算资源，有效降低系统开发成本和周期。以基础库为例，北京市大数据平台通过人、企、物和空间等数据的汇聚和治理，为各部门提供基础数据和相关指标模型服务。

《国务院关于加快推进全国一体化在线政务服务平台建设的指导意见》明确指出，推动面向市场主体和群众的政务服务事项公开、政务服务数据开放共享，深入推进“网络通”“数据通”“业务通”。北京市大数据平台拟通过“大中台”，协助政府优化服务流程、创新服务方式、推进数据共享，以实现政务服务的标准化、精准化、便捷化；实现构建多渠道、多形式相结合、相统一的便民服务“一张网”；实现自然人和法人网上办事一次认证、多点互联、一网通办。

“大中台”即数据中台和业务中台的结合。数据中台能够打通割裂的业务系统，消除数据壁垒，实现政府数据的互联互通和共享融合；业务中台能够实现业务和系统能力共享，利用标准化的政务业务模块来支撑政府业务创新。基于“大中台”理念，围绕数据采集、汇聚、存储、治理、分析、管控、可视化、应用支撑、安全、运维等环节，对海量、多维的政务数据资产进行盘点、整合、分析，确保数据的一致性和可复用性。实现组织内数据标准的统一，打破数据壁垒，为各前台提供数据资产、数据定制创新、数据监测、数据分析等大数据服务，为政务大数据的建设运营提供能力支撑及价值输出。

数据中台是所有数据智能化、场景归一化、业务模型化的处理工厂，其核心能力是从业务视角出发，智能化构建数据、管理数据资产，并提供数据调用、数据监控、数据分析和数据展现等多种服务。数据中台真正将数据变为生产资料，实现数据全链路的管理和共享服务。在建设中通过统一跨结构、跨领域、跨维度的数据标准，共同建设数据存储计算资源及相关组件，全面提升各部门业务系统的建设和使用效率。

业务中台是通过制定标准和机制，把不确定的业务规则和流程通过工业化和市场化的手段确定下来，以减少人与人之间的沟通成本，最大程度地提升协作效率。业务中台通过提炼各个业务域的共性需求，打造组件化的资源包，将核心业务能力以服务的方式进行有效沉淀，实现服务在不同场景中的业务能力复用，然后以接口的形式提供给前台使用。业务中台的价值体现为持续沉淀行业共性业务组件，让前端各部门业务系统可灵活按需使用，与数据中台和底层资源结合，实现跨部门数据的统一和快速弹性扩容。

目前，依托北京市大数据平台面向全市提供政务时空大数据应用服务，支撑全市 50 多个部门、160 多个业务应用系统建设，覆盖 95%以上的政府部门，日均访问量达 70 万余次，基本实现全市共用的政务地理空间“一张图”。通过遥感影像、电子地图、楼名门牌地址等基础数据与共享服务的集约化建设模式，一方面大幅提升了应用系统建设效率，原先需要数月时间建设的应用系统，依托集约化的功能接口，几天时间即可完成；另一方面避免了重复建设，从规避数据处理、存储重复投入以及缩短建设周期等多个角度分析，累积节约数亿元资金，社会经济效益显著。“大中台，小前台”，目的是大幅提升各部门业务系统的建设效率。

二、“让数据多跑路，百姓少跑腿”

北京市大数据平台的建设，旨在方便各级政务部门之间的数据共享，简化企业和市民办事流程，使政府“一站式”服务、百姓“足不出户”办事成为可能。

北京市为实现小客车数量的合理、有序增长，有效缓解交通拥堵状况，降低能源消耗和减少环境污染，于 2011 年起实施小客车数量调控，市民和企业取得小客车指标摇号资格需要进行户籍、居住证、组织机构代码、车辆、驾驶证、纳税等方面的审核，涉及市公安局、市人力社保局、市税务局、市市场监管局等多个政府部门。该政策实施之初，北京市就通过大数据平台实现多部门数据联审，申请人只需在任何能够接入互联网的地方登录市交通委网站，进行个人/企业基本信息填写并进行申请，北京市大数据平台会帮助市交通委把这些信息分门别类地送到市公安局等部门进行相关审核，审核结果通过北京市大数据平台反馈至市交通委，市交通委通过各部门的审核结果生成当次摇号池。信息共享实现了资源的统筹管理和有效复用，使申请人无需到多个部门开证明文件，既方便了公众又有效避免了假证明文件的出现，同时也提高了政府部门工作效率，减轻了窗口工作人员负担。

市住房城乡建设委同样依托北京市大数据平台这一数据通道开展购房申请人资格审核工作。购房申请人信息通过北京市大数据平台被送往市公安局进行户籍和居住证信息审核、送往市人力社保局进行社保缴纳信息审核、送往市税务局进行个人所得税纳税情况审核、送往市民政局进行婚姻状况审核。不需要市民在政府部门之间来回跑腿，市住房城乡建设委就能在一个工作日内收到各单位的资格审核结果。

按照党的十九大和习近平总书记“全面建成小康社会，残疾人一个也不能少”

的指示精神，北京市大数据平台支撑了残疾人辅具服务的“全程网购式”服务。残疾人不再需要跑多个部门开证明申请，等待市残联配发辅具，只需要上网自主选择辅具产品，身份和补贴标准的确定都由市残联通过北京市大数据平台开展跨地区、跨部门、跨层级数据共享实现。具体包括通过共享中国残联、公安部、市公安局的残疾人证信息、人口基本信息等数据，结合医疗评估，确定残疾人身份；通过共享教育部高校学生学籍数据，市教委中职学生、中小学生学籍数据，确定残疾人在校学生身份；通过共享市民政局低保、低收入数据，各区劳动年龄内失业且无稳定收入的残疾人数据，确定残疾人低保、低收入、失业身份；通过比对公安部、市民政局等死亡数据，确定残疾人状态。数据共享使虚假证明无缝可钻，购买补贴一步到位。

在改善营商环境，简化企业办事方面，北京市大数据平台也发挥了作用，电子证照信息的汇聚和共享支撑了施工许可证和竣工验收备案电子证照的网上办理。自2018年3月1日启用电子签章起，建设单位实现了施工许可业务办理“最多跑一次”，竣工验收备案“一次不用跑”。建设单位只需进行网上申报，背后的资质审核都由市住房城乡建设委依托北京市大数据平台提供的数据共享实现。施工许可证和竣工验收备案电子证照均加盖电子签章，与纸质证照具有同等法律效力。电子证照的应用不仅意味着建设单位少跑路，更解决了纸质版携带保存不便、容易遗失等问题。

三、“用数据说话，用数据决策”

早在北京市规划城市副中心蓝图之初，就确立了“数据为核、以人为本”的核心理念，汇聚数据、推进共享均是以应用数据为目的，为用户和应用主体提供分析和决策的依据。在北京市2018年编制的“数字生态城市建设方案”中，明确将服务对象定位为城市管理者、公职人员以及社会公众，并据此规划了领导驾驶舱、综合办公平台和移动公共服务平台等项目，并列入当年副中心智慧应用工程计划启动实施，目前均已进入试运行状态。面对城市这样一个复杂的系统，面向2300多万民众，需求庞杂、功能各异，怎么用好数据，如何发挥系统价值，又怎样形成以数据来驱动、以人民为中心的数据应用体系，同样是一个重大的课题和难题。

北京市将当前大数据的应用重心之一聚焦为市级领导驾驶舱，旨在通过驾驶舱牵引全局应用，检验建设成效，倒逼部门变革。市领导驾驶舱的主旨是依据北京大数据行动计划“四梁八柱深地基”的顶层设计，在北京市大数据平台基础上，构建面向市级领导的决策数据资源池，实现鲜活、真实、精准的城市运行信息展现、监测管理和监督考核，为城市管理者提供“一站式”的决策支持服务。

领导驾驶舱主要从以下几个方面发挥作用：首先，通过在驾驶舱集成城市重点领域、突发事件、社会热点和城市运行等海量数据，直观呈现城市运行规律与动态趋势；其次，将各部门相关应急指挥、辅助决策、统计分析等应用系统接入驾驶舱，市领导在“下钻”获取更为具体专业支撑的同时，也间接核验了各部门信息化建设现状和绩效，形成无形而强力的牵引；最后，由城市管理总需求派生出各部门应用需求，继而提升部门数据质量，夯实共享基础，完善管理闭环，倒逼各部门信息化体制机制变革。

目前，领导驾驶舱已建设了“民之所望”“施政所向”“信息基础”“营商环境”等6个专题，接入41个部门310个业务系统；围绕“城市生命线”“城市生活线”“城市事件线”“城市社情民意线”四条线建立了一套监测城市运行基本情况的指标体系，已接入应急、教育、医疗、自然资源等100余类城市运行监测指标，正在着重开展涉及城市“人一企一物”的指标数据扩展。市应急管理局突发事件信息、市政务服务局“12345”热线信息、市公安局视频监控信息以及市发展改革委粮油肉蛋菜价格信息、电信运营商人口动态监测数据、互联网舆情信息等一大批价值数据实时或准实时接入。已接入的数据及应用在2019年国庆活动保障等系列重点工作中发挥了积极作用。

四、依托企业画像改善营商环境

改善营商环境是促进经济发展的重要举措，为小微企业提供贷款、向企业提供融资是改善营商环境的基础环节。由于当前数据共享开放机制尚不健全，融合政府和企业两方面数据，对企业进行信用画像，可以解决数据融合与有效利用的问题。“数据专区”是这一系列问题的答案。这是北京市利用目录区块链开展的另一个创新探索，目的就是针对金融、医疗、交通、教育等数据热点需求领域，推进政府数据的社会化利用。

以大数据平台上开辟的“金融数据专区”为例，以授权金控集团代为运营的方式，通过目录区块链打通政府和企业之间的数据壁垒，打造“政采贷”产品，集中金融、工商、司法、信用等各领域与企业发展过程相关的数据，对企业进行画像，用于信用评估，为有需求的企业提供授信。该方式解决了各部门数据单独共享不足以支撑对企业的全面评估，全部开放不能保证数据安全，以致制约企业发展的问题。

大数据平台是数字政府在大数据时代顺应国家治理体系和治理能力现代化的必然产物，它是云化、数据化、共性功能“积木化”的重要体现，是推动政府信息化向数字化、智能化转变的重要支撑。北京市大数据平台的初心和使命就是让大数据进入各取所需的自由状态——数据按需自由流动，资源按需随时取用；让全市各类用户无论是使用数据还是建设系统都变得更加简单高效；创新重构政府服务流程，培育智能化的政务服务体系。最终推进政府管理和社会治理模式创新、驱动城市治理智能化转变。

以数字政府改革建设有关要求为引领，北京市大数据平台明确“4—3—4”的建设目标，遵循“需求牵引、问题导向、以数为核、以人为本”的建设原则，从提升全市的统筹集约能力、推动各级政务部门数据共享、助力“互联网＋政务服务”、深化数据应用、辅助城市管理科学决策等业务需求点出发，构建“四全”能力体系。

第 7 节　北京市市级政务云

一、云计算概念和技术

(一)云计算的概念

云计算早期，简单地说，就是简单的分布式计算，用于解决任务分发和进行计算结果的合并。因而，云计算又称为网格计算。通过这项技术，可以在很短的时间内(几秒钟)完成对数以万计的数据的处理，从而提供强大的网络服务。现阶段所说的云服务已经不单单是一种分布式计算，而是分布式计算、效用计算、负载均衡、并行计算、网络存储、热备份冗杂和虚拟化等计算机技术混合演进并跃升的结果。① 互联网上的云计算服务特征和自然界的云、水循环具有一定的相似性，因此，云是一个相当贴切的比喻。根据美国国家标准与技术研究院(NIST)的定义，云计算服务应该具备随需应变自助服务、随时随地用任何网络设备访问、多人共享资源池、快速重新部署灵活度、可被监控与量测的服务、基于虚拟化技术快速部署资源或获得服务、减少用户终端的处理负担、降低用户对于 IT

表 5-1　云计算的产生：类比电力系统的发展

	初级阶段	初步整合	高度整合
电力系统	自行购买发电机，自行发电。电力系统稳定性差，缺乏标准	企业运营覆盖小区域的发电机构；周围用户从企业买电	大规模的发电厂和电网覆盖全国；用户可以方便地用电，并按使用付费
计算系统	个人拥有电脑(PC)，完成绝大部分计算	企业维护资料中心，使用者访问资料中心，进行计算	企业或机构运营云计算资料中心，个人和中小企业通过网络访问资料中心进行计算，并按使用付费(云计算时代)

① 许子明，田杨锋：《云计算的发展历史及其应用》，载《信息记录材料》2018 年第 8 期。

专业知识的依赖等特征。[①]

云计算定义中包括三种服务模式：

1. 软件即服务(SaaS)：英文全称是 Software as a Service，意思为软件即服务，即通过网络提供软件服务。消费者使用应用程序，但并不掌控操作系统、硬件或运作的网络基础架构。软件服务供应商以租赁的方式提供客户服务，而非购买的方式，比较常见的模式是提供一组账号密码。

2. 平台即服务(PaaS)：英文全称是 Platform as a Service，消费者使用主机操作应用程序。消费者掌控运行应用程序的环境(也拥有主机部分掌控权)，但并不掌控操作系统、硬件或运作的网络基础架构。

3. 基础设施即服务(IaaS)：英文全称是 Infrastructure as a Service，消费者使用"基础计算资源"，如虚拟机、存储、网络和操作系统。消费者能掌控操作系统、存储空间、已部署的应用程序及网络组件，但并不掌控云基础架构。

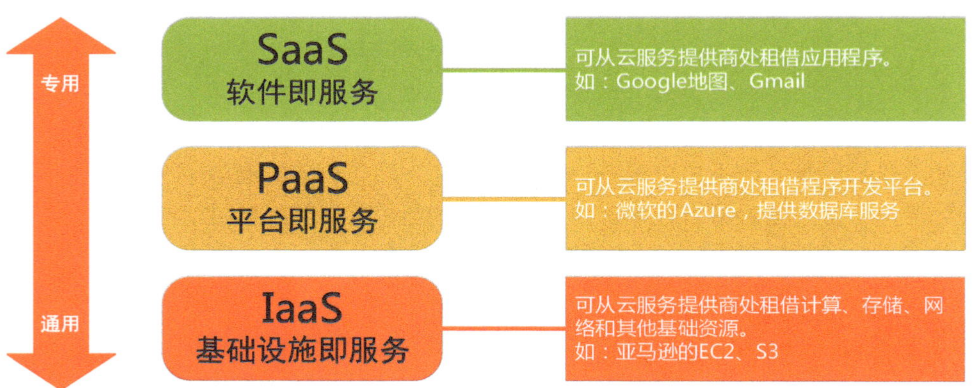

图 5-18　云计算的三种服务模式

现行普遍认可的云计算部署模型包括公有云模式、私有云模式、社区云模式、混合云模式，其内容定义也来自美国国家标准与技术研究院的云计算定义。

1. 公有云(Public Cloud)。简而言之，公有云服务可透过网络及第三方服务供应者开放给客户使用，"公有"一词并不一定代表"免费"，但也可能代表免费或相当廉价，公有云并不表示用户数据可供任何人查看，公有云供应者通常会对用户实施访问控制机制。公有云作为解决方案，既有弹性，又具备成本效益。

2. 私有云(Private Cloud)。私有云具备许多公有云环境的优点，例如弹性、

① Buyya R., Yeo C. S., Venugopal S.: *Market－Oriented Cloud Computing: Vision, Hype, and Reality for Delivering It Services as Computing Utilities*, 2008 10th IEEE International Conference on High Performance Computing and Communications.

适合提供服务，两者差别在于私有云服务中，数据与程序皆在组织内管理，且与公有云服务不同，不会受到网络带宽、安全疑虑、法规限制等的影响；此外，私有云服务让供应者及用户更能掌控云基础架构、改善安全与弹性，因为用户与网络都受到特殊限制。

3. 社区云(Community Cloud)。社区云由众多利益相仿的组织掌控及使用，如特定安全要求、共同宗旨等。社区成员共同使用云数据及应用程序。

4. 混合云(Hybrid Cloud)。混合云结合公有云及私有云，这个模式中，用户通常将非企业关键信息外包，并在公有云上处理，但同时掌控企业关键服务及数据。

图 5-19　云计算的四种部署模式

随着云计算的发展，云计算服务正日益演变成为新型的信息基础设施，全球各国政府近年来纷纷制定国家战略和行动计划，鼓励政府部门在进行 IT 基础设施建设时优先采用云服务，意图通过政府的先导示范作用培育和拉动国内市场。

2018 年加拿大政府发布了更新后的“云优先采用”策略，其中提到政府部门应优先选择公有云服务，在公有云无法满足某些特定需求时可考虑私有云模式部署。同年 2 月，智利政府发布“云优先”行政命令，其中明确了政府机构使用云服务所带来的降本增效、灵活易扩展等主要优势，要求各州政府在保证技术中立、安全、合法等原则的前提下优先考虑使用云服务。我国在同年 8 月发布《推动企业上云实施指南(2018—2020 年)》，指导和促进企业运用云计算加快数字化、网络化、智能化转型升级。此外，巴林、阿根廷、新西兰、菲律宾等国家也纷纷发布相关政策，要求政府机构在进行 ICT 基础设施采购预算时，应优先评估使用云服务的可能性。2018 年 10 月，新一届美国政府重新制定“云敏捷”战略。“云敏捷”是一种新的战略，该战略专注于为联邦政府机构提供必要的工具，使其能够根据自身需求更好地做出信息化决策，让各政府机构采用具有更多先进技术的云解决方案，简化从传统 IT 基础设施迁移上云的难度。

可见，各国不仅注重云资源的使用，随着云计算软件和服务的发展，更加重视上云的效率，以及运用云计算是否能达到更好 IT 信息化决策的需求，是否能赋予传统 IT 更好的能力。所以，“云效能”是未来国际关注的重点。①

(二)云计算的优势

1. 减少开销和能耗

传统模式下为满足各类零散的应用需求，部署重复的系统和环境，使得 IT 资源的规划和建设周期长、管理和维护困难。云计算服务可以优化、提高资源利用率，整合需求，促使系统合并，节省信息化成本；提高应用程序开发、应用管理、网络以及终端用户的工作效率。云计算服务将搭建和维护硬件与软件所投入的经费转变为支付的云计算服务费。

2. 增加业务的灵活性

云计算服务能够更加快速有效地响应客户需求的变化。传统模式下新业务构建数据中心要数年时间，新业务、新产品上线周期长，无法快速响应市场需求。云计算服务能够提供快速的扩展和收缩能力以满足不可预知的需求变化，更加适应客户迫切的需求变化。

3. 提高业务系统的可用性

云计算服务以资源池的方式提供服务，多个客户共享资源池。计算资源可以预分配给提出有峰值需求的一组应用，而非单个应用。云计算平台通过对需求进行汇总，提供更加符合和可供管理的需求属性，以解决需求的峰谷问题，保障客户所请求的服务及时响应。云计算服务采用了高可靠性和可用性的架构设计，能够更好地应对服务攻击、设备故障、自然灾害等情况的发生。

4. 提升专业性

云计算服务提供给客户专业的技术团队支持，提升了专业性。云服务商能够为员工提供专门从事安全、隐私和其他组织高度关注领域的机会，与担负多种职责相比，这促使其员工不断提高专业化程度，如专注于安全和隐私问题，以获得更深层次的经验和培训机会，并更乐于改善安全和隐私状况。

(三)云计算技术问题

1. 访问的权限问题

用户可以在云计算服务提供商处上传自己的数据资料，相比于传统的利用自

① 中国信息通信研究院：《云计算发展白皮书(2019 年)》，2019 年第 12 期。

己计算机或硬盘的存储方式，此时需要建立账号和密码完成虚拟信息的存储和获取。这种方式虽然为用户的信息资源获取和存储提供了方便，但用户失去了对数据资源的控制，而服务商则可能存在对资源的越权访问现象，从而造成信息资料的安全难以保障。

2. 信息保密性问题

信息保密性是云计算技术的首要问题，也是当前云计算技术的主要问题。比如，用户的资源被一些企业进行资源共享。网络环境的特殊性使得人们可以自由地浏览相关资源，信息资源泄露是难以避免的，如果技术保密性不足就可能严重影响到信息资源的所有者。

3. 数据完整性问题

在云计算技术的使用中，用户的数据被分散地存储于云计算数据中心的不同位置，而不是某个单一的系统中，数据资源的整体性受到影响，使其作用难以有效发挥。另一种情况就是，服务商没有妥善、有效地管理用户的数据信息，从而造成数据存储的完整性受到影响，信息的应用价值难以被体现。

4. 法律法规不完善问题

云计算技术相关的法律法规不完善也是主要的问题，想要实现对云计算技术作用的有效发挥，就必须对其相关的法律法规进行完善。目前来看，法律法规尚不完善，云计算技术作用的发挥仍然受到制约。就当前云计算技术在计算机网络中的应用来看，其缺乏完善的安全性标准 缺乏完善的服务等级协议管理标准，没有明确的责任人承担安全问题的法律责任。另外，缺乏完善的云计算安全管理的损失计算机制和责任评估机制。法律规范的缺乏也制约了各种活动的开展，计算机网络的云计算安全性难以得到保障。①

针对上述问题，建议从云服务商到用户，都应至少采取以下措施：

1. 合理设置访问权限，保障用户信息安全。当前，云计算服务由供应商提供，为保障信息安全，供应商应针对用户端的需求情况，设置相应的访问权限，进而保障信息资源的安全分享。在开放式的互联网环境之下，供应商一方面要做好访问权限的设置工作，强化资源的合理分享及应用；另一方面，要做好加密工作，从供应商到用户都应强化信息安全防护，注意网络安全构建，有效保障用户安全。因此，云计算技术的发展，应强化安全技术体系的构建，在访问权限的合理设置中，提高信息防护水平。

2. 强化数据信息完整性，推进存储技术发展。存储技术是计算机云计算技术的核心，如何强化数据信息的完整性，是云计算技术发展的重要方面。首先，

① 王德铭：《计算机网络云计算技术应用》，载《电脑知识与技术》2019年第12期。

云计算资源以离散的方式分布于云系统之中，强化对云系统中数据资源的安全保护，并确保数据的完整性，有助于提高信息资源的应用价值；其次，加快存储技术发展，特别是大数据时代，云计算技术的发展，应注重存储技术的创新构建；再次，要优化计算机网络云技术的发展环境，通过技术创新、理念创新，进一步适应新的发展环境，提高技术的应用价值，这是新时期计算机网络云计算机技术的发展重点。

3. 建立健全法律法规，提高用户安全意识。随着网络信息技术的不断发展，云计算应用的领域日益广泛。建立完善的法律法规，是为了更好地规范市场发展，强化对供应商、用户等行为的规范及管理，为计算机网络云计算技术的发展提供良好条件。此外，用户端要提高安全防护意识，能够在信息资源的获取中，遵守法律法规，规范操作，避免信息安全问题造成严重的经济损失。因此，新时期云计算技术的发展，要从实际出发，通过法律法规的不断完善，为云计算技术发展提供良好环境。[①]

二、北京政务云能力介绍

(一)发展概述

北京市过去十几年的电子政务建设模式，基本是以业务部门为单位的分散建设，由此容易形成“信息孤岛”，同时建设维护成本相对比较高。为利用政务云推进市电子政务集约化发展，按照市领导的批示，政务云管理单位组织制定实施方案及技术方案，按照“企业投资建设，政府购买服务”模式和“统筹规划、适度超前、资源共享、确保安全”的原则组织建设北京政务云，为北京市市属行政事业单位信息化系统提供统一的政务云服务。北京市市级政务云平台自2012年试点应用，2016年正式投入运行，经过多年的发展，政务云不断探索为北京市政务系统提供标准化云计算服务。在北京市各单位的大力支持下，政务云已为北京市75家委办局、超过1300个信息系统提供支持服务，服务对象覆盖医疗健康、终身教育、商务服务、执法公安、人文环境、规划管理应急、生态环保、体系交通等重点行业，政务系统上云已成为北京市各单位的共识。

2015年2月，云管理单位组织上报市领导政务云推进策略及购买服务方案，获领导圈阅。同年10月，组织公开招标确定了市级政务云的基础服务目录、2家云服务商及1家云监管服务商。政务云自2015年11月初启动建设，2016年1月1日初步具备服务能力。2016年1月，印发《北京市市级政务云管理办法(试行)》。2016年6月，《北京市市级政务云服务指南》正式发布。

① 黄文斌：《新时期计算机网络云计算技术研究》，载《电脑知识与技术》2019年第3期。

2018 年，通过部门集采新入围 6 家云服务商，确定 1 套新的政务云服务目录(包括集采服务 42 项，其他服务 39 项)。2019 年 4 月，《北京市市级政务云管理办法》正式印发，新版政务云服务目录及服务价格正式执行。

2018—2019 年，随着使用单位对云计算的接受认可度提升，也基于全市入云推进工作的开展，政务云平台规模进一步扩大。通州行政办公区首批 34 家搬迁单位总数量为 501 个，已经基本完成系统入云迁移。截至 2019 年 10 月底，政务云政务服务中心节点已完成建设共 7 家云服务商，共承载 75 家委办局(共 181 家使用单位)1250 个系统，入云用户云主机分配数量为 11069 台。政务云已实现居民住房、车牌指标、个人信用、电子证照、生育服务、积分落户等信息共享和交换，支撑了多项政府重点及热点工作，入云系统涵盖电子政务、医疗卫生、科研教育、交通运输、公共服务、人力社保、食品监督、新闻出版、公安执法、生态环保等城市管理多个领域。

2018—2019 年，政务云管理机构进一步扩充，管理组织架构更加完善，在政务云管理单位的统筹规划下，从一个中心管理扩充为多个中心联合管理的协作模式，各中心按照职责分工分别负责入云项目把关和云资源集约化情况评价、安全监测和安全检查、政务网络保障，以及政务云具体业务的管理。

2018—2019 年，政务云管理体系进一步完善，政务云内外部管理规范数量大幅增长，为北京政务云标准化建设奠定了基础。2019 年下半年，北京政务云开展管理基线建设工作，累计共形成三级指标项 94 项、四级指标项 157 项。通过管理基线建设，同时结合云综合监管服务项目采购和实施，北京政务云正在从流程管理向数字化管理转型，不断向数据获取、数据落地、数据分析、数据共享的以数据为主线的管理模式迈进。

2019 年以来北京政务云始终保持安全稳定运行，共顺利完成国庆 70 周年、“一带一路”、“亚洲文明对话论坛”、世园会等 14 次重保工作，重保期间无事故发生。

(二)建设运营模式

北京政务云采用“企业投资建设，政府购买服务”方式，由云服务商在云管理单位指定的云机房内完成政务云平台的建设部署。

(1)采用“企业投资建设，政府购买服务”方式在政务云机房部署政务云平台，除机房已经具备的基础环境外，其他组成政务云平台所必需的软硬件设备都由云服务商提供，并承担相关建设和运行维护成本。

(2)云服务商负责政务云平台本身的网络搭建和部署，政务外网由政务云管理单位提供，互联网及带宽由云服务商保障，可自行接入组网，政务云管理单位提供管路。

(3)云服务商在云综合监管服务商的指导下共同构建统一完整的政务云服务体系。政务云投入使用后，各委办局支付政务云服务费用，政务云管理单位支付云综合监管服务费。

(4)云服务商与政务云管理单位签订服务期为3年的合同，云服务商与使用单位签订的服务协议可按年度签订。政务云管理单位根据政务云发展的需要，建立云服务商的动态补充和更新机制，实现云服务商的动态调整、优胜劣汰。

(三)服务能力

北京政务云平台软硬件均采用成熟稳定、自主可控的国产云平台产品，按照公安部信息安全等级保护三级标准规划建设，并每年开展等级测评工作。云平台兼容国内外主流操作系统、数据库、中间件，云平台可用性和数据可靠性分别达到99.99%和99.9999%。数据中心机房建设遵循“统一规划、统一标准、统一建设、统一管理”的原则，采用节能环保设备，PUE低于1.5，为国家绿色数据中心试点单位。

经过2018年政务云服务采购，北京政务云已形成8家云服务商+1家云综合监管商的服务格局。现行政务云服务目录包括基础服务目录、视频云目录、基础安全保障服务目录、扩展服务目录、PaaS及SaaS服务目录共5类目录，80多项服务。其中，基础服务目录、视频云目录已纳入部门集采目录，扩展服务目录、PaaS及SaaS服务目录未纳入部门集采目录。所有服务目录价格均为最高限价。

图 5-20　北京政务云服务架构图

政务云管理单位承担云综合监管服务费及与政务云管理相关的其他费用，政务云使用单位承担政务云服务采购费用、信息系统日常运维、安全服务和应急保障等相关费用。

(四)监管体系介绍

2015 年，在北京市级政务云服务招标时，同步招标政务云安全监管服务商，服务期为 3 年。在政务云管理单位的总体指导下，云安全监管服务商依据《信息安全技术云计算服务安全能力要求》(GB/T 31168－2014)、《信息安全技术云计算服务安全指南》(GB/T 31167－2014)、《关于加强党政部门云计算服务网络安全管理的意见》(中网办发文〔2014〕14 号)及国家主管部门发布的其他标准规范要求，经过 3 年的建设已经逐步规范和完善政务云监管工作体系。

北京政务云监管工作从 2015 年以责任为导向的“政务云安全监管 1.0”阶段发展到以流程为核心的“政务云综合监管 2.0”阶段。“政务云安全监管 1.0”通过明确政务云管理单位、使用单位、云服务商以及云监管服务商职责和责任，辅助必要的监管基础设施的技术支撑，使得各使用单位能够快速地获取政务云服务。“政务云综合监管 2.0”通过标准体系和考核体系建设，对云服务商服务流程进行指导规范，扩展管理技术支撑手段，使得各使用单位能够较便捷地获取政务云服务。

目前，政务云监管工作主要从建立标准化体系，实施驻场监管服务，建立配套的综合监管工具三个方面来开展。一、标准化体系主要从对外(全市)、对内(云服务商、云安全监管服务商)两个方面建立了覆盖政务云运行的基本管理制度。二、驻场监管服务主要完成特殊时期值守、应急管理、符合性检查等一系列监管服务，以及政务云平台的实时监测和对云服务商的综合评价等工作。三、监管服务配套工具主要通过云安全监管服务商建立监管网络和综合监管平台，实现对云平台基础网络及云平台虚拟化层数据的采集，政务云平台运维自动化管理，建立政务云工作组对外服务统一窗口。

随着北京政务云借助考核影响供需管理思路的确定，以及落实全市大数据工作的要求，北京政务云综合监管体系将在前期统一的制度流程、统一的流程监管和统一的信息发布基础上，进一步强化政务云综合监管数据流的精细化管理，以“用数据说话”的思路指导政务云综合监管体系规范和完善，实现对委办局和云管理的赋能。一方面通过对政务云综合监管数据的开放，使得政务云使用单位快速、方便地使用自身政务云综合监管数据，为自身数据化建设和发展助力；另一方面通过监管数据对各云服务商的评估考核体系进行支撑，为云服务商考核、评估和淘汰提供客观依据。通过综合监管体系的不断发展和完善，逐步形成“以数据为中心”的政务云管理北京模式。

三、北京市推进全市政务系统入云的进展

北京市推进全市系统入云的历史，大致可以分为三个阶段。第一阶段为2016—2017年，是政务云建成投入使用后的推广期，此阶段的工作特点是政务云管理单位和云服务商向用户普及政务云服务，用户单位学习和适应政务云，各委办局试探性地将业务量较低的系统首先迁移至云内，云内信息系统数量缓慢增加。第二阶段为2018年初—2019年上半年，此阶段以城市副中心行政办公区搬迁工作为契机，工作特点是短时间的大批量信息系统集中迁移入云，各委办局将大量核心业务系统迁移入云，云内系统数量迅速增长。第三阶段为2019年初至今，此阶段以大数据行动计划为契机，贯彻市领导“应入云尽入云”的要求，政务云管理单位全面推进公共服务系统迁移入云，各委办局逐步将剩余信息系统迁移入云。

截至2019年11月初，已入云委办局、已入云系统、给用户分配云主机增长趋势图如下：

图 5-21　委办局数量增长趋势图

图 5-22　系统数量增长趋势图

图 5-23　分配云主机数量增长趋势图

(一)第一阶段：2016—2017 年，政务云推广期

2016 年 1 月，政务云管理单位面向全市发布《北京市经济和信息化委员会关于印发〈北京市市级政务云管理办法(试行)〉的通知》提出政务系统入云原则："除公安、安全等部门以及涉密和信息安全等级保护四级(含)以上信息系统外，按照'上云为常态、不上云为例外'原则，各部门现有信息系统应逐步迁移上云，停止服务器、存储等相关软硬件采购。确有特殊原因暂不能上云的，须经市信息化专家咨询委员会组织的专家论证会同意。"2016 年 2 月，首都之窗主站、信用北京网等第一批系统入云。2016 年 6 月，政务云管理单位发布《北京市经济和信息化委员会关于印发〈北京市市级政务云服务指南〉的通知》指导和推进系统入云。在政务云管理单位和云服务商的持续推广下，大部分委办局启动了信息系统迁云工作，但首先迁移的是部分业务量较低的非核心业务系统和少量核心业务系统。截至 2016 年底，入云委办局数 44 个，业务系统 160 个，入云用户分配云主机数量约 2000 台。截至 2017 年底，入云委办局数 63 个，业务系统近 300 个，入云用户分配云主机数量约 5000 台，北京政务云为居民住房、车牌指标、个人信用、电子证照、生育服务、积分落户等 80 多项政府重点、热点工作提供技术支撑。

(二)第二阶段：2018 年初—2019 年上半年，政务云支撑首批搬迁单位信息系统搬迁工作

2017 年底，确认北京政务云支撑北京城市副中心首批搬迁单位信息系统搬迁工作。以城市副中心行政办公区搬迁工作为契机，为落实市领导在《关于报市电子政务网络升级改造实施方案的请示》(京经信委文〔2017 年〕160 号)中的批示要求，市机关搬迁办发布《关于印发〈市级机关第一批搬迁信息化工作方案〉的通知》，要求各搬迁单位的非涉密信息系统优先采用迁入政务云方式进行搬迁，政务云管理单位统筹入云搬迁工作。时间要求为在城市副中心行政办公区搬迁工作启动之前，完成首批搬迁 42 家单位的信息系统入云工作。

首批搬迁单位涉及信息系统入云的共 34 家单位，需入云系统 500 余个。截至2019年初，首批搬迁的32家单位的450余个系统完成入云迁移；截至2019年5月，首批搬迁单位95%的政务信息系统完成入云迁移，基本完成入云工作。2018年8月至2019年5月，首批搬迁单位入云系统增长趋势如图5-24所示：

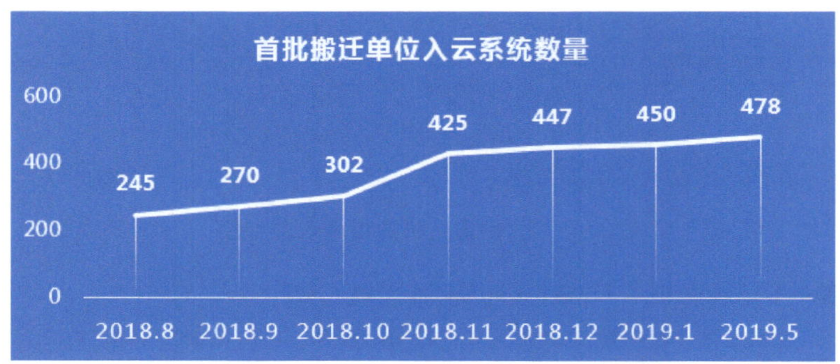

图 5-24　首批搬迁单位入云系统增长趋势图

(三)第三阶段：2019年初至今，推动全市政务系统全部入云

以大数据行动计划为契机，为贯彻落实2019年4月29日市领导关于“尚未入云的政务信息系统按照应入云、尽入云的要求，在今年年底前完成入云迁移”的指示精神，进一步支撑北京市大数据发展，切实抓好政务信息系统入云工作落实，2019年7月，政务云管理单位编制了《2019北京市政务信息系统入云工作方案》，成立入云迁移工作组牵头制定信息系统入云迁移工作总体方案，建立入云迁移沟通协调机制，定期组织会商，定期对各部门信息系统入云迁移工作进行督查，形成工作报告，上报市大数据工作领导小组。入云单位负责本单位信息系统的入云工作，明确责任领导和具体工作人员，制定适合本单位的迁移上云方案，严格按照相应时间节点完成入云迁移工作。

按照数据“重要先入”原则，分三批开展系统入云工作，具体批次划分和时间安排如图5-25所示。

入云迁移工作组基于“北京市目录区块链系统”全面梳理、核验形成2019年政务信息系统入云底账，共涉及52个单位的1664个系统(公安、安全系统入自身行业云)，如图5-26所示。

2019年10月开始，入云迁移工作组由督促入云阶段过渡至督查报送阶段，按照各单位报送的入云计划表，以周报形式向市大数据专管部门上报入云实施进展情况，严格把控关键节点进度，并对进展缓慢的单位部门进行督导。11月开始，由市政府绩效办开始督查考核，2019年系统入云工作进入最后阶段。

截至2019年12月，按照各单位报送的入云迁移计划，“北京市目录链”中应入云的1000多个系统已基本完成迁移入云工作。

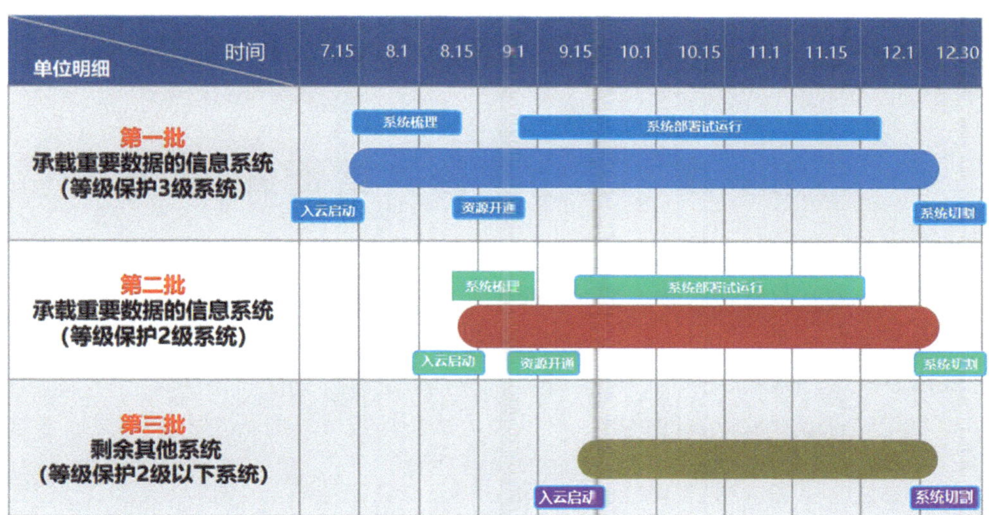

图 5-25　北京市政务信息系统入云批次划分和时间安排

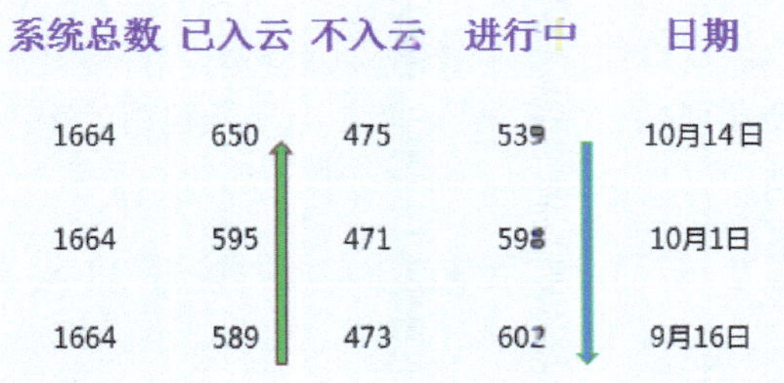

系统总数	已入云	不入云	进行中	日期
1664	650	475	539	10月14日
1664	595	471	598	10月1日
1664	589	473	602	9月16日

图 5-26　北京市政务信息系统入云底账

第 6 章　北京市公共数据开放

公共数据是指各级行政机关和公共服务企事业单位在履行职责和提供服务过程中获取和制作的，以电子化形式记录和保存的数据。公共数据由政府采集、制作或由财政资金购买，是一种公共资源，具有一定的权威性和垄断性。公共数据向社会开放将会释放巨大的价值，可以满足社会日益增长的信息需求，促进信息产业发展，营造大众创业、万众创新的良好环境。

本章介绍了北京市公共数据开放平台、公共数据开放政策原则和工作机制、北京公共数据开放创新基地、北京市公共数据开放创新应用和成果等相关内容。北京市委市政府高度重视公共数据开放工作。北京市经济和信息化局负责对整个公共数据资源开放和社会化利用全过程的合规、安全等方面的工作进行指导和监督。北京市通过举办或联合举办公共数据创新应用大赛等多种形式的活动，引导和鼓励企业和社会公众使用公共数据资源进行开发利用。公共数据向社会开放对促进信息消费、拉动信息产业发展，释放巨大价值。

第 1 节　北京市公共数据开放平台

一、平台体系架构

北京市公共数据开放工作始于 2012 年，以原北京市经济和信息化委员会牵头，各政务部门共同参与建设的北京市政务数据资源网（https：//data. beijing. gov. cn，图 6-1)上线运行为起点，首批推出了 29 家单位 200 余项原始数据，并开始积极稳妥推动公共数据开放工作。公共数据开放工作对促进信息消费，拉动信息产业产生了积极的影响。

经过多年发展，北京市公共数据开放数据集从 200 余项数十万条记录逐步增长至目前 4300 多项 15 亿多条记录，能够提供公共数据全面开放和定向开放的功能较为完善的全市统一公共数据开放平台。面向社会公众提供数据下载、接口调用、数据沙箱等多种数据服务形式，面向政务部门和公共服务企事业单位提供数据汇聚、数据清洗、数据脱敏等服务。

图 6-1　2012 年北京市政务数据资源网首页截图

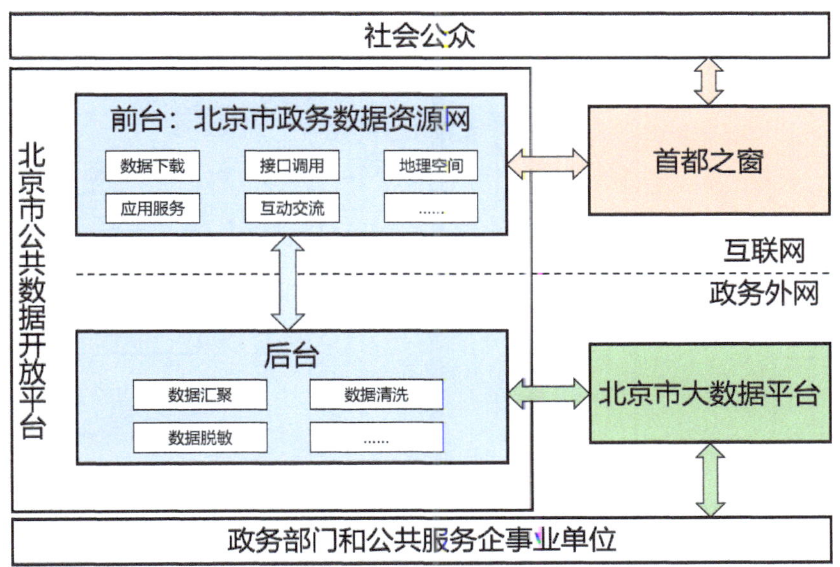

图 6-2　北京市公共数据开放平台框架图

二、平台主要功能

北京市公共数据开放平台是北京市大数据平台构成的一部分，在大数据平台汇聚全市数据的基础上，开放平台根据委办局授权，向社会统一开放公共数据资源。北京市公共数据开放平台前台展现形式为互联网上运行的北京市政务数据资源网(https：//data. beijing. gov. cn)，主要面向公众提供数据开放服务；后台依托北京市大数据平台，实现数据汇聚、清洗、脱敏、权限和安全管理。

(一)前台功能

北京市政务数据资源网将各委办局完全开放的数据资源统一面向公众提供服务，用户可通过多种方式检索开放的数据，并通过下载或接口调用的方式获取数据，并可对已开放数据进行在线预览和可视化。社会公众利用已开放的公共数据开发相关应用产品后，可将应用产品的相关信息进行在线提交，由北京市政务数据资源网为其进行宣传推广。对于网站尚未提供的数据资源，社会公众如有需要，也可在线提交对数据的具体需求，网站收集需求后，将会向相关政务部门进行反馈。北京市政务数据资源网目前共开设 9 个一级栏目和 17 个二级栏目，如图 6-3 所示：

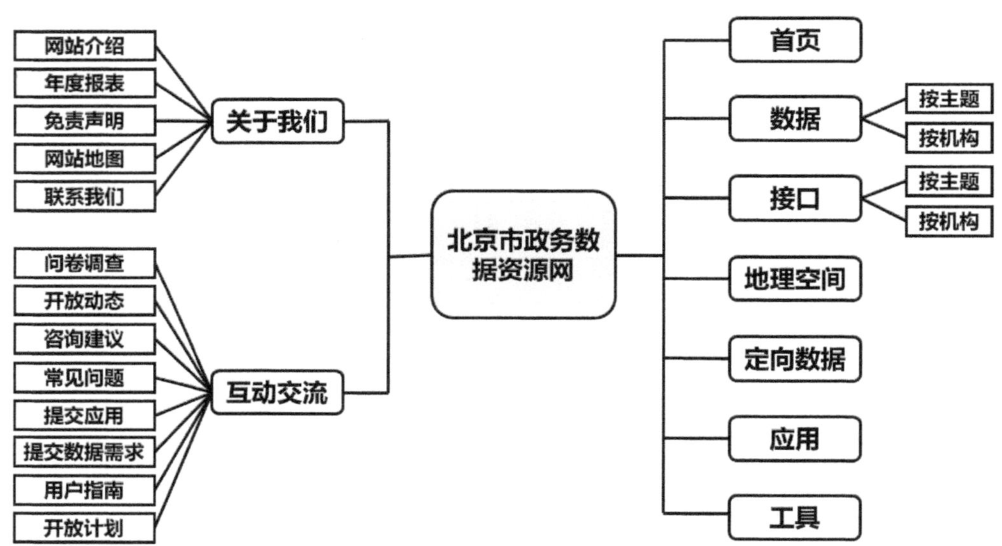

图 6-3　北京市政务数据资源网前台栏目设置图

网站目前为社会公众用户提供数据下载、接口调用、数据预览、数据可视化、地理空间、应用服务、工具服务和互动交流等多种服务内容。

数据下载服务：用户注册登录网站后，可通过下载的方式获取所有数据内容，目前提供多种类型的下载格式，如 CSV、XLS、DOC、ZIP、DMP、SHAPE 等。

接口调用服务：网站提供多种接口调用的服务，包括文件调用接口、数据调用接口等。其中，文件调用接口可通过 API 接口获取文件下载地址，目前网站所有数据均支持文件调用接口；数据调用接口可通过 API 接口获取数据内容，接口请求为 http get 方式，返回数据为 JSON 格式。

数据预览服务：用户可在网站对数据进行在线预览，方便用户获取数据前更直观地了解数据的结构和内容。

数据可视化服务：网站部分数据提供数据在线可视化服务，通过折线、柱状等可视化的方式向公众展示数据信息，方便用户了解数据的整体情况。

地理空间服务：网站部分数据提供地理空间服务，用户可在线查看相关数据的位置信息。

应用服务：用户登录平台后，可提交与本平台数据资源有关的应用信息，经审核通过后的应用信息可通过本平台向社会展示，并可定制专栏进行宣传推广。

工具服务：网站向用户介绍目前使用开放数据常见的工具或系统，方便用户了解、掌握相关信息，为数据使用人员提供参考。

互动交流：网站可与用户进行互动，在网站提供的数据资源无法满足用户需求时，可在线提交对开放数据的具体需求，网站收集后与相关政务部门进行协调开放。同时，可获取每年公共数据开放计划和定期开放动态。

下一步，北京市政务数据资源网将面向公众和企业提供更多样化的数据服务，如借助多方安全计算、联邦学习等新技术，基于平台结合用户自身数据或第三方数据，提供“可用不可见”或“可用不可得”等场景下的数据融和分析能力的服务。同时，将搭建区级公共数据开放栏目，与基础较好的区级政府合作，联合开展区级公共数据开放的试点工作，为社会公众提供区级数据的获取服务。

(二)后台功能

北京市公共数据开放平台后台，是依托北京市大数据平台提供的数据汇聚、数据治理、数据管理等功能，为开放公共数据的政务部门提供在线化的数据服务，包括对原始数据的汇聚、清洗、脱敏和安全管理等服务。

数据汇聚服务：依托北京市大数据平台的数据共享功能，实现各政务部门公共数据的汇聚接入，接入类型包括结构化数据、非结构化数据(WORD、EXCEL、PDF、HTML 等)和半结构化数据(JSON、TXT、LOG 等)。

数据清洗服务：各政务部门可基于平台对汇聚的原始数据进行清洗和质量管理工作，以保证开放数据的可用性、完整性和规范性。

数据脱敏服务：各政务部门可基于平台对汇聚的原始数据进行脱敏工作，以保证开放数据中不包含个人、企业等的敏感信息。

数据安全管理：平台可针对遇到的各种安全威胁和风险，采取行之有效的安全措施，保证系统中数据信息的机密性、完整性和可用性，同时满足可控性和可审核性的要求。

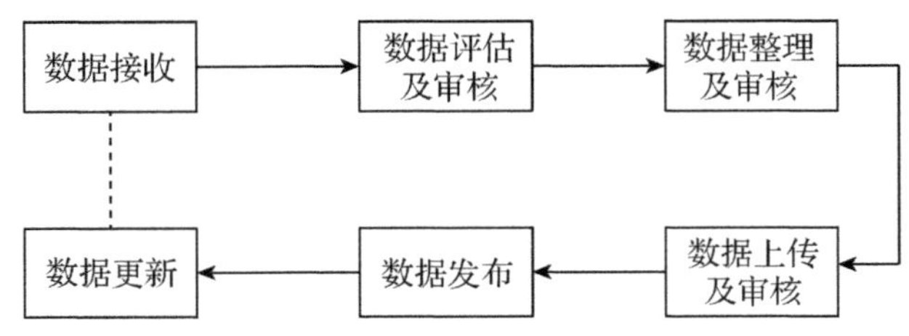

图 6-4　公共数据开放加工整理及发布流程

为确保北京市政务数据资源网上发布的数据符合公共数据开放的相关要求，根据相关管理规定和实际情况，北京市逐步形成了公共数据加工整理及发布的工作规范，以规范数据接收、数据评估及审核、数据整理及审核、数据上传及审核、数据发布、数据更新等环节。公共数据的提供单位要遵守该规范，开展公共数据的开放工作。

第 2 节　公共数据开放政策原则和工作机制

一、政策文件要求

北京市委市政府高度重视公共数据开放工作，并相继出台一系列政策文件，对公共数据开放的相关内容进行指导和约束。

2016 年 8 月，北京市人民政府办公厅印发《北京市大数据和云计算发展行动计划(2016—2020 年)》，明确提出“公共大数据融合开放取得实质性进展，公共数据开放单位超过 90%，数据开放率超过 60%，数据开放质量和使用效率大幅提升”，“建立公共数据资源开放共享清单，按照依法保障信息安全、逐步分级开放的原则，推动形成以开放为常态、不开放为例外的公共数据开放共享机制”。

2017 年 12 月，北京市人民政府发布《北京市政务信息资源管理办法(试行)》(京政发〔2017〕37 号)，文件对政务信息资源开放进行了明确，提出“应明确专人负责”“编制并定期更新开放目录，制定年度政务信息资源开放计划”等对政务部门的具体要求，并明确“各区、市级政务部门须依托全市政务信息资源统一开放平台，集中向社会开放政务信息资源，通过原有渠道开放的政务信息资源须同步汇聚至开放平台”的公共数据开放技术路径。文件提出“市经济信息化委负责收集整理社会公众对政务信息资源开放的需求告知相关政务部门，相关政务部门应在

15 个工作日内对开放需求进行响应，并将结果反馈至市经济信息化委”。

2018 年 6 月，为贯彻中央文件精神，结合北京市实际情况，市委网信办、市发展改革委、市经济信息化委联合印发了《北京市公共信息资源开放试点实施方案》(京网办通〔2018〕5 号)，方案包括进一步建设和完善北京市统一的公共数据开放平台；推动重点领域数据开放，全面扩大数据开放范围；全面提高数据质量，推动高价值数据开放和更新；积极推动公共信息资源的开发利用；加强制度建设，建立完善配套制度规范；强化底线思维，加强安全保障等 6 大部分。

2019 年 10 月，北京市大数据工作推进小组办公室制定了《关于通过公共数据开放促进人工智能产业发展的工作方案》(京大数据办发〔2019〕2 号)，方案明确“实施分级分类管理，保障公共数据开放有序实施”，将公共数据按开放程度从低到高分为有条件共享类、无条件共享类、有条件开放类、无条件开放类共 4 个级别。文件同时特别提出要“建设公共数据开放创新基地，通过特定方式面向人工智能企业有条件开放数据，为企业开发产品、创新应用提供无偿和精准的数据供给，助力北京市大数据产业高质量发展”。

二、工作原则和推进机制

北京市公共数据开放的基本原则是依法开放、需求导向、重点突破、注重质量、便于使用和确保安全。

依法开放：开放的公共数据应当具有社会和经济价值，除国家和北京市法律、法规明确禁止开放及其他正当原因外，各政务部门和公共企事业单位的数据都应当逐步开放。

需求导向：公共数据开放工作应当定期收集社会公众对数据、平台等方面的需求，并依据需求进行开放。

重点突破：公共数据开放工作要以相关重点领域为突破口，着力提高重点领域高价值数据向社会公众开放。

注重质量：公共数据开放应当尽可能满足公众和企业的信息需求，开放的公共数据应当及时、完整、准确、连续，尽可能保持原始、未经改动的状态，并对数据的来源、质量和使用进行说明，确保开放数据的质量。

便于使用：公共数据发布方式应当便于获取，数据格式便于计算机读取和使用。

确保安全：各部门、各单位应当加强公共数据开放的审核工作，严禁开放未经脱敏处理，涉及国家秘密、商业秘密和个人隐私的公共数据。

北京市已初步形成规范的数据开放机制和技术实现路径。各政务部门明确专人负责公共数据开放工作，按年梳理本单位年度公共数据开放清单，由市经济和信息化局汇总形成开放计划向社会发布，各政务部门依据开放计划通过北京市公共数据开放平台集中开放数据。对于社会公众反馈的个性化需求和特定场景下的数据需求，通过授权运营等方式向特定主体开放数据。作为大数据行动计划的组成部分，公共数据开放的管理部门制定考核评估办法，建立考核评估指标体系，明确考核内容和考核方式，定期开展考核评估，并将考核评估结果纳入各政务部门年度绩效考核评价范围之中。

三、北京市公共数据开放的两种方式

北京市公共数据开放模式分为无条件开放和有条件开放两种方式。其中，无条件开放是一种普惠数据供给方式，北京市每年向社会发布全市年度公共数据开放计划，并依据开放计划和重点领域通过北京市公共数据开放平台无条件、统一地向社会开放公共数据，同时，通过公共数据开放平台收集社会公众的数据需求，并将需求反馈至政务部门，各政务部门及时对需求进行响应。有条件开放是一种特定数据开放方式，依托公共数据开放创新基地，建立一系列数据开放专区，提供数据开发、融合、处理等专有环境，通过竞赛和社会化运营等方式，面向特定应用场景和使用主体开放特定公共数据，社会开发者使用公共数据设计与开发产品，补齐社会应用短板，为企业和公众服务。

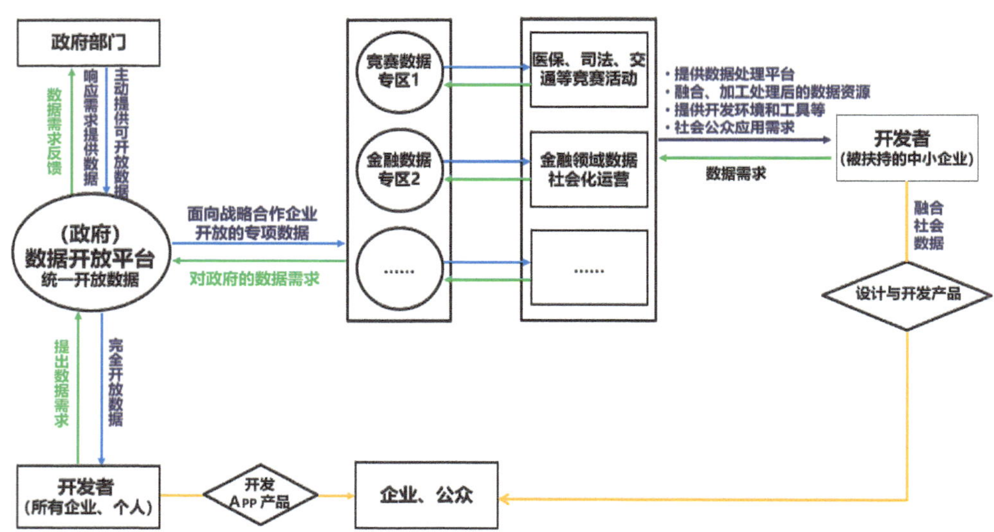

图 6-5 北京市公共数据开放方式示意图

四、北京市公共数据开放情况

北京市公共数据开放平台目前已经发布大量高价值数据供用户使用，截止到 2019 年 11 月，北京市已开放 56 部门、20 个领域、4300 多项数据集、约 15.4 亿余条数据记录或文件。其中，全面开放 1500 多项数据集，共计 490 余万条数据记录或文件；定向开放 70 项数据集，共计 7500 余万条数据记录或文件，通过金融专区授权开放 2764 项共计 14.6 亿余条记录，包括了 200 余万市场主体的登记、纳税、社保、专利、不动产、政府采购等 208 类高价值数据。

北京市政务数据资源网目前注册用户 1.1 万个，首页累计访问量 2.2 亿次，累计页面点击量 1.3 亿次，数据资源累计下载量 30 余万次。其中，部分高价值数据调用情况较好，公众关注度高，深受用户好评，使用量前 20 的数据情况如表 6-1 所示。

表 6-1　高价值数据使用情况前 20 排名

序号	数据名称	来源机构
1	高校	北京市教育委员会
2	小学	北京市教育委员会
3	土地用途分区	北京市规划和自然资源委员会
4	中学	北京市教育委员会
5	轨道交通线路	北京市交通委员会
6	路况直播信息	北京市交通委员会
7	教育部直属院校	北京市教育委员会
8	民办高校及独立学院	北京市教育委员会
9	市属高校	北京市教育委员会
10	国务院委办属院校	北京市教育委员会
11	星级饭店	北京市文化和旅游局
12	公路气象数据	北京市交通委员会
13	便民菜市场	北京市城市管理综合行政执法局
14	北京市旅游景区游览舒适度指数	北京市文化和旅游局
15	主干路	北京市交通委员会
16	生猪出厂价格和玉米购进价格信息	北京市发展和改革委员会
17	宾馆旅店	北京市公安局
18	北京地区备案且正常开放博物馆	北京市文物局
19	森林公园	北京市园林绿化局
20	三级医院	北京市卫生健康委员会

第3节 北京公共数据开放创新基地

北京市人工智能产业发展迅速，产业生态不断发展壮大，集群效应不断显现，但在人工智能产业发展过程中，除了资金、人才、空间等要素支撑外，企业急需大数据和应用场景等方面的支持。为了畅通和增强对北京市人工智能产业的公共数据供给渠道，发挥大数据应用场景对人工智能产业的牵引带动作用，北京市大数据工作推进小组办公室2019年10月正式印发《关于通过公共数据开放促进人工智能产业发展的工作方案》，方案明确提出“建设公共数据开放创新基地”。

一、公共数据开放创新基地基本情况

北京市经济和信息化局依托数字北京大厦建成北京公共数据开放创新基地（以下简称“创新基地”），搭建私有云环境、部署大数据应用系统、人工智能深度学习系统和多方安全计算系统，提供数据开放创新活动办公和竞赛场地以及环境。开展数据专区、应用竞赛、人工智能开放算力平台服务试点工作，负责对整个公共数据开放和社会化利用全过程的合规、安全等方面的工作进行指导和监督。

基础环境主要包括私有云平台和网络设备等。私有云平台由两个计算集群组成，配备38台服务器及8台GPU，满足竞赛算力与数据安全需求，私有云平台内部采用全连接部署，网络设备通过堆叠配置提高冗余性和扩展性。

依托市大数据平台搭建大数据应用系统，实现公共数据的目录管理、汇聚、共享、开放和利用。在此基础上部署人工智能深度学习系统和多方安全计算系统。

创新基地提供30套配备主机保护箱、安装正版操作系统的终端设备，终端性能满足CPUi5－9400F、8GB内存、硬盘1TB机械＋256GB SSD 、独立显卡2GB显存。此外，还提供会议室一间、监控室一间、会议讨论区若干。现场配备十路监控终端，提供实时监控与硬盘录像回溯功能。

创新基地的建成为实现数据开放、数据应用、数据产品的创新奠定基础，创新基地使用方式分为两类：

一是建设数据专区提供授权开放服务。数据专区设在创新基地内，通过创新基地提供的私有云环境以及终端设备，向社会提供专区内公共数据的授权开放服务，引入社会力量开展数据汇聚融合、清洗加工、挖掘分析、产品服务等活动，推动大数据技术创新、应用创新、服务创新的支撑载体建设。数据专区是数据开放的试验区、数据融合的集散地、数据创新应用的示范区。

数据专区采用多方安全计算、联邦学习、同态加密、数据脱敏、多户隔离等技术手段，建立数据接入、融合、加工、计算、处理和使用的安全可信环境，以“可用不可见”“可用不可得”的方式向授权单位提供数据服务，确保数据不出专区，不出创新基地。

图 6-6　北京公共数据开放创新基地

二是开展创新应用竞赛活动。通过开展创新竞赛活动，鼓励具备人工智能、大数据分析与挖掘等“高精尖”科技的高新技术企业、高校、科研机构等参与政府管理和决策服务，将成熟的创新科技技术转化为实践。

二、各方责任和运行机制

北京市经济和信息化局负责对整个公共数据资源开放和社会化利用全过程的合规、安全等方面的工作进行指导和监督。

政府部门和履行公共服务职能的事业单位为公共数据资源提供方。

北京市大数据中心负责基地运营管理工作，在数据提供方的授权下，统一提供公共数据开放平台、数据专区、数据利用以及数据安全保障等服务。

创新基地由数据监管方、数据提供方、数据运行方和用户共同组成公共数据管、供、运、用的生态链。

数据监管方指维护整个公共数据授权运营全过程的合规性、安全性，并行使监督职责的机构或部门。一般为各级政府大数据主管部门。

数据提供方指提供公共数据的单位，一般为政府、企事业单位或其委托的第三方机构。

数据运行方指得到数据提供方的授权，在数据监督方的监督下，承担公共数据登记记录、互联互通、处理服务、产品应用等相关运营工作，以及有关平台建设运行、资源管理和安全保障等工作的机构。

用户指被授权可以使用创新基地内公共数据的公民和单位。

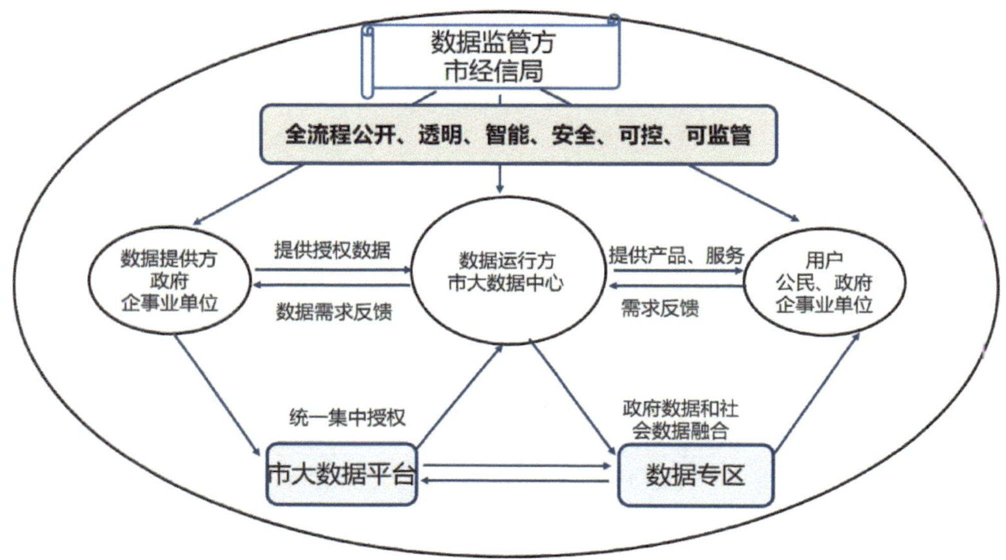

图 6-7　创新基地运行各方关系架构图

三、公共数据授权运营的工作原则和保障机制

（一）工作原则

政府引导。政务信息资源授权运营应坚持政府引导，在遵循国家战略、法律法规的基础上引入竞争机制，充分发挥社会资源在基础设施运行管理、互联网信息技术以及用户服务等方面的优势，推进政务信息资源的深入开发和充分利用。

场景驱动。在交通拥堵治理、司法审判、环境保护、医疗卫生、金融服务等重点领域，根据大数据应用需求，优先推动数据开放和利用工作。

确保安全。政务信息资源开放和社会化利用必须做到平台建设、信息内容、运营过程、成果应用、资源流向等全过程安全、可管、可控，着力避免出现信息滥用、非法扩散、信息泄密、资源损毁等问题。

公平公正。参与政务信息资源授权运营工作时应该开放透明，严格按照相关法律法规确定承担主体，不得人为、变相设置障碍，着力避免出现垄断开发、排斥竞争等问题。

(二)保障机制

制度保障。高度重视，健全工作机制。发布政府规章《北京市公共数据管理办法》，制定《关于通过公共数据开放促进人工智能产业发展的工作方案》，明确工作流程和管理方式。加强基地运行各方协作沟通，建立工作调度和定期通报制度，保障资金投入，确保相关工作按时保质完成。

技术保障。一是利用区块链技术建立数据开放利用追溯与监控系统，数据与开放利用活动(采集、更新、加工、共享、开放、运维、使用等)分离，数据(原始数据以及加工后的运营数据)保存在信息网络，数据描述、数据价值评估和核算及运营操作活动日志等保存在价值网络(区块链)，公开透明、如实和量化多方参与和多步骤记录数据运营活动。二是建立数据保护沙箱，对进入沙箱的数据进行敏感信息预处理，包括用户标识的编码转换或去 ID 化处理，对敏感属性字段的泛化处理等；对进入沙箱的用户进行数据集一维度一细粒度的操作权限控制，实现数据安全使用的运行环境。三是运用安全多方计算技术在跨机构数据流通和融合场景中，采用安全多方计算加密技术，实现数据分立、视图统一，不流动数据，只流动算法，针对数据需求输出结果。

质量保障。建立数据质量管控制度，完善技术工具，在数据质量管控制度的指导下不断提升数据的质量。运用管理技术评估数据的完整性、规范性、一致性、准确性、唯一性、时效性；按数据质量管控制度定期组织检查，对重大问题要按照规定的报告流程提交，并按流程实施整改；建立数据质量考核的内部评价指标体系；建立数据质量整改制度，对日常监控、检查和考核评价过程中发现的问题，及时组织整改，并对整改情况跟踪评价。

安全保障。一是建立数据安全管理制度，实施分级分类管理，明确安全应用规则。二是建立数据应急预案，保证在系统异常以及危机等情景下数据的完整性和准确性。三是制定风险管理策略、政策和程序，监控执行情况并适时优化调整，提升风险管理的有效性。四是加强安全管理不得泄露国家秘密、商业秘密和个人隐私，不得损害国家利益、公共利益和他人权益。

第 4 节　北京市公共数据开放创新应用和成果

北京市通过举办或联合举办公共数据创新应用大赛等多种形式的活动，引导和鼓励企业和社会公众使用公共数据资源进行开发利用。

一、举办数据开放创新应用竞赛活动和成果

2014 年，北京市开创国内先河，率先举办"北京市政务数据资源网应用创意

大赛”，评选出团体组优秀创意奖5个、创意入围奖25个，个人组优秀创意奖3个、创意入围奖9个，这些创意方案充分利用了北京市政务数据资源网发布的免费下载数据，围绕社会普遍存在的出行难、看病难、择校难等问题，从公众切身需求出发，提出了资源整合、分析利用的方案，具有一定的创新性、实用性和可操作性。同时，网站设置了专门的版块，注册用户可以在线提交利用到本网站数据开发的App应用等信息服务产品的信息，经审核通过后即可通过网站进行信息发布和宣传推广。目前，已有社会企业和个人利用市政务数据资源网中的数据，开发了“逛逛博物馆”“E上学”等多个应用程序。

从2016年开始，北京市利用公共数据开放的方式，会同教育部学位与研究生教育发展中心、中国科协青少年科技中心等单位，利用数据支撑了第三届、第四届、第五届、第六届“中国研究生智慧城市技术与创意设计大赛”，并与北京大学合作举办首届全国高校数据驱动创新研究大赛。定向开放8个委办局提供的42类数据，包括实时路况数据、交通指数信息、实时空气质量信息、公共供水水质检测数据、城市园林绿化资源数据、城市河湖水情信息、实时天气信息、雨量监测信息、烟花爆竹安全监管数据、急救车GPS信息等高价值的数据，涵盖交通、环保、城市应急等领域，共计400多个数据集、7000余万条数据记录。同时，协助大赛提出交通拥堵治理、环境污染防治等若干政府命题，并参与政府命题决赛评审和路演评审。参赛者利用这些定向开放的数据，形成了数百项应用创意方案及应用成果。

(一)智联源净——超灵敏水质监测云平台

城市交通疏导信息服务系统是“第四届中国研究生智慧城市技术与创意设计大赛”的成果(图6-8)。该项目依托于智能微凝胶与微流控的智联源净——超灵敏水质监测云平台，设计并开发出了一个集研发生产、销售与工程技术服务于一身的云端水质监测产品与服务。项目以政府水务部门与企业工厂为主要目标群体通过相应网络终端—电脑端智慧云平台、移动端EyeWater App或微信端，提供水质实时监测、水质资讯数据库、水质指标精准分析、水质问题解决方案等一系列服务，实现了水质生态的智能化管理。

(二)智慧学路——学生通勤时段北京道路拥堵分析与预测

学生通勤时段北京道路拥堵分析与预测，是“第四届中国研究生智慧城市技术与创意设计大赛”的成果(图6-9)。通过使用出租车轨迹数据和中小学POI数据，基于道路通达性，提出一种道路拥堵等级识别方法，该方法可定量分析与预测学生通勤时段道路交通拥堵状况。道路拥堵等级识别方法能有效定量预测分析北京市道路交通拥堵，预测结果与高德在线地图实时拥堵路段基本一致，同时该方法能有效预测出中小学集聚区域道路拥堵情况，预测结果与实际情况相符。

图 6-8　智联源净——超灵敏水质监测云平台宣传页面

用智慧撬动城市

3RD NATIONAL GRADUATE CONTEST ON SMART-CITY TECHNOLOGY AND CREATIVE DESIGN

第三届全国研究生智慧城市技术与创意设计大赛

智慧学路--学生通勤时段北京道路拥堵分析与预测

▶ T-Smart团队：韩宇瑶、董婷、李泽慧、谷岩岩　　▶ 学校：武汉大学

1 问题需求

- 通勤时段学校附近交通拥堵问题亟待解决
- 通勤时段学校附近交通拥堵缺乏定量化研究
- 通勤时段学校附近交通拥堵影响周围路段的安全出行

2 方案设计

我们使用出租车轨迹数据和中小学POI数据，基于道路通达性，提出一种道路拥堵等级识别方法，该方法可定量分析与预测学生通勤时段道路交通拥堵状况。

研究结果：道路拥堵等级识别方法能有效定量预测分析北京市道路交通拥堵，预测结果与高德在线地图实时拥堵路段基本一致，同时该方法能有效预测出中小学集聚区域道路拥堵情况，预测结果与实际情况相符。

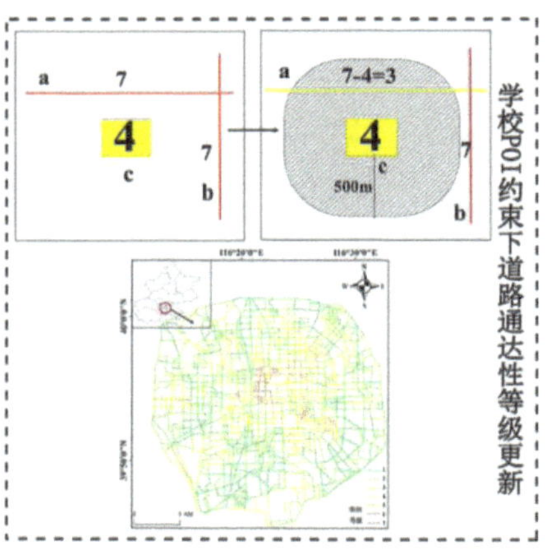

3 价值意义

- 道路拥堵等级识别结果可预测通勤时段学校附近交通状况，提高人们的出行效率和安全。
- 运用道路拥堵等级识别方法能够为政府的城市交通规划、智慧城市智慧交通提供参考。
- 为高德等在线地图服务的实时道路拥堵预测与更新提供一种新的方法。

图 6-9　智慧学路——学生通勤时段北京道路拥堵分析与预测宣传页面

"豪森药业杯"第五届中国研究生智慧城市技术与创意设计大赛

THE 5TH HANSOH PHARMA CHINA GRADUATE CONTEST ON SMART-CITY TECHNOLOGY AND CREATIVE DESIGN

指导教师：夏琦 高建彬

参赛学生：刘思源 方徐伟 潘慧 陈沛然

基于可信数据区块链的垃圾回收循环溯源系统

项目简介

为了促进垃圾分类回收与利用，响应生态文明建设，基于物联网与区块链技术，借助政企合作的模式，我们提出该基于可信数据区块链的垃圾回收循环溯源系统，项目从垃圾减量化、资源化、无害化、产业化的处理思路入手，对垃圾进行集约处理，统一调配，保障垃圾源头分类及运输过程。

项目优势

- 完善居民信用体系
- 提供完整的产业链服务
- 提供信息溯源服务
- 对垃圾进行集约处理

系统流程

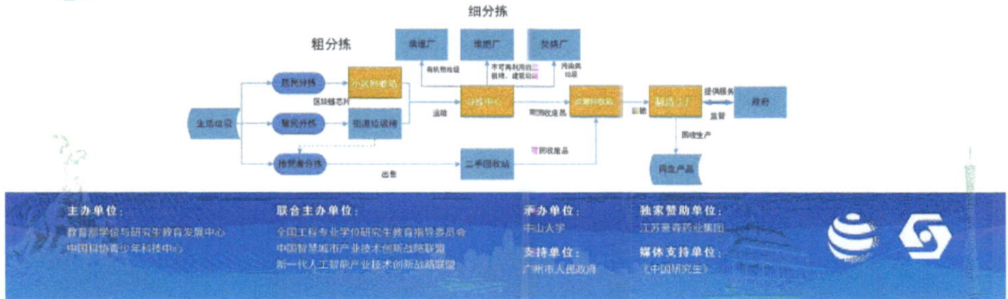

主办单位：
教育部学位与研究生教育发展中心
中国科协青少年科技中心

联合主办单位：
全国工程专业学位研究生教育指导委员会
中国智慧城市产业技术创新战略联盟
新一代人工智能产业技术创新战略联盟

承办单位：
中山大学

支持单位：
广州市人民政府

独家赞助单位：
江苏豪森药业集团

媒体支持单位：
《中国研究生》

图 6-10　基于可信数据区块链的垃圾回收循环溯源系统宣传页面

（三）基于可信数据区块链的垃圾回收循环溯源系统

为了促进垃圾分类回收与利用，响应生态文明建设，基于物联网与区块链技术，借助政企合作的模式，提出基于可信数据区块链的垃圾回收循环溯源系统，项目从垃圾减量化、资源化、无害化、产业化的处理思路入手，对垃圾进行集约处理，统一调配，保障垃圾源头分类及运输过程(图 6-10)。

二、“AI＋司法服务”竞赛

（一）竞赛背景

随着我国经济发展进入新常态，各行业快速发展的同时也带来新的问题，行业矛盾不断涌现，法院案件量急速攀升。同时，随着国民法治意识的增强，越来越多当事人选择专业诉讼代理人代理案件。但是，目前北京法院对于诉讼代理人情况分析等方面工作仍尚待完善。

党的十九届四中全会提出“提高党依法治国、依法执政能力”，习近平总书记也曾在中央政法会议上提出：打造共建共治共享的社会治理格局。在新的时代背景下，对智慧法院建设转型升级提出了更高的要求。

为深入贯彻党中央关于北京市“科技创新中心”定位，落实市领导关于数据开放共享工作及实施数据竞赛活动的指示精神，进一步促进司法服务与大数据、人工智能等“高精尖”产业融合发展，2019 年 11 月 11 日至 11 月 28 日，市经济和信息化局联合市高院在北京公共数据开放创新基地举办了首届“AI＋司法服务”创新竞赛。这次竞赛是全国首次以竞赛形式开展智慧法院建设，也是全市系列数据开放和人工智能竞赛的开局之作，对于智慧法院建设与北京市数据开放工作意义深远。

（二）竞赛组织与实施

市高院、市经济和信息化局联合成立赛事领导小组，市高院、市经济和信息化局领导担任组长，统筹竞赛各项工作。领导小组下设竞赛组织办公室，负责活动宣传、参赛报名、竞赛开展、奖项评审等环节的方案制定与实施。

在竞赛数据方面，市高院开放的数据资源包括：2017 年、2018 年已结的一审、二审案件裁判文书文件等非结构化数据 42 万件，代理人、当事人审判数据表等结构化数据 150 万条，结构化的法人非法人组织机构信息 460 万条，结构化的律师、律所信息 4 万条等。

在竞赛组织方面，通过定向邀请模式，市高院及市经济和信息化局共同筛选了清华大学、北京交通大学、中关村科技软件、北京华宇信息技术有限公司、北京擎盾信息科技有限公司等 10 家单位，组成 8 组团队参赛。在竞赛筹备阶段，组织办公室编制了《北京公共数据开放创新基地管理规定》《创新竞赛组织实施方案》《选题说明及评分标准》等系列文件，部署了竞赛组织流程与任务分工；实施阶段，开展了赛前培训会、专业技术人员与法官答疑、技术交流等活动；在评审阶段，分别从北京大学、北京航空航天大学等高校及大数据领头企业邀请技术专家，从市高院邀请行业专家召开专家评审会，开展竞赛成果评审与指导。

(三)竞赛成果

“AI＋司法服务”聚焦司法行业难点问题，设置了“北京法院案件代理人情况分析”及“北京法院行业诉讼特点及对首都经济发展的影响”两个竞赛选题。

“北京法院案件代理人情况分析”选题成果有助于从审代组合情况分析相关诉讼风险、从代理人类型分析违规代理情况，提供法院执法监督的多视角管理。例如：建立了特定律师画像，向公众呈现律师擅长领域、业务范围、行业声誉、案件标的额等信息，有助于对公众提供更精准的律师服务；针对律所律师与法官的关联度情况分析，创新提出关联度分布差值算法，有效挖掘频繁接触的律师、法官，辅助预防司法公正风险；在“类案同判”等问题上提出创新思路，有助于“类案”检索、错案识别，有效提升司法审判效率与准确度；创新了非结构化文书识别模型，通过归纳法律文书模板，精准提取文书关键信息并进行机器学习，实现了精度更高的文书识别算法框架。

“北京法院行业诉讼特点及对首都经济发展的影响”选题通过对社会主要行业诉讼案件分析，发现行业矛盾的主要问题、问题程度、变化趋势及相应法律行业趋势，推动诉源治理工作和社会治理。例如：建设了行业诉讼分析平台，分别从案件总体情况、标的额、涉诉案件类型、串案分布、行业关联度、一般审理规律等多种维度进行行业数据分析，发掘行业争议焦点、诉讼特点与趋势，从根源上减少司法诉讼，推动诉源治理，为优化营商环境提供司法服务保障；实现了“串案”的自动识别、归类等功能，并建议将串案识别提前至立案阶段，提升审判效率，节约司法资源；通过对北京经济影响较大的金融行业进行分析，得出金融借款纠纷较多的银行主体名单，建议通过发送司法建议函、进行法律法规宣讲等方式降低纠纷数量；在科学研究与技术服务领域，发现侵害作品信息网络传播权纠纷案件均是通过调解和撤诉方式结案，建议此类案件重点做好诉调对接、繁简分流，进行矛盾纠纷多元化化解；通过设计实体识别模型、行业识别模型和争议焦点识别模型，实现了法律文书的关键信息自动化抽取。

(四)竞赛价值

一方面是竞赛成果经过深化研究，可进一步转化为法院信息化应用，加快人工智能技术落地实践。优秀的算法模型与创新案例，还将为公众服务和审判辅助服务建设储备技术资源，提供发展思路，促进人工智能技术向智慧法院赋能。

另一方面是进一步积累了数据开放相关工作经验，建立了完善的数据竞赛管理制度、梳理了办赛流程，制定了数据使用规则。同时，通过优秀实践成果，验证了社会高价值敏感数据开发利用的可行性。促进政府数据走出行业壁垒，开展深入的挖掘分析与应用，增加政府数据的价值与活力。助力人工智能产品的研发，形成良性的人工智能生态。并且通过在相关系列竞赛活动中，优先推介百度飞桨、华为等具有自主知识产权的科技产品，为自主可控的国产产品的研发与推广提供舞台。

三、小结

公共数据开放工作是一项长期、系统性的工作，需要在不断实践中优化和创新。经过多年的发展，并随着大数据行动计划工作的不断推进，北京公共数据开放工作取得长足发展，开放数据数量和质量不断提升，开放领域广度和深度不断增强，各部门开放意识明显提高。但为实现未来数据开放单位覆盖和数据开放率的目标，以及与人工智能场景进行深度融合，公共数据开放工作还面临众多挑战。要重点统筹解决需求侧和供给侧间的关系，加强双方需求沟通，解决数据供给和实际场景无法有效对接的问题，使公共数据更精准地发挥价值。同时，在未建立完善的责任机制、确权机制、激励机制、考核办法等配套政策的前提下，要特别注重加强安全保障，定期开展安全评估，特别是不同领域数据汇集后的风险评估，保障对国家秘密、企业秘密和个人隐私的保护，统筹好安全与开放之间的关系，积极稳妥地推进公共数据开放，实现数据开放、信息安全和公共利益的协调发展。

第7章　北京市大数据应用

近年来，北京市在政务大数据、民生大数据、产业大数据等领域的应用不断深入，涌现出一大批大数据典型应用成果，各行业数字化、网络化、智能化进程明显加速，在推进现代化治理体系建设、保障和改善民生、促进产业转型升级等方面给经济社会带来的益处和价值日益显现。

本章从北京市大数据应用概况、带动政务创新、优化民生保障、推动经济发展等方面入手，通过对各项大数据应用的相关背景、场景以及价值的阐述，向读者详实展示了目前北京市大数据应用的发展情况，以期在思考通过大数据来实现创新应用价值时能有所启发。

第1节　北京市大数据应用概述

北京市大数据与政府治理、民生服务和实体经济深度融合，在市大数据应用重点项目中，大数据与政府治理融合应用占比达到32%，大数据与民生服务融合应用占比达到15%，大数据与实体经济融合应用占比达到53%，根据《大数据蓝皮书：中国大数据发展报告No.3》，北京大数据民用和商用方面更为突出，排在全国第1位。北京市涌现出了市政交通一卡通、“北京通”App、“回天有数”超大社区城市治理大数据平台等一批北京特色大数据应用，在全国形成示范效应。①

一、大数据与实体经济融合应用示范较为活跃

北京市大数据应用已经深入到经济社会各个领域，其中大数据与实体经济融合应用示范较为活跃。2019年5月，市经济和信息化局共征集整理大数据应用试点示范项目321个，其中，政府治理大数据应用项目103个、民生服务大数据应用项目48个、实体经济大数据应用项目170个。实体经济大数据应用占比较大，反映出北京市大数据与实体经济融合应用示范较为活跃。如图7-1所示。

北京市大数据应用项目中，涉及大数据政用、民用、商用的各个领域。首先，北京市推进大数据在公共服务、综合治税、市场监管、信用建设、社会治理、综合决策等政府治理领域广泛应用，涌现出了一批对政府治理能力有明显提

① 连玉明主编：《大数据蓝皮书：中国大数据发展报告No.3》，北京：社会科学文献出版社，2019年，第31页。

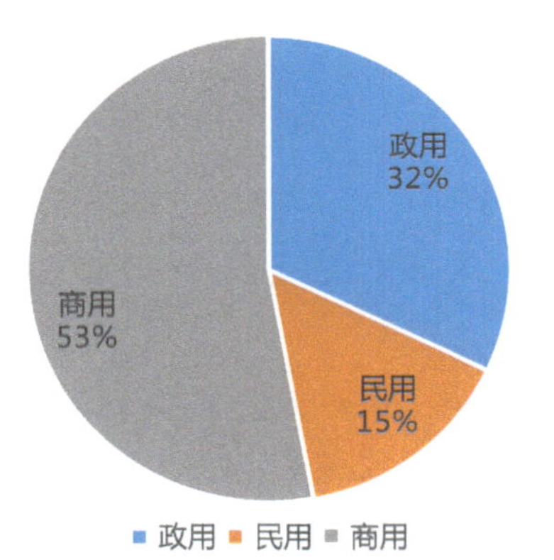

图 7-1　北京市大数据应用试点示范项目分布

（来源：《2019 北京市大数据应用发展报告》）

升的大数据应用。①

其次，北京市推动大数据在医疗健康、交通、教育、社保、民政等民生服务领域的运用，在促进保障和改善民生方面取得明显成效。通过实施北京智源行动计划等，大数据、人工智能与三次产业不断融合，在工业、能源、农业、金融、商务、物流等多个领域涌现了一批创新应用。如图 7-2 所示：

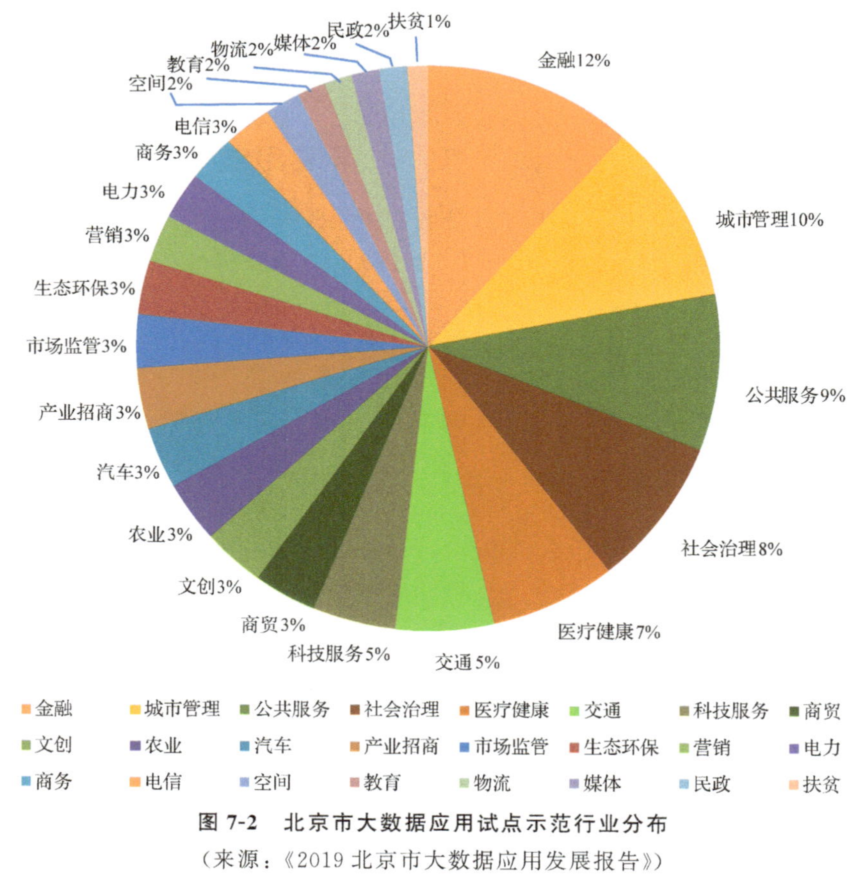

图 7-2　北京市大数据应用试点示范行业分布

（来源：《2019 北京市大数据应用发展报告》）

① 北京市经济和信息化局：《北京市大数据应用发展报告》，2019 年。

二、企业投资主导的大数据应用试点示范项目占比较大

2019 年北京市征集的大数据应用项目中，企业投资主导的大数据应用试点示范项目为 190 个，占比达到 59%，超过政府投资主导的大数据应用试点示范项目，反映出北京市大数据应用试点示范是以市场驱动为主的，具有很强的自我驱动力和应用活力。

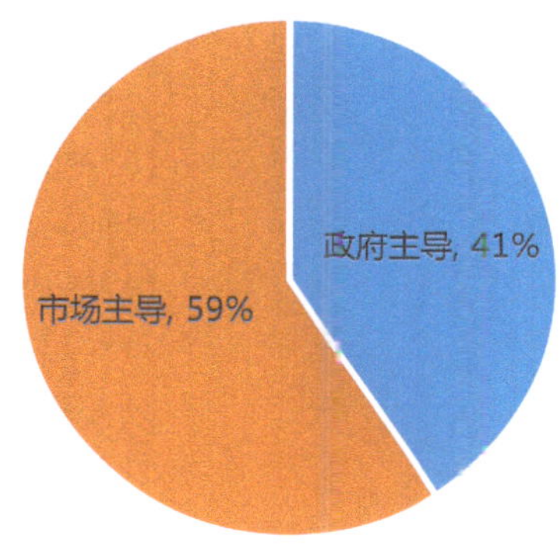

图 7-3　北京市大数据应用试点示范主体分布

（来源：《2019 北京市大数据应用发展报告》）

大数据应用试点示范项目中，项目投资额度在 1000 万元至 5000 万元、低于 500 万元的项目居多，占比均达到 35%。

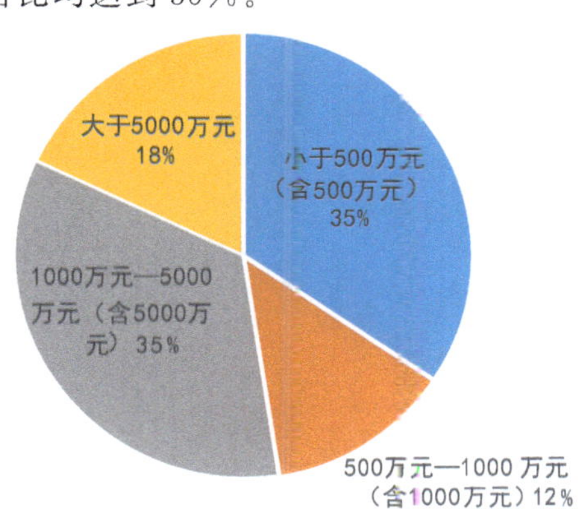

图 7-4　北京市大数据应用试点示范项目投资额分布

（来源：《2019 北京市大数据应用发展报告》）

三、大数据试点示范应用水平较高

大数据是信息化发展的新阶段，北京市大数据应用主要面向海量非结构化数据处理，在数据来源、数据处理技术等方面处于较高水平。在大数据应用项目中，处理视频、语音、流媒体、文本等非结构化数据的应用项目269个，占84%；处理结构化海量数据的应用项目52个，占16%。目前，北京市涌现出了市规划和自然资源委城市空间三维仿真系统，海淀区区块链＋不动产交易应用示范，市政交通一卡通大数据应用，信用北京网，朝阳、通州、西城“城市大脑”，东城区政府云平台与大数据中心，“回天有数”超大社区城市治理大数据平台，北京市文创企业信用服务平台等一批典型大数据应用，在全国形成积极示范效应。

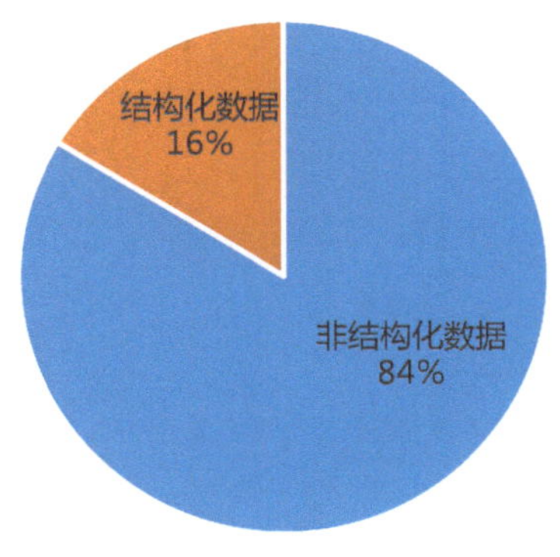

图 7-5　北京市大数据应用试点示范处理数据类型分布

（来源：《2019 北京市大数据应用发展报告》）

数据来源依赖政府数据的应用项目82个，占26%；数据来源是互联网和自身采集渠道的应用项目239个，占74%。如图7-6所示：

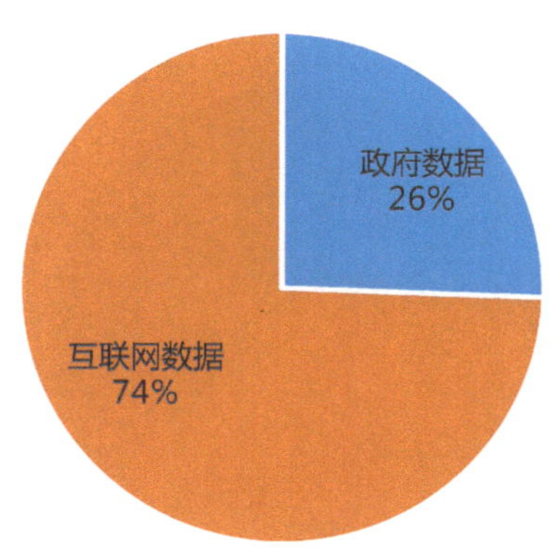

图 7-6　北京市大数据应用试点示范项目数据来源分布

（来源：《2019 北京市大数据应用发展报告》）

四、网络与信息安全保障大数据应用健康发展

北京市云集了数百家网络安全企业，提供网络安全技术产品的企业 58 家，提供网络安全防护产品的企业 186 家，从事网络安全服务业务的企业和机构 185 家。2019 年北京市在海淀、亦庄、通州布局建设国家网络安全产业园。北京市网信办成立了网络与信息安全信息通报中心，承担监测网络安全状况、预警网络安全风险、通报网络安全信息、处置网络安全事件等职责。征集的网络与信息安全大数据示范项目，主要涉及公共网络安全威胁、数据安全、安全事件预警等，如安博通基于大数据技术的网络攻击面可视化解决方案、绿盟企业安全平台解决方案等。

第 2 节　大数据带动政务创新

一、公共服务大数据应用

(一)应用背景

对政府公共服务而言，对数据资源进行有效的管理和应用，打通个人或者法人的各种相关数据库，能为百姓提供更优质和便捷的服务，更能促进政府从被动管理变为主动服务，真正找准公共服务的难点和痛点，解决公众的社会化需求。近年来，北京市认真贯彻落实党中央、国务院关于全面深化改革的有关决策部署，纵深推进简政放权、放管结合，优化服务改革和“互联网＋政务服务”，着力打造“一次不用跑”或“最多跑一次”的政务服务新模式。北京市实施多举措以持续优化营商环境，深化“放管服”改革，降低制度性交易成本，在服务业更宽领域、更深层次扩大开放，增强服务业开放发展、创新发展动能，不断提升服务供给的质量和效益。

(二)应用场景

1. 服务为先，“互联网＋政务服务”取得新成效。服务为先，持续优化营商环境。北京持续推出一系列优化营商环境举措，在项目竣工联合验收机制、涉税业务“全市通办”、市场监管风险洞察平台、小微企业获得电力“三零”专项服务、市政公用服务企业入驻政务服务中心等方面所积累的“北京经验”已在中国其他省市复制推广。同时，北京优化营商环境的改革也得到了国内外的高度评价，世界银行刚刚发布的《2020 年营商环境报告》显示，中国排名再度大幅跃升至 31 位，北京作为样本城市得分 78.2 分，相当于位列全球第 28 位，超过日本东京；在中国国内 22 个试评价城市中，北京营商环境综合排名位居第一，衡量企业全生命周期、反映城市投资吸引力两个维度均排名首位。在政务服务方面，北京市持续

加大“一网、一窗、一门、一次”改革力度，90%的市区两级政务服务事项实现网上可办，70%以上的市级政务服务事项实现在综合窗口办理，80%的市区两级政务服务事项统一进驻服务大厅办理，200余个高频事项实现“最多跑一次”或“一次不用跑”。通过全市大数据平台加强政务服务信息资源共享，将继续在“减事项、减材料、减时限、减次数，增加政策透明度”上加大改革力度，市区两级还将各推出600项“最多跑一次”高频政务服务事项，将企业群众办事平均跑动次数由目前的1.5次压缩到0.3次以下。在企业办事方面，国家要求企业开办时间压减到3个工作日以内，北京市目前已实现1个环节、1天办结。北京市将企业注销业务纳入“e窗通”平台，实现市场监管、税务、人力社保等部门间信息共享和业务协同，申请人可一站式办理营业执照、税务登记、公章刻制，同时获得银行预约开户、员工社保登记等更多服务，减少企业重复跑动和材料提交，进一步提升企业注销便利度。在此基础上，北京市将国家未要求的企业变更也纳入改革范围，推行企业变更“网上办、容缺办、承诺办”，在丰台区试点企业地址变更承诺受理，企业在“e窗通”平台承诺变更地址真实有效，无需提交房产证明即可办理变更登记，改革范围更广。在诚信体系建设方面，加大信用体系建设力度，通过全市大数据平台，归集整理超过4.2亿条信用记录，开通面向社会的公共信用信息公开和查询服务，加强政府部门间信用信息共享和应用，用市场化方式促进市场竞争公平规范。开展集约送达线上办理，成立破产审判专门组织，压缩了破产审理周期和成本。优化诉讼流程，导入多元调解和速裁系统。在知识产权保护和运用方面，建设中国(北京)和中国(中关村)两个知识产权保护中心，知识产权纠纷调解成功率进一步提高。在融资续贷方面，设立北京市企业续贷受理中心，企业只要在贷款到期前1个月提交续贷申请，10个工作日内就能完成审批，续贷前无需过桥资金。该项工作目前正在积极推进，已在海淀区建立了首个企业续贷受理中心。在办理建筑许可方面，北京市整合“多规合一”协同平台、施工图联审平台、联合验收平台、不动产登记系统，实现投资项目审批“一张网”，并全面推行统一的投资项目代码在联合勘验、联合审图、联合测绘、联合验收、不动产登记等环节应用，实现投资项目全生命周期服务，将环节压缩了22%、办理时间压缩了57%。在不动产登记方面，建设了不动产登记领域网上办事服务平台，通过全市大数据平台，加强房屋交易、缴税、不动产登记系统联通和数据共享，实现不动产登记时限压缩到1—4天。[①] 海淀区探索利用区块链和人工智能技术办理不动产登记，实现户籍人口、营业执照、权籍测绘、司法判决等信息共享应用，试点实行“一证办理”和“智能秒批”。在市场监管方面，率先建立了集申请、

① 《优化营商环境3.0！北京推204项改革措施》，载《北京商报》2019年11月13日。

受理、审批、电子证照为一体的“质量监督网上政务服务平台”，为申请人提供网上咨询、网上申请、网上受理、网上审批及网上反馈等全流程在线服务，截至 2019 年 12 月，质量监督网上政务服务平台网上办事量达业务总量的 98%以上。

2019 年 12 月 13 日，“北京通”App 2.0 版上线发布。“北京通”App2.0 版以身份通、数据通、应用通和民心通为理念，进行了信息化应用的诸多改革创新尝试，具备亮证、办事、查询、缴费、预约、投诉、通信等 7 大类实用性功能，用户一次注册即可享受北京市政府相关部门提供的 650 项有特色的重点政务和公共服务。作为市经济和信息化局与各委办局协同共建共支撑的惠民体系化工程，“北京通”依托北京市大数据平台和北京市移动公共服务平台两大能力中台的协同建设模式，横向打通数据，纵向穿透应用，在提升能力、丰富数据的同时，进行服务的丰富与优化。“北京通”App 与以此为基础内容的百度、微信、支付宝等相关小程序一起，构建了以百姓为中心的集首都之窗网站、App、小程序为一体的“互联网＋政务服务”体系。新版“北京通”的技术中枢包括市大数据平台和市移动公共服务平台，两大能力中台相互支撑，市大数据平台负责汇集和提供海量数据，实现“数据共享”；市移动公共服务平台则致力于将标准化的数据进行打包，负责汇集和提供各种服务的基础能力和服务接口，实现“服务共享、业务互通”。同时，“北京通”亦可以反向支撑和反哺市大数据平台，让服务和数据更加灵活，真实有效，最终实现业务互融、数据互通，逐步打造两个中台支撑一个前台，“双轮驱动、共享支撑”的体系化建设模式。

图 7-7　“北京通”App 手机端页面展示

2. 数据为核，数据资源汇聚共享取得新突破。习近平总书记指出，“以数据集中和共享为途径，推动技术融合、业务融合、数据融合，打通信息壁垒，形成覆盖全国、统筹利用、统一接入的数据共享大平台，构建全国信息资源共享体系，实现跨层级、跨地域、跨系统、跨部门、跨业务的协同管理和服务。”为支撑做好政务大数据汇聚整合和共享应用工作，北京市建立了首都之窗网站群、北京市政务信息资源共享交换平台，建设基于区块链技术的大数据目录管理系统方案，开展大数据平台建设，实现全市大数据的统一集中管理，并在全国首批完成与国家电子政务外网数据共享交换平台对接。

截至 2019 年 12 月，北京首批搬迁单位 478 个政务信息系统已完成入云迁移，占拟入云系统总数的 95%；完成 51 个市级部门、8478 个数据项、18 亿条政务数据，以及 3 家电信运营商、滴滴出行、一卡通、中交兴路等 5 个互联网企业的 401 个数据项，400 多亿条社会数据在市级大数据管理平台汇聚，支撑了领导驾驶舱、疏解整治促提升、一网通办、社会信用、城市规划建设管理、不动产登记等重大主题应用。

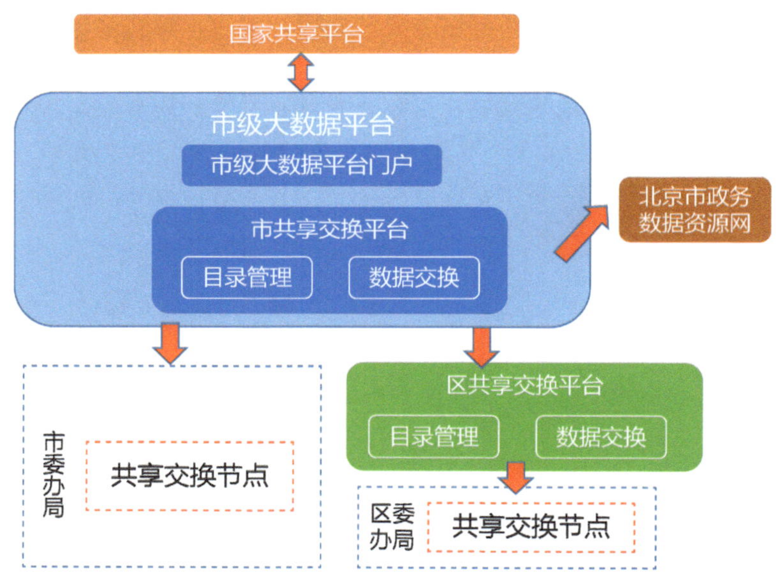

图 7-8 数据共享开放示例

(三)应用价值

公共服务大数据应用能有效整合分散异构的数据资源，运用大数据加强公共服务，建立“用数据说话、用数据决策、用数据管理、用数据创新”的公共服务新机制，充分整合和发掘大数据价值，提高政府公共服务水平，更好地服务公众、服务社会。

二、城市管理大数据应用

(一)应用背景

数字化、网络化、智能化是城市管理的未来发展趋势。当前的城市发展过程中，市民需求多元化，管理服务精细化，城市与社会管理日益复杂，对管理手段和管理方式的要求越来越高。大数据将极大提高城市管理智能化水平，运用大数据、云计算、人工智能等先进技术，加快建设“城市大脑”，通过对交通、安防、视频、地理、气象等数据的分析、挖掘和共享，及时、精准、高效地解决城市运行中的问题和薄弱环节，实现城市管理和决策的数据化、智能化，推进城市治理从“经验治理”转向“科学治理”，推进城市治理精准化、社会化与可持续发展。

(二)应用场景

1. 北京市积极开展领导驾驶舱应用建设。领导驾驶舱以决策部门及其辅助部门为主要服务对象，深度挖掘本应用系统对内服务效应，扩大业务领域数据实时掌控能力和综合信息服务的广度深度，将政务服务各类信息进行汇总统计分析，向领导展示总体态势、运行情况、办公提醒和领域专题信息。

2. 建设空间楼宇和产业经济大数据监测分析平台。海淀区经济大脑——楼宇经济监测分析平台围绕企业、楼宇、人口三大核心基础要素，通过收集全区各经济主要部门的相关企业经济数据，并将其与重点楼宇进行匹配，实现以楼宇为载体的企业监测与服务，为区领导、各部门和各镇街的中观、微观经济监测分析提供支撑。

3. 推进昌平区“回天有数”超大社区城市治理大数据平台建设。北京市回天地区小学、中学、社区医院、公园广场、体育场馆，均存在不同程度的缺失，同时局部板块因道路阻隔，影响既有配套可达性。为了有效地改善公共服务、解决社会问题，北京市昌平区经济和信息化局建设了昌平区“回天有数”超大社区城市治理大数据平台，该平台以“互联网＋”思维为基础，以科学的城市治理理论为指导，以大数据分析为途径，以可视化大数据平台为展现结果，集成多源大数据，围绕公共服务设施增补和“一横一纵、五通五畅”路网修补，对政府落实的社会治理举措和惠民项目的实施成效进行持续分析与观测，并对三年行动计划的具体项目提出优先建设建议，对于政府决策提出了切实可行的建议，形成了为社区的精细化治理和服务水平提升提供科学的决策建议。

4. 建设北京市政交通一卡通城市治理大数据平台。北京市加强大数据在交通出行信息服务方面的应用，与一卡通企业对接，建设北京市政交通一卡通城市治理大数据平台，打造“一体化”出行信息服务，支撑交通综合出行指数和公交线网优化等研究，平台依托一卡通海量刷卡数据及近五年的大数据应用实践工作，建成了面向实践应用的市政交通城市治理服务，为发展改革委、交通委、老龄办等多个政府部门提供了切实、高效的数据服务。该平台数据治理及综合应用能力在一卡通领域，乃至市政领域全国领先。

5.“区域城市大脑”建设稳步推进。“城市大脑”是利用数据建立起来的城市全新基础设施，能够充分运用云计算、大数据、人工智能技术去解决未来城市治理和发展的问题。通州、朝阳、西城“城市大脑”等“区域城市大脑”建设稳步推进。通州“城市大脑”——生态环境平台是北京城市副中心数字生态城市创新架构体系的重要组成部分，也是阿里巴巴及其生态伙伴(如神州信息等)在阿里云“城市大脑”平台之上，构建起的完善的智慧应用场景。该平台针对环境治理的能力短板，将环境监测、分析、决策、治理四个环节形成数据闭环，支撑环保部门实现生态改善的循环体系。朝阳“城市大脑”侧重社会治理和经济，于2019年2月启动试运行，包含实时交通、智慧物业、信用体系、人口数量、群租房密度等几个模块的实时信息，提供可视化平台动态监测朝阳区的交通道路情况、商务楼宇与小区物业情况以及利用移动信令实时监管重点区域热力分部、舆情等，这些海量数据被细化、整合，为朝阳区提供全方位的安全保障。西城“城市大脑”侧重城市管理。

6. 大数据公共安全平台建设。以北京市公安局东城分局视频大数据系统为

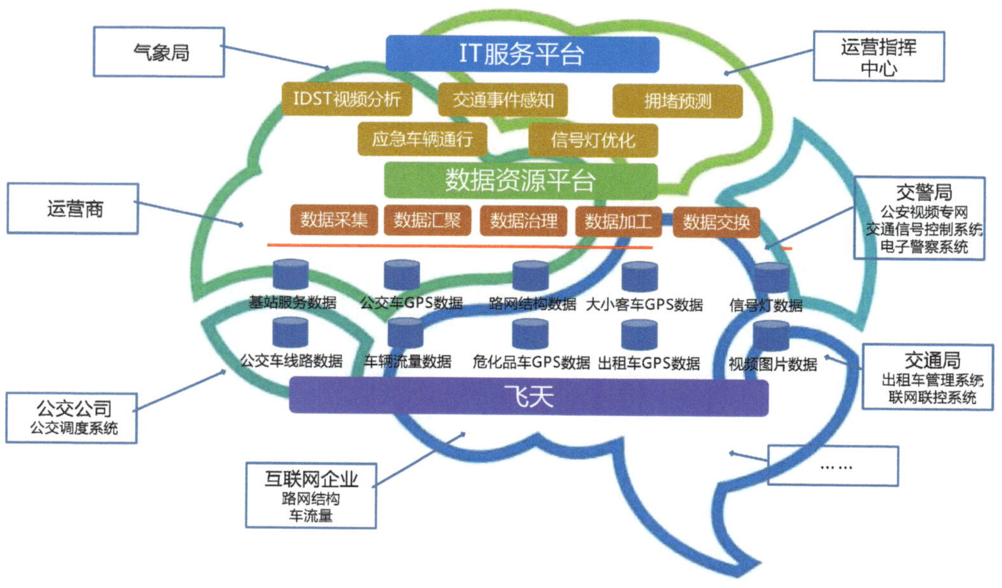

图 7-9 “城市大脑”应用

例，该系统以分局实战需求为目标，依托前期雪亮工程基础，建设一套覆盖全区范围的视频大数据系统，依据人像数据的确定性、非配合式采集、数据鲜活等特点，利用人工智能、大数据、云计算、人像聚类、特征融合等技术，实现了人脸、人身、车辆识别和大数据挖掘，弥补了传统公安大数据系统的不足，极大地推动了公安系统的信息化建设，进一步提高了民警工作效率，有效地保障了分局的安保任务。

7. 安检AI大数据平台建设。大兴国际机场建立了统一的运行信息数据平台，纳入了各相关单位的系统数据信息，并整合大数据分析等技术，全面掌握航班运行状态与地面保障各环节的信息，实现信息精准掌握、运行智能决策，将总体提升机场运行效率。大兴国际机场的自助值机设备覆盖率预计将达到86%，自助托运设备覆盖率预计将达到76%，安检通道均引入了人脸识别等智能新技术，旅客从进入航站楼一直到登机口，可实现全流程自助，无纸化通行，大大提升通行效率。同时，机场全面采用了RFID行李追踪技术，可实现旅客行李全流程跟踪管理，旅客可通过手机App实时掌握行李状态，将有效缓解旅客等待行李的焦虑感。[①]

（三）应用价值

通过挖掘数据背后的价值，能够真正找到城市管理的症结所在，实现以人为本、全面协调可持续发展的目标。例如，在城市管理决策方面，领导驾驶舱实现对经济、环境、能源、交通、社会、人群、教育等领域运行态势实时的量化分析、预判预警和直观呈现。在城市规划方面，通过对城市地理、气象等自然信息和经济、社会、文化、人口等人文社会信息的挖掘，能够为城市规划提供强大的决策支持，强化城市管理服务的科学性和前瞻性。在城市综合管理方面，利用大数据推进对市政基础部件和设施的智能化网格管理，推进网格化管理、联勤联动平台等城市综合管理系统与所在区域内相关功能性机构的信息系统对接，推进信息资源的跨部门、跨领域共享和对外开放，推进城市综合管理与决策。在指挥调度和应急方面，利用大数据建设智能化指挥调度和应急指挥平台，结合传感器、图像识别等技术，加强城市突发事件提前预警、高效协同、资源快速调度。在交通管理方面，通过对道路交通信息的实时挖掘，能有效缓解交通拥堵，并快速响应突发状况，为城市交通的良性运转提供科学的决策依据。在公共安全、智慧安防、社区管理等方面，实施社会治理大数据应用，市公安局优化网上办事流程，实现与8个委办局14项数据跨部门互认共享，开设警民互动渠道、绘制办事服务网点专项图层、开发在线缴费功能、推行EMS快递等服务，设置在线智能问

① 《新机场安检引入人脸识别技术》，载《北京日报》2019年6月14日。

答和查亲访友系统，通过大数据技术和应用更好地服务市民，更好地加强社会管理。

三、市场监管大数据应用

(一)应用背景

简政放权和工商登记制度改革措施的稳步推进，降低了市场准入门槛，简化了登记手续，激发了市场主体活力，有力带动和促进了就业，市场主体数量也在快速增长，市场活跃度不断提升。充分运用大数据的先进理念、技术和资源，是提高政府服务和监管能力的必然要求，使政府充分获取和运用信息，更加准确地了解市场主体需求，提高服务和监管的针对性、有效性。

(二)应用场景

1. 推进综合治税大数据应用。北京市税务局制定了 5 大类 119 项涉税事项“最多跑一次”和“全程网上办”清单。2019 年 4 月，北京市税务局完成税务系统与市市场监督管理局“e 窗通”系统对接，实现“一次填报、一网提交”，使企业开办整体时间由 22 天压缩至 3 天，新版北京市电子税务局实现了网上办税的项目覆盖 95％以上的常见业务类型，全市通过“票 e 送”和自助办税终端办理的发票领用占整体发票领用的 97％。

2. 推进信用建设大数据应用。北京市在已经建立的公民、法人和其他组织统一的信用代码库基础上，进一步完善了全市公共信用信息服务平台。截至 2019 年 12 月，全市公共信用信息服务平台已归集 4.2 亿条信用记录，并通过“信用北京网”等为社会公众和政府部门提供专业的服务。北京市已建立失信联合惩戒和守信联合激励机制，形成以公共信用信息服务平台为 1 个信用平台，融合链接旅游、科技项目、税务、安全生产、水利建设、检验检疫、医保、社会组织、建筑市场、商务信用等 N 个行业管理系统，承载联合奖惩、信易游、信用监管、信易贷、信易租、信易医等 X 个应用和服务场景的“1＋N＋X”信用管理和服务体系。

3. 推进经济监测预警平台建设。北京市西城区宏观经济社会发展数据监测平台利用人工智能、机器学习、大数据、云计算等技术，对产业现状、发展等经济主题数据，以及人口、基础设施等社会主体数据，进行高精度拆解，实现全区经济社会数据资源的精细化和精准化划分，并通过标准化地址建立关联关系，实现大数据关联核算。同时，将全区跨部门数据，以多源异构分布式数据整合的方式或同一平台集约更新的方式，实现统一平台上的数据集聚，形成产业分析、人力资源分析、重点地块分析等 10 个主题管理驾驶舱。另外，构建资源配置地图、经济运行地图、税收资源地图和人口资源地图等 4 个场景化应用地图层，实现了数据的可视化地图建设。

4. 推进市场监管风险洞察平台建设。2018 年以来，北京市场监管部门利用大数据技术优势，全面汇总自身数据、企业信用系统各部门归集数据以及互联网采集数据，推出市场监管风险洞察平台。该平台通过数据整合关联建立了企业全景画像和企业经营行为关系网络，及时掌握市场主体情况、开展主体风险监测，使监管更精准，推动实现"守法不扰、违法必究"，为持续优化营商环境、营造良好市场秩序提供了强有力的支撑。①

(三)应用价值

市场监管大数据应用有利于顺利推进简政放权，实现放管结合，切实转变政府职能；有利于加强社会监督，发挥公众对规范市场主体行为的积极作用；有利于高效利用现代信息技术、社会数据资源和社会化的信息服务，降低行政监管成本。

四、生态环保大数据应用

(一)应用背景

当前我国的环境污染形势十分严峻，环境管理面临巨大压力。比如，污染欠账多，污染物排放总量居高不下、污染随着产业转移而转移、政策执行走样、行政管理体制尚不完善等，这些都在一定程度上制约了环境管理和环保产业的发展。②

利用大数据还可以帮助我们破解目前环境管理面临的难题，带动整个环境管理的转型和效率的提升。大气污染症结在哪儿？雾霾的发生轨迹是什么？这些问题在大数据面前将迎刃而解。生态环境大数据建设可以直接为决策管理层提供科学依据，使环境管理和治理工作更科学、有效，这是加快生态文明建设和环保发展的必由之路。③

2016 年 3 月，环境保护部印发了《生态环境大数据建设总体方案》，明确我国将通过生态环境大数据建设，加强环境保护工作。2016 年 8 月北京市政府印发的《北京市大数据和云计算发展行动计划(2016—2020 年)》明确提出，发展生态环境大数据。利用物联网自动监测、综合观测等数据，开展区域空气质量预测、预报、预警及决策会商，提高联防联控和应急保障能力，有效支撑大气污染防治工作。建立水、林业、土地等资源智能监测管理体系，开展大数据监测评价和分析，加强生态环境保护。

---

① 《大数据画像 监管更精准》，载《人民日报》2019 年 3 月 4 日。

② 《新形势下对我国环境管理与改革的思考》，载《经济日报》2015 年 6 月 4 日。

③ 《以信息化推进环境管理转型》，载《中国环境报》2015 年 12 月 31 日。

(二)应用场景

1. 生态环保精准执法大数据分析应用。在环境监察领域创新执法大数据分析应用，通过建模预测高危企业，提前把控可能存在违法、违规问题的企业，鉴定主要执法对象，集中精力重点检查监管；对执法表单综合分析，研究出针对该企业更有效的现场检查表单，定制个性化执法需求；通过对排污规律及异常规律的预测分析，挖掘出污染源各个时间段的污水、污气排放规律，为执法人员提供重点检查执法的时间段依据；通过执法大数据分析应用，支撑环境监察执法从被动末端响应向主动预测违法行为转变，实现对排污企业的差别化、精准化管理。

2. 生态环保精细监管大数据分析应用。在环境业务监管领域创新监管大数据分析应用，通过环评审批决策分析、风险应急分析、污染溯源分析、环保舆情分析、系统运行状态追踪分析等，提供管理部门项目审核、批准参考依据；预测各类型环境事故发生概率、发生区域和发生时间；追溯、排查造成水质污染的企业，打击偷排漏排、超标排放等违法行为；根据网络舆情事件，把控舆情走势、民意诉求；提前感知政务系统运行状态，预知潜在问题，提前规划运维内容，保障系统安全。

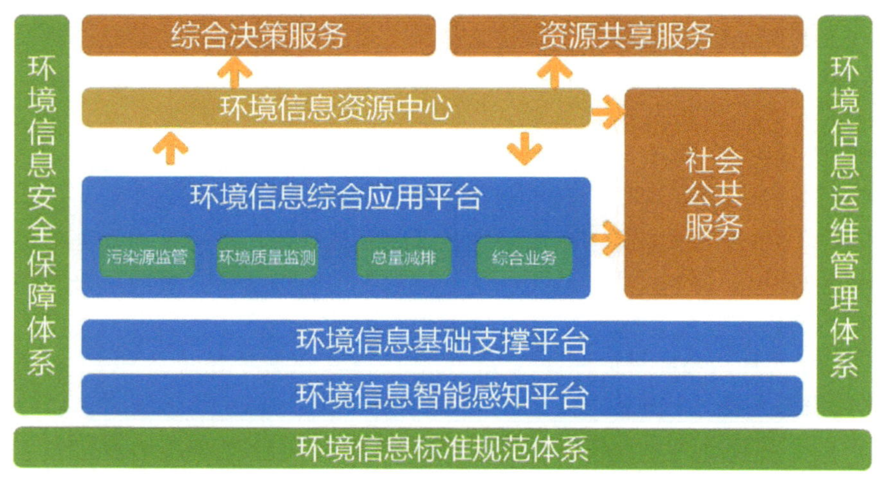

图 7-10　北京市环境信息化顶层设计总体框架

(来源：北京市生态环境局)

3. 空气监测大数据应用。2019 年 3 月，北京市环保监测中心完成《基于大数据技术的北京地区 PM2.5 精细化来源研究》项目，该项目聚焦北京市 PM2.5 的污染水平、时空变化规律、演变趋势、组分特征、区域传输贡献及行业贡献特征等，使用大数据技术对现有监测网络的海量数据进行分析，结合示踪物技术和同位素技术进行精细化的 PM2.5 来源解析，为污染减排措施评估及未来控制政策制定提供建议和技术支撑。2019 年 5 月，北京市建立空气质量预报预警及决策支持平台，将推动周边地区污染治理和区域联防联控，带动技术进步，实现空气质量数据资源共享，解决广大群众对北京市空气质量预报预警信息的需求，保障和扩大群众知情权，提升全民环保意识。2019 年 7 月，石景山区加快推进“空气质量自动监测微站”建设，实时推送环境数据。2019 年 9 月，海淀区开展辖区大气环境监测和污染源排查、分析、治理等一体化“管家”服务。在市级 70 个、区级 300 个空气质量监测点的基础上，建立“天地空”一体的空气质量监测网络，采用雷达扫描、遥感监测、便携检测等技术手段，获取更加丰富的基础数据。在大数据分析的基础上建立多模态数据模型，形成溯源地图和数据融合基础数据库，进一步确定污染的重点范围、空间分布和类型，动态化有效识别和定位污染源。基于“环保管家”数据分析，安排专业巡查人员，根据溯源地图，开展精细化污染源排查，“人防＋技防”打好蓝天保卫战。

4. 移动源监管大数据应用。2019 年上半年，北京市生态环境部门聚焦重点，精准发力，综合施策，不断加大移动源监管执法力度。建立机动车排放管理数据平台，优化升级机动车执法 App，增设氮氧化物(NO_x)排放统计、车载自动诊断系统(OBD)检测和黑烟识别仪检测联网功能。在各区配备 196 套黑烟识别仪，提

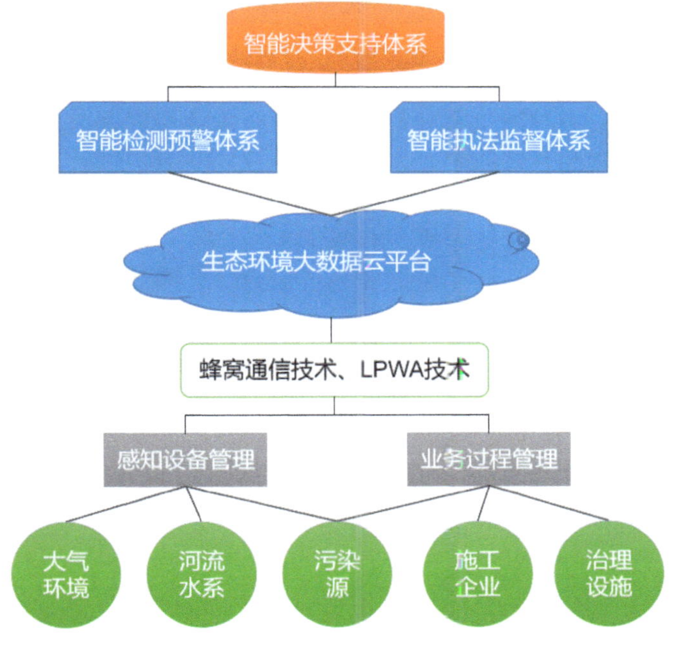

图 7-11 北京市生态环保大数据应用体系

高检测标准和执法效率。完善新车抽检机制，以全市路检夜查机动车违法排放和年检场验车数据为依托，利用机动车执法App、定期检验IM制度(检测维护制度)，完善目标车型数据库，确定抽检目标。2019年8月，房山区创新工作机制，强化移动源监管。依靠大数据筛查，将一批排放超标率较高、超标次数较多的车辆列为重点监管对象，并利用“黑名单制度”，有效解决过去超标车辆治理难的问题。

5. 扬尘管控大数据应用。2019年4月，朝阳区打造全时智能工地视频监控平台，安装视频监控系统及PM10数据监测系统，实现施工扬尘高效治理。2019年5月，丰台区利用全区380个社区(村)小微站对总悬浮颗粒物(TSP)浓度进行实时监测，高值报警、靶向治理，并实施清单化管理。对全区100多条重点道路进行道路积尘负荷监测，在137个工地安装517个视频监控设备，并与市扬尘监控系统平台对接，实现数据共享。

6. 水质监测大数据应用。2019年4月，房山区加密监测网络，设置乡镇跨界断面监测点位61个，在大石河重点断面和排污口设置监测点位51个，每周开展水环境形势分析。深化区域流域协作，与涿州市开展联防联控，初步建立数据共享、会商研判、定期调度机制。大兴区依托污染源自动监控系统，可及时发现废水超标、数据传输异常行为、恶意篡改数据等违法行为。运用暗管探测仪等执法装备，全面排查偷排行为。

(三)应用价值

生态环保大数据应用借助大数据技术加速推动环境信息资源的开发利用，通过大数据采集、管理、价值挖掘分析，实现对海量环境资源的汇聚、交互共享，并对环境管理中看似相互之间毫无关联、碎片化、反映问题某个方面表面现象的信息进行关联分析，从中发现趋势、找准问题、把握规律，说清污染物排放状况、环境质量的现状及其变化趋势，准确预测、预报、预警各类环境潜在问题及污染事故的发生、发展，提高环境形势分析能力，实现生态环境部门“用数据说话，用数据管理，用数据决策”，推动环境监管、监察、监测、服务等方向的创新应用，提高环境管理决策水平，实现环境精准执法、精细监管、智能监测、科学决策、服务便民。北京市生态环境局数据显示，2013—2018年，北京市空气重污染天数逐年减少，从2013年的58天，减少到2018年的15天，六年间减少43天；2018年连续195天没有发生PM2.5重污染，远超2013年的87天，重污染发生率明显降低。

五、京津冀一体化大数据应用

(一)应用背景

2016年12月，京津冀大数据综合试验区正式启动建设，三地将打造以北京为创新核心、天津为综合支撑、河北做承接转化的全球大数据产业创新高地。根据《京津冀大数据综合试验区建设方案》，通过 3 至 5 年的建设，京津冀大数据综合试验区建设将取得明显成效，到 2020 年底，以人为本、惠及民生的大数据服务新体系初步建立，“大数据红利”充分释放，成为提升政府治理能力的重要支撑和经济社会发展的重要驱动力量。三地将在大数据创新应用领域进行试验探索，推动开展大数据便民惠民服务，优化公共资源配置，提升公共服务水平；共同推动在交通、环保、旅游、健康、教育、航运和创新创业等领域的大数据协同。推动建立京津冀大数据创新创业基地等数据平台应用示范及重大工程，加速形成京津冀产业间全面协同发展的良好局面。

(二)应用场景

国家大数据京津冀综合试验区建设带动了三地京津冀数据资源共享，开展了一批大数据协同应用。例如：

1. 京津冀工业云平台。通过提供数据采集与接入、工业云与大数据基础设施、工业大数据应用、新型工业服务等产品和资源，已累计服务京津冀工业制造及相关企业 530 余家，推动三地模式创新与业态升级。

2. 京津冀一卡通大数据应用。京津冀一卡通已经在北京、天津、河北地铁线路投入使用，实现了公交、轨道全覆盖。通过京津冀一卡通数据共享，促进服务改善，优化一卡通管理。京津冀交通一卡通大数据分析将基于刷卡数据分析三地产业合作、社会交流、文化交流、就业、住房等情况，提供京津冀人口流动等分析报告。

3. 京津冀大气污染热点网格大数据应用。为应对严重的空气污染，原环境保护部联合京津冀地区，利用卫星遥感和大数据分析技术，筛选大气污染热点网格辅助执法检查，以提升环境监管的精准性，将京津冀及周边地区城市划分为 36793 个网格，综合卫星遥感、地面空气质量监测、气象、大气污染源等数据分析，利用大数据反演技术得出各个网格的 PM2.5 浓度，并结合各地的大气污染源分布情况，筛选出 PM2.5 浓度最高、污染排放最重的 3602 个网格作为大气污染热点网格，以此提高大气污染防治的科学化和精准化水平。

4. 京津冀医疗大数据应用。秉承“互联互通、共建共享、双促双赢”的发展理念，加快推进京津冀医保合作，开展京津冀异地就医门诊联网直接结算，进一步提升京津冀异地就医服务质量，改善异地就医服务体验。积极推进三地互认及共享临床检验结果和医学影像等常用且易于标准化的医疗资料，进一步为京津冀地区患者就医提供便利、减轻负担。

5. 京津冀天空地海一体化大数据应用。成立京津冀天空地海一体化大数据应用联盟，致力于综合开发天空地海一体化数据应用，加速“政、产、学、研、

图 7-12　京津冀大数据产业地图

用”资源联动，拓展国内、国际应用市场，共同加速推进京津冀全要素、多领域、高效益的军民深度融合，实现对京津冀信息经济发展转型升级支撑能力的实质性突破。

6. 京津冀大数据协同处理中心。以国家超级计算天津中心为基础，依托“天河一号”平台和正在研制的新一代“天河三号”平台，实现数据处理能力达到每秒百亿亿次，构建自主大数据系统融合创新平台。主要建设内容包括依托融合创新平台探索大数据处理、展示、安全等共性技术研究，协同解决大数据应用关键技术，实现大数据技术研发和创新应用环境的服务能力提升；通过协同创新研发合作机制和融合创新平台支撑，依托协同处理中心在能源、交通、矿业、钢铁、医疗健康、智慧港口等行业领域提供大数据产业应用服务，提升产业发展和应用水平。①

（三）应用价值

北京市通过加强京津冀大数据产业对接，加快了京津冀大数据应用示范，推动疏解北京数据中心等产能，加快了大数据技术创新成果三地转化，推动了京津冀大数据产业链条协同联动，打造出京津冀大数据产业应用一体化格局。

目前，三地大数据协同发展格局基本形成。三地政府分别制定并发布了促进云计算、大数据产业发展的指导意见，为京津冀大数据产业的协同发展提供了保

① 《京津冀大数据协同处理中心启动 构建三地互联共享“数据走廊”》，载《天津日报》2017 年 8 月 19 日。

障。2015 年 9 月，北京市经济和信息化局与河北省共建“张北云计算产业基地”，数据港张北数据中心和张北云联数据中心项目等一批重点项目相继落地。天津建设的京津冀大数据协同处理中心已于 2017 年 8 月 18 日启动运营，成为京津冀大数据协同处理的重要基础设施。廊坊建设的京津冀大数据感知体验中心于 2017 年 5 月 18 日完成建设并投入使用。在大数据产业生态机制创新方面，大数据产业协同创新平台、北京大数据研究院建设等重大工程也都纷纷落地实施。

大数据整合管理创新上台阶。随着北京市六里桥市级政务云、天津市统一的数据共享交换平台、“云上河北”建设的投入使用，政务资源实现共享整合。建立了政府和社会互动的大数据采集、共享和应用机制。

大数据创新应用取得新成效。高速公路交通大数据分析平台项目已落地河北省高速公路管理局，河北高速大数据分析平台和河北高速出行服务系统，都已上线运行；全省 467 家二级以上医院通过前置交换系统与区域信息平台实现网络互联，依托河北健康云的双活数据中心，已经初步形成了覆盖 3000 多家基层医疗卫生机构、50000 多村卫生室的国内最大规模的省级统一部署的乡村一体化基层医疗卫生机构管理信息系统；通过旅游数据资源平台采集，利用旅游大数据支撑服务，开展了包括旅游精准营销、全域旅游服务、旅游行业管理、旅游产业融合、旅游业态服务等大数据应用。①

第 3 节　大数据优化民生保障

一、医疗健康大数据应用

(一)应用背景

医疗健康大数据主要是指在与人类健康相关的活动中产生的与生命健康和医疗有关的数据。根据健康活动的来源，医疗健康大数据可以分为临床大数据、健康大数据、生物大数据、运营大数据。根据数据来源，医疗健康大数据可分为医院内部大数据、医院外部大数据和基因数据。医院内部大数据有就诊行为、诊疗数据等；医院外部大数据有个人健康档案、个人健康智能硬件数据及其监测检测等；基因数据有外显子、全基因等数据组成。医疗健康大数据应用目的是提升医疗健康服务的效率和质量，降低患者及健康人群的就医费用，最终都会提高整个社会的生产力。北京拥有国内最丰富的医疗资源和科技人才，是中国医疗大数据的创新基地。

① 《京津冀大数据综合试验区协同发展格局基本形成》，河北省人民政府网，http://www.hebei.gov.cn/hebei/14462058/14471802/14471750/14732361aa/index.html。

(二)应用场景

目前，北京医疗健康大数据应用主要集中在以下几个方面：

1. 医学诊断大数据应用。基于医疗活动中产生的医疗病理数据，借助大数据技术，可挖掘分析患者的病理数据和成功治疗案例的相关数据，进而建立某类疾病的分析模型、临床诊疗过程指标和结果评价模型，最终为患者提供科学化、个性化的治疗方案。

2. 药物大数据应用。通过挖掘分析医疗数据库中的患者用药信息，可扩大药物测试的样本量，构建药物间的相关性、拮抗协同作用和潜在特性等，提高药物预测的精准性。同时，基于药物销售大数据，可预测不同药品的需求趋势，优化研发成本。在临床用药中，通过挖掘大数据分析得到的病症、药种、药量等信息间的相关性，可取得实用性统计模型，从而为医生提供用药参考。

3. 健康管理大数据应用。通过慢性疾病数据分析、智能决策等医疗健康大数据技术，能够实时掌握用户的健康状况，了解用户生活习惯，为用户制定个性化的健康管理方案。医生通过监测用户的健康数据，深入分析慢性病之病因，并有效采取干预措施，实现“未病先防，有病防变”，降低重病的发病率，减少医疗支出。

4. 医疗科研大数据应用。北京肿瘤医院建立基于医疗大数据平台的智能MDT应用与管理一体化平台，对大规模多源异构医疗数据进行集成融合，形成患者全生命周期的医学数据，通过对数据进行深度处理和分析，建立真实世界疾病领域模型，助力医学研究、医疗管理、政府公共决策、创新药物研发等。多学科团队协作(MDT)平台采用先进的大数据技术及架构，以大数据平台数据为核心，实现低投资、高效益。其架构如图7-13所示：

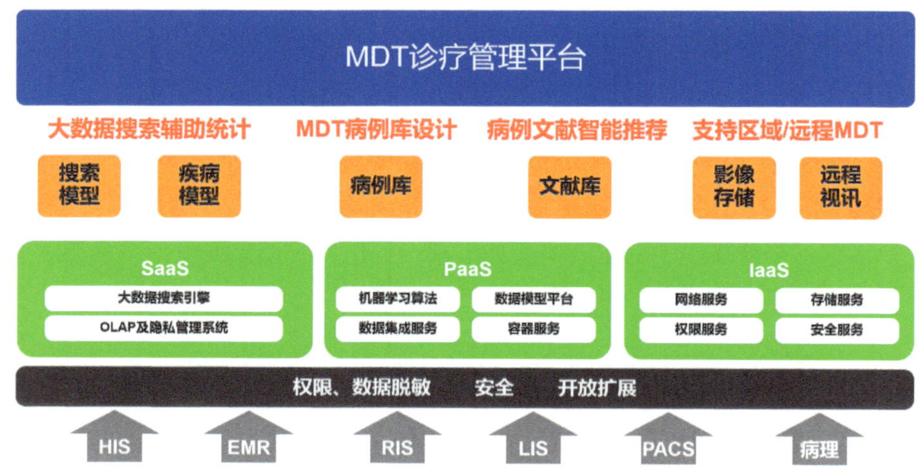

图7-13 基于医疗大数据平台的智能MDT应用与管理一体化平台

MDT会议前，利用已建设完成的大数据平台，允许医生在MDT平台实现抓取患者本院的病史、检查、检验、影像等资料，一键生成MDT病历模板，医生只需要在模板上适当增减即可得到最终的病历。平台还支持按照参会嘉宾维护专家名录，在MDT会议开始前定期给与会专家发送短信提醒，优化MDT组织的流程。MDT会议中，MDT平台采用B/S架构，从根本上解决了图片放大缩小的问题，便于专家查看重要检查报告。平台提供"患者全景"链接，使患者在本院的全部诊疗行为有据可查。MDT平台可以链接医院PACS系统等内容，实现根据会议讨论需求实时查看相应的影像资料。在病历讨论过程中，"相似病例"功能提供了本院"真实世界数据"相似病例的诊疗意见作为参考，甚至关联到中英文文献、指南供现场讨论的专家使用。MDT会议后，MDT平台支持录入MDT意见，一键生成报告。同时MDT会诊讨论意见沉淀到平台里，积累为MDT病历数据库。支持查询与导出，为后续临床、科研、教学工作提供支持。此外，MDT平台支持对患者的随访，从根本上填补了MDT业务中此项工作的空白，使MDT的意见得到有效的执行与落实。

(三)应用价值

医疗健康大数据应用将推进医疗资源和数据共享，推动医疗数据互通互认，使各医疗机构大量有价值的数据实现共享，真正实现医疗健康大数据化"大"数据为"有用"数据；同时，推动患者的病历、健康信息等个人隐私数据的保护，保障数据存储安全、保障患者隐私不泄露。

二、交通大数据应用

(一)应用背景

交通大数据是指通过各种途径收集和整合交通出行、运营及行政管理数据，通过大数据分析技术，使其应用于交通管理的各个领域，形成一套具有交通领域特色的数据分析体系和应用主题，为完善交通部门管理、企业运营、公众出行服务提供数据支撑。交通大数据是以城市交通数据为核心，连接与交通相关其他数据的集合，具体包括以交通基础设施与车辆人员数据为基础的动态运行数据(摄像头、卫星及公共交通数据等)、城市背景数据(人口、社会经济、气象、大型活动等)、交通调查数据(运输经济调查、第五次综合调查等)为重要组成部分的海量数据集。交通大数据不仅包含交通领域之间产生的数据资源，还包括许多相关领域的数据资源、公众互动的数据资源，这些数据共同构成了交通大数据。

(二)应用场景

交通大数据应用场景有交通流量监测、智能交通诱导、智能信号灯管理、公共交通优化等，交通大数据也能被用于人口流动分析，辅助进行城市政策评估、城市规划支撑、特定人群识别、城市感知及预警等多方面应用。

1. 北京市政交通一卡通城市治理大数据平台。北京市政交通一卡通有限公司在城市交通领域具有覆盖广泛、活跃用户数量大、交易数据存量丰富等特点，交通大数据应用较为典型。北京市政交通一卡通刷卡介质包括实体卡、二维码、手机 NFC 等，刷卡领域覆盖北京本地四大领域(公共交通、市政服务、小额支付、创新应用)及全国 268 个城市的公共交通领域。北京市政交通一卡通有限公司依托海量刷卡数据及近五年的大数据应用实践工作，聚集了一批国内外的数据专家及应用专家，建成了面向实践应用的市政交通大数据系统，为发展改革委、交通委、老龄办等各政府部门提供了切实、高效的数据服务。(详见附录 1-4“北京市政交通一卡通城市治理大数据平台”)

2. 建设智慧交通体系。北京 CBD 率先应用新一代智慧交通的交通大数据应用、“交通大脑”、信号协调控制、多维交通非现场执法和智能网联车路协同五大关键技术，实现基于交通大数据的路网态势、路网诊断、交通预警、交通仿真、信号优化等功能，交通信号灯由路口单点控制提升为区域协调控制，自动平衡整体交通压力。CBD 智慧交通体系创新实施明确路权、公交便捷、慢行引导、安全提示、舒适出行五大举措，新建智能斑马线、智慧道钉，增设语音提示和安全岛，完善地区慢行系统。

(三)应用价值

当前社会，大数据的兴起对于交通发展产生了巨大的影响，大数据带来的技术突破，推动了城市交通迈向全面信息化时代，而城市交通的快速发展又推动大数据应用在城市交通规划和管理领域的快速落地，城市大数据的集成和未来的挖掘应用对于现代交通的发展具有重要作用。

交通大数据应用在民生与商业两方面都极具价值。从民生角度来讲，交通大数据一方面可以帮助政府更好地了解日常市民出行情况，同时也可以延伸到政府政策制定与城市规划等多个领域，为优化城市交通状况、减少市民出行时间、增加市民出行舒适度等方面起到重要数据支撑作用。从商业角度来讲，交通大数据可以帮助企业更好地了解用户的行为习惯等。

三、教育大数据应用

(一)应用背景

2017 年，国务院印发《国家教育事业发展“十三五”规划》，明确提出“加快教育大数据建设与开放共享”。当前，以大数据为代表的信息技术，正与教育深度融合，海量教育数据在生成、汇聚、融合，与传统教育数据相比，教育大数据的采集具有更强的实时性、连贯性、全面性和自然性，分析处理更加复杂和多样，应用更加多元、深入。北京市制定了《北京市教育信息化建设项目管理办法》和《北京市教育信息化建设构架图》，印发了《北京市教育信息化三年行动计划》。

(二)应用场景

随着教育大数据体量的不断增加，以及应用范围的日益广泛和应用场景的不断拓展，教育大数据通过对学习环境(数字校园、智慧教育、虚拟课堂等)、教学过程、教育决策等产生的海量数据资源的深入分析和挖掘，将进一步加速教育领域变革，不断创新学生学习方式、教师教学方式以及学校管理方式。同时，将增加教育资源的有效供给，利用教育大数据可进一步均衡教学资源的配置、优化专业设置、合理布局学校分类、辅助教育决策，从而推动教育朝着更加智能化、更加个性化、更加全面化的方向发展。①

1. 建设教育管理大数据平台。北京市新型“互联网＋教育”管理服务平台，以“互联网＋”理念整合各级各类教育管理应用系统。汇聚教育管理服务相关数据资源，集成多元教育数据，分层分级建立教育数据目录体系，形成面向各种教育主题的教育数据集合，建立教育大数据综合分析决策系统，围绕北京教育综合改革进程中重点、热点问题，开展专题分析研究，形成系列模型，有效辅助趋势研判、行政决策、应急管理等工作。

2. 构建教育公共服务大数据平台。整合现有各项学生实践活动、青少年体育活动、创业就业、教师网络研修等多元公共服务内容、数据和流程。以网络学习空间为抓手，汇集现有各类在线学习、网络研修、家校互动等公共应用和数据分析服务，鼓励教师利用个人空间开展在线备课、网上课堂等相关工作，引导学生利用个人空间开展个性化、自主式的学习和活动，支持学校利用个人空间积累数据开展个性化数据分析诊断。②

(三)应用价值

北京市充分发挥首都教育资源优势，完善了教育资源公共服务平台，政务服务事项实现100％网上可办，在政务服务中心一站式办理率超过半数。完成单位各处室网站群整合以及2018、2019年度信息化项目整合，先后完成了15类涉及教育的政务数据汇聚，教育大数据项目纳入单位2019年度信息化项目计划建设。召开了北京高等学校在线开放课程建设应用共享工作会，推进信息技术与教育教学融合发展。

教育大数据应用一方面为教育提供了精准、有效和可靠的数据支持，助力教育管理向智能化、精细化、可视化方向转变，更好地服务于国家现代化建设；另一方面，构建多维度的科学评价体系，有助于提升教育评价的精准性、科学性、

---

① 唐斯斯，刘叶婷：《教育大数据推动区域融合发展》，载《中国发展观察》2017年第21期。

② 《北京市教育信息化三年行动计划(2018—202[illegible])》。

客观性，促进教育内涵式发展。

第 4 节　大数据推动经济发展

一、金融服务大数据应用

（一）应用背景

随着大数据、云计算、人工智能等新技术与金融业务的融合发展，一定程度上激发了金融的创新活力和应用潜能，推动了金融业的整体快速发展。以银行为例，北京市不少银行已经尝试通过大数据驱动业务运营，通过与政府、企业等合作，利用大数据进行针对性营销和风险管控，不断进行运营渠道和产品服务的调整优化。从个体层面来看，各金融机构根据自身需要自建数据库和数据线，一定程度上优化了自身业务，但从社会整体层面来看，金融机构与数据方直联飞线，形成了无数个“数据孤岛”和“架空线”，在产生资源浪费和重复建设的同时，数据精确性和数据安全性问题接踵而至。在大数据时代，只有让海量权威数据互联互通，才能冲破大数据迷雾，让金融信息和金融价值的传递更加全面、安全、准确、高效，从而助力传统金融实现能力跃迁，更好地服务实体经济发展。

（二）应用场景

北京启动建设了金融大数据专区，有效推进大数据与金融深度融合发展。北京金控集团以金融大数据为“核心点”，构筑北京市金融基础“设施网”，打通贯穿企业全生命周期的综合金融“服务链”，以人工智能进行资产数字化，以大数据、区块链完成数据互联和数据确权，以云计算运行底层算法，构建集融资担保、资产处置、股权基金为一体的综合服务“平台面”，打造北京市小微、民营、科创企业“三位一体”的金融服务“生态圈”。

1. 创新优化数据“聚存用”模式。北京金控集团已经完成金融大数据专区一期工程，正在抓紧推进二期工程建设。一期项目是在政务云上部署金融大数据专区，与政务外网联通，通过目录区块链将政、企两端的数据统一管控、授权共享，实现政务数据的“统进统出”，加强数据的统一、规范管理等功能。二期项目是对金融大数据进行脱敏、分析，生产并输出数据产品等，为小微企业信贷提供数据分析支持和企业征信等数据服务。综合运用大数据、云计算等现代金融科技手段，对数据和信息资源进行加工、处理，为金融机构提供信用评估、风险预警等数据风控服务，解决信息不对称问题。同时，健全小微企业信用信息征集、评价与应用机制，落实跨部门联合激励和惩戒机制，引导小微企业树立守法诚信经营、适度负债、可持续发展的理念，优化北京金融生态环境。

2. 加速打造金融基础设施。北京金控集团以金融大数据为支撑，加速建设小微企业金融综合服务平台，精准对接小微企业的金融需求和金融机构的金融供给，有效缓解小微企业“融资难、融资贵”问题，将进一步缓释企业信用风险、增强企业发展竞争力、提升公共政策服务水平，通过打造未来金融基础设施，有效创新金融服务方式，助力提升首都普惠金融服务能力。

(三)应用价值

金融大数据专区推动了金融服务大数据行业的规范化，不断丰富、完善和共享数据，打造一个各金融机构参与、多层次合作的数据公开、透明、完善、规范的金融数据共享平台。提升行业的数据采集和风险分析能力，帮助金融机构更高效地识别、计量和管理金融行为风险，提供更加体贴的服务。同时，通过大数据技术将金融机构与客户需求进行合理匹配和对接，实现资源的最优配置。

金融大数据专区将逐步构建金融大数据、社会全信用、聚合无感支付、创新资产交易等金融服务设施，为金融信息共享提供规范化平台，为个体和公司间建立信任，增加首都金融体系信息透明度。

二、文化产业大数据应用

(一)应用背景

文化是城市的灵魂。文化创意产业由于其巨大的附加值和带动作用，吸引了越来越多的关注。当前北京的经济快速发展，北京市民的物质需求逐渐被满足时，人们会出现更高层次的精神文化需求。文化产业的蓬勃发展依赖于需求升级、科技进步、全球化趋势和城市经济转型，目前，北京文化创意产业已经成长为仅次于金融业的第二大支柱产业。

随着互联网、物联网、云计算等技术的发展，各种新闻信息和娱乐信息充斥着人们的生活，文化产业大数据的规模与日俱增。对这些文化数据加以捕捉、记录、存储、分析和利用，能够呈现不同人群的行为、态度、心理、性格、文化程度和宗教信仰等情况。文化产业大数据的格式包括全文、空间、静态图像、静态图形、动画、视频、音频、音乐等，它们大多是半结构化或非结构化的数据。大数据的存储、处理和挖掘技术手段也不断升级、推陈出新，文化产业大数据能有效应用于商品推荐、电影效果预测、旅游行业推广等方向，为全面革新文化创意产品的创意内容、生产方式和传播提供了机遇。

(二)应用场景

大数据技术已经被广泛应用到北京市文化产业领域。

1. 文化产业管理大数据应用。目前，北京市已经建立了文化企业大数据服务平台，利用云计算和大数据等最新互联网技术，建立了一个专业化数据服务平台。该平台为北京市文化产业部门和文化企业提供了大数据一站式服务。该平台利用大数据、人工智能等先进技术整合全市文化企业的全量数据，通过数据挖掘和深度机器学习，构建了一套完备的集数据采集、数据清洗、数据建模、可视化分析、数据产品化为一体的大数据解决方案。北京市文化企业大数据服务平台的推出，将进一步推动北京市文化产业信用体系建设，有利于监管部门实时动态掌握产业集聚数据，预判产业发展趋势，科学制定政策。大数据的应用将对北京的文化产业起到指导和预测的重要作用。

2. 文化遗产大数据应用。以北京旧城中轴文化遗产为例，利用不同年度的相关微博、报刊新闻、学术文献数据，通过提取关键词，抽取词频和权重、互信息、后验概率等特征，从群体、时间、空间多个维度分析对文化遗产的认知。在人群维度上，通过具有特征性人群的传媒信息，发现不同人群对文化遗产的认识存在异同：对于中轴文化遗产核心单元故宫、天安门、天坛的认知相对一致，而对于钟楼鼓楼、太庙、地安门的认识，官方偏向于行政管理，学者偏向于历史价值，大众则偏向于生活化。在时间维度上，提取对文化遗产关注程度和认知的变化：相对于几年前，当前大众对故宫、天安门的关注程度相对提高，对太庙的历史价值认识更为丰富。可见，大众相对于官方和学者对文化遗产的认知更容易随时间变化而发生变化，且对热点事件更加敏感。在空间维度上，能够挖掘文化遗产单元之间的认知转移和关联模式，一方面，空间上相连的天安门—正阳门—正阳门大街具有较高的双向认知；另一方面，中轴文化遗产中，故宫、天安门、天坛的后验概率较高，表现出跨空间的认知汇聚模式。基于大数据的认知分析方法，是问卷调查、文献调研、访谈分析等传统方法的重要补充方式，能够降低数据收集者的主观影响，增加分析维度和效率，有助于发现隐含的知识和模式。文化产业大数据应用能为文化遗产价值挖掘、保护提供决策支持。

3. 电影创作大数据应用。北京的一些影视公司已经开始挖掘后端的市场用户数据，发掘消费者的需求，用量化指标规范前端的内容策划和中间的生产制作环节，提高投资回报率。例如，出品《小时代》的乐视影业(北京)有限公司，依靠网络观影调查，对用户的需求形成了一套相对精准的数据记录，包括消费者的职业、年龄、性别、文化背景、观影习惯等诸多内容，都可以通过注册信息和评论打分获得，还会通过在线方式对观众进行持续的观影调研。在《小时代》的投资论证环节中，出品方就对郭敬明的同名原著在文学网站上的点击量、点击用户的身份等关键数据进行了调研，并据此分析出影片可能存在的核心观众以及第二圈、第三圈观众。

4. 媒体大数据应用。对海量的媒体数据、社交网络交互数据及移动互联网数据等进行一致化处理，充分发掘其中蕴藏的丰富信息。例如，北京拓尔思信息技术股份有限公司开发的多媒体数据库系统，已经广泛服务于新华社等国内主要新闻媒体，在海量信息智能分析领域，网络信息雷达、中文文本挖掘和舆情分析产品形成了海量信息的采集、分析、展现和利用的整体解决方案。又例如，微博动漫着手打造“好故事计划”，以“凌云系统”为核心，凭借大数据资源，根据不同用户群体的行为特征，进行内容的专业化定制，依托于“微博＋全网大数据”支持，全方位对作品内容进行把控，将用户兴趣与漫画属性精准量化、深度匹配，实现动漫内容的精细化运营。

（三）应用价值

文化产业将迎来数据驱动时代，大数据和文化之间势必产生应用的合力和新价值，在文化发展方向、战略布局、文化金融、内容产业、文化管理、文化营销与文化消费方面有着重要的影响。文化产业大数据应用能促进文化创意产业的发展，可以预测人们的文化需求，为文化产业指引方向，也能提升文化产业的科技含量，从而吸引人们的兴趣，促进文化产业的升级。可以说，文化产业大数据能满足人们日益增长的精神需求，有利于改善民生。

三、工业大数据应用

（一）应用背景

工业不仅是国民经济的基础和支柱，也是国家经济实力和竞争力的重要标志，对于构建工业强国有重大意义。工业大数据是指在工业领域中，工业生产整个产品生命周期的各个环节所产生的各类数据以及相关技术和应用的总称。产品数据是工业大数据的核心，通过工业大数据、人工智能模型、制造模型的结合，可有效提升工业大数据的利用价值，实现更高阶的智能制造。目前，我国企业在工业大数据采集、工业大数据存储管理、工业大数据分析关键支撑技术上也已经有所突破。

（二）应用场景

北京市紧跟工业大数据发展的步伐，产生了一大批优秀的企业和应用，出现了以航天云网科技发展有限责任公司、北京数码大方科技股份有限公司等为代表的工业大数据企业，对我国工业大数据的发展做出了巨大的贡献。

1. 工业大数据平台应用

在工业大数据处理云平台方面，树根互联、航天科工集团分别推出了平台解决方案。图7-14给出了树根互联的工业大数据平台示例。工业大数据平台已经应用到产品研发设计、采购、生产制造、交付、运维、报废和再制造等流程中，典型的应用场景包括智能化设计、智能化生产、网络化协同制造、智能化服务和个性化定制等。

图 7-14　树根互联在多个领域的大数据云平台

2. 新能源汽车国家监测与管理大数据平台

新能源汽车是国家战略新兴产业之一，为全面保障新能源汽车的运行使用安全以及为新能源汽车补贴核算提供支撑，由工业和信息化部主导，北京理工大学组织建设的新能源汽车国家监测与管理平台于 2017 年建成。截至 2019 年 9 月，该平台已经对全国近 300 万辆新能源汽车进行了全面的远程监测和管理。该平台立足北京市推进新能源汽车行业发展的需要，构建北京市新能源汽车车联网大数据云平台，为新能源汽车的零部件采购、生产研发、销售运营、汽车售后服务等全产业链提供产品应用和解决方案。

新能源汽车国家监测与管理平台如图 7-15 所示。基于该平台与国家平台的对接，利用平台数据做进一步的数据分析挖掘工作，可为北京市政府在新能源汽车规划方面提供大数据的参考和智力支撑。

3. 基础工业训练大数据创新中心

该项目是工业大数据技术在教育领域落地的一个成功案例。现阶段，学校基础设施建设以及教学设备的更新，对于深化教育教学改革，强化技能训练和能力

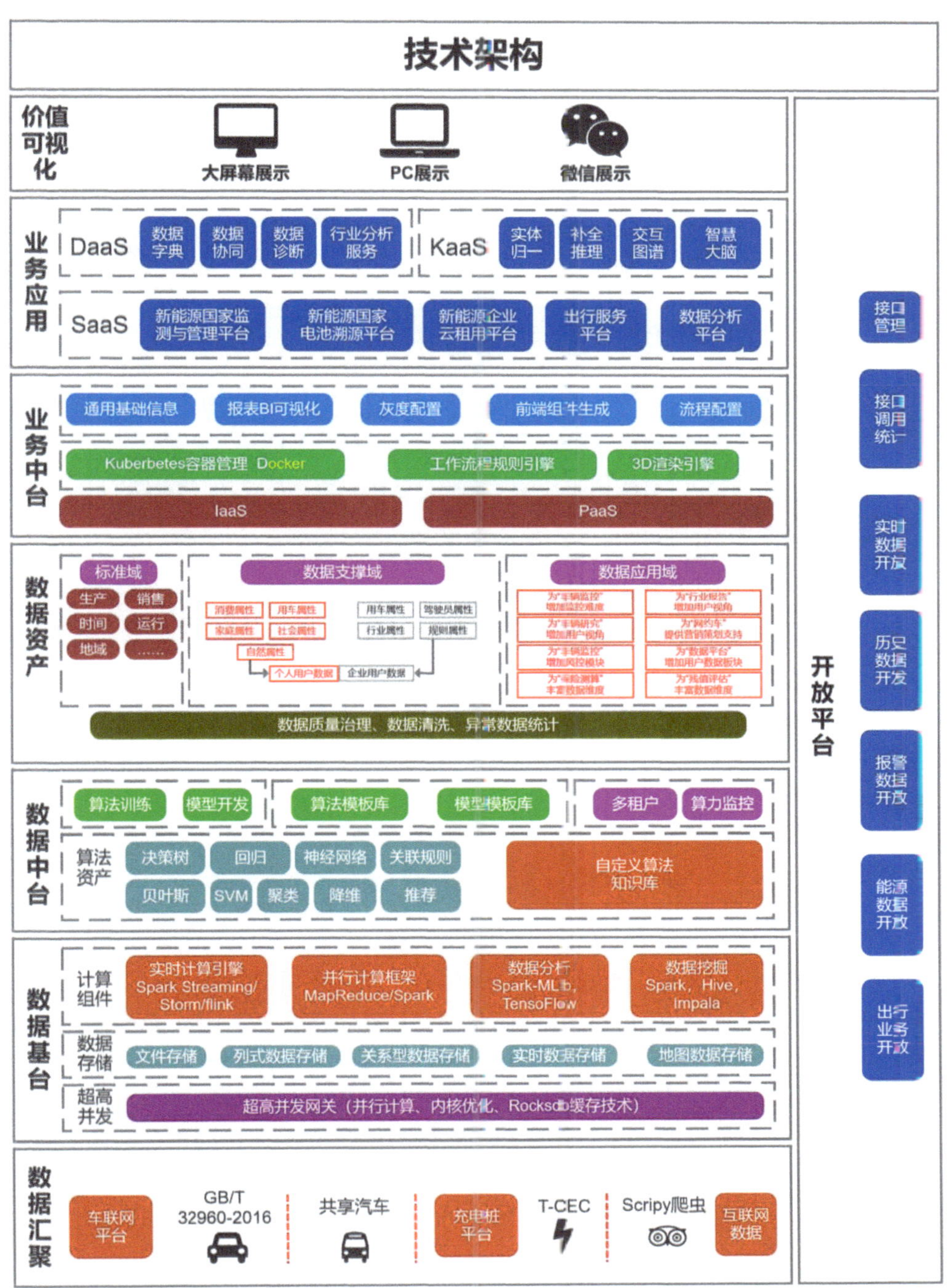

图 7-15　新能源汽车国家监测与管理平台

培养，积极创新人才培养模式十分重要。清华大学基础工业训练中心与北京数码大方科技股份有限公司合作，工训中心在实施的虚拟仿真实践教学项目中增加分布式数控(DNC)平台在“在线检测”和“移动机器人(AGV)”等方面的功能。(图 7-16)工训中心通过与创新中心的合作，建设了数字化的实训教学环境，打造出互动式的数字化设计与制造体验中心，培养了大量集动手能力、创新能力于一体的优秀人才。

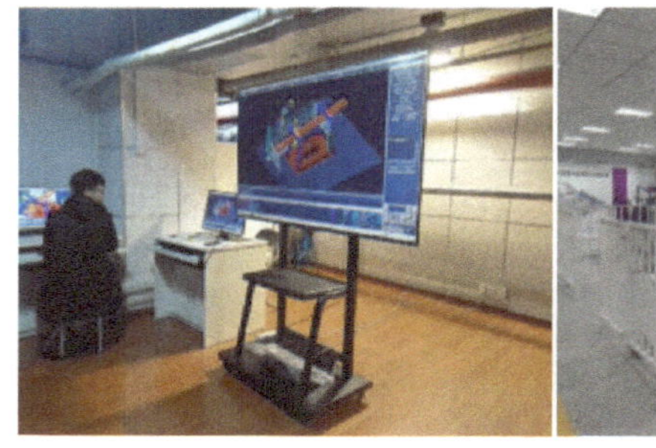

图 7-16　清华大学基础工业训练中心一角

(三)应用价值

工业大数据应用价值在于从复杂的数据集中发现新的模式与知识，挖掘得到有价值的信息，从而促进工业企业的产品创新、运营提质和管理增效。根据行业自身的生产特点和发展需求，工业大数据在不同行业中的应用重点以及所产生的业务价值也不尽相同。在流程制造业中，企业利用生产相关数据进行设备预测性维护、能源平衡预测及工艺参数寻优，可以降低生产成本、提升工艺水平、保障生产安全。对于离散制造业，工业大数据的应用促进了智慧供应链管理、个性化定制等新型商业模式的快速发展，有助于企业提高精益生产水平、供应链效率和客户满意度。

四、农业大数据应用

(一)应用背景

农业大数据是融合了农业地域性、季节性、多样性、周期性等自身特征后产生的来源广泛、类型多样、结构复杂、具有潜在价值，并难以应用通常方法处理和分析的数据集合。相比欧美国家，国内农业数据开放程度较低，时序性短，而数据的短缺显得尤为致命。同时，相比于国外相对比较精准、分工明细的农业大数据及智慧农业应用，国内的大数据应用显得广而不精，在气象、土壤、GIS 影像系统及分析、虚拟现实技术分析及应用等专业化的应用场景方面，仍有很大差距。

(二)应用场景

当大数据技术结合到传统农业行业当中，其应用范围也得到了巨大的扩展，北京市通过人工智能、互联网、物联网、云计算、大数据等技术手段与传统农业进行深度融合，创建了多个大数据智能服务平台。

1. 精准种植大数据应用

通过遥感卫星和无人机可以管理地块和规划作物种植适宜区，预测气候、自然灾害、病虫害、土壤墒情等环境因素，检测作物长势，指导灌溉和施肥，预估产量。北京郊区农村使用基于地图的展示功能——数字农场，配合物联网设备，精确记录作物生长过程中积温、湿度等相关数据，实时查看作物生长情况，并可用手机远程了解园区整体状况与作物生长的环境的监控。为解决种植技术传统落后问题，农业专家团队提供了病害发生环境模型，以推测该品种未来病害的发生概率，并依据成熟积温模型，通过采集传感器数据进行计算，推测菜品的自然成熟度，实现科学种植。为更好地进行农田田间管理及机械化作业，北京地区部分农村设立了田间气象观测站、墒情监测站并安装了农机北斗卫星监测系统。通过田间终端设备、车载终端设备等采集数据，依靠互联网和移动终端等将数据传送到计算机终端和各管理平台，工作人员能够及时了解田间气象数据、墒情，方便开展农田作业。一套气象观测站、墒情监测站和农机北斗卫星监测系统能够检测大田面积 200 亩，服务农户约 20 户，监测系统可以随时监测田间 4 层深度土壤的水分和温度，同时可以监测空气温湿度、风速、风向、降水量、太阳辐射等气象信息。

2. 农产品溯源和供应链管理大数据应用

大数据技术和信息会引起整个供应链从农资端，到种植端，再到加工流通过程，最后引发整个供应链的变革。“猪联网”公司开发农产品溯源管理系统及数据采集终端 App。以二维码为载体，结合溯源平台对拳头产品实现从种植到流通环节的全程跟踪，实现防伪溯源，解决了群众所关注的食品安全问题。在供应链管理方面，首先是生产过程难监管的问题。北京某农业科技公司推出“猪联网”平台，将生猪产业上下游打通，形成了完整的生猪产业生态。“猪联网”通过搭载智能设备，并对采集到的数据进行分析处理，可以实现猪场的智能环控、智能饲喂、智能检测等功能，使养猪变得数字化、智能化，提高猪场养殖效率，降低猪场的人工成本。另外，“猪联网”不但帮助猪场管好猪，其服务还涉及养猪业的上下游各个环节，国家生猪市场、农信商城、猪病通、行情宝，帮助猪场提供生猪买卖、生产资料交易、猪病诊断、行情资讯等服务。

3. 农业管理大数据应用

为解决农业数据统计分析问题，北京 221 物联网应用服务平台可对北京农业物联网应用的现状进行全面展示，依托各个农场所产生的农业生产数据，进行集中统计和分析，为政府部门及农场基地提供更完善的服务。

(三)应用价值

农业大数据应用将推进北京“美丽智慧乡村”建设，促进建设美丽中国、推动农业和农村可持续发展。通过对存储数据的收集和分析，农业大数据可以辅助管理部门掌握农田基本情况，为他们制定农业规划及相关政策提高科学依据，促进现代化农业快速发展。在农产品溯源管理方面，跟踪农产品从农田到顾客的过程，有利于提升农产品质量、保障人民健康、防治疾病、减少污染和增加收益。

第 8 章 北京市大数据产业

大数据在多个领域实际应用，其所延伸出来的各类相关经济活动也越来越丰富，因此大数据产业也就应运而生。北京市大数据产业起步早，发展快，产业链完整，覆盖了大数据采集、存储、计算、分析、流通、应用的各个环节，与大数据相关的人工智能产业、区块链产业也取得快速发展，在全国大数据产业中处于领先水平。

本章从北京市大数据产业概述出发，对北京市大数据产业的总体发展情况进行介绍，并对北京市大数据产业中的人工智能产业和区块链产业进行详细阐述。

第 1 节 大数据产业发展

一、大数据产业概述

大数据产业指以数据生产、采集、存储、加工、分析、服务为主的相关经济活动，包括数据资源建设，大数据软硬件产品的开发、销售和租赁活动，以及相关信息技术服务。大数据企业类型可归纳为：数据提供商、大数据硬件提供商、大数据软件提供商、大数据应用提供商等。

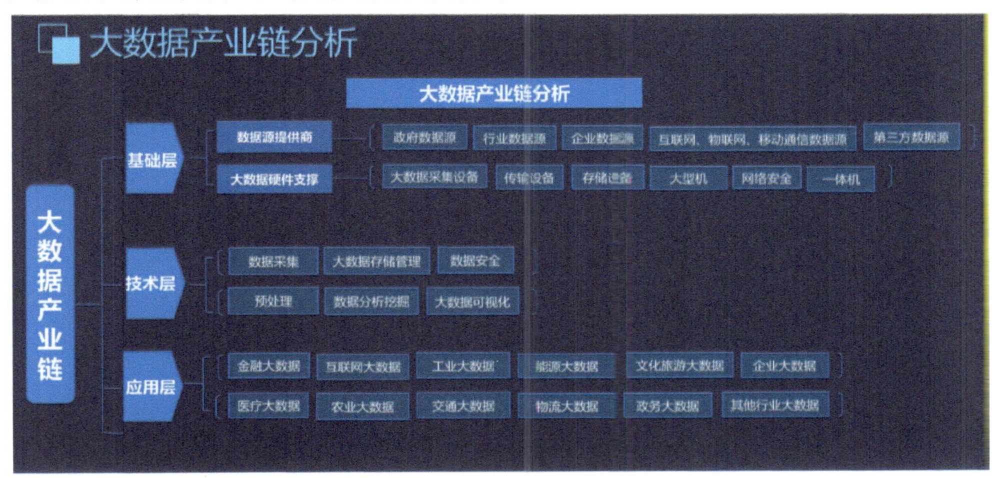

图 8-1 大数据产业全产业链解析

数据提供商。拥有数据的公司、个人、社会团体以及政府机构等，属于大数据产业链上的基础环节，包括政府管理部门、企业数据源提供商、互联网数据源提供商、物联网数据源提供商、移动通信数据源提供商、提供数据流通平台服务的机构、提供数据 API 服务的第三方数据服务企业、社会团体或者个人等。

大数据硬件提供商。大数据相关硬件产品提供商，此类企业提供大数据采集、接入、存储、传输、安全等硬件产品和设备。

大数据软件提供商。包括提供整体解决方案的综合技术服务商，在大数据计算基础设施上(与云结合)，从简单的文件存储的空间租售模式，逐步扩展到提供数据聚合平台，进而扩展到为客户提供分析业务的服务上；也包括大数据基础软件提供商，此类企业搭建大数据平台、提供相关大数据技术支持、云存储、数据安全等，在某些垂直行业或者区域掌握大数据入口与出口，并能对一些数据进行采集、整合和汇集。①

大数据应用提供商。以大数据为核心资源，以大数据应用为主业开展商业经营的企业。包括大数据应用服务提供者、大数据分析服务提供者、大数据应用基础设施服务提供者。这类企业挖掘行业应用数据价值，处于大数据产业链的下游。从某种角度上说，正是此类公司创造了大数据的真正价值。

受宏观政策、技术升级和应用场景拓展等利好因素的影响，2019 年我国大数据产业规模达到 6650 亿元，比 2018 年增长 20%，处理海量数据的大数据硬

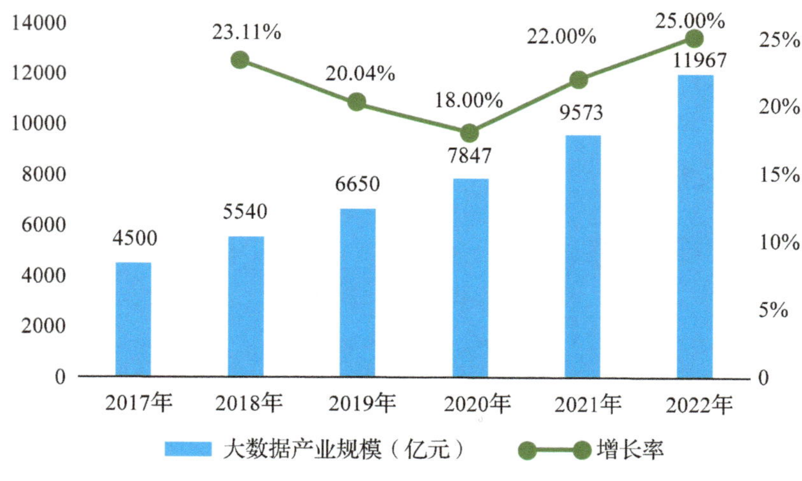

图 8-2　中国大数据产业规模

（来源：赛智产业研究院）

① 卢正源：《预见 2019：〈2019 年中国大数据产业全景图谱〉》，前瞻经济学人网，https://www.qianzhan.com/analyst/detail/220/190419－e22fec54.html。

件、大数据软件、大数据服务产品不断涌现，大数据与实体经济各产业领域加速融合，已构建起覆盖数据采集、存储、处理、分析、应用和可视化的大数据产业链。

二、北京市大数据产业发展

北京作为大数据产业发展的领头羊，大数据企业的数量和企业实力均排在全国城市的首位，根据 2019 年 5 月份大数据战略重点实验室发布的《大数据蓝皮书：中国大数据发展报告 No. 3》，北京大数据发展总指数为 74. 11，在全国 31 个省域中排第 1 位；在工业和信息化部等部门主办的 2019 世界计算机大会上，北京市小米、美团、百度等 22 家软件企业进入"2019 中国大数据企业 50 强"榜单，占全国 44%，数量居全国各省市首位。①

（一）北京市大数据产业规模和结构

北京市大数据产业多年来保持平稳快速增长，2018 年大数据产业规模达到 1602. 1 亿元，同比增长 22%。大数据产业持续推动实体经济升级转型，与实体经济的融合更加深入，以大数据为引领的数字经济产业规模超过 1 万亿元。

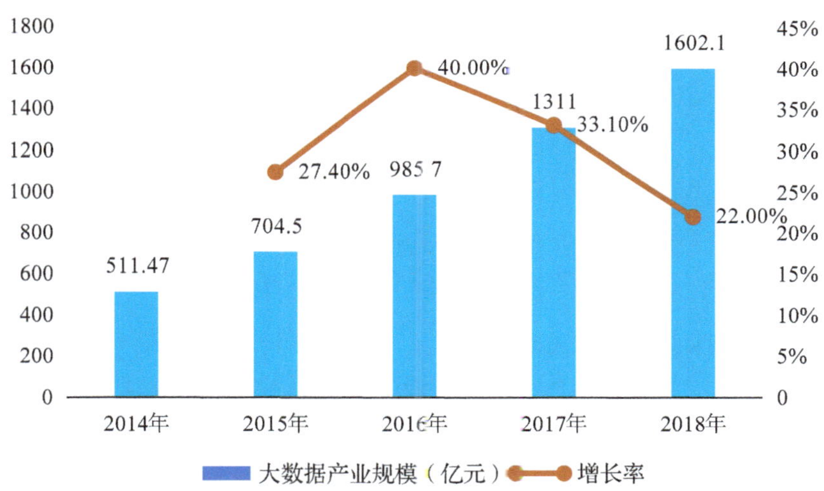

图 8-3　北京市大数据产业规模

（来源：北京市经济和信息化局）

北京市大数据产业结构正处在不断优化的过程中，其主要构成是大数据硬件、大数据软件和大数据服务，其中大数据硬件是指数据的产生、采集、存储、

① 连玉明主编：《大数据蓝皮书：中国大数据发展报告 No. 3》，北京：社会科学文献出版社，2019 年，第 31 页。

计算处理、应用等一系列与大数据产业环节相关的硬件设备，包括传感器、移动终端、传输设备、存储设备、服务器、网络设备和安全设备等；大数据软件是指用于实现数据采集、存储、分析挖掘和展示的各类软件，包括大数据计算软件、大数据存储软件、数据查询检索软件、基础平台软件、平台管理软件、系统工具软件和大数据应用软件等；大数据服务是指依托大数据资源管理与分析的相关服务产业，包括数据交易服务、数据采集服务、数据应用服务、数据增值服务等。根据数据显示，2018 年，北京市大数据硬件产业规模 288.4 亿元，占大数据产业 18%；大数据软件产业规模 672.9 亿元，占大数据产业 42%；大数据服务产业规模 640.8 亿元，占大数据产业 40%。

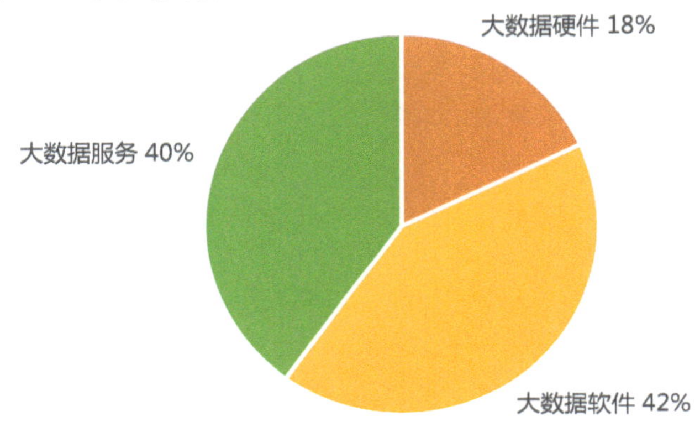

图 8-4　北京市大数据产业结构

（来源：北京市经济和信息化局）

(二)北京市大数据产业生态体系

北京市基本形成了大数据采集与存储型企业、大数据分析服务型企业、大数据应用型企业“三足鼎立”的局面，构建起了完整的大数据产业生态。

北京市涌现出一大批大数据企业，2018 年北京市大数据企业达到 2418 家，约占全国大数据企业的 32%，居全国各省市首位。

图 8-5　北京市大数据产业生态图谱

(三)北京市大数据技术创新

北京具有大数据技术研发优势，汇聚了北京大学、清华大学、北京航空航天大学、中科院自动化所、中科院计算所等全国过半数大数据科研单位，还拥有北京大数据研究院、大数据分析和应用技术国家工程实验室、工业大数据应用技术国家工程实验室、医疗大数据应用技术国家工程实验室等多个国家重点实验室。除高校和国家重点实验室之外，一批科技企业也纷纷成立大数据实验室或技术创新中心，促进大数据技术的快速发展和迭代。目前，北京市组建了北京大数据创

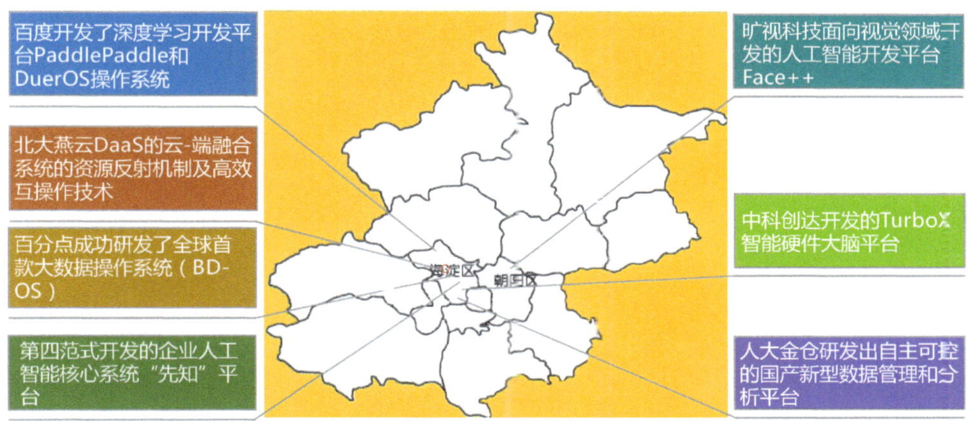

图 8-6　北京市大数据技术创新成果

新研究院等研究机构，成立了京津冀大数据产业协同创新平台。通过这些机构和平台，实现产学研技术合作的不断提升，技术创新成果不断涌现。

（四）北京市大数据人才资源

北京高校云集，企业和科研院所众多，集中了丰富的大数据人才资源。

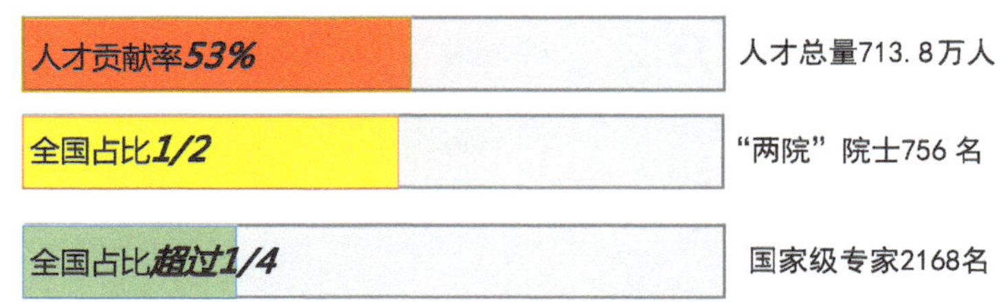

图 8-7　北京市大数据人才资源

三、政府数据资产评估与交易

（一）政府数据资产概述

政府数据资产是指由政务服务实施机构建设、管理、使用的各类业务应用系统，以及利用业务应用系统依法依规直接或间接采集、产生并管理的，具有经济、社会等方面价值的权属明晰、可量化、可控制、可交换的非涉密政府数据。①

从核心要素上看，该定义强调了政府数据资产的权益归属机构、产生情景、基本形态以及突出特征。数据资产的权益归属机构为“政务服务实施机构”。政府数据资产包括业务应用系统与这些业务应用系统所收集、处理的各种非涉密政府数据。政府数据资产的突出特征可以概括为“具有经济、社会等方面价值”“权属明晰、可量化、可控制、可交换”，且“非涉密”。

从政府数据资产的一般特征来看，其含有数据资产的通用属性。包括：(1)数据资产是供不同用户使用的资源，不具有实物形态，不能脱离物质载体但独立于物质载体；(2)数据资产具有归属权和责任；(3)数据资产具有共享性，可由多个主体共同拥有；(4)数据资产在可确认的时间内或作为可确认事件的结果而产生或存在，同时也应该在可确认的时间内作为可确认事件的结果而被破坏或终止；(5)数据资产有效期不确定，会受技术和市场的影响；(6)数据资产具有价值和使用价值，通过数据资产产生的价值应大于其生产、维护的成本，且具有外部性，不仅给直接消费者和生产者带来收益和成本，还给其他人带来收益和成本；(7)数据资产是有生命周期的。

从政府数据资产的领域特征来看，其具有与政府职能相结合后的突出特征。

① 刘江荣，刘亚男，肖明：《开放数据背景下政府数据资产治理研究》，载《情报探索》2019年第11期。

包括：(1)具有经济效益和社会效益的双重价值；(2)权属更为明晰，主要涉及政府机构自身、法人和个人的各类数据；(3)可根据应用需求对各种格式和类型的政府数据资产进行量化处理；(4)政府机构依其职能可通过多种有效手段和机制，对数据资产加以合理、及时的管控；(5)可在全社会领域范围内，进行跨行业、跨组织、跨系统的数据交换和传输；(6)非涉密性。成为政府数据资产的数据，需要依据相关的法定程序，进行是否涉及国家秘密、商业秘密和个人隐私的涉密审核，并在必要时进行脱敏处理，以确保在充分发挥政府数据资产社会公益价值的同时，不损害国家安全、企业利益和个人的合法权益。

(二)政府数据资产管理的关键要素

1. 政府数据资产评估

数据资产评估与定价是数据资产运营中的一个重要问题。从比较宽泛的角度看，与数据资产评估相关的内容包括政府数据资产开放度评估、再利用评估、开放数据政策评估、数据可用性以及价值评估。近年来，国内也开始了相关方面的评估工作，主要内容包括数据资产价值评估、政府信息共享能力评估、政府数据开放度评估、数据资产可信度评估、数据质量评估、政府间信息共享信任度评估等，并建立了一些相关的评估模型。各类与资产评估相关的模型主要从以下维度展开评估的。

数据成本。数据成本是为取得数据资产、过程增值和使数据资产实现有效的结果所需付出的经济价值。数据资产的价值除体现在数据自身的内容和特性上之外，也体现在数据获取、组织、存储、维护及利用等过程中所支出的直接费用和间接费用。

数据质量。数据质量影响着数据的利用。数据质量方面的问题往往是同数据源相关的，因此，采用自动处理的方法对数据质量进行检测，发现有质量问题的数据并给出有针对性的解决方案尤为重要。目前对数据质量管理的相关研究较多，对数据质量问题主要的应对措施包括数据清洗、数据整合、相似记录检测、过程控制和管理等。

数据流通。数据流通是数据资源成为资产的必要条件。数据流通包括数据从生产者到消费者的发现与传递方式、从政府到公众的资源配置、数据资产价值的获取以及数据的应用。

价值实现风险。数据资产价值实现的过程包括数据管理—数据流通—数据增值应用环节，不同环节存在着不同的风险因素，影响着政府数据资产价值的变现以及最终的价值实现。

数据量。在对数据资产进行评估时，数据量会成为一个经常被考虑的因素。

2. 政府数据资产价值

政府数据资产价值涵盖经济、政治、社会、战略、思想和管理等多个方面。经济价值主要是对目前及将来的收入、资产、负债、权益、财富等带来的效益或减少的风险；政治价值表现为个人或群体对政府行为和政策的影响以及他们在政治事务中的角色变化等；社会价值涉及家庭或社会关系、社会流动性、社会地位和身份等方面；战略价值体现在个人或群体的经济、政治优势或机会以及用于创新和规划资源等方面；思想价值包括影响人们的信仰、道德或伦理承诺，对政府行为、政策或社会成果的认同等；管理价值涉及公众对政府的信任、在完整性和合法性方面公众对政府官员的看法等。

3. 政府数据资产质量

数据质量控制对政务数据资产运营非常必要。在政府数据资源开发与利用的应用实践中，数据资产已经成为国家重要的战略资源和创新要素。数据质量是影响数据资产优劣的一个重要方面，高质量的政府数据可以帮助管理者高效地做出最优决策，便于其他组织或个人较为准确地了解政府相关工作的运行状态，并高质量地保证公众的信息知情权；而低质量数据(如不完整的、冗杂的、错误的数据)将会极大地影响决策者的判断，造成低效的资源分配和利用，为个人或组织带来巨大的损失。因此，对数据质量进行控制具有极其重要的战略意义。政府进行社会管理和公共服务，影响面更为宽广和深远，政策和服务能否满足社会需要，是否高效地使用了公共资源，都需要数据提供支持和保障，因而对数据的需求显得更为迫切，对数据质量的要求也更高。

4. 政府数据资产安全

政府数据资产的安全性直接关系到政府各项职能的正常开展，政府数据安全也一直是电子政务网络安全建设的重中之重，尤其是随着电子政务的体系越来越庞大，各个机构政府数据的快速累积，数据量成指数增长，大数据平台成为政府数据处理和应用的主流发展趋势，以支持日益复杂和庞大的各类电子政务系统的运行，在高度集成的以互联网、大数据为核心的电子政务系统应用架构下，政府数据所面临的安全问题也越来越严峻。除此之外，随着互联网建设的普及和深入，电子政务系统承载越来越巨量的公民信息，个人隐私数据的安全保障也是政府数据资产安全的重要环节。

(三)数据交易

北京市大数据企业在数据流通及数据交易领域开展了积极的探索，如 2014 年中关村大数据交易联盟承建中关村数海大数据交易平台；国信优易积极探索数据资产评估的模式，在京搭建公共数据授权运营平台；九次方大数据在数据资产运营和人工智能数据仓服务等方向进行了探索和创新，2016 年牵头承建了贵阳大数据交易所；北京金控集团与金融机构联合建模，通过应用场景分析推动普惠金融业务的切实发展。北京大数据产业链完善，数据领域企业众多，但由于企业自身积累数据不全，数据质量不一，迫切需要成立数据交易及流通的规范机构和场所，推动多方数据融合，实现数据价值最大化，发挥数字经济对北京“科技创新中心”的支撑作用。

第 2 节　人工智能产业发展

一、人工智能产业概述

人工智能是计算机科学的一个分支，是研究使计算机来模拟人的某些思维过程和智能行为(如学习、推理、思考、规划等)的学科，主要包括计算机实现智能的原理、制造类似于人脑智能的计算机，使计算机能实现更高层次的应用。

数据是人工智能技术的基础。据 IDC 估算，全球数据总量预计 2025 年将达到 175ZB，中国的数据量将占全球数据总量的 27.8%，在 2025 年将达到 48.6ZB，成为最大数据圈。数据总量呈现海量聚集爆发式增长，随着 5G 的部署以及物联网的发展，这些类型丰富、场景各异的数据资源为人工智能系统自主学习并建立预测模型提供了基础。

算法是人工智能技术的核心。核心算法的迭代更新推动人工智能技术飞速发展。从机器学习、深度学习到强化学习，推动了算法不断取得突破。基础机器学习算法主要包括聚类、分类和回归等统计学习算法。以支持向量机、逻辑回归和贝叶斯分类、K-Means 聚类、主题模型和决策树等为代表的机器学习算法在业界有广泛的应用，可以用于解决多种领域和场景下的问题，如相似产品推荐，垃圾邮件处理等。

算力是人工智能快速发展的核心推动力。基于芯片、加速计算、服务器等软硬件技术和产品的完整系统即承载人工智能应用的基础平台，进一步提升数据储存和算法迭代。

通过梳理，人工智能产业链生态通常分为三层：基础层、技术层和应用层。基础层以 AI 芯片、计算机语言、算法架构等研发为主；技术层以计算机视觉、智能语音、自然语言处理等应用算法研发为主；应用层以 AI 技术集成与应用开发为主。

基础层是人工智能产业的基础，主要是研发硬件及软件，如人工智能芯片、传感器、大数据及云计算，为人工智能提供数据及算力支撑。由于人工智能芯片具有极高的技术门槛，目前主要以 Nvidia、Mobileye、英特尔在内的传统国际巨头为主，近年来以华为海思、地平线、寒武纪、百度等为主的中国企业也纷纷布局市场崭露头角。算法作为人工智能技术的引擎主要用于计算、数据分析和自动推理。目前，美国是人工智能算法发展水平最高的国家。

技术层是人工智能产业的核心，以模拟人的智能相关特征为出发点，构建技术路径，主要依托运算平台和数据资源进行海量识别训练和机器学习建模，开发面向不同领域的应用技术，主要包括了语音识别、自然语言处理、计算机视觉和机器学习等。人工智能技术飞速发展，并在计算机视觉、智能语音处理、自然语言处理等应用领域迅速发展。①

应用层是人工智能产业的延伸，集成一类或多类人工智能基础应用技术，面向特定应用场景需求而形成软硬件产品或解决方案。从全球来看，Facebook、Apple将重心集中在了应用层，先后在语音识别、图像识别、智能助理等领域进行了布局。目前，从行业来看，人工智能已经在医疗、健康、金融、教育、安防等多个垂直领域得到应用。

目前，我国逐渐形成了涵盖人工智能芯片、开源平台、基础应用、行业应用及产品等环节较完善的人工智能产业链生态。中国人工智能产业链生态多聚焦在应用层，技术层和基础层占比相对较小，产业链生态整体分布较均匀。自2015年开始，我国人工智能核心产业规模逐年攀升。2018年以后，我国人工智能投资

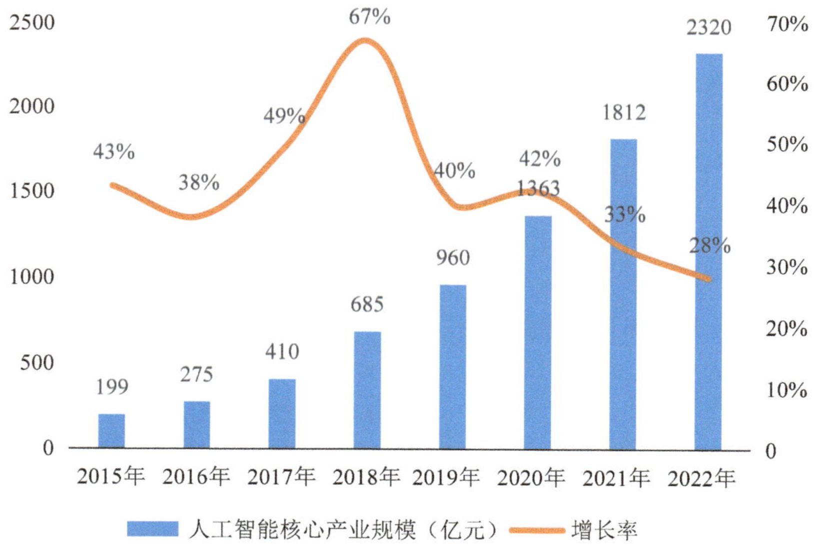

图8-8　中国人工智能核心产业规模(2015—2022年)

（来源：赛智产业研究院）

① 《2019年人工智能行业现状与发展趋势报告》，前瞻产业研究院网，https://bg.qianzhan.com/report/detail/1910081709070618.html。

领域进入稳定增长期，增速将略有下降但增长势头仍然强劲。据赛智产业研究院预测，到 2020 年，我国人工智能核心产业规模将达到 1363 亿元人民币。

从企业的业务类型来看，我国的人工智能企业中技术型与产品/解决方案型企业的占比大约为 1∶3。从技术研发和服务来看，我国人工智能企业的核心技术集中于大数据和云计算、机器学习和推荐、语音识别和自然语言处理、人脸和步态及表情识别等。我国人工智能企业中有 75%以上分布在应用层，广泛涉及金融科技、城市管理、公共安全、能源、交通、环保、医疗、教育、自动驾驶等垂直应用领域。

二、北京市人工智能产业发展

(一)北京市人工智能产业规模

北京市人工智能产业链基本完整，涵盖基础层、技术层和应用层三个环节，人工智能产业发展迅速，正在快速构建具有全球影响力的产业生态体系。据不完全统计，2018 年，北京市人工智能相关企业主要布局在海淀区和朝阳区，其中，海淀区约占 61%，朝阳区约占 29%，其他区占 10%。截至 2019 年 4 月，全国人工智能企业 4084 家，北京市人工智能相关企业数量达 1084 家，占全国人工智能企业总量的 26.5%。全国人工智能企业较 2018 年 5 月新增 44 家，其中北京市新增 14 家，全国获得过风险投资的人工智能企业 1259 家（含 31 家上市公司），其中北京 442 家（含 12 家上市公司），占北 35.1%，全国获投企业数较 2018 年 5 月新增 22 家，其中北京市新增 11 家。2018 年北京市人工智能相关产业规模达 1500 亿元，其中北京市人工智能相关软件企业收入规模约 1122 亿元，同比增长 46.1%。初步形成产业聚集、龙头企业聚集态势。

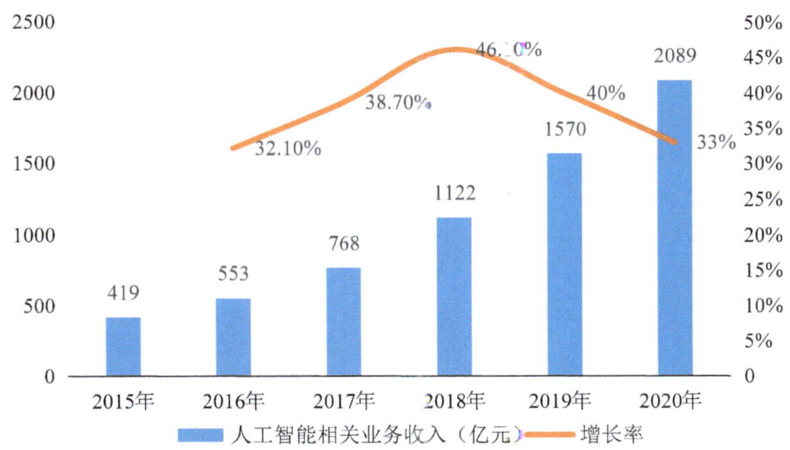

图 8-9　北京市人工智能相关业务收入(2015—2020 年)

（来源：北京市经济和信息化局）

(二)北京市人工智能产业生态体系

在人工智能生态方面，北京市人工智能产业具有很大优势。

一是应用技术领先。在中文信息处理、语音合成与识别、语义理解、生物特征、识别等方向处于世界领先水平。二是落地场景丰富。在医疗、教育、金融、智能城市、5G和物联网等方面具有国内领先的用户群体，用户人工智能落地场景丰富，有助于从需求侧推动人工智能发展。三是产业集群优势明显。以百度、京东、360、字节跳动、美团、搜狗等互联网企业和旷视、商汤、云知声、寒武纪等众多创新型企业为核心的产业集群，成为我国最具代表性的人工智能产业集群，形成了相对比较完善的人工智能创新链和生态链。四是创新活跃，资本聚集。以中关村地区为代表，北京是我国创新创业最活跃地区。北京集中了我国50%以上的投资机构，早期投资案例占全国40%以上，拥有大量的创业人才。初步统计，北京地区投资过人工智能企业的投资机构超过200家，创新工场、英诺天使基金、联想之星、明势资本、真格基金、华创资本等是其中的代表性机构，资本环境的活跃对人工智能的产业培育以及技术进步有较大的推动作用。

图8-10 北京市人工智能产业生态图谱

(三)北京市人工智能技术创新

2017年12月，中共北京市委、北京市人民政府《北京市加快科技创新培育人工智能产业的指导意见》的出台，为进一步提升北京地区新一代人工智能科技创新能力，促进人工智能深度应用提供指导意见。2018年2月，北京多部门联合支持人工智能产业发展。在北京市经济和信息化局的指导下，成立了北京前沿国际人工智能研究院，以及人工智能基础研究、智慧社会、人工智能专利三个北京市创新中心。2018年11月，在科技部和北京市委市政府的指导和支持下，由北京市科委和海淀区政府推动成立了新型研发机构——北京智源人工智能研究院。智源行动计划支持科学家勇闯人工智能科技前沿“无人区”，推动人工智能理论、方法、工具、系统等方面取得变革性、颠覆性突破，引领人工智能学科前沿和技术创新方向，促进人工智能深度应用。2019年2月，北京国家新一代人工智能创新发展试验区正式成立。这是我国首个国家新一代人工智能创新发展试验区，标志着北京在大力发展人工智能产业上又迈出了新的步伐，是北京全力推动人工智能发展的又一重大举措。①

在科研优势方面，北京市人工智能科研优势明显，有利于推进人工智能的跨领域研究和发展。在科研院所方面，北京聚集了我国最领先的人工智能科研院所，包括中科院自动化所、中科院计算所、清华大学、北京大学、北京航空航天大学等单位，拥有模式识别国家重点实验室、智能技术与系统国家重点实验室等10余个国家重点实验室。在企业应用研究方面，一批科技企业也纷纷在北京成立人工智能实验室或研究院，促进人工智能技术的快速发展和迭代。

在原创技术方面，北京聚集了众多芯片设计企业和人才，北京寒武纪、地平线公司和深鉴科技等企业已经成为我国代表性人工智能芯片初创企业，在人工智能核心算法方面具有持续的技术优势。北京在人工智能开源框架和工具平台方面具有较好基础。依托北京市技术实力强的人工智能企业，北京鼓励人工智能开源框架的开发，部分企业取得了较好的成果，例如，百度开发了深度学习开发平台

图 8-11 北京鲲鹏联合创新中心揭牌

① 《北京国家新一代人工智能创新发展试验区正式成立》，人民网，http://bj.people.com.cn/n2/2019/0220/c349239-32662642.html。

Paddle-Paddle，第四范式开发的企业人工智能核心系统“先知”平台，旷视科技面向视觉领域开发的人工智能开发平台Face++。北京市对人工智能开源技术创新的支持，有利于完善人工智能技术标准，降低人工智能技术应用门槛，培养人工智能技术人员开发习惯，优化人工智能的研究环境，降低人工智能技术落地成本，构建人工智能开源生态。

2019年10月18日，北京鲲鹏联合创新中心落地北京市朝阳区，鲲鹏联合创新中心充分利用北京独有的产学研优势，旨在全面建设立足京津冀、辐射全国的面向电子信息产业发展的鲲鹏生态体系，以北京鲲鹏生态建设为先导，以创新项目为牵引，以联合创新中心为平台，以产业基金为纽带，形成开放式的协同生态网络。建立覆盖芯片、服务器、操作系统、数据库、中间件、应用软件全生命周期的高效服务平台，重点解决共性关键问题，开展集中技术攻关，实现创新要素与产业发展要素系统整合，自主创新与产业转型升级有机互动，引领芯片、软件核心产业转型升级，共同构建鲲鹏产业创新生态。未来鲲鹏联合创新中心将搭建创新孵化平台、验证测试平台、生态开放平台、标准能力平台为主的四大核心平台，以华为技术团队和测试环境为“底座”，聚焦北京政务场景，围绕政务大数据和政务云等项目，支持鲲鹏生态合作伙伴基于鲲鹏平台的PC机、服务器搭载国产操作系统、中间件等基础软件，实现国产化技术应用、示范场景应用等功能，并建立鲲鹏培训基地，组织“鲲鹏人才大赛”，加强IT人才培育，将创新中心打造成为国产自主创新产业创新人才的聚集区，创新科技的策源地，创新应用的助推器。

（四）北京市人工智能人才资源

在人才储备方面，北京与15个中央国家有关部门联手，在中关村建立第一个国家级人才管理改革试验区。目前，中关村地区拥有国家级专家和青年人才1343人，占全国的19%；入选北京“海聚工程”688人，占北京地区的66%。

（五）北京市人工智能产业应用

人工智能在金融行业的落地场景。人工智能在金融行业主要以人工智能核心技术（机器学习、知识图谱、自然语言处理、计算机视觉等技术）为驱动力，应用到金融行业各参与主体、各业务环节，突出人工智能技术对于金融行业的产品创新、流程再造、服务升级的重要作用。北京是国家金融监管部门所在地，总部型金融机构集聚地，也是国际金融信息中心。据北京市地方金融监管局数据，2018年北京市金融业实现增加值5084.6亿元，占地区总值比重为16.8%。人工智能在北京金融行业落地具有广阔前景。“人工智能+金融”是目前人工智能相对成熟的落地场景。原因主要有三点：第一，金融行业的信息化建设起步较早，行业内极其重视数据的标准化和规范化采集，具有大量的数据积累，为人工智能应用提供了坚实的基础；第二，金融业的主要业务都是基于大规模数据(用户数据、业务数据、产品数据、市场数据等)展开的，大量繁琐的数据处理工作急需自动化和智能化的变革来解放人力；第三，金融普惠化和场景化的创新，也需要新的技术手段来提供支持，而人工智能与金融的结合，为金融创新提供了更多的可能。

人工智能在医疗行业的落地场景。在人工智能的应用当中，医疗领域一直是行业关注的热点。“人工智能＋医疗”，是指以互联网为依托，通过基础设施的搭建及数据的收集，将人工智能技术及大数据服务应用于医疗行业中，提升医疗行业的诊断效率及服务质量，更好地解决医疗资源短缺、人口老龄化等问题。根据北京市卫生健康委员会公开数据，2018 年北京市医疗卫生机构数达 11100 家，其中，医疗机构 10958 家，三甲医院共 80 家，在北京发展医疗人工智能具有资源、人才、技术、数据等方面的优势。按医疗环节分类，“人工智能 ＋ 医疗”主要涵盖八大应用场景：虚拟助理、医学影像、辅助诊疗、疾病风险预测、药物挖掘、健康管理、医院管理、辅助医学研究平台等。“人工智能＋医疗”产品已在北京三甲医院中推广，其中以医疗影像最为常见。例如，协和医院在医疗影像方面，实现 CT 图像降噪，提高诊断准确率，减少漏诊和误诊，为患者提供了更低剂量的检查方案，更为安全。协和医院牵头，来自国际国内 60 余家医疗机构、大学及研究所的医学专家和科学家，共同组建了中国医促会华夏皮肤影像人工智能协作组。安贞医院实现了无创识别慢性心肌梗死的重大突破，基于深度学习方法从非增强心脏磁共振电影序列直接识别出梗死区域，识别精度达到像素级别，有望实现慢性心肌梗死筛查不需要注射造影剂。安贞医院成立全国首家人工智能心血管诊断实验室——深脉人工智能诊断实验室，开创冠心病无创诊断新纪元。只需获取患者的冠脉造影 CT 数据，数分钟即可得到患者全冠脉的 FFR 数值，减少不必要的有创检查。

人工智能在教育行业的落地场景。北京教育总体水平位于全国前列，教育资源集聚，并积极就教育现代化中的重大问题进行探索和试验。据北京市教委相关数据，北京拥有各类学校 3585 所，其中高等教育类 174 所，中等教育类 757 所，小学教育类 970 所，“人工智能＋教育”在北京落地有着天然的优势。人工智能教育场景主要面向学校、培训机构、教师和学生。场景主要包括两个方面，一方面，覆盖教育过程的“教、学、考、评、管”全流程，并提供个性化教育；另一方面，对教育环境进行现代化升级，推动智慧校园、平安校园建设。例如，北京师范大学建立“心理评测”云平台，通过教育局的帮助，35 天完成 624 所学校、50.9 万学生测评，打破学校“信息孤岛”，建立联合评测系统；盒子鱼与北京第五中学、第八中学和人大附中等多所中学合作，建设智能作业批改系统等。

第3节　区块链产业发展

一、区块链产业概述

近年来，区块链以其分布式数据存储、点对点传输、共识机制、加密算法等新型计算技术，去中心化、全网记录、低成本、高效率、安全可靠等技术特点，在全球范围内掀起了一股技术浪潮。2019年10月24日中共中央政治局第十八次集体学习，中共中央总书记习近平在主持学习时强调，“区块链技术的集成应用在新的技术革新和产业变革中起着重要作用。我们要把区块链作为核心技术自主创新的重要突破口，明确主攻方向，加大投入力度，着力攻克一批关键核心技术，加快推动区块链技术和产业创新发展”。

典型的区块链系统中，各参与方按照事先约定的规则共同存储信息并达成共识。为了防止共识信息被篡改，系统以区块为单位存储数据，区块之间按照时间顺序、结合密码学算法构成链式数据结构，通过共识机制选出记录节点，由该节点决定最新区块的数据，其他节点共同参与最新区块数据的验证、存储和维护，数据一经确认，就难以删除和更改，只能进行授权查询操作。“去中心化”“去信任”“不可篡改”等特性构筑了区块链的核心应用能力。区块链的技术架构由自下而上的网络层、数据层、共识层、激励层、合约层和应用层组成。

网络层。基于点对点组网机制、数据传播机制和数据验证机制等，推进分散多中心的网络节点间形成主权区块链，与操作系统、网络、存储、计算等资源共同提供基础设施云服务，并提供网络主权下多节点的身份认证和管理。在区块链应用场景间形成链间通信网络，建立底层构架的交互协议。

数据层。建立区块链上的分布式加密数据库，推进链上和链下相融合的大数据分析。

共识层。基于区块链的和谐包容的共识算法和规则体系，整合区块链的各类共识机制算法，包括工作量证明机制(Proof of Work，简称PoW)、权益证明机制(Proof of Stake，简称PoS)、股份授权证明机制(Delegated Proof of Stake，简称DPoS)、拜占庭容错算法机制等。共识机制算法是区块链的核心技术，是区块链系统中各个节点达成一致的策略和方法，应根据系统类型和应用场景的不同灵活选取。

激励层。将价值度量衡、钱包、账户等集成到主权区块链技术体系中来，建立经济和社会价值激励的发行机制和分配机制等，推进激励行为的可管理。

合约层。集成各类脚本、算法和智能合约，建立可监管、可审计的合约形式化规范，是区块链可编程特性的基础。

应用层。包括政用、民用和商用多场景交织的应用模式。

从应用形态上讲，区块链可以被划分为公有链、联盟链和私有链。不同类型的区块链适用于不同的应用场景。公有链是一种完全开放的区块链，其参与者均可以随时进入系统中进行数据读取、交易发送与确认、竞争记账以及系统维护等工作。公有链的典型应用包括比特币、以太坊等。联盟链是指由若干个机构共同参与管理的区块链，属于一类介于公有链和私有链之间的混合式区块链；其中每个机构运行并管理着链上一个或多个节点，其数据只允许联盟内各机构进行读写，各机构间可发送交易，并共同来记录交易数据。联盟链的典型应用包括超级账本、企业以太坊等。私有链是指其写入权限由某个组织或机构控制的区块链，其读取权限可对外开放，或者附加一定程度的限制。①

各地积极出台区块链产业扶持的相关政策，侧重点更加明确，具体规划更为清晰。据统计，截至 2019 年底，北京、贵州、上海、广东、江苏、浙江、山东、河北等省市发布政策指导文件，开展区块链产业链布局。全国已成立区块链产业园超过 30 家，杭州、广东、上海等沿海省市占比过半。② 应用领域方面，政务民生类应用项目数量显著增多，司法存证、税务、电子票据、产品溯源等其他领域区块链应用稳步发展。

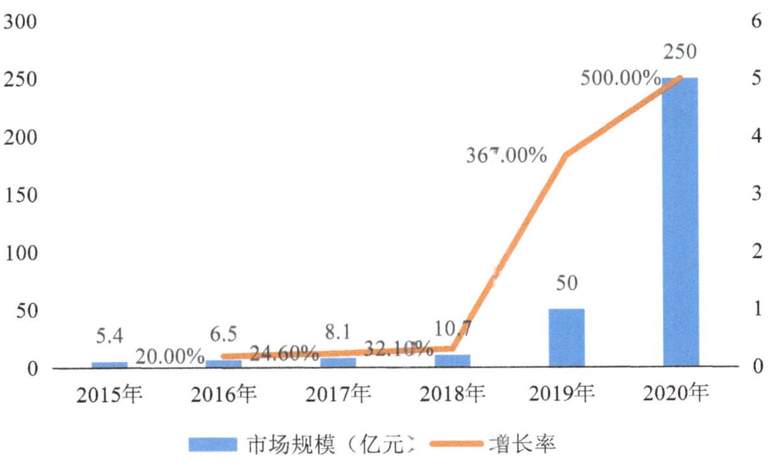

图 8-12　区块链应用市场规模

（来源：赛智产业研究院）

① 贵阳市人民政府新闻办公室：《贵阳区块链发展和应用》，2016 年 12 月。

② 黄忠义：《我国区块链行业应用现状、问题及对策研究》，载《中国计算机报》2019 年 9 月 23 日。

二、北京市区块链产业发展

(一)北京市区块链产业生态体系

北京市区块链产业生态较为丰富。据不完全统计，全国共有1000余家公司从事区块链技术研发和应用，区块链企业数量排名前五的城市依次为北京、上海、深圳、杭州、广州，其中北京以约400家区块链企业数量排名第一。北京市的区块链技术创业公司在区块链密码算法国产化改造、区块链应用框架性能提升等区块链基础技术研究上取得了一定的成果，未来仍有较大的上升空间。北京市的区块链产业链条已基本形成，上游企业聚焦于区块链通用应用及技术扩展平台，包括智能合约、密码算法、隐私安全、数据服务、分布式存储等；下游企业聚焦于服务最终的用户，根据最终用户的需要定制各种不同种类的区块链行业应用。

图 8-13　北京市区块链产业生态图谱

(二)北京市区块链技术创新

北京市区块链产业发展支撑体系逐步建立，技术创新能力优势明显。北京市高校和各科研机构陆续成立了一批区块链实验室，据不完全统计，全市共建立了区块链重点实验室11家，如2018年4月北京大学设立北大光华区块链实验室。与此同时，民间机构和企业在区块链科研方面也非常活跃，截至2019年上半年，由从事区块链业务的企业创办的民间区块链研究机构一共有13个，如2018年1月东华软件创办东华区块链技术研究院。

北京市区块链专业技术遥遥领先。区块链产业的快速发展，全国区块链专利数量不断攀升，北京市区块链专利数量的增长速度也十分迅猛，走在全国前列。2018 年全国区块链专利数量北京市排名第一，达到 1177 件。2019 年上半年，北京市区块链专利数量已达到 2040 件。而目前国内区块链专利布局激烈竞争，使得各大互联网巨头和信息科技企业都非常重视推动区块链技术的发展与创新。截至 2019 年 6 月，国内企业的区块链专利公开总量企业排名 Top10 中，北京市企业百度在线网络技术(北京)有限公司和中链科技有限公司入选。

(三)北京市区块链人才资源

北京市区块链人才资源储备充足，区块链人才普遍毕业于国内的一流院校，其中中国人民大学、北京大学、北京邮电大学位于前列，集中了丰富的区块链人才资源。截至 2018 年底，北京地区人才资源总量达到 713.8 万人，人才贡献率达到 53%，处于全国领先水平。据首都科技发展战略研究院发布的《2017 首都"创新人"大数据研究报告》显示，随着"双创"的热浪潮涌北京，首都"创新人"规模达 320 多万，占北京市常住人口的 14.8%。截至 2018 年 11 月，北京市拥有国家级专家 2168 人，全国占比超过四分之一。

(四)北京市区块链产业应用

1. 区块链在政府治理落地场景。2018 年 7 月 5 日，北京市人民政府办公厅出台的《北京市推进政务服务"一网通办"工作实施方案》指出，要在 2020 年底前，建成覆盖全市的整体联动、部门协同的"互联网＋政务服务"体系，大幅提升网上服务效能和智能化水平。区块链技术可以大力推动政府数据开放度、透明度，促进跨部门的数据交换和共享，推进大数据在政府治理、公共服务、社会治理、宏观调控、市场监管和城市管理等领域的应用，实现公共服务多元化、政府治理透明化、城市管理精细化。① 一直以来，部门之间的数据共享都是难事。2018 年，市经济和信息化局、市委编办和市财政局牵头政府各相关部门借助大数据、区块链、云计算、人工智能等新技术，打造北京市的目录区块链，真正破解了数据共享应用难题。政务目录区块链 10 分钟打通 53 个部门数据壁垒，进一步优化北京市营商环境。具体而言，各部门的"职责目录"一一对应形成全市"数据目录"一本大台账，利用区块链的分布式存储、不可篡改、合约机制等特点，建立起北京市目录区块链，将各部门目录上链锁定，实现了数据变化的实时探知、数据访问的全程留痕、数据共享的有序关联。② 这样一来，哪个部门有哪些数据一目了然，申请共享的渠道也更通畅。

北京互联网法院建立了首批通过国家网信办备案的区块链"天平链"电子证据

① 北京市人民政府办公厅：《北京市推进政务服务"一网通办"工作实施方案》，2018 年 7 月。

② 《政务目录区块链支撑北京营商环境进一步优化》，载《北京日报》2019 年 11 月 5 日。

平台，率先采用区块链智能合约技术实现执行“一键立案”，用于存储案件证据，保证数据真实性和隐私性。“天平链”电子证据平台通过部署线上合约节点，并通过当事人确认履行情形，触发不同的执行动作：申请执行人如确认履行完毕，即触发生成履行情况报告，履行结果上传至“天平链”存证；如确认未履行完毕，则触发生成未履行报告、自动生成执行申请书、自动抓取当事人信息、自动抓取执行依据、自动执行立案、自动生成执行通知书与报告财产令。截至 2019 年 12 月，“天平链”已完成跨链接入区块链节点 19 个，已完成版权、著作权、互联网金融等 9 类 25 个应用的节点数据对接，北京互联网法院受理的 4 万件案件全部上链，上链电子数据超过 1000 万条，跨链存证数据量已达上亿条。①

2. 区块链在民生服务落地场景。2019 年 9 月，北京市海淀区创新应用区块链技术，在全市率先实现不动产登记在线办理，包括自然人名称变更、抵押权注销登记等 4 项不动产服务，其中，二手房交易服务实现与 7 个市级部门 9 类数据的共享，相关证照不再需要用户出示，可大幅度缩减办理时间，同时链接用电过户服务，方便办事群众二手房交易与用电过户的一次性办结。

2018 年 12 月，北京顺义区住房城乡建设委上线“棚改项目全生命周期智慧监管信息平台”，平台以监督管理为导向，以数据为核心，集方案管理、成本控制、计划管理、合同管理、文档管理、智能监控、统计分析、预警提示、文件共享等功能于一体，支撑棚改工作由高效率向高质量转变。

3. 区块链在金融行业的落地场景。金融行业是全球经济发展的动力，也是中心化程度最高的行业之一。金融市场中交易双方的信息不对称导致无法建立有效的信用机制，产业链条中存在大量中心化的信用中介和信息中介，减缓了系统运转效率，增加了资金往来成本。区块链技术源自加密货币，凭借其开放式、扁平化、平等性的系统结构，操作简化、实时跟进、自动执行的特点，与金融行业具有天然的契合性，最早在金融领域发挥优势作用。② 2018 年 11 月，北京市金融工作局、中关村科技园区管理委员会，以及北京市科学技术委员会，联合下发了《北京市促进金融科技发展规划(2018 年—2022 年)》，明确要求，积极推动以区块链为代表的分布式技术发展。鼓励金融机构利用云计算等技术手段加快产品和服务创新，支持区块链技术在金融监管与风控、普惠金融、流程溯源等领域的应用。2019 年 2 月，京东数字科技正式推出“JT2 智管有方”，这是国内首个一站式、全方位、智能化的资管科技系统，为机构投资者提供产品设计能力、销售交易能力、资产管理能力和风险评估能力等四大能力。其证券化服务体系利用区块

① 张雯，姜颖，李威娜：《北京互联网法院加强网络环境下著作权保护的探索》，载《人民司法》2019 年 25 期。

② 中国信息通信研究院：《区块链白皮书(2019)》，2019 年 11 月。

链技术，能帮助投资人看清底层资产状况，提高投资效率，能为机构投资者提供产品设计能力、销售交易能力、资产管理能力和风险评估能力等。[①]

4. 区块链在防伪溯源的落地场景。在商贸流通行业传统的分销模式中，生产商、批发零售商乃至消费者，对产品质量的判断依据主要是经验与对上游商家、对品牌的印象，上下游之间存在较为明显的信息不对称。随着购买力的提升，城乡居民越来越重视产品质量问题，尤其是食品和药品。2016年12月，北京市政府出台的《北京市加快推进重要产品追溯体系建设实施方案》要求，到2020年，基本形成全市追溯数据统一共享交换机制，初步实现有关部门和企业追溯信息互通共享。日益增长的商品溯源需求迅速推动了溯源行业的发展，区块链作为一种新兴技术打造了一种去中心、价值共享、利益公平分配的自治价值溯源体系。2017年12月，京东与沃尔玛、IBM、清华大学电子商务交易技术国家工程实验室共同宣布成立中国首个安全食品区块链溯源联盟，旨在通过区块链技术进一步加强食品追踪、可追溯性和安全性的合作，提升中国食品供应链的透明度，进一步保障消费者饮食安全。[②] 2018年9月，百度推出"区块链＋大闸蟹"溯源应用，厂商在蟹农捕捞大闸蟹之后，对大闸蟹产地、照片和蟹商认证蟹号进行采集，将信息透明、安全地储存在区块链上，消费者在收货时可以利用AI蟹脸识别技术将大闸蟹信息与链上记录的信息进行对比，确保每一只品牌大闸蟹和产地等信息的前后一致性。2018年8月，京东数字科技打造的"区块链防伪追溯平台"，聚焦透明供应链体系，通过物联网和区块链技术，建立科技互信机制，可记录商品从原产地到消费者手中全周期每个环节的重要数据，保障数据的不可篡改和隐私保护性，实现全流程追溯，打击假冒伪劣产品，为商品流通过程保驾护航。

---

① 《京东数字科技推资管科技系统"JT2智管有方"》，央广网，https://baijiahao.baidu.com/s?id=1626583221444258371&wfr=spider&for=pc。

② 《中国首个安全食品区块链溯源联盟成立》，人民网，http://it.people.com.cn/n1/2017/1215/c1009-29708685.html。

第 9 章　北京市大数据安全

网络安全和信息化是一体之两翼、驱动之双轮，必须统一谋划、统一部署、统一推进、统一实施。大数据安全与大数据发展亦是如此，在发展大数据应用的同时，需要明晰大数据风险，并采取相应的安全保护措施，切实做到以安全保发展，以发展促安全，有了安全的铠甲，大数据的价值才能得到保护，大数据的发展才能更加顺畅。

本章共三节，分别介绍了组织领导体系、工作机制等北京市网络安全现状，大数据安全技术及管理等方面的挑战，以及现阶段北京市在大数据安全管理方面的初步实践。

第 1 节　北京市网络安全现状

北京市高度重视网络安全工作，建立了较为完善的网络安全体制机制、政策法规和关键设施，这些为北京市大数据网络安全奠定了坚实基础。

一、北京市网络安全组织领导体系

为了做好网络安全工作，明确权力与责任，北京市建立了强有力的组织领导体系。

(一)中共北京市委网络安全与信息化委员会

1996 年，市政府成立北京市信息化工作领导小组，并分别在 2003 年和 2008 年成立北京市网络与信息安全协调小组和北京市通信保障和信息安全应急指挥部，这些信息安全管理机构和工作机构，在建立健全全市信息安全体系方面开展了卓有成效的工作，出台了计算机信息系统病毒、安全等级保护、数字证书、重大信息安全事件处置管理等一系列规范性文件，开展了大量的检查、检测、督导等日常工作，并为奥运会、国庆、两会等重大活动提供了有力的信息安全保障。

2014 年 5 月 7 日，北京市委常委会召开会议，决定成立市委网络安全和信息化领导小组，由市委书记任组长，市委副书记、市长任副组长，作为市委常设议事协调机构，受市委常委会领导。领导小组的主要职责是贯彻落实中央的重大战略、决策、规划、部署和工作要求，组织领导本市的网络安全和信息化建设工作，制定发展规划、政策，推进法治建设，统筹协调、研究解决涉及本市政治、经济、文化、社会等各个领域的网络安全和信息化重大问题。

2018 年中共中央做出关于深化党和国家机构改革的决定，在这次机构改革中，把中央网络安全和信息化领导小组改为中央网络安全和信息化委员会，负责网络安全与信息化领域重大工作的顶层设计、总体布局、统筹协调、整体推进、督促落实，办事机构为中央网络安全和信息化委员会办公室。相应的，中共北京市委网络安全和信息化领导小组也改为中共北京市委网络安全和信息化委员会，办事机构为中共北京市委网络安全和信息化委员会办公室。

(二)北京市网络安全主要监管部门

当前，北京市网络安全工作在中共北京市委网络安全和信息化委员会统一领导下，形成了分工负责、齐抓共管的局面，北京市网信办、北京市国安办、北京市保密局、北京市密码管理局、北京市国家安全局、北京市公安局、北京市经济和信息化局、北京市通信管理局等信息安全监管部门按照各自职责开展网络安全工作。

(三)北京市网络安全基础设施

为了向北京市网络安全主要监管部门提供有效的技术支撑，北京市建立了一批网络安全基础设施，这些设施包括北京信息安全测评中心、北京市政务信息安全应急处置中心、北京市信息安全容灾备份中心、北京市网络与信息安全信息通报中心、北京市互联网违法和不良信息举报中心、北京市保密技术检查中心、国家保密科技测评中心(北京市)分中心以及北京数字认证股份有限公司等。

二、北京市网络安全相关法律规章

北京市高度重视依法治网，出台了一系列网络安全法律规章，保障网络安全工作顺利开展。

(一)《北京市政务与公共服务信息化工程建设管理办法》(北京市人民政府令第 67 号)

该办法自 2001 年 1 月 1 日起施行。其中，第七条、第八条是落实网络安全同步规划、同步建设、同步使用的重要举措。

表 9-1 北京市人民政府令第 67 号第七条、第八条

第七条 投资 200 万元以上的重大信息化工程项目(以下简称重大项目)，市计划以及其他主管部门在审批项目时，市财政主管部门在审批资金时，应当会同市信息办共同审查。 前款规定以外的信息化工程项目，建设单位应当在工程开工前将有关立项报告和设计方案，报市或者区、县信息化主管部门备案。 本条规定的审查、备案的具体程序或者办法，由市信息办和市计划、财政等主管部门另行规定。 第八条 市信息办对重大项目的规划布局、安全保障体系、技术标准以及其他相关内容组织进行审查，并且在 30 日内作出是否合格的答复。 对审查不合格的，有关主管部门不予批准立项；属于财政投资的，财政部门不予拨款。

第十三条 对安全建设、安全投入、安全验收都提出了要求，这也成为网络安全工作的重要依据。

表 9-2 北京市人民政府令第 67 号第十三条

第十三条 在进行信息化工程建设时，应当同时进行安全系统的方案设计和建设。安全系统的方案设计和建设应当能够满足信息系统安全运行的需要，并保证有相应的投入。 信息化工程的设计方案、使用的产品、验收以及相关服务，应当执行信息系统安全的相关标准。 重大项目应当通过信息系统安全测评认证，未经测评认证的，不得投入运行。

(二)《北京市公共服务网络与信息系统安全管理规定》(北京市人民政府令第 163 号)

该规定自 2006 年 1 月 1 日起施行。围绕本市公共服务网络与信息系统，从安全组织领导、运营单位安全职责、安全基础设施建设、等级保护及定级备案、安全产品与服务的选择与采购、备份、应急预案与应急演练、安全事件处置与报告、信息安全应急救援服务体系等做了全面规定。其中，第四条明确规定了运营单位的职责。

表 9-3 北京市人民政府令第 163 号第四条

第四条 运营单位应当加强对本单位网络与信息系统的安全管理，做好下列工作： (一)明确网络与信息系统安全工作的主管负责人和主管机构，并配备具有相应能力的工作人员； (二)建立健全网络与信息系统安全管理责任制，制定管理制度和操作规程，并定期检查落实情况； (三)保障网络与信息系统安全的资金投入； (四)定期进行网络与信息系统安全教育和培训。

第七条关于网络安全等级保护的分工规定，确定了网络安全定级备案工作在北京市信息化部门与公安部门之间的分工。

表 9-4　北京市人民政府令第 163 号第七条

第七条　运营单位应当按照安全等级保护制度的管理规范和技术标准确定本单位网络与信息系统的安全等级，并根据安全等级保护制度的要求进行建设。 网络与信息系统安全等级确定为第三级、第四级、第五级的，运营单位应当将安全等级确定情况报送备案。其中，涉及电子政务的网络与信息系统运营单位，应当报市信息化主管部门备案；其他的运营单位应当报市公安部门备案。 市信息化主管部门、市公安部门应当在 30 日内对备案单位的网络与信息系统安全等级确定情况进行评估，并提出审查意见。

(三)《北京市信息化促进条例》(北京市人民代表大会常务委员会公告第 63 号)

该条例自 2007 年 12 月 1 日起施行。将政府投资信息化项目网络安全审查的要求由政府规章提升到地方性法规的高度，并对政府投资信息化项目竣工验收提出了要求。该条例在第五章专门提出了信息安全保障的要求，在第三十二条和第三十三条要求实行网络安全等级保护，并对定级、备案、资金投入、建设改建、等级测评做了规定。在第三十四条、第三十五条对加强安全管理、应急预案、应急演练、事件处置与报告、信息安全应急救援服务体系与信息安全情况通报和协调机制等提出了要求。

三、北京市网络安全主要工作机制

为了贯彻落实国家网络安全要求，保障首都的网络安全，北京市在多年的网络安全实践中，逐步形成了一整套的网络安全工作机制。

(一)网络安全责任制

2005 年 3 月，北京市网络与信息安全协调小组下发《关于落实信息安全责任制及印发〈市网络与信息安全协调小组和各成员单位信息安全监管(管理)职责〉的通知》：将信息安全责任分为主体、领导、管理、监管、综合监管等五类责任；指出各区县、各部门、各行业、各单位的主要负责人是信息安全工作的第一责任人，对信息安全工作负总责；强调市网络与信息安全协调小组各成员单位要依据职责分工协同配合，履行信息安全监管(管理)职责；市网络与信息安全协调小组要加强对本市信息安全责任制及信息安全监管(管理)职责落实情况的督促检查和综合协调。

(二)信息化项目安全审查

按照《北京市政务与公共服务信息化工程建设管理办法》及《北京市信息化促进条例》要求，市经济和信息化局对政府投资的信息化项目开展立项审查，其中网络安全是一项重要的审查内容。审查重点包括：信息系统是否定级、备案；项目是否有安全建设方案；安全方案是否符合相关政策和规划，是否存在重复建设；安全方案是否完整、可行等。

（三）网络安全定级备案

按照《信息安全等级保护管理办法》、《信息安全技术网络安全等级保护定级指南》(GA/T 1389—2017)等要求，运营单位对网络安全保护对象进行定级，撰写定级报告，并组织专家进行评审。等级确定为第三级、第四级、第五级的网络安全保护对象，运营单位应当将安全等级确定情况报送备案。其中，涉及电子政务的网络安全保护对象运营单位，应当报市信息化主管部门备案；其他的运营单位应当报市公安部门备案。

（四）安全等级与分级保护建设

非涉密信息系统按照网络安全等级保护要求，开展网络安全定级、备案、建设整改、等级测评和监督检查；涉密信息系统按照国家分级保护要求开展定密、建设整改、涉密测评、监督检查等工作。其中，安全建设包括技术方面，也包括管理方面。

（五）网络安全信任体系

北京市经过多年的发展，已经建立了基于数字证书的网络安全信任体系，并依托网络安全信任体系，建立了政务信息系统身份鉴别、统一认证、安全加密、电子签章等安全机制，有力提升了网络安全防护水平。

图 9-1　北京市信息安全容灾备份中心鸟瞰图

(六)容灾备份

北京市信息安全容灾备份中心于2010年9月建成投入运行，占地34亩，建筑面积9200平方米，365天全天24小时运行，为全市涉密以及三级以上的政务信息系统提供容灾备份服务。具体服务内容包括：数据备份、应用系统容灾、演练培训、灾难恢复等。

(七)网络安全测评

北京市重视网络安全测评市场的培育，促进各类网络安全测评服务的发展。党政机关和企事业单位通过采购网络安全测评服务，及时发现网络安全隐患，并按照整改建议进行整改建设，有效防范了安全隐患变成安全事件。目前常见的安全测评类型包括：

1. 源代码测试：对开发的应用系统的源代码进行安全测试，及时发现因编码不规范、逻辑错误等带来的安全隐患，有效避免SQL注入、跨站脚本等安全问题。

2. 安全验收测试：在信息化项目验收前开展安全测评，验证和评估信息系统建设是否完成了项目立项时的安全目标。

3. 安全等级测评：按照国家网络安全等级保护标准，开展安全测评，评估是否达到了相应网络安全等级的要求。

4. 网络安全风险评估：通过对资产价值、威胁发生的可能性和破坏性、脆弱性的利用程度以及已采取安全措施的有效性进行评估，揭示网络安全风险发生的可能性和影响程度，为网络安全风险处置提供依据。

5. 渗透测试：通过模拟恶意黑客的攻击方法，来评估计算机网络系统安全的一种评估方法。这个过程包括对系统的任何弱点、技术缺陷或漏洞的主动分析，这个分析是从一个攻击者可能存在的位置来进行的，并且从这个位置有条件主动利用安全漏洞，但控制测试对信息系统带来的负面影响。①

(八)网络安全监测预警

北京市建立了北京市政务信息安全监测预警系统，该系统对全市重要信息系统、重要网站的网络安全状态进行监测，及时发现网络安全漏洞、病毒木马、网络攻击以及网页篡改等，并及时通知事发单位进行整改。

(九)应急处置

北京市组建了网络安全应急救援体系，形成了各行业、各部门联动，专业应急队伍、专家队伍支持的应急组织体系，市级网络安全应急预案、各部门和单位网络安全应急预案相衔接、总体预案与专项预案相配合的预案体系，事前监测预

① 王强，蔡皖东，姚烨：《基于渗透测试的跨站脚本漏洞检测方法研究》，载《计算机技术与发展》2013年第3期。

警、值守通报，事中应急响应，事后恢复调查等全流程的处置体系。

(十)安全检查

2007年以来，北京市持续开展电子政务年度信息安全检查技术检测工作。安全检查分为单位自查、技术检测、现场抽查、整改通报等环节。其中，技术检测环节由网络安全监管部门组织专业的技术力量，远程对全市各单位政府门户网站、重要政务信息系统和有线政务专网开展远程安全性测试，发现问题，并向相关单位下发整改通知。

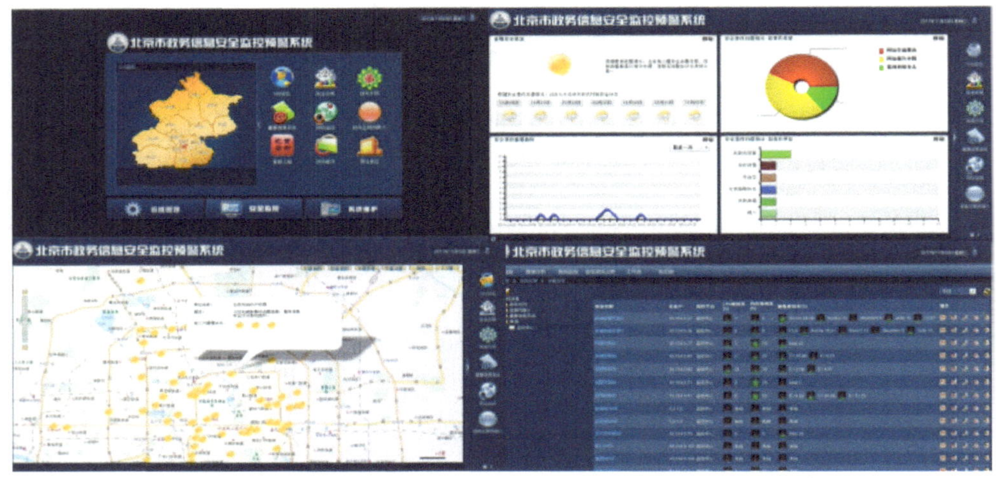

图 9-2　北京市政务信息安全监测预警系统

第 2 节　北京市大数据安全挑战

北京市网络安全管理体制机制，为大数据安全工作的开展奠定了良好的基础。然而，进入大数据时代后，数据流动中责任边界变得模糊，数据处理者对海量数据的认识变得困难，数据的处理活动变得难以控制，现有“以系统为核心”的网络安全保障工作机制已经不能满足大数据时代“以数据为核心”的安全保障要求，大数据安全在安全技术、安全管理以及合规性等方面面临诸多挑战。

一、大数据安全风险

大数据安全风险突出体现在个人信息过度收集、数据泄露和滥用、大数据基础设施和平台遭受攻击等方面，具体如下：

(一)个人信息过度收集

在大数据时代，数据即石油，数据是黄金，在经济利益的驱使下，网络运营者有着天然的冲动最大程度地收集个人信息用于经营活动。在移动互联时代，如果单从收集环节来看个人信息保护，最突出的问题应是大众应用程序过度收集用户个人信息。现实中，违规的网络运营者往往采取以下路径：

一是未公开收集使用规则或未明示收集使用个人信息的目的、方式和范围。网络运营者收集个人信息，但并不告知用户收集个人信息的隐私政策以及收集个人信息的目的、范围和用途等，导致用户个人信息被肆意收集。

二是未经用户同意超范围收集或隐瞒收集。网络运营者虽然制定了隐私政策并告知了用户收集个人信息的范围和用途等，但实际收集的信息远远超过了声明的收集范围，甚至有些网络运营者及提供应用功能模块或组件的第三方开发者以用户不可见的方式偷偷收集个人信息。

三是强迫用户同意授权其收集个人信息。这包括三种情况：(1)强迫用户同意其隐私政策，从而认可其个人信息收集范围和用途等。(2)强迫用户对其应用提供位置、存储等访问授权。(3)故意扩大服务或功能并要求用户提供一揽子授权。这几种情况下，如果用户不同意，网络运营者则不提供相应的应用服务，因此，个人用户的同意实际上被架空。

此外，我们日常生活中不可或缺的手机 App 也在过度收集用户个人信息，加大了个人信息泄露的风险，部分手机 App“越权”获取用户信息，已成为公民个人信息泄露的主要渠道之一。2018 年底，中消协对 100 款手机 App 进行检测，发现有 59 款涉嫌过度收集位置信息，28 款涉嫌过度收集通讯录信息，23 款涉嫌过度收集身份信息，22 款涉嫌过度收集手机号码。在隐私政策方面，有 47 款隐私内容不达标。手机 App 过度收集用户个人信息造成个人信息买卖、电话短信骚扰、电信诈骗等现象频发。

(二)数据泄露和滥用

海量数据的不断聚集，将促进包括大量的企业运营数据、客户信息、个人隐私和各种行为细节记录不断积累，这些集中存储的数据无形中增加了数据泄露的风险，不法分子可借助大数据平台泄露的数据对其他平台进行“撞库”攻击。由于各企业对数据传输和存储的安全保障能力不一，一旦其中一个较为“脆弱”的数据平台发生数据泄露，其他相连的平台也将遭受池鱼之殃。近年来，从互联网上发生的用户账号信息失窃等连锁反应可以看出，大数据更容易吸引黑客，而且一旦遭受攻击，造成的损失十分惊人。

一方面，大数据本身的安全防护存在漏洞。对大数据的安全控制力度仍然不够，API 访问权限控制以及密钥生成、存储和管理方面的不足都可能造成数据泄露。新型网络威胁的技术复杂性和隐蔽性越来越高，危害范围不断扩大。2014 年心脏出血漏洞威胁全球约 2/3 的网络服务器内存储的用户名、密码以及服务器证书、私钥等敏感数据安全；同年索尼公司遭遇高级持续性威胁(Advanced Persistent Threat，简称APT)攻击，大量员工信息及影视拷贝遭泄露。传统的防火墙、病毒查杀、入侵检测等安全防护软件不能满足当前需求，防护措施的更新升级速度也无法跟上数据量非线性增长的步伐，大数据也可能成为高级病毒的载体，由于针对大数据等新技术产生的网络威胁的防御体系尚未建立，隐藏在大数据中的病毒和恶意软件难以被发现。

另一方面，大数据分析技术使攻击者的攻击手段更加丰富。恶意攻击者可以通过收集上网痕迹等信息，获取潜在攻击对象的相关信息，并利用大数据分析技术，对其真实身份、性格、消费习惯、需求等个人信息进行还原，严重威胁个人的隐私和安全。利用数据挖掘、关联分析能够从普通数据中提取大量具有统计意义的信息，可能分析出企业的商业布局，甚至国家的经济走向，进而对企业或者国家发起更具有针对性和精确性的攻击。[①]

(三)大数据基础设施和平台遭受攻击

为了支持大数据的应用，需要创建支持大数据环境的基础设施，包括存储设备、计算设备、一体机和其他基础软件(如虚拟化软件)等，这些基础设施给用户带来各种大数据新应用的同时，也会遭受到安全威胁。大数据采用的分布式和虚拟化架构，意味着其比传统的基础设施有更多的数据传输，大量数据在一个共享的系统里被集成和复制，当加密强度不够的数据在传输时，攻击者能通过实施嗅探、中间人攻击、重放攻击来窃取或篡改数据。

1. 网络基础设施及基础软硬件受制于人

大数据平台依托于互联网面向政府、企业及广大公众提供服务，但我国互联网从基础设施层面已存在不可控因素，大数据平台的基础软硬件也未完全实现自主控制。[②] 在能源、金融、电信等重要信息系统的核心软硬件设施上，服务器、数据库等相关产品皆由国外企业占据市场垄断地位。

2. 网站及应用漏洞、后门层出不穷

据我国安全企业网站安全检测服务统计，高达60%的国内网站存在安全漏洞和后门，可以说网站及应用系统的漏洞是大数据平台面临的最大威胁之一。而我国的各类大数据行业应用，广泛采用了各种第三方数据库、中间件，但此类系统的安全状况不容乐观，广泛存在漏洞。更为堪忧的是，各类网站漏洞修复的情况难以令人满意，系统内数据库漏洞、操作系统漏洞，硬件防火墙、存储设备等网络产品的漏洞，补丁更新不及时或不安全配置，导致恶意攻击者可主动发现系统存在的漏洞，从而窃取数据。[③]

① 曾中良：《大数据时代的企业信息安全保障》，载《网络安全技术与应用》2014年第8期。

② 张博卿：《我国大数据安全现状、问题及对策建议》，载《网络空间安全》2018年第8期。

③ 陈慧：《大数据下源代码同源性安全分析探讨》，载《科学视界》2015年第3期。

3. 针对大数据的APT日益严峻

作为一种有目标、有组织的攻击方式，APT在流程上同普通攻击行为并无明显区别，但在具体攻击步骤上，APT体现出以下特点，使其具备更强的破坏性：

(1)攻击行为特征难以提取：APT普遍采用0day漏洞获取权限，通过未知木马进行远程控制；

(2)单点隐蔽能力强：为了躲避传统检测设备，APT更加注重动态行为和静态文件的隐蔽性；

(3)攻击渠道多样化：目前被曝光的知名APT事件中，社交攻击、0day漏洞利用、物理摆渡等方式层出不穷；

(4)攻击持续时间长：APT攻击分为多个步骤，从最初的信息搜集到信息窃取并外传往往要经历几个月甚至更长的时间。

在新形势下，APT已将大数据作为主要攻击目标，APT攻击的上述特点使得传统以实时检测、实时阻断为主体的防御方式难以有效发挥作用。[①]

二、国家数据安全要求

自《网络安全法》颁布以来，国家网信部门和公安机关日益加强对网络安全、数据安全、个人信息安全等方面的检查和监督工作，积极开展卓有成效的安全整治活动，为大数据的安全健康发展创造了良好的外部环境。

(一)个人信息保护

2019年1月25日，中央网信办、工业和信息化部、公安部、市场监管总局正式发布《关于开展App违法违规收集使用个人信息专项治理的公告》(以下简称《公告》)，并于2019年1月至12月期间依据《公告》在全国范围内开展专项治理。针对当前App强制授权、过度索权，超范围收集个人信息、违法违规使用个人信息等数据安全问题，中央网信办还起草或制定了《数据安全管理办法》《个人信息出境安全评估办法》《App违法违规收集使用个人信息行为认定方法》《移动互联网应用(App)收集个人信息基本规范》等系列制度文件。

(二)数据安全保护

党的十九届四中全会做出了《中共中央关于坚持和完善中国特色社会主义制度推进国家治理体系和治理能力现代化若干重大问题的决定》，该决定首次把数据作为与劳动、资本、土地、知识、技术、管理并列的生产要素，并且提出要健全劳动、资本、土地、知识、技术、管理、数据等生产要素由市场评价贡献、按贡献决定报酬的机制。这就对数据权益保护提出了更高的要求。

① 唐秋杭，孙歆：《一种网络终端恶意程序攻击诱捕系统的设计和实现》，载《计算机安全》2013年第11期。

目前，我国正在紧锣密鼓地制定数据保护相关法律。在 2019 年 12 月 20 日全国人大常委会法工委举行的第三次记者会上，全国人大常委会法工委发言人指出我国将在 2020 年制定数据安全法。

(三)网络安全等级保护

在《网络安全法》颁布之前，公安机关已在全国范围内组织专业的安全测评机构开展了近十年的针对各类信息系统的安全等级测评工作，逐渐形成常态化的网络安全保障机制，持续督促信息系统主管部门、网络安全运营者等在安全管理制度建设、组织人员建设、系统安全技术防护等方面不断提升自身的安全水平。《网络安全法》第二十一条规定了国家实行网络安全等级保护制度，这为网络安全等级保护工作奠定了法律基础，为严格落实网络安全等级保护相关法律法规及标准规范要求提供了坚实保障。

(四)关键信息基础设施保护

关键信息基础设施保护制度的目的是要确保涉及国家安全、国计民生、公共利益的信息系统和设施的安全，与等级保护制度相比所涉及的范围相对较小。近几年，按照《网络安全法》的要求，国家网信部门已加紧制定相关配套制度和标准，进一步加强统筹关键信息基础设施保护工作，强化顶层设计和整体防护，完善安全责任制，并加强对关键信息基础设施主管单位和使用单位的指导和监管。

(五)密码应用安全

近年来，我国自主研发的 SM2、SM3、SM4 等密码算法已在国际范围内得到普遍认可，国家也在法律法规、标准规范制定方面以及各行业密码应用领域不断推进国产密码算法的应用，《中华人民共和国密码法》也已经正式发布。2018 年起，国家密码管理局组织专业测评机构开展了全国范围内涉及商用密码技术、产品和服务集成建设的网络和信息系统的密码应用安全性评估，评估其密码应用的合规性、正确性和有效性，进一步提升了网络和信息系统的安全防护水平。

三、安全技术挑战

(一)数据保护要求更高

数据不仅具有价值，而且有流动、量大、类型多样等特点，这对数据保护技术提出了更高的要求，包括但不限于：

1. 鉴别和访问控制要求。在大数据情形下，数据使用者既有人也有信息系统，数据自身既有结构化的数据也有非结构化数据，如何对数据及其使用者身份进行标识和鉴别本身就是一个难题。更不用说，由于数据权益和数据保护的需要，对数据使用者权限进行多样化的控制，既有基于传统、基于角色的，也有基于属性的和基于任务的控制等。

2. 加解密和多方安全计算要求。数据加密技术能够确保用户信息的机密性和隐私性，但加密在大数据量和频繁使用的情况下，对性能和资源利用都形成挑战。为了保护各自数据权益，存在不提供各自数据的情况下完成多方安全计算的需求。

3. 零信任安全要求。在网络复杂化、计算虚拟化、终端和数据海量化的背景下，安全不能再把位置等特定条件作为前提假设。默认情况下不应该信任网络内部和外部的主体和客体，需要以身份认证为中心、以显式授权为手段重构访问控制的信任基础。

4. 溯源和安全审计要求。溯源可将从大数据采集到处理、使用、消费，直至废弃为止的全过程呈现为可追踪状态；安全审计是指由专业审计人员根据有关的法律法规、财产所有者的委托和管理者的授权，对计算机网络环境下的有关活动或行为进行系统的、独立的检查验证，并做出相应评价。

(二)“分级分类”下的数据保护要求不明

大数据具有时间跨度大、数据量大、来源广泛、类别多样、形式各异、真实详尽等特点，且往往包含大量个人信息及敏感信息。大数据平台和应用涉及对各政务部门产生数据的汇集、分析、共享及开放，数据将跨系统、跨部门流动和使用，需根据数据的不同级别明确不同安全保护要求，以确保数据在大数据环境下得到适当的使用和保护，避免出现因使用标准不一致而导致重要数据丢失、个人信息或敏感数据被泄露或滥用、信息发布错误等情况。

(三)缺乏大数据平台及应用安全保护技术

大数据系统往往涉及云基础设施、分布式存储设施等更多组件，加之现有大数据平台及大数据应用大多基于开源技术建立，异构数据的汇聚与流动打破了原有的系统网络边界及可预设用户集合，传统的安全技术措施难以满足其安全防护需求，尚缺乏有效的安全机制。

四、安全管理挑战

(一)亟须明确“以数据为核心”的安全管理机制

与传统的以信息系统为核心的模式相比，大数据时代最鲜明的特点是数据汇聚、流动、共享及开放。数据的处理者往往只负责其中的一些环节的一些活动，难以承担起数据全生命周期的安全保障责任。同时，大数据的高价值也将导致面临的安全形势更严峻，发生安全事件后的影响更大，涉及的跨部门统筹协调工作更多。因此，亟须明确“以数据为核心”的大数据安全管理机制，既要有统筹管理者，又要层层落实责任，以督促相关各方按要求落实大数据安全保护要求。

(二)亟须明确大数据汇聚及流动过程中的权属、责任边界

以北京市政务数据为例，该类数据是各政务部门在多年履行社会治理职能过程中采集、处理形成的，在传统模式下可由数据产生部门自行建立信息系统对数据进行管理、使用和保护，数据的财产权、使用权、管理权均较为明确，并可依据承载数据的信息系统明确发生数据安全事件后的责任边界。而在大数据应用中，数据的汇聚和流动将使得数据的财产权、使用权和管理权发生改变，且无法依据现有规则明确发生数据安全事件后的责任边界。①

(三)亟须制定系统性的大数据网络安全法规

从法规制度层面看，北京市亟须制定一部系统性的“大数据条例”和“大数据安全条例”，从数据采集、汇聚、传输、存储、使用、共享、开放、销毁等方面设置数据安全保障策略，并对威胁或危害大数据系统安全的行为予以适当的法律处罚，为大数据安全提供良好的制度保障。

(四)亟须培养和引进大数据安全专业技术人才

大数据和电子政务都是以科技为基础的，而这些科技的掌握和使用又依赖于相应的专业人才。从目前的情况看，我国电子政务发展中最缺少的就是既懂技术又熟悉政府工作的复合型人才。由于我国各级政府信息技术人员的工资待遇是由国家统一规定的，其工资待遇和福利水平远没有竞争激烈的信息技术行业那么优越，加上信息技术岗位大多都是基层岗位，该岗位的福利待遇因岗位级别的限制不具有任何优势，高技术人才很难引进，自身培养的优秀技术人才也很容易流失。②

第3节　北京市大数据安全实践

为了保障北京市大数据安全稳步推进，在北京市网络安全实践基础上，针对数据流动和数据落地过程中的安全问题，北京市开展了一系列具有大数据特色的网络数据安全实践，全力保障全市大数据安全。

一、北京市大数据安全管理

北京市大数据工作推进小组领导具体统筹北京市大数据安全管理工作，北京市大数据中心提供相应的基础安全支撑，积极推进大数据立法和相应安全政策及标准规范制定，全面加强大数据安全管理。

(一)大数据安全治理

北京市在数据采集、汇聚、传输、存储、加工、共享、开放、使用、销毁等一系列过程中，加强安全治理，在分类分级基础上，做到数据访问身份统一可识别、访问行为可溯源、数据共享交换统一平台、数据外流受管控、数据风险可监

---

① 朱岩，刘国伟，王静：《政务大数据安全架构研究》，载《信息安全研究》2019年第5期。

② 吕春杨：《大数据时代电子政务面临的机遇和挑战》，载《淮海工学院学报(人文社会科学版)》2017年第3期。

测；建立目录链系统，保障上链数据不可抵赖；建立大数据平台，实现数据共享交换可信任；建立数据专区，保证数据流入流出受管控；加强数据审核，保证流出和开放的数据安全风险可接受。利用北京市党政机关和社会力量，加强大数据违规使用的监测和应急处置。

进一步加强政务大数据安全监督指导，组织政务大数据安全培训和检查，提高全市政务大数据安全防护能力；加强大数据安全的检查力度，检查数据生命周期的各个环节的安全隐患，包括数据泄露、非授权使用、个人信息使用不当等。同时，通过检查、监测等数据，进行安全考核，并把考核结果纳入政府绩效考核体系中，使得大数据的安全风险防范进一步得以强化。

(二)大数据平台和应用防护

北京市对于支撑大数据的平台和应用严格实施网络安全等级保护，实行网络安全技术防护和安全管理并重。按照北京市对于支撑大数据的平台和应用严格实施网络安全等级保护，"同步规划、同步建设、同步使用"要求，开展身份统一认证、超级管理员分权、访问控制、安全审计、数据隔离、数据防泄露、数据销毁、数据脱敏等安全机制建设，并在信息系统项目建设完成后通过风险评估、等级测评、渗透测试等手段不定期开展隐患排查，纳入安全监测预警范围，进行重点监控，保障大数据平台和应用安全。

(三)政务云安全保障

北京市政务云现按照"N＋1＋1"模式建设，建立了政务云安全保障生态：

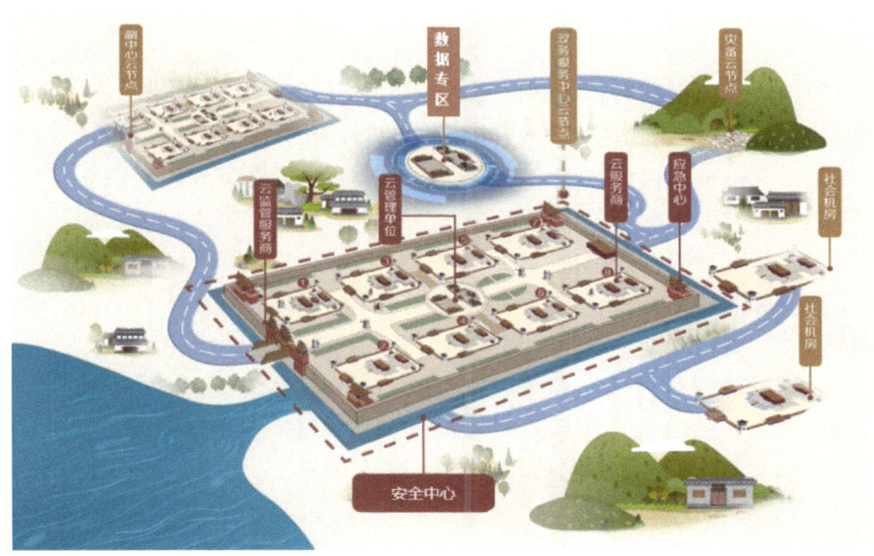

图 9-3　北京市政务安全保障

1. 通过以政府购买服务形式遴选 8 家云服务商，云服务商负责云平台的安全保障，并为云服务客户提供了一系列可选的安全服务，各委办局负责云上自身系统和数据安全；

2. 在北京市信息安全容灾备份中心建设灾备云，提供数据备份和应用双活支撑；

3. 云监管服务商建立起政务云保护的城墙，协助北京市政务云管理部门开展针对云服务商的日常检查、监测和安全管理工作，确保政务云提供的服务内容和服务质量符合要求；

4. 北京市政务信息安全应急处置中心负责构建外围监测预警机制，提供应急响应支撑；北京信息安全测评中心负责定期开展隐患排查和安全检查等。

北京市大数据平台依托政务云的保障机制，在运行维护方面采用云服务商和第三方安全服务商配合的方式开展大数据平台的安全保障。云服务商负责整体云平台、主机病毒防护等安全保障措施，第三方安全服务商开展应用和数据平台防护，构建常态化的风险管理手段，通过风险评估、等级测评、渗透测试等手段不定期开展隐患排查，并将平台纳入全市安全监测预警范围，重点进行监控，确保大数据平台安全稳定运行。同时，为了保障重要应用系统双活(即应用系统及其备份系统同时在线运行)和灾备的需要，在密云灾备中心建立了灾备云，为数据的同城异地灾备进行支撑。

二、北京市大数据平台安全保障

北京市大数据平台根据信息化建设规范和标准要求，通过自下而上做需求，自顶而下做设计，开展网络安全保障体系建设。

如图 9-4 所示，该架构从安全战略保障、安全组织保障、安全运行保障、安全过程保障、安全技术保障、安全基础设施保障等多层面全方位考虑安全保障内容，逐步形成针对大数据的安全保障体系。各方面安全保障内容描述如下：

(一)大数据安全战略保障

该部分是从战略层面对大数据安全进行定位，对大数据安全所需的法律法规、安全标准、安全规划、安全策略等内容进行完善，主要工作内容有：

1. 制定和完善大数据安全相关法律法规，明确具体安全规定。

2. 建立大数据安全标准体系，明确具体安全要求，并持续完善。

3. 结合大数据发展战略规划，明确大数据安全需求和安全规划实施的优先级。

4. 根据法律法规和标准规范，制定相应的可落地实施的安全策略。

大数据安全战略保障是整个大数据安全保障架构的顶层设计，决定了大数据

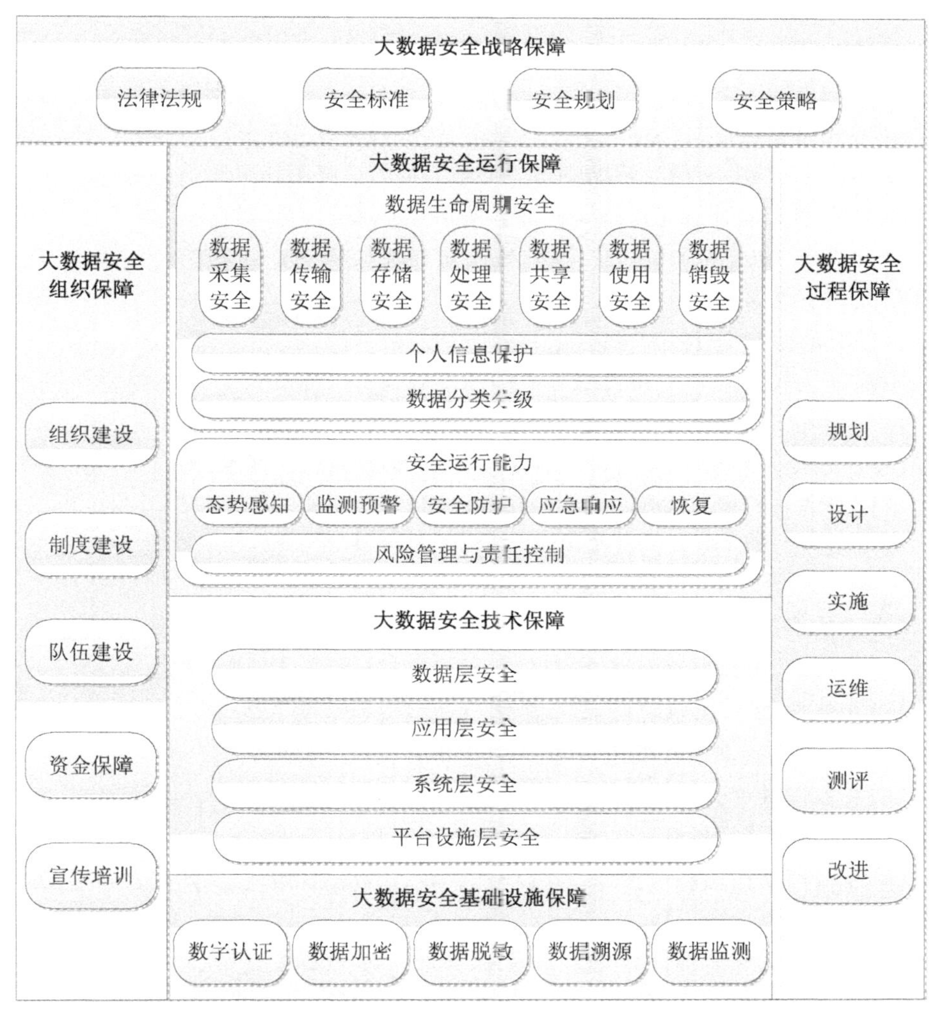

图 9-4　大数据安全保障架构

应用的安全发展方向。

(二)大数据安全过程保障

北京市大数据平台建设贯彻“同步规划、同步建设、同步使用”要求，从系统生命周期的角度对大数据安全进行定位，对大数据平台及其应用系统在规划、设计、实施、运维、测评、改进等各阶段进行安全保障，主要工作内容有：

1. 根据大数据发展战略和安全需求，明确大数据平台及其应用系统的建设目标。

2. 进行大数据平台及其应用系统的建设方案设计，并将安全纳入其中，对安全方案进行专业审核。

3. 根据系统安全建设方案开展具体实施，并在系统上线前进行安全验收。

4. 开展日常的系统运维工作，加强平台和系统的安全管理。

5. 定期开展网络安全等级测评、安全风险评估等工作。

6. 针对等保测评、风险评估过程中发现的问题及时进行整改。

大数据安全过程保障是整个大数据安全保障架构的重要支柱，对系统安全建设具有重要的支撑作用。

(三)大数据安全运行保障

该部分是从数据安全和数据服务的角度确保大数据安全，具体内容如下：

1. 数据生命周期安全

(1)在数据采集汇聚阶段，明确相关数据采集原则、采集规范、数据分类分级、数据清洗与转换、数据加载以及数据质量监控等安全管理内容。

(2)在数据传输阶段，采取相应的安全控制措施，如安全通道、可信通道、数据加密等。

(3)在数据存储阶段，考虑存储架构、逻辑存储、存储访问控制、数据副本、数据归档管理、数据时效性管理等安全管理内容。

(4)在数据加工处理阶段，考虑分布处理安全、数据分析、数据正当使用、数据加密处理、数据脱敏处理、数据处理溯源等安全管理内容。

(5)在数据共享开放阶段，考虑数据导入导出、数据共享、数据发布、数据交换监控等安全管理内容。

(6)在数据使用阶段，考虑使用身份、权限、数据访问、个人信息展示等安全管理内容。

(7)在数据销毁阶段，考虑介质使用管理、数据销毁处置、介质销毁处置等安全管理内容。

2. 个人信息保护

北京市大数据平台存储和处理大量的个人信息数据，该类数据一旦被泄露、破坏或滥用，势必会带来严重的安全问题和社会影响，应对其实行重点保护，并制定相应的安全保护策略，如对个人敏感信息进行加密传输和存储，对个人信息进行脱敏或去标识化处理后再进行共享或开放等操作。

3. 数据分类分级

北京市大数据平台承载众多政府数据，为了能够更好地支撑数据应用，必须清楚地定义要采集和管理的数据内容，对数据实现分级防护才能更好地保证数据安全。目前《北京市数据分级规范》《北京市数据分级安全保护规范》已初步完成编制，根据数据的属性不同，综合考虑数据发生泄露、篡改、滥用后的影响对象、影响范围、影响程度，将数据划分为四级，并根据数据级别在通用要求、技术要求和管理要求等方面提出了相应的安全保护要求。

4. 安全运行能力

北京市大数据平台在统一的安全防护体系建设下，通过建立相应的技术措施，将现阶段大数据平台的被动防御变为积极主动的防御模式，确保系统的安全稳定运行。目前已有工作基础：

(1)安全审计。大数据管理平台建立了制定覆盖大数据系统行为和大数据服务数据活动的审计策略与规程，包括审计目的、审计对象、审计操作、审计方法、审计频度、相关角色和职责、管理层承诺、合规性分析等内容。针对审计策略与规程的变更管理流程，详细记录审计策略与规程的变更起止状态、变更实施规范及变更说明，定期审查和更新审计策略与规程。

(2)安全风险评估。大数据管理平台初步建立大数据系统安全风险评估机制，定期识别大数据平台与应用面临的威胁、存在的弱点和造成的影响，定期对大数据平台进行风险评估，并生成评估报告。

(3)平台运维监控。大数据管理平台建立了大数据服务集群安全监控架构，支持分布式处理节点的处理器、内存、磁盘输入输出、网络输入输出等计算和存储资源的状态的统一监控和安全服务的检测，同时设立了大数据服务软件清单，及时关注相关漏洞发布情况，达到及时更新软件版本和补丁。通过大数据服务应急处理机制的建立，应对大数据服务集群资源耗尽时的宕机等安全风险。

(4)应急响应。大数据管理平台建立了大数据系统安全应急响应的组织机构，明确应急响应各小组相关岗位的角色及职责。确立了大数据平台应急响应策略和规程，根据业务重要性和影响程度制定安全事件分级分类章程，明确不同级别事件处置要求。同时，制定了大数据系统应急响应预案，包括角色及职责、预防和预警机制、应急响应流程、应急响应保障措施和人员、工具、联系方式等内容。为了更好地测试应急响应效果，制定系统应急响应演练计划，并定期执行。

下一步，大数据平台将部署态势感知系统，对大数据系统运行情况和数据安全状况进行实施监控，并通过采集的日志信息及时分析和发现潜在的安全问题和网络攻击行为，不断提升大数据平台的安全防护和监测预警能力。

(四)大数据安全技术保障

北京市大数据平台实行主辅同步运行、互为灾备中心的运行机制。同时，通过建立数据专区，实现大数据平台与社会面外部数据处理系统的数据开放。

大数据平台安全以政务云安全为基础，以平台设施层安全、系统层安全、应用层安全、数据层安全等为保障重点，主要安全技术措施包括但不限于：

1. 网络隔离：通过政务云提供的访问控制措施建立所需的网络隔离的能力，以阻断黑客的逐步渗透的攻击，保障核心数据、核心组件的安全运行。同时，根据单位各部门的工作职能、重要性和所涉及信息的重要程度等因素，划分了不同的子网或网段，如数据收集域、数据处理域、数据共享域、安全控制域等，并且在重要网段与其他网段之间采取可靠的网络技术隔离措施，避免将重要网段部署在网络边界处且直接连接外部信息系统。

2. 入侵检测：借助政务云的入侵检测机制，监测黑客的恶意入侵过程中的各个环节并进行威胁检测和威胁告警。检测相关的攻击行为，如端口扫描、强力攻击、木马后门攻击、拒绝服务攻击、缓冲区溢出攻击、IP 碎片攻击和网络蠕虫攻击等。

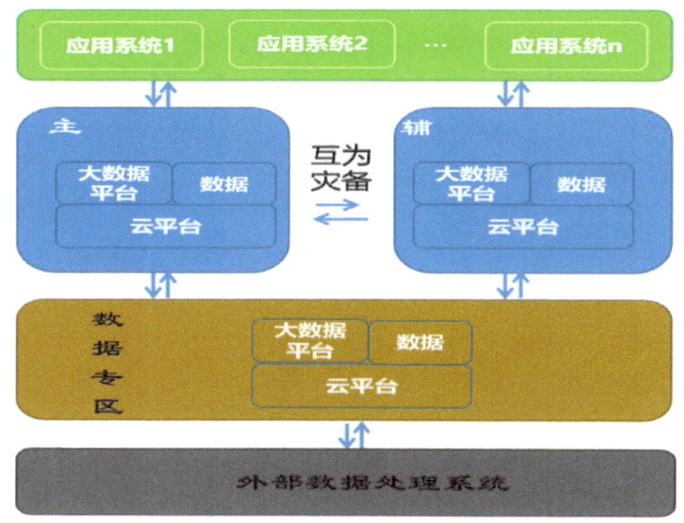

图 9-5　大数据安全技术框架

3. 病毒检测：检测大数据平台的病毒文件、病毒程序，通过防病毒软件实现对 SMTP、POP3、IMAP、HTTP 和 FTP 等应用协议的病毒扫描和过滤，并对木马、蠕虫以及移动代码进行过滤，给予清除和隔离。

4. 应用攻击防护：通过 web 防火墙建立了对服务应用应对 web 应用攻击的安全防护能力。

5. 漏洞发现：基础组件、基础环境、web 服务定期进行漏洞检测，并通过漏洞评估对漏洞隐患进行修复。

6. 登录控制：通过 VPN、堡垒机等访问控制措施对大数据平台的服务器登录、命令操作实现安全控制。特别在用户访问大数据平台时，采取强制访问控制机制对数据进行保护。通过基于角色的访问控制技术，实现不同用户、不同角色对不同资源的细粒度访问控制，分别制定不同的访问控制规则，访问控制主体的粒度为用户级，客体的粒度为文件或数据库表级。访问操作包括对客体的创建、读、写、修改和删除等。

7. 访问控制：通过网络策略对开放的服务的外部访问、内部访问的安全监控、安全告警、安全控制。特别是在北京市大数据平台边界访问控制方面，使用安全技术措施对网络数据包的进/出网络接口、协议（TCP、UDP、ICMP，以及其他非IP协议）、源地址、目的地址、源端口、目的端口，以及时间、用户、服务（群组）的访问进行过滤与控制，对进入或流出区域边界的数据进行安全检查，只允许符合安全策略的数据包通过，同时对连接网络的流量、内容过滤进行管理。对大数据应用系统所涉及的重要数据接口、重要服务接口的调用，建立了访问接口调用的控制措施，以对数据处理、使用、分析、导出、共享、交换等相关操作进行管理控制。

8. 流量分析：对平台的出入口流量或特定的安全域出入口的流量进行安全检测，分析黑客攻击，确保安全检测可以全覆盖。同时，北京市大数据平台采用安全技术手段在区域边界实施完整性保护，对内部网络中出现的内部用户未通过准许私自联到外部网络，以及外部用户未经许可违规接入内部网络的行为进行检查和控制。

（五）大数据安全基础设施保障

该部分是从统一的安全技术基础角度确保大数据安全，具体技术实现如下：

1. 统一身份认证和授权管理

大数据平台对登录系统的用户采用统一身份认证、统一权限管理的控制措施，根据用户角色和认证方式合理分配用户权限，防止数据的非授权访问、敏感信息泄露和数据滥用。其中，统一身份认证应支持口令、数字证书、生物识别等多种鉴别方式，对所有登录大数据平台的管理员、加工人员、普通用户等进行实名认证，并支持重要操作的技术管理者多方认证；统一授权管理根据各业务应用系统的访问控制策略对所有用户的操作权限进行统一定义和授权。

2. 统一数据密码保护

大数据平台利用政务云上提供的密码服务，调用相应的接口，大数据平台开发集成数据加解密、电子签名、密钥管理、时间戳等密码功能，并作为安全组件为其他应用提供密码服务。

3. 统一数据识别、标识和脱敏

大数据平台在采购软件的基础上，开发集成提供数据的深度保护功能，包括数据分级标识、数据识别、数据脱敏等功能。在大数据平台中，建立个人信息知识库和个人敏感信息知识库，并提供个人信息和个人敏感信息识别功能。在大数据平台统一提供的数据标识功能基础上，提供分级标识专家支持系统，并提供数据动态和静态脱敏功能和服务。

4. 统一数据管控

数据非授权访问和数据泄露是数据安全最重要的隐患。为了有效防范这一隐患，大数据平台采用统一的数据管控措施，既加强数据库的统一数据防控，也加强数据处理终端的统一数据防控。

5. 统一溯源监测

应建立统一的监测溯源机制实现对大数据平台数据汇聚、传输、存储、加工、共享、开放、使用、销毁等全生命周期的监测和溯源，确保敏感信息和重要数据的可控、可管、可追溯。其中，统一数据溯源对大数据全生命周期中数据的流动进行记录，从而实现数据流动的监测与控制。统一数据监测通过数据资产摸底、数据使用管控、数据行为稽核等实现。

(六)大数据安全组织保障

该部分是从组织建设和人员管理的角度确保大数据安全，具体工作内容如下：

1. 设立专门的大数据安全管理机构，明确机构职能和责任。目前，北京市大数据管理局是北京市大数据安全的主管部门，北京市大数据中心负责具体安全工作的落实。

2. 制定符合国家法律法规和标准规范要求以及北京市大数据发展规划的安全管理办法、标准规范等，明确大数据安全目标、安全原则和安全要求，并形成安全体系。

3. 大力培养大数据安全管理和应用方面的专业技术人才，逐步提升人员技术水平，不断壮大安全技术队伍。

4. 增加大数据建设项目、安全技术课题研究等的资金投入，确保资金充足。

5. 定期开展大数据安全培训，包括政策、法律、法规、标准等合规性培训。

大数据安全组织保障是整个大数据安全保障架构的另一个重要支柱，是大数据安全软实力的重要体现。

第 10 章 北京市大数据政策标准与评估

大数据政策标准是开展大数据建设、管理、应用的制度保障，也是指导大数据工作的基本原则。但这些政策标准只有被正确地理解和执行，才能高效、合规地开展大数据工作，而大数据评估评价工作则是衡量政策标准实施情况的重要抓手。

本章介绍了北京市在大数据政策法规建设、标准规范建设和大数据评估评价方面的实践和思考。

第 1 节 大数据政策法规建设

在大数据立法基础上，制定配套的政策，形成上下衔接的法律法规和政策体系，既为大数据工作提供坚实的制度依据，也为大数据发展提供强大的推动力。

一、大数据政策法规建设背景

(一)大数据政策法规体系建设目标

按照大数据行动计划总体要求，北京市拟构建“1 个总纲＋2 个支撑＋N 个细则”的大数据政策法规体系(图 10-1)，为大数据“汇管用评”提供政策法规保障。

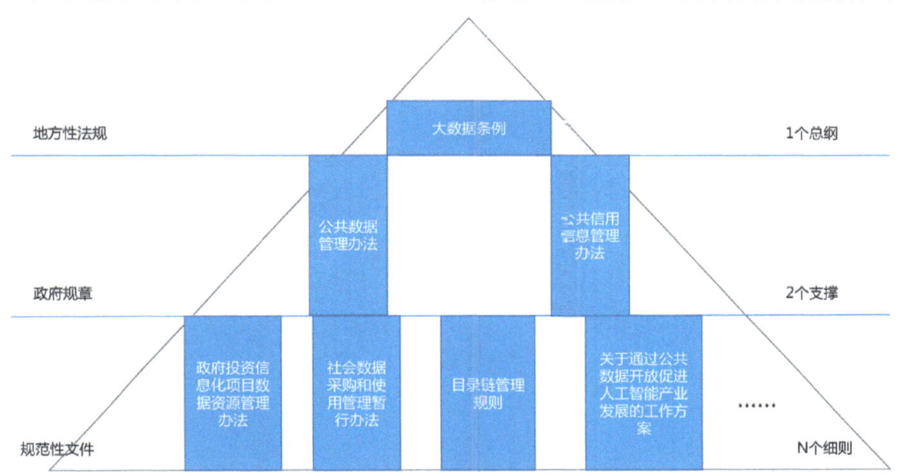

图 10-1 北京市大数据政策法规体系

1. 在总纲层面，拟出台《北京市大数据条例》。2007 年，北京市在全国率先出台了《北京市信息化促进条例》，全市信息化建设实现了“数字北京”到“智慧北京”的全面跃升。但随着互联网、云计算、大数据等信息技术和数据经济产业的快速发展，信息化工作所处的外部环境和总体要求已经发生了巨大的变化，原《北京市信息化促进条例》已经无法适应新形势要求。2019 年，北京市经济和信息化局已经会同市司法局、市人大财经委启动大数据条例的立法调研工作，力争在三年之内完成大数据立法。

2. 在支撑层面，发布两个地方政府规章。一是《北京市公共信用信息管理办法》，已从 2018 年 5 月 1 日起施行，对公共信用信息的归集、公布和使用进行了规范。二是《北京市公共数据管理办法》，对公共数据管理从采集、编目、汇聚、共享、开放全流程的制度设计，2019 年已起草完毕，有望在 2020 年初以政府令的形式发布。

3. 在细则层面，按照“急用先行”的原则，出台若干个管理办法和实施细则。目前，已陆续出台了《北京市目录链管理规则(试行)》《北京市政府投资信息化项目数据资源管理办法(试行)》《北京市社会数据采购和使用管理暂行办法》《北京市大数据培训基地管理办法(试行)》《关于通过公共数据开放促进人工智能产业发展的工作方案》等。

(二)大数据政策法规体系建设拟解决的主要问题

通过大数据政策法规体系建设，拟解决目前北京市大数据工作面临的若干重点问题。这些问题突出表现在：

1. 数据管理权责不清。数据全生命周期覆盖数据采集、存储、传输、汇聚、共享、开放、安全等多个环节，涉及数据采集方、数据管理方、数据使用方等多方主体。由于现行国家法律法规中尚未对数据权属做出明确规范，导致在公共数据汇聚、共享、开放、使用等环节存在着责任主体不清、职责分工不明、推诿扯皮、多头管理等问题，在一定程度上制约了数据共享开放和有序使用。针对这些问题，亟须重点围绕公共数据“建、管、用”各关键环节，明确大数据主管部门、各区、各部门、公共企事业单位及其他相关方的权力和责任，确保各单位各司其职，齐抓共管，形成合力。

2. 数据管理基础工作有待加强。尽管北京市经过多年信息化建设积累了较为丰富的数据资源，但目前北京市公共数据管理基础工作仍然存在着一些亟待解决的问题：一是政务部门数据基础工作薄弱，数据重复采集、“数出多门”、部门间数据打架现象时有出现，数据碎片化和数据质量低的情况普遍；二是数据管理手段不足，“数据目录”作为数据统筹管理的重要抓手，缺乏及时动态更新和管理闭环，导致大量目录是“死目录”、目录与数据“两层皮”现象普遍存在；三是数据标准不统一，政务部门间数据格式各异，接口错综复杂，数据共享难度大。针对这些问题，亟须强化各部门数据管理意识，明确数据管理职责，加强公共数据管理相关制度建设，为公共数据的汇聚、共享与应用打牢基础。

3. 公共数据共享开放水平仍需提升。公共数据共享开放是大数据发展应用的重要基础和核心内容。北京市通过多年来扎实推进共享工作，各部门各单位对数据共享开放重要性的认识显著提高、共享开放意识普遍增强，但仍面临一些亟待解决的问题。一是公共数据汇聚共享相关制度性安排有待加强，对于汇聚共享的主体、原则、范围、方式、监督与问责等内容尚有待明晰，“一次汇聚、多方共享”新机制尚未形成常态。二是跨层级、跨地域的数据共享交换机制没有形成，往往出现区级政务部门难以获取市级政务部门集中管理的数据，造成二次采集。三是公共企事业单位数据共享不足，承担公共服务职能、提供公共服务的学校、医院、供水、供电、供气、供热和交通等公共企事业单位在运行过程中依法采集或产生的各类数据对于城市管理和公共服务具有重要价值，但是，针对这些数据的汇聚共享机制尚未形成。四是公共数据向社会开放推动力度不大，社会方面获得感不够，产业拉动能力不足。上述问题在一定程度上阻碍了公共数据共享开放进程，亟须通过立法加以解决。

4. 社会数据和政务数据的融合利用不足。一方面，政府获取企业数据难度很大，掌握海量数据资源的部分企业往往将数据视为自身核心竞争力，数据资源垄断意识较强，不愿将自有数据与政府数据进行对接共享；另一方面，政府向企业开放数据类型单一，且涉及的数据多为公益类数据，开放数据质量不高，导致企业及社会难以获取真正需要的数据，影响了政企数据融合利用的效果。

5. 数据安全面临严峻风险。具体内容参见第九章第2节“一、大数据安全风险”。

二、大数据地方立法探索实践

北京市已经开展了大数据立法研究，正在积极推动北京市大数据法的立法，为北京市大数据工作提供法律保障。

(一)大数据立法背景

大数据应用蓬勃发展，亟须对大数据发展中的普遍问题提供法律支撑，加快大数据立法迫在眉睫。

1. 立法是贯彻落实市委市政府大数据行动的必然要求。2017年8月，市委全面深化改革领导小组会议强调：“要推动政务信息共享开放，利用大数据加强和改善政府公共管理和服务能力，建立全市一体化的信息共享开放平台。”2018年4月，北京市大数据工作领导小组(后改为推进小组)第一次会议强调：“要聚焦重点难点问题，创新体制机制，加强协调配合，做好数据汇聚整合，推进数据共享应用，从根本上解决存在多年的‘信息孤岛’等问题，为建设‘智慧城市’奠定基础。”2018 年 8 月，市大数据工作推进小组第三次会议强调：“研究制定管理办法。由市经济和信息化委、市政府法制办负责，围绕解决数据安全、数据保密脱密、使用管理权限、数据共享等一系列问题，研究制定本市大数据管理办法，明确政府内部数据、外部社会数据的管理方式，推动破除‘数据孤岛’，为大数据管理应用提供法律支撑。”大数据行动计划核心工作组第一次会议要求，“分步出台大数据管理的法规规定”。

2. 立法是推进构建数据有序流通和有效应用的法治格局的需要。北京市各级行政机关和公共服务单位在公共管理、服务和监管领域积累了大量的数据资源。但是，当前北京大数据领域法律法规体系建设仍相对滞后，相关灰色产业滋生、侵害个人信息、损害消费者权益的现象时有发生，这为数据资源的深度挖掘和利用埋下了隐患。支持和规范公共数据共享的法制建设相对薄弱，数据权利、大数据应用和流通的规则等都还有待明确。各行政机关和公共服务单位用以规范数据开放的规范性文件立法层级较低，指导数据开放的法律法规和标准建设还需加强。

3. 立法是填补大数据法律法规空缺的需要。随着北京大数据行动计划的全面推进，全市公共数据、基础设施、开发应用、数据安全等工作都已逐步展开，但相关立法工作却相对滞后。一是《北京市信息化促进条例》的拓展和延伸。近年来，互联网、云计算、大数据等信息技术和数据经济产业得到快速发展，但信息化工作所处的外部环境和总体要求却发生了巨大变化，使得原《北京市信息化促进条例》已经无法适应新形势要求。二是北京市目前尚无大数据的法规或规章。已经发布的规范性文件，或是从公共数据管理、数据目录建设管理、共享平台管理等某一角度进行规范，或是仅对图像数据、社会数据采购、公共信用数据等某一类数据的管理做出规定，对大数据全生命周期管理还缺乏系统性、统筹性的法规的全面规范。

因而，当前亟须通过新的立法对北京市大数据基础设施，政务数据开放共享，政务数据和社会数据融合利用、发展应用、数据安全等关键环节进行全面规范，以有力的制度支撑推动全市大数据工作顺利推进、有序开展。

（二）大数据立法进展

北京市高度重视大数据立法工作，市人大已将《北京市大数据条例》（以下简称《条例》）列入 2019 年立法工作计划调研论证项目。为保障大数据立法工作顺利开展，市经济和信息化局组建了大数据立法专项工作组，加快推进立法调研等各项工作，主要有：（1）厘清国家层面立法依据，对《中华人民共和国网络安全法》、

《中华人民共和国政府信息公开条例》、国家网信办《数据安全管理办法(征求意见稿)》等上位法律法规进行研究，为《条例》提供依据和参考。(2)借鉴其他省市立法经验，对上海、贵州、厦门、天津等地大数据相关法规立法情况进行梳理，总结得出可为北京市学习借鉴的经验做法，有机吸纳入《条例》中。(3)组织立法座谈，与阿里巴巴、京东、美团、百分点、国信优易、九次方、数据堂、信任度等十余家覆盖大数据产业生态各环节的代表性企业进行座谈和交流，听取企业对于大数据立法的意见建议。(4)开展专题分析，立足北京市大数据产业发展应用实际，结合研讨交流、立法座谈，围绕有关大数据时代背景下的数据权属、数据开放、数据融通、数据交易、数据安全等关键问题，委托北京赛智时代研究所开展专题研究，形成相关思路和实施策略。在广泛调查和深入研究的基础上，初步起草形成了《北京市大数据条例》。

(三)大数据立法主要思路

当前，北京市大数据立法主要思路包括：

1. 加强全市大数据建设和管理统筹

按照新的形势和要求，明确大数据主管部门的权责关系，有力保障大数据发展统筹兼顾、协调发展。一是加强市级大数据主管部门的统筹职能。加强全市信息化项目立项审批及资金归口管理职能；加强组织全市信息化新技术、新模式等创新方向的研究、规划和试验职能；加强全市政府大数据的顶层设计、数据汇聚共享开放、数据平台建设的统筹职能。二是建立统筹的全市政府大数据技术支撑和服务机制。建立专业的服务机构向全市各部门提供信息化的云服务、专业性的技术服务；对信息化基础设施服务商、系统提供商等进行评估、监督和管理；评估各部门信息化系统的应用绩效，作为批准部门年度信息化预算的依据之一。三是优化部门信息中心的职能。加强部门信息中心关于部门与行业信息化规划、顶层设计、重大项目设计、信息化应用与创新的职能，弱化信息系统建设管理、基础设施服务、运维职能。

2. 探索明确大数据资产的权属

为抓住大数据发展战略机遇，按照人格权保护优先、价值贡献为重要依据、个人权益保护和产业发展利益平衡三个原则，分类确定数据权属，建立一个安全、自由的数据流通环境，促进数字经济发展。数据权属保护立法重点包括：明确政府对政府数据管理使用的权利、责任和义务以及公民的使用权利和义务，有效推动公共数据开放；赋予非个人商业数据生产者所有权，促进商业数据流通应用；明确自然人的个人数据权利，加强个人数据权利保护；允许数据控制者对匿名化数据享有限制性所有权，规范企业数据利用；加强跨境数据流动管理制度接轨，通过隐私机制和安全例外实现数据主权；规范监管部门为履职获取数据的权利和要求，确保数据监管合理有效等。

3. 深化大数据的汇聚、管理和应用

优化数据资源管理、共享、开放和利用方式，加强对政务数据采集、管理、开发应用的规范，推动数据资源的开放共享。一是明确各政府部门数据采集、编目、归集和质量管理的义务和责任。各部门依法依职责采集数据资源，按要求对数据资源进行编目并向全市大数据平台归集，保障数据资源的质量和时效。二是建立政府数据的分类管理和使用机制。将政府数据分为：第一类政府内部共享使用类，按照国家政务信息资源共享管理办法的要求，基于大数据管理平台，推动数据在政府内部跨部门、跨层级共享使用；第二类有条件开放使用类，依托北京公共数据开放创新基地通过应用竞赛等方式，面向特定应用场景，为符合条件的企业开放特定数据，并保护数据可用不可见；第三类全社会开放使用类，依托北京市政务数据资源网，向全社会开放使用。三是要求公共事业机构向政府提供数据汇聚。明确交通、电力、教育、医疗等公共事业数据的公共属性，建立定期向全市大数据平台归集数据的机制。四是鼓励社会和企业参与数据资源开发。由市级信息化主管部门建立鼓励社会和企业参与开发数据应用的机制；对于服务于公共服务的数据应用开发，以政府主导、政府出资为主，委托公益性机构开发；对于公共服务领域的数据应用开发，以市场化机构为主，政府分享数据开发收益。

4. 完善大数据建设运营模式创新发展机制

优化大数据资金的管理、使用、评价方式，推动投资主体多元化和融资渠道多元化，保障大数据发展的可持续性。一是将购买大数据服务列入政府信息化预算。优化政府信息化预算设置，提高购买服务的资金比例；建立政府信息化服务采购目录，列入服务采购目录的内容优先采取服务采购模式；建立基于服务使用量的弹性预算与付费机制，按“服务年度”进行费用核算与拨付。二是建立政府信息化合格服务商目录和退出机制。联合第三方建立合格服务供应商标准，提供合格供应商目录，作为政府部门购买服务的备选供应商；建立供应商服务能力评估机制，适时更新供应商目录。

5. 完善大数据促进产业创新发展机制

强化大数据对于产业发展、社会发展的价值，明确信息化与工业、农业、电商、政务等融合创新发展的系列要求。一是加强大数据主管部门的产业促进职能。大数据主管部门应建立大数据建设与产业发展的促进机制，除了大数据建设、服务职能外，应承担部分新技术产业的发展职能。二是建立北京大数据新技术试验常态机制。每年安排适当的资金，通过建设场景实验室、新技术测试沙箱等方式，建立新技术在北京进行试验、示范等常态机制，鼓励新技术在北京大数据建设中的落地应用。三是主动购买北京新技术创业企业的新产品和新服务。在经费中安排一定比例的资金，用于采购北京新技术创业企业提供的新产品和新服务，加强对于北京新技术创业企业的支持。四是优先采购需要实现自主可控领域的产品和服务。在芯片、基础软件、数据安全、可行计算、前沿技术等迫切需要实现自主可控的领域，优先采购具有国外替代能力的产品、解决方案和技术。

6. 加强网络安全的约束力度

一是明确网络平台的主体责任。明确平台运营商所负有的平台监管责任，应接受政府和社会的监督，政府部门的监管执法、网络运营者的责任和社会公众的监督治理有效对接。二是加强个人信息的保护。网络运营者收集、使用个人信息必须符合合法、正当、必要原则，严禁非法获取、披露、出售个人信息、公共信息等未经授权的信息。三是进一步完善分级政府信息安全保障机制。完善政府信息的安全分类机制，建立基于分类安全基础之上的主体责任，加强安全监管，开展联合检查、安全监测、等级测评、风险评估、隐患排查与整改。四是完善信息安全事件的应急管理。完善重点保护对象信息安全事件应急预案和应急响应机制，要求提高网络安全事件的应急处置能力及巨灾条件下的应急通信保障能力。

三、加快制定北京市公共数据管理办法

（一）公共数据管理办法编制背景

按照陈吉宁市长 2018 年 8 月在市大数据工作推进小组第三次会议上关于“研究制定公共数据管理办法，明确政府内部数据、外部社会数据的管理方式，推动破除‘数据孤岛’，为大数据管理应用提供法律支撑”的指示精神，市经济和信息化局会同市司法局组织起草了《北京市公共数据管理办法》（以下简称《办法》），拟以公共数据为切入点，为北京市公共数据汇聚、共享、开放等工作提供法制保障，以制度创新推动全市大数据工作依法开展。

本办法拟通过制度设计，解决以下主要问题：一是数据汇聚相关制度性安排有待加强，特别是供水、供电、供气、供热等公共企事业单位的数据难以汇聚和共享开放；二是数据共享缺乏长效机制，很多共享工作还处在双方协商、一事一议的状态，常出现议而不决、议而不动的情况；三是数据向社会开放推动力度不足，开放机制不明确，产业带动能力不明显；四是市区两级数据统筹管理力度不足，缺乏市区统筹的制度设计；五是缺乏有力的考核监督等制约手段，尚未形成管理闭环。

（二）公共数据管理办法编制过程

市经济和信息化局于 2018 年 10 月开始组织起草《办法》，委托中国人民大学法学院进行专题立法研究，先后会同市司法局、市人大财经委赴贵州、福建，以及厦门市进行立法调研，2019 年 4 月底向全市 80 余家市级委办局、区正式发文

征求意见，通过市经济和信息化局门户网站向社会公众征求意见，通过市国资委向承担公共服务职能的市属国企征求意见，分别邀请大数据企业和专家进行研讨。市经济和信息化局根据各方意见对《办法》进行修改完善，与市司法局立法二处多次沟通并基本达成共识，提交市司法局进行法律审查，有望于2020年发布。

（三）公共数据管理办法主要思路

1. 完善数据建设管理机制，明确主体权责关系

根据大数据发展的形势和要求，明确界定市信息化主管部门、各区、各政务部门在公共数据共享开放中的管理权责。明确由市信息化主管部门负责统筹、协调、指导和监督全市公共数据管理工作；区经济信息化部门负责本辖区公共数据管理相关工作；政务部门是具体实施部门，应当完善本单位公共数据的采集、汇聚、共享、开放等内部工作程序和管理制度，明确本单位负责公共数据管理工作的机构或者人员，加强公共数据的管理。

2. 强化数据管理基础工作，提升数据质量

一是加强公共数据目录管理。市经济信息化部门负责制定公共数据目录编制规范，明确提供公共数据的行政主体，以及公共数据的名称、格式、共享类型、开放属性、更新时限等编制要求。市级行政主体依照法定职责和市公共数据目录编制规范，编制本系统公共数据目录。目录由市经济信息化部门会同有关部门负责核定。二是规范数据采集工作。能够通过共享方式获取的公共数据，不得要求单位或者自然人重复提供，以避免重复采集，多头采集。

3. 明确数据汇聚共享机制，促进汇聚共享

一是设立公共数据平台。设立市、区两级公共数据平台，汇聚行政主体的公共数据，为公共数据的共享和开放提供技术支撑。区级公共数据平台应当与市级公共数据平台实现对接。二是建立数据汇聚及更新校核机制。行政主体应当根据本市公共数据目录，及时向公共数据平台汇聚公共数据，并确保公共数据的准确、完整和及时。行政主体应当利用公共数据平台对本单位的公共数据进行校核和更新。三是完善部门间数据共享机制。公共数据按共享类型分为无条件共享、不予共享两类。对于无条件共享的数据，数据需求部门可通过大数据平台直接获取。不予共享的数据，应当有法律、法规、规章或者国家相关文件依据。四是明确共享数据的使用责任。行政主体获取的公共数据，应当用于履行本部门职责，不得用于或者变相用于其他目的，不得直接或者以改变数据形式等方式提供给第三方，保证共享数据安全。

4. 完善数据开放机制，推动数据应用

一是明确数据开放重点领域。信用、交通运输、卫生健康、社会保障、文化、教育、科技、自然资源、生态环境、农业农村、应急管理、金融、统计、气

象和市场监管等重点领域的公共数据应当优先向社会开放。二是完善数据开放流程。建立数据开放异议提出机制，单位和自然人认为公共数据开放平台记载的本单位或者本人的数据，与事实不符或者依法不应当开放的，可以向市经济信息化部门书面提出异议申请，市经济信息化部门应当及时会同有关行政主体进行核查，并做出处理。三是建立数据开放工作反馈机制。由行政主体收集单位和自然人对公共数据开放工作的意见和建议，改进公共数据的开放工作，提升本单位职责范围内公共数据的开放程度，提高公共数据开放服务水平。四是促进大数据产业发展。通过产业政策引导、专项资金支持等方式，推动对开放公共数据的创新应用和价值挖掘，鼓励单位和自然人利用开放的公共数据创新产品、技术和服务，发挥公共数据的经济价值和社会效益。

5. 优化数据安全管理机制，保障数据安全

一是建立健全公共数据安全管理制度。建立健全公共数据安全管理制度，采取必要的技术措施，确保公共数据的安全；加强公共数据关联综合分析，防止公共数据开放泄露国家秘密；建立公共数据安全应急处理机制，发生公共数据泄露等情况的，应当及时处理，并向经济信息化部门报告。二是加强平台安全防护。依照网络安全法律法规和国家标准，完善数据控制、身份识别、行为追溯等措施，加强公共数据平台的安全管理，保障公共数据平台的安全运行。三是加强个人信息保护。明确个人信息保护责任，行政主体及其工作人员不得以窃取或者以其他非法方式获取个人信息，不得泄露、篡改或者毁损其收集的个人信息，不得非法出售或者非法向他人提供个人信息。

四、推动重点领域制度创新

按照北京市大数据发展要求，研究出台相关管理办法及实施细则，构建与大数据采集汇聚、开放共享、规范使用、创新应用等相配套的规则体系，持续优化大数据建设发展环境。2019年已出台以下制度办法：

(一)《北京市目录链管理规则(试行)》

2019年4月，以市经济和信息化局的名义发布《北京市目录链管理规则(试行)》，规则旨在做好全市大数据的“汇聚、惠通、慧用”，支撑市级政务部门开展“资源目录(职责目录)—数据目录—库表目录”三级目录体系建设，推进数据的可靠、稳定共享。一是明确了目录区块链的内容、编码规则、上链信息等；二是理清了目录区块链的部门入链、目录上链、部门退链等管理流程；三是明确了基于目录区块链开展数据授权和共享的实施流程；四是规定了基于目录区块链的安全管理要求，以及基于目录区块链开展考核评估的相关要求。

(二)《北京市政府投资信息化项目数据资源管理办法(试行)》

2019年5月，以市大数据工作推进小组办公室的名义发布《政府投资信息化

项目数据资源管理办法》，办法的核心是强化对由信息化项目产生的"增量"数据资源的统筹管控。一是规定北京市新建和升级改造的信息化项目均由市大数据主管部门从全市数据资源统筹的角度进行前置评审。二是要求政务部门在项目申报时需对项目数据资源进行编目，在项目验收时需更新部门数据资源目录，并实现目录与实际数据的挂接，数据资源目录作为项目评审要件。三是明确引入第三方评估机构，对已竣工的信息化项目的数据汇聚情况、共享情况、更新频率、数据质量等方面进行评估。评估结果作为后续相关项目评审的重要依据。

（三）《北京市社会数据采购和使用管理暂行办法》

2019 年 5 月，以市大数据工作推进小组办公室的名义发布《北京市社会数据采购和使用管理暂行办法》，办法的核心是加强社会数据采集和管理统筹，带动政企数据应用融合深化。一是明确市级政务部门社会数据采购统一由市大数据管理局开展，数据统一接入市级大数据管理平台；二是规定市级政务部门需明确社会数据应用的绩效目标，市大数据工作推进小组绩效评估组对各部门应用社会数据的绩效进行评估；三是要求所有接入市级大数据管理平台的社会数据应面向市级政务部门提供共享服务。

（四）《北京市大数据培训基地管理办法（试行）》

2019 年 8 月，以市大数据工作推进小组办公室的名义发布《北京市大数据培训基地管理办法（试行）》，办法对北京市大数据培训基地的征集遴选、规范管理和考核评估等环节的主要流程、工作要点进行明确，不断探索大数据人才培养的"北京模式"，打造多元参与、开放共享、互学共促的大数据专业培训体系，形成社会各界广泛参与北京大数据建设的局面，激发创新引领新动能，助力首都经济发展方式转型升级。

（五）《关于通过公共数据开放促进人工智能产业发展的工作方案》

2019 年 10 月，以市大数据工作推进小组办公室的名义发布《关于通过公共数据开放促进人工智能产业发展的工作方案》，方案核心是为了进一步解决北京市公共数据供给渠道不畅、总量不足、大数据应用项目对人工智能产业发展的引领带动能力不强、基于国内自主知识产权产品的人工智能生态比较薄弱的短板问题。方案提出了 2019—2021 年公共数据开放工作目标，明确了 6 个方面的重点任务。一是实施数据分级分类管理，保障公共数据开放有序实施；二是深入推进一般数据无条件开放，为人工智能产业发展提供普惠数据供给；三是公共数据开放创新基地，通过特定方式面向人工智能企业有条件开放数据；四是深入落实在城市管理领域开展人工智能应用；五是支持引导在公共服务领域开展人工智能应用；六是构建人工智能生态体系，打造人工智能大数据健康发展环境。

第 2 节　大数据标准规范建设

建立与政策法规相配套的大数据标准规范体系，规范大数据推进工作中的管理、技术、服务，并提供方法指导，是推动大数据高效发展的重要保障。

一、大数据标准建设背景

(一)大数据标准建设现状和问题

为了满足大数据的发展需要，十余年来，北京市市场监督管理局、北京市经济和信息化局、北京市规划和自然资源委员会、北京市交通委员会、北京市农业农村局、北京市民政局、北京市水务局、北京市卫生健康委员会、北京市文物局、北京市园林绿化局、北京市财政局、北京市城市管理委员会、北京市发展和改革委员会、北京市公安局、北京市机构编制委员会办公室、北京市气象局、北京市人力资源和社会保障局、北京市司法局等行业主管部门研究制定了 90 余项信息化和大数据相关标准。这些标准在以政务信息共享和业务协同为核心的“数字北京”时期发挥了重要作用，也为落实北京大数据行动计划奠定了良好基础。

但是北京市现有大数据标准建设存在以下几个突出问题：一是标准散，已发布的地方标准内容分散，缺乏总体安排，市级层面的统筹力度不足；二是标准旧，已发布的地方标准中，10 年前发布的占 60%以上，部分老旧标准已经与实际脱节，无法使用；三是标准少，围绕当前北京市大数据建设的重点环节，尤其是数据汇聚接入、数据治理、评估评价等方面，可用的标准基本是空白。

(二)大数据标准化需求

一方面，《北京大数据行动计划工作方案》明确要求，“建立涵盖大数据汇聚、管理、使用与评估全过程的标准规范体系及安全管理体系”，“制定数据采集、传输、存储、共享、开放等相关标准规范，制定信息安全、保密管理、个人信息隐私保护等相关制度规定”，“研究编制数据汇聚、管理和应用的相关标准规范”等。可见，北京市大数据标准体系要覆盖数据采集、传输、存储、汇聚、使用、共享、开放等生命周期各环节，包含管理标准、评估标准、安全标准等类型。

另一方面，北京市大数据标准体系要保障大数据行动计划的主要任务，并支撑北京市大数据平台的建设与应用。行动计划的工作目标强调“2019 年，……主要政务数据完成汇聚共享，初步实现与社会数据融合，……”，“2020 年，基本实现城市大数据共享应用，……大数据应用整体达到全国领先水平”，“2025 年，建成完备的大数据产业生态体系，力争大数据整体发展水平达到国际领先”。北京市大数据平台建设的总体目标要求“大数据广泛深入应用到各个领域，……从政府、企业、机构以及市民的价值视角不断挖掘和创新来逐步完备北京市本地大数据产业生态体系，……”，特别强调要“整合数据”。以需求为导向，以数据为核心，以目录为抓手，通过数据应用来驱动，汇聚政务数据和社会数据，形成人口、法人、地理空间等基础数据库以及领域主题库，并根据更新策略和平台时效性的要求，定期或实时更新数据，通过数据管理、数据应用、数据运维、数据评估等功能平台和能力体系的构筑，实现“一次汇聚、多方共享、协同应用、安全开放”的城市运行数据链。可见，北京市对于大数据发展规划为“集约化、成体系”，对于政务及社会数据，通过汇聚、治理、共享与开放、基础平台建设保障、安全管理等环节的规划、治理，实现“大平台”概念的大数据应用，逐步推动实现城市大数据共享应用，形成大数据产业生态体系。

从北京市大数据建设规划来看，北京市大数据标准体系应包括但不限于以下内容：

一是大数据平台建设相关标准。包括大数据平台在数据汇聚接口、存储和计算平台、数据库、数据管理平台、公共应用支撑平台、运维系统、安全防护系统等方面的标准规范。

二是数据汇聚相关标准。数据汇聚是数据交换共享、实现应用的前提，在现有的标准中，数据汇聚方面的覆盖尚有空缺，为实现对大数据平台数据汇聚功能及大数据行动计划的支撑，需完善包括政务数据汇聚、社会数据汇聚在内的数据汇聚相关标准。

三是数据共享和开放相关标准。包括共享开放条件和范围、接口、分类分级，面向政府、企业、社会公众提供不同方式的数据共享开放服务相关标准等。

四是重点领域大数据应用相关标准。包括基于大数据平台建设的宏观决策、城市管理、公共安全、民生服务、产业发展等多领域的大数据应用的建设标准。

五是数据管理相关标准。包括数据分级分类、数据接入、清洗比对、加工处理、融合分析等重要节点的实施策略。

六是数据安全相关标准。包括数据安全防护体系，内容安全管理体系、安全态势感知监控体系、安全管理组织、安全应急响应处置等，实现大数据全生命周期跟踪监控，确保数据汇聚共享全程留痕、变化可溯。

七是评估考核相关标准。包括对数据汇聚、共享、应用等开展评估评价的相关标准。

八是大数据产业发展。包括大数据关键技术、大数据产品等相关标准。

二、大数据标准体系

（一）大数据标准体系框架

为了建立大数据标准工作的一张蓝图，市经济和信息化局组织研究建立了北京市大数据标准体系，统筹全市大数据标准建设工作。北京市大数据标准体系框架(图10-2)主要包括基础、数据、技术、平台/工具、管理、安全和隐私、评估评价、行业应用等八个部分，在分类方式上参考了国家大数据标准体系的一级分类，同时结合北京市实际和北京市大数据平台体系规划设计方案，对国家大数据标准体系中的二级和三级分类进行了部分裁剪和扩展，保证标准体系框架既能与国家大数据标准体系准确对标，又能与北京市大数据实际工作紧密衔接。

(二)核心内容介绍

1. 基础类标准。基础类标准是大数据领域的基础框架标准，主要针对总则、术语、参考架构等内容进行规定。其中，总则类标准主要是对北京市大数据标准体系进行规范和描述的标准，包括大数据标准体系、标准路线图等内容；术语类标准是针对大数据及其应用领域术语和定义、密切相关的通用术语和定义等内容进行规定的标准；参考架构类标准是针对大数据技术参考模型、参考框架和应用指南、用例和需求、基于参考架构的接口等内容进行规定的标准。

2. 数据类标准。数据类标准主要针对数据资源、数据生命周期相关内容进行规定。其中，数据生命周期类标准主要用于对数据生命周期主要数据活动进行规范，包括数据汇聚、数据共享、数据开放、数据交易、数据服务等主要数据活动标准；数据资源类标准主要用于对数据资源进行规范描述，包括数据标签、元数据、资源目录等类型标准。

3. 技术类标准。技术类标准主要针对大数据相关关键技术进行规范。其中，大数据集描述技术类标准是针对数据模型、数据质量等关键技术进行规定的标准；安全技术类标准针对数据安全相关技术进行规范；处理生命周期技术类标准针对采集、传输交换、分析、存储与访问等数据全生命周期相关关键技术进行规范。

4. 平台/工具类标准。平台/工具类标准主要针对大数据相关平台或工具进行规范。其中，产品工具类标准是针对大数据预处理类产品、存储类产品、分布式计算工具、数据库产品、应用分析工具、平台管理工具、数据仓库产品(OLTP)、数据集市产品(OLAP)、数据挖掘产品、数据检索产品等相关的技术要求和测试评估的标准；平台类标准包括大数据平台的功能要求、建设指南、性能要求、测试规范等相关标准。

5. 管理类标准。管理类标准作为数据标准的支撑体系，贯穿于数据整个生命周期的各个阶段。其中，数据治理类标准主要用于对数据各生命周期阶段的治理进行规范；运维管理类标准是针对大数据系统、平台运维管理进行规定的标准；平台管理类标准是针对大数据平台的应用、管理、服务进行规范的标准。

6. 安全和隐私类标准。安全和隐私类标准主要针对北京市大数据安全和个

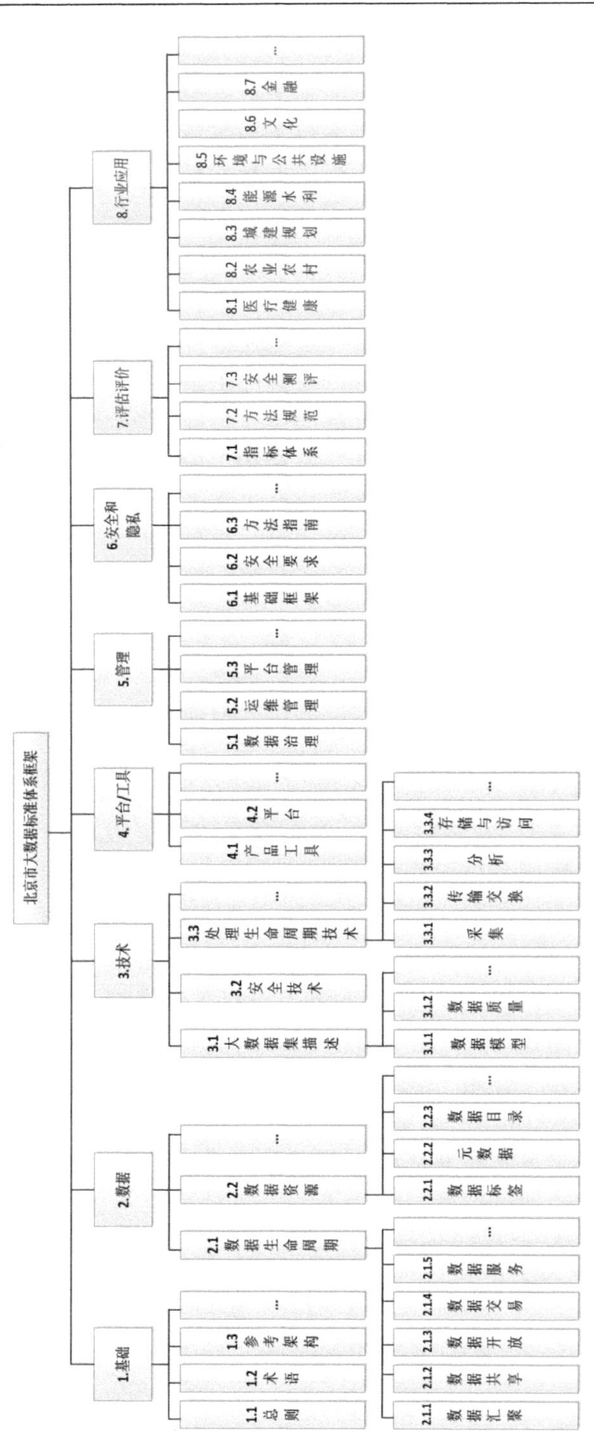

图 10-2 北京市大数据标准体系框架

人信息保护进行规定。其中，基础框架类标准是大数据安全的基础型、通用型标准，用于指导大数据安全工作全过程；安全要求类标准是针对数据生命周期、主要数据活动、数据应用提出安全要求的标准；方法指南类标准是针对各类安全要求的实现、安全目的的达成进行指导的标准。

7. 评估评价类标准。评估评价类标准主要是针对大数据发展水平、管理能力成熟度、重点任务等内容进行评价考核的标准。其中，指标体系类标准是针对大数据发展水平、管理能力成熟度等内容提出评价指标体系、评估评价模型的标准；方法规范类标准是针对评估评价项目提出方法规范的标准；安全测评类标准是针对数据安全、各类数据应用的安全、个人信息保护等方面进行安全测评的标准。

8. 行业应用类标准。行业应用类标准主要指的是各领域根据其领域特性产生的专用数据标准。

三、重点标准编制情况

结合北京市大数据工作的实际需求，按照大数据发展要求，在大数据标准体系指引下，按照“急用先行”的原则，2020年重点推动以下标准编制工作。

(一)《政务数据分级与安全保护规范》

随着全市数据的不断汇聚和应用需求的日益迫切，亟须对数据实施分级管理。为了对北京市政府机关、企事业单位汇聚的各类数据实施统一的、科学合理的定级，建立基于分级的数据全生命周期安全防护体系，市经济和信息化局组织制定了《政务数据分级与安全保护规范》。本规范明确了北京市政务数据分级的原则、方法、流程和要求，规定了各级数据的安全保护技术要求，用于指导全市政务数据统一分级，以及各级数据的汇聚、传输、存储、加工、共享、开放、使用、销毁等数据全生命周期的安全防护和监督管理。

(二)《政务信息资源目录体系》

为了确保全市“职责目录—数据目录—库表目录”三级目录体系的统一构建，形成以目录为核心的大数据建设发展体系，制定《政务信息资源目录体系》。本规范明确了政务信息资源目录建设的总体框架和技术要求，用于指导市级政务部门、各区开展政务信息资源目录建设工作。

(三)《法人基础数据元规范》

为了支撑法人基础数据库建设，提升法人基础信息的标准化水平和共享使用效果，制定《法人基础数据元规范》。本规范明确了法人基础数据元的描述方式和对象模型，用于规范政务部门间法人基础信息的共享使用。

四、未来大数据标准建设思路

(一)建设目标及原则

为深入落实北京大数据行动计划，按照北京市大数据平台体系建设要求，重点围绕大数据平台、政务系统入云和数据汇聚、数据共享和开放、大数据应用和产业发展、数据管理和数据生命周期安全几个方面，开展数据采集、数据接入、数据清洗、数据脱密、数据存储、数据应用等重点标准研制工作，构建科学、合理、完善的标准体系，为北京市大数据建设发挥标准的基础性、规范性和引领性作用。

标准工作遵循以下原则：

1. 总体规划，分步实施。加强全市大数据标准工作统筹，按照大数据行动计划的统一部署要求，建立并发布北京市大数据标准体系，将其作为北京市大数据标准工作的一张蓝图，逐年迭代完善，同时，参照标准体系分类别、有计划地推动相关标准建设。

2. 急用先行，逐步完善。以解决实际问题为导向和目的，按照大数据行动计划进度安排，优先研究制定北京市大数据工作中亟须的标准。考虑到标准制定周期长，可先以技术规范、指南等形式编制，边应用，边完善，条件成熟时，再上升为标准。

3. 协调创新，衔接配套。突出北京市地方特色，做好与国家标准体系的配套衔接。围绕北京市政务部门大数据业务发展需求，摸索大数据新业务的管理方式、商业模式和技术实现方式，通过指导和规范新业务发展，为跨领域、综合性业务创新提供标准支撑。

4. 聚焦安全，保驾护航。北京市作为国家首都，大数据产业发展的安全保障是需要重点考虑的内容。关注数据各阶段生命周期中的安全风险，采用安全技术和管理措施防范安全风险，为大数据平台及北京市大数据体系提供安全保障。

(二)标准建设路线图

按照北京大数据行动计划，大数据标准化工作应围绕北京市大数据标准体系逐步开始研制，结合北京市大数据工作特点，重点开展大数据基础标准、数据生命周期类、数据资源类、大数据平台类、数据治理类、平台管理类、评估评价类、安全和隐私类、行业应用类的标准研制。按照起步、巩固、完善三个阶段推动标准工作，起步阶段制修订标准 9 项，巩固阶段制修订标准 13 项，完善阶段制修订标准 13 项。

1. 起步阶段标准项目

(1)政务数据汇聚共享规范

明确政务数据汇聚共享的总体技术架构、汇聚共享的方式流程、数据内容要求、数据接口要求等，用于指导各委办局、区开展政务数据汇聚共享工作。

(2)法人基础数据元规范(修订 DB11/T 448—2007)

对法人基础信息数据元的名称、定义和数据类型等进行规范，描述法人基础信息数据元对象模型。

(3)政务信息资源目录体系(修订 DB11/T 337—2006)

明确大数据目录建设的总体要求，用于指导政务部门、企业机构开展目录编制工作。

(4)城市码编码与应用规范

以居民身份证、不动产编号、统一社会信用代码等为基础构建城市管理基础信息编码体系，支撑城市精细化管理。

(5)公共信用信息目录 第1部分：自然人(修订 DB11/T 467.1—2007)

“信用北京网”2011年上线、《北京市公共信用信息管理办法》(北京市人民政府令第280号)2018年5月1日起施行后，目前实际执行的目录与本标准偏离度高，与实际工作严重脱离，建议修订。

(6)公共信用信息目录 第2部分：法人和其他组织(修订 DB11/T 467.2—2007)

“信用北京网”2011年上线、《北京市公共信用信息管理办法》(北京市人民政府令第280号)2018年5月1日起施行后，目前实际执行的目录与本标准偏离度高，与实际工作严重脱离，建议修订。

(7)政务数据分级与安全保护规范

规范数据分级原则和方法，围绕数据采集、存储、传输、使用、共享、销毁等生命周期各环节，明确不同级别数据的安全防护要求，用于指导全市数据的统一分级工作。

(8)“北京民生卡”二维码技术规范

对“北京民生卡”二维码的应用场景、体系建构和流程、二维码数据、用户端移动应用软件、受理终端以及安全进行规范。

(9)“北京民生卡”使用环境规范

对“北京民生卡”实体卡、电子卡以及二维码等的使用环境进行规范。

2. 巩固阶段标准项目

(1)政务数据开放规范 第1部分：总则

明确北京市政务数据开放的总体技术架构和总体技术要求，用于指导各委办局、区的政务数据开放工作。

(2)政务数据开放规范 第2部分：数据源格式内容规范

明确政务数据开放的数据源的格式要求、内容要求，用于指导各委办局、区的政务数据开放工作。

(3)政务数据开放规范 第3部分：数据源元数据规范

明确政务数据开放的数据源的元数据内容及要求，用于指导各委办局、区的政务数据开放工作。

(4)政务数据开放规范 第4部分：平台服务接口规范

明确政务数据统一开放平台(政务数据资源网)的服务接口规则，用于指导各委办局、区的政务数据开放工作。

(5)政务数据开放规范 第5部分：开放数据质量评估规范

明确政务数据开放的数据质量评估方法，用于指导各委办局、区的政务数据开放工作。

(6)数据治理规范 第1部分：总体框架

明确数据治理总体技术框架，明确数据在接入、存储、清洗、加工、融合、服务等重要节点的治理要求。

(7)数据治理规范 第2部分：元数据

明确全市大数据的元数据管理范围、管理方法、管理流程及相关技术要求等。

(8)数据治理规范 第3部分：数据质量

明确数据质量管理总体架构，明确数据质量的事前管理、事中评价、事后改进的总体技术要求。

(9)数据治理规范 第4部分：数据标签

明确数据标签体系建设方法，如打标签方法、标签内容、标签管理等。

(10)数据治理规范 第5部分：数据服务

对基于大数据平台的数据服务(包括数据、目录、标签、接口等)提供和获取过程进行规范，包括数据服务提供方式、数据格式、接口规范、安全要求等。

(11)目录区块链技术规范

明确目录区块链的总体架构、对外服务模式、服务接口、管理要求等内容，用于指导目录链建设以及各委办局、区及社会组织接入目录区块链。

(12)大数据安全技术框架

规定大数据安全防护体系的技术架构和基本要求，适用于大数据安全防护体系的设计、开发、提供、维护与使用等。

(13)大数据发展水平评估规范

明确北京市大数据发展水平评估的指标体系、模型方法、流程要求等，用于支撑北京市大数据评估评价工作。

3．完善阶段标准项目

(1)数据专区规范 第1部分：总体框架

明确数据专区的总体技术框架以及总体技术要求，用于指导数据专区建设。

(2)数据专区规范 第2部分：管理规范

明确数据专区的技术管理要求，用于指导数据专区建设。

(3)数据专区规范 第3部分：多方计算技术规范

明确数据专区中多方计算技术应用要求，用于指导数据专区建设。

(4)数据专区规范 第4部分：安全防护规范

明确数据专区特定的安全防护策略和技术要求，用于指导数据专区建设。

(5)大数据平台建设规范

对大数据平台的总体框架及各子平台的建设要求、功能性能、数据接口、技术要求、测试指标等方面进行规范，用于指导大数据平台建设工作。

(6)综合办公平台管理和服务规范

针对综合办公平台制定管理和服务规范，明确服务接口、对外服务模式、显示模式、管理要求等内容。

(7)公共信用信息服务平台管理和服务规范

针对信用平台制定管理和服务规范，明确服务接口、对外服务模式、显示模式、管理要求等内容。

(8)领导驾驶舱管理和服务规范

明确领导驾驶舱建设的指标体系、数据及系统接入、分析展示、功能性能方面的要求，指导各单位开展领导驾驶舱相关数据汇聚和系统接入等工作，支撑领导驾驶舱建设。

(9)政务云服务商管理规范

明确政务云服务商的运维监管、安全监管等方面的技术要求。

(10)数据脱敏规范

规范数据脱敏的范围、原则、方法、流程和相关要求。

(11)数据安全审查规范

规范数据全生命周期的安全审查活动，包括对数据汇聚、数据开放、数据销毁等重要操作活动进行安全审查的相关要求。

(12)数据交易规范

按照京津冀大数据实验区相关建设规划，研制大数据交易平台、交易数据描述等数据交易标准。

(13)数据溯源技术规范

明确数据溯源相关元数据内容、溯源流程以及相关技术要求。

表 10-1 大数据标准建设路线图

序号	标准体系编号	标准方向/名称	类别
1	2.1	政务数据汇聚共享规范	制定
2	2.2	法人基础数据元规范	修订
3	2.2	政务信息资源目录体系	修订
4	2.2	城市码编码与应用规范	制定
5	2.2	公共信用信息目录 第 1 部分：自然人	修订
6	2.2	公共信用信息目录 第 2 部分：法人和其他组织	修订
7	6.2	政务数据分级与安全保护规范	制定
8	8.8	“北京民生卡”二维码技术规范	制定
9	8.8	“北京民生卡”使用环境规范	制定
10	2.1	政务数据开放规范 第 1 部分：总则	制定
11	2.1	政务数据开放规范 第 2 部分：数据源格式内容规范	制定
12	2.1	政务数据开放规范 第 3 部分：数据源元数据规范	制定
13	2.1	政务数据开放规范 第 4 部分：平台服务接口规范	制定
14	2.1	政务数据开放规范 第 5 部分：开放数据质量评估规范	制定
15	2.2	目录区块链技术规范	制定
16	5.1	数据治理规范 第 1 部分：总体框架	制定
17	5.1	数据治理规范 第 2 部分：元数据	制定
18	5.1	数据治理规范 第 3 部分：数据质量	制定
19	5.1	数据治理规范 第 4 部分：数据标签	制定
20	5.1	数据治理规范 第 5 部分：数据服务	制定
21	6.1	大数据安全技术框架	制定
22	7.2	大数据发展水平评估规范	制定
23	2.1	数据专区规范 第 1 部分：总体框架	制定
24	2.1	数据专区规范 第 2 部分：管理规范	制定
25	2.1	数据专区规范 第 3 部分：多方计算技术规范	制定
26	2.1	数据专区规范 第 4 部分：安全防护规范	制定
27	2.1	数据交易规范	制定

续表

序号	标准体系编号	标准方向/名称	类别
28	4.2	大数据平台建设规范	制定
29	5.3	综合办公平台管理和服务规范	制定
30	5.3	公共信用信息服务平台管理和服务规范	制定
31	5.3	领导驾驶舱管理和服务规范	制定
32	5.3	政务云服务商管理规范	制定
33	6.3	数据脱敏规范	制定
34	6.3	数据安全审查规范	制定
35	6.3	数据溯源技术规范	制定

第 3 节　大数据评估评价

大数据评估评价是北京市大数据发展"汇管用评"总体思路中的重要一环。大数据评估评价就是让第三方客观评估评价大数据发展水平、大数据管理能力、大数据推动效率等，发现问题，改进问题，推动大数据不断向更高水平发展。

一、大数据评估评价思路

大数据评估评价概念包含评估和评价两个方面。大数据评估是指依据大数据发展规律、标准、技术或手段，按照一定的评估指标与评估模型，对大数据的工作内容与过程进行分析研究，判断其事实成效的一种活动。大数据评价是对大数据的汇聚、管理与应用等做出价值判断的过程，是一个运用大数据治理规则对其准确性、实效性、经济性以及满意度等方面进行评估的过程。从本质上来讲，大数据评估是事实判断，大数据评价是价值判断。

大数据评估评价能够帮助政府更好地了解其大数据建设现状、评估大数据建设能力和建设成效，帮助政府补齐大数据技术应用短板，持续改进对策，调整和优化政府大数据行动计划，切实推进政府治理体系和治理能力现代化水平提升。

（一）大数据评估评价工作思路

北京市大数据评估评价是依托北京大数据行动计划，细化大数据评估评价工作内容、方法、要求及时间计划，通过现场走访、系统对接、问卷调查等方式，对大数据的汇聚、管理、应用的各个环节进行综合评估评价，实现对大数据全流程的"汇管用评"工作闭环的评估评价。其中，"汇"指数据汇聚，包括基础设施计算资源的建设、数据采集等；"管"指的是对数据的管理，包括数据规划、含有数据模型的数据架构、综合了数据治理、数据安全、数据标准等的数据管理和数据运营；“用”是指数据应用，包括数据开放和数据共享等；“评”即大数据评估评价，包括针对数据汇聚、平台建设、应用服务、质量保证、安全可控、管理绩效等全方面评估评价。通过建立健全大数据总体评估评价工作制度和体系，制定完整的大数据“汇管用”各环节评估评价规范工作流程，围绕大数据行动计划相关工作任务，落实大数据全流程的跟踪、评估评价、考核等实施工作，并支持完成绩效评估工作。

图 10-3　大数据评估评价与“汇管用”的关系

（二）大数据评估评价工作目标

1. 加强大数据评估评价整体统筹规划。按照启动实施、优化推进、提升示范的“三步走”战略，2019 年搭框架、打基础，全面启动评估评价工作，建立“汇管用评”工作闭环，落实大数据全流程各环节评估评价工作；2020 年建规范、促改进，持续推进评估评价工作，重点优化评估评价总体工作制度和工作体系，完善评估评价工作流程规范，提高评估评价日常工作的运行效果，发布评估评价报告；2021 年显成效、上台阶，着重效果提升，重在创建具有示范引领作用的北京大数据评估评价模式，促使评估评价工作成熟稳定，常态化发展。

2. 构建针对北京大数据管理体系的科学化评估指标体系。结合《北京大数据行动计划工作方案》的规划目标，即大数据管理体制基本建立、主要政务数据完成汇聚共享、基本实现城市大数据共享应用、建成完备的大数据产业生态体系，构建北京大数据行动计划第三方评估指标体系，形成《大数据评估评价调研报告》《北京市大数据评估评价总体规划方案》《北京市大数据评估评价指标体系》《北京市大数据评估评价年度实施方案》《北京市大数据评估评价考核办法》等系列制度文件，作为开展评估评价工作的纲领和指导，提升北京大数据管理体系的科学化建设水平。

3. 促进大数据行动计划高效优质落实。通过与北京市政府绩效管理工作深度融合，抓实大数据行动计划各年度的指标制定、指标落实、指标考评、持续改进、结果应用五项工作，利用信息化评估评价工具与绩效管理传统考评方式，在推进系统入云和数据汇聚、推动数据应用及产业发展、大数据平台基础设施建设、完善组织领导体系和技术支撑体系等方面发挥引导、激励与约束作用，促进各部门所承担的大数据行动计划工作任务能够高效高质量完成，发挥评估评价在"汇集、管理、应用、评估"闭环中的导向、激励作用。

4. 发挥评估评价对政策决策的战略支撑作用。围绕北京大数据行动计划工作目标，立足评估评价指标体系，持续积累北京大数据行动计划评估评价结果及舆情分析结果，为交通出行、城市管理、楼宇监测、医疗健康等重点领域的决策提供数据支撑，有效发挥城市大数据在促进经济发展、服务改善民生、优化社会治理、保障重大活动方面的支撑作用，持续增强数据"汇管用"的综合效益。

二、大数据评估评价的方法

(一)大数据评估评价的组织领导

北京市大数据工作推进小组是北京市大数据工作的领导核心，其下设的绩效评估组负责大数据考核评价体系建设和考核评估工作。市政府绩效办会同市经济和信息化局遴选第三方评估机构加以支撑，具体负责对大数据行动计划全过程工作进行评估。

(二)评估评价工作原则

一是坚持客观公正原则。评估评价坚持独立评估，以客观事实材料和可靠数据材料为评估基础，公平公正地评价大数据行动计划落实情况，客观地分析该配套政策设计和措施执行效果，深入地探寻大数据行动计划落实中存在的问题，有效地提出解决问题的意见和建议。

二是坚持突出重点原则。评估评价范围涉及多个部门，评估面广，在评估中将坚持把握重点，突出重点，对评估设计的重点部门、重点环节和重要配套方案进行适当的优先级排序，力求使本次评估结果有重点，有层次。

三是坚持分类评估原则。由于重点评估内容的评估依据获取路径不同，评估方法方式不同，评估结果呈现不同，对各部分评估内容进行分类评估，有针对性地分别构建评估指标体系，分组组织实施，分项开展评估分析。

四是坚持结果导向原则。在评估方案设计中，始终坚持问题导向和结果导向，力求使评估结果能讲实话，展实情，落实地。

五是坚持人工与自动评估相结合原则。部分内容可以靠人力根据资料进行评估，而与数据治理、数据共享、数据安全有关的大部分指标，要靠定期自动执行的工具进行检查。通过人工与自动相结合，确保大数据评估评价工作顺利开展。

(三)大数据评估评价的内容

1. 年度重点工作评估评价。对北京大数据行动计划中的年度重点工作进行评估评价，包括：

(1)政务信息资源汇聚共享：具体对数据目录、数据汇聚、数据治理、数据共享开放、数据应用、数据安全等情况开展评估评价；

(2)社会数据“统采共用”：具体对社会数据需求、定价、接入质量、应用绩效等情况开展评估评价；

(3)政务信息系统入云迁移：具体对政务信息系统入云效率、入云比例等情况开展评估评价；

(4)大数据平台建设及应用：具体对平台功能完备性、可用性、兼容性、安全性等情况开展评估评价；

(5)领域及区域大数据试点应用：具体对大数据行动计划试点应用的社会和经济效益等情况开展评估评价；

(6)标准规范及政策建议：具体对标准规范及政策建议的时效性和落地实施效果等情况开展评估评价。

2. 管理能力成熟度评估评价。通过管理能力成熟度模型对北京大数据的数据管理水平进行全面评估和准确定位，一是找出大数据管理方面存在的短板，为后续数据管理工作指明方向；二是通过实践，形成大数据管理能力成熟度评估的实施方案，并具备可推广性。

3. 总体发展水平评估评价。对大数据行动计划整体建设情况进行全面的评估，包括大数据建设的总体情况、创新应用的开发和支撑情况、促进北京各项功能的效果等方面，形成对北京市大数据总体发展水平的评估评价结论。

4. 绩效考核与督查。规范优化形成绩效考核及督查指标体系，并对其考核办法与考核细则进行修订，开展北京市大数据推进过程中的考核和督查评估考核实施、实施方案及报告总结输出与考核结果落实督查跟踪等工作。

(四)评估评价工作过程

1. 现状与需求评估调研。调研国内外开展大数据相关评估评价工作的情况，并对北京市大数据相关评估评价工作的开展现状和问题进行梳理和分析，形成《大数据评估评价调研报告》。

2. 建立大数据评估评价总体框架。结合调研情况，根据北京大数据行动计划和重点工作任务，提出《北京市大数据评估评价总体规划方案》，明确工作任务、分工及工作计划等。要求常态评估评价与阶段评估评价并行，运用主动自查和接受检查，人工评价和系统评价等多种方式，全方位全时段对大数据工作进行绩效评估评价，并按照职责和工作规则，结合北京市大数据相关工作现状，编制形成包括评估评价考核办法，明确考核对象、考核内容、考核方式、考核流程、考核计划等内容的绩效评估评价框架。

3. 指标体系及标准规范建设。结合北京大数据行动计划的各方面工作，设计相应的评估评价模型及指标，明确数据来源和计算方法，构建全方位的评估指标体系。针对评估评价对象的特点，从实际出发，完善评估评价标准规范体系，形成评估评价系列标准规范。

4. 开展评估评价工作。根据编制的总体规划方案，结合大数据行动计划工作各项任务，细化评估评价工作内容、方法、要求及时间计划，编制北京市大数据评估评价工作的实施方案。按照"汇管用评"工作闭环，采用现场走访、系统对接、问卷调查等方式，进行全方位的评估评价实施，并对评价后各相关单位的整改情况进行跟踪并形成评估评价报告。

(五)评估评价工作方法

大数据评估评价工作施行百分制，针对各项指标采用自陈量表法、问卷调查法、深度访谈法、焦点座谈会、德尔菲法、综合评价法、特别评分法等方法开展评估评价，得到客观公正的评价结果。

1. 自陈量表法。根据工作维度、评估指标及对应的数据资料清单，由核心能力域或能力项所涉及具体工作的组织落实人员根据自己的实际情况逐一回答，根据评估对象的答案，综合分析工作开展的程度。

2. 问卷调查法。运用统一设计的问卷向被选取的调查对象了解情况或征询意见的方法，一般通过邮寄、当面填答等方式进行，从而了解被调查者对某一现象或问题的看法和意见。

3. 深度访谈法。采用直接的、一对一的访问形式，由掌握访问技巧的主持人对受访对象进行深入访谈，进一步洞察受访者对某一问题的潜在动机、信念、态度和情感。该形式可消除受访者的压力，使受访者提供的信息更加详实。

4. 焦点座谈会。由一位专业主持人引导，围绕相关主题，按事前拟定的座谈提纲进行开放式的讨论，通过主持人和6—8位与会者，以及与会者和与会者之间的多边互动，了解与会者的需求特点、行为特征和态度。

5. 德尔菲法。即专家调查法，采用匿名发表意见的方式，通过多轮次组织专家对某一现象或问题提出看法，经过反复征询、归纳、修改，最后汇总形成专家基本一致的意见。

6. 综合评价法。围绕对基本工作任务进行评估评价的指标，由受邀的相关评估评价主体，按照测评维度，进行综合性打分，形成指标得分。

7. 特别评分法。根据《北京大数据行动计划评估评价考核办法》的规定，各部门依据加分标准提供相关证明材料，经北京市大数据工作推进小组绩效评估组审定后予以分数增减核定。

三、大数据评估评价的主要成果

为全面贯彻落实《北京大数据行动计划工作方案》有关要求，大数据评估评价根据不同单位的职责和工作特点，探索构建责任分解、动态跟踪的大数据发展评价机制，一方面建立大数据发展绩效考评机制，另一方面建立规范化的大数据发展水平评价体系，以评促建、以评促用，促进北京市大数据发展目标又好又快地全面实现，不断提升北京市大数据的整体生命力。大数据评估评价主要成果包括：

（一）建立常态化的大数据评估评价运作机制

1. 初步建立第三方评估评价支持体系。为深入实施北京大数据行动计划相关工作，按照“需求牵引、问题导向，政府引领、社会协同，统筹管理、全面汇聚，权责清晰、安全可控”的原则，以建设首善标准的城市大数据中心为目标，旨在全面升级北京市信息化建设水平，面向参与大数据行动计划的各市级部门、各区和企事业单位，聘请有经验的第三方评估支撑机构，利用专业社会市场化服务能力和资源，为北京市大数据建设和发展工作提供有效评估评价，支撑提升北京市大数据建设与发展的管理水平。

第三方评估评价机构负责大数据工作各环节的评估评价及考核量化工作，通过制定完整的大数据评估评价工作流程、标准规范及大数据评估评价量化指标，开展大数据工作全流程的考核和评估工作，通报评估结果及跟踪问题整改落实情况。进一步完善评价方案和相关管理办法，为建立常态化评估评价机制与体系奠定基础。

2. 建立长效化的评估评价体系。评估评价体系建设关系到北京市大数据体系建设工作的顺利推进和未来的长效运行，评估评价体系涵盖北京市大数据建设的分析规划、平台建设、运营管理、组织管理等多个环节，与各级政务部门、企业、公众密切相关。

通过采用定量分析与定性分析相结合的方法构建评估评价体系，主要采用综合指标体系评价法开展评估评价。在评估数据采集、数据处理、模型构建和可视化展现方面，充分依托于北京市大数据平台的技术能力，全面构建大数据技术和手段评估大数据的评估评价体系，通过建立完善的评估体系，可以了解大数据治理现状、构建大数据治理能力和发展路径及其持续改进对策、调整和优化政府大数据行动计划，加快推进大数据发展体系和现代化建设。

3. 编制大数据评估评价标准规范。为支撑、约束、规范北京大数据评估评价的落实工作，需要针对包括大数据平台建设、运营，以及数据汇聚、管理、应用等各方面、各环节、全过程制定技术规范体系，保证北京大数据评估评价工作长期有章可依、有章必依、科学规范、稳步推进，实现大数据汇聚、管理、应用和评估“四位一体”的“汇管用评”工作闭环的目标。按照现代管理理念和信息化建设的客观规律与要求，结合大数据管理工作实际，在北京市大数据标准体系的基础上，按照国家相关技术标准和信息系统工程建设规范、理论及实践经验，结合大数据建设具体实际，制定科学合理、分类清晰、覆盖全面、表述准确、操作性强、完整统一的大数据评估评价工作的标准规范体系，保证标准体系框架既能与国家大数据标准体系准确对标，又能与北京市大数据实际工作紧密衔接。

4. 形成以大数据评价大数据的工作方法。运用大数据平台建设成果，获取评估评价指标体系所需的相关数据，形成评估评分考核专用数据集，基于标准规范与评价体系，持续开展评估评价工作，形成运用大数据评价大数据的长效评估评价考核运行机制。围绕筑基工程及试点示范工程实施，结合数据汇聚共享、平台建设与使用、应用建设与服务、工程进度及质量等工作的推动落实情况，开展基础设施建设、政务信息资源汇聚共享、社会数据“统采共用”、领域及区域大数据试点应用、产业发展评估评价工作，通过评估评价体系模型进行评价分析，形成指标评分，助力大数据工作挖潜增效，并形成各专题评估评价报告。

5. 运用大数据评估评价分析结果。通过对大数据运行指标实时数据的整理分析，得出大数据运行的态势图，有助于对大数据运行成效的进一步分析与应用，帮助决策者了解大数据运行状态。通过领导驾驶舱的可视化展现形式对评估评价指标结果进行实时展现，将一定时期内大数据运行状态及管理效果简化成为更直观的表示形式，洞察大数据运行状态及管理效果随时间变动而产生的状况和程度上的变化。评估评价指标可视化虽然描述的是单一方面的评价指标，但其变化及影响会涉及大数据行动计划的方方面面，即一项指标的达标与否会造成一连串的影响，因此，评估评价指标可视化能够避免发展趋势向未知的不可控方向发展，支撑大数据工作持续有效运作，为领导决策提供科学准确的依据。

(二)年度重点工作评估评价

年度重点工作评估评价主要是面向北京大数据行动计划年度的工作任务及相关部门，落实《北京市大数据评估评价年度实施方案》，针对“汇管用评”工作闭环，采用现场走访、系统对接、问卷调查等方式，进行全方位的评估评价实施，并对评价后各相关单位的整改情况进行跟踪。

目前，《北京大数据行动计划2018年重点工作任务》的内容中，已完成对目录上链、政务信息资源汇聚、政务信息系统入云迁移等重点工作的阶段性评估工作，形成相应的重点工作评估报告，未来会根据北京市大数据建设的发展进程，针对其中包括政务信息资源汇聚共享开放、社会数据"统采共用"、政务信息系统入云迁移、大数据平台建设及应用、领域及区域大数据试点应用、标准规范及政策建议、大数据安全体系等工作内容进行评估评价，形成相应的评估报告、白皮书和问题整改单等文件，帮助政府了解其大数据建设现状、评估大数据建设能力和发展路径及其持续改进对策、调整和优化政府大数据行动计划，推进政府治理体系和治理能力现代化水平提升。

(三)大数据总体发展水平评估

根据北京大数据行动计划的推进情况，结合大数据评估评价总体规划方案、年度重点工作和年度考核制度与办法等，对大数据行动计划中各项重点工作进行评估评价服务，包括大数据平台建设、数据质量管控、数据资源丰富以及重点应用建设情况等。

评估应坚持独立原则，以客观事实材料和可靠数据材料为评估基础，公正地评价大数据行动计划落实情况，客观分析相应配套政策设计和措施执行效果，深入探寻大数据行动计划落实中存在的问题，有效提出解决问题的意见和建议。同时在整体评估方案设计中，始终坚持问题导向和结果导向，力求使评估结果能讲实话，展实情，落实地。

(四)大数据管理能力成熟度评估

大数据评估评价引入了先进的数据管理能力成熟度评估模型(Data Capability Maturity Model，简称DCMM)进行数据管理能力现状评估、发展规划及方案设计，该标准由全国信标委大数据标准工作组牵头组织编制，是国家大数据重点标准之一。DCMM模型评估评价，既可以保证评估的科学性，又能清楚地定义大数据建设当前所处的发展阶段和未来发展方向，为未来数据管理职能框架设计、数据管理工作蓝图规划设计提供参考，还可以针对在数据管理方面存在的差距提出改进方向及建议，是作为针对大数据建设状况的指导、监督和检查的有效依据。

北京大数据管理能力的评估内容主要包括数据战略、数据治理、数据架构、数据应用、数据安全、数据质量、数据标准、数据生命周期等八个过程域，通过初始级、受管理级、已定义级、量化管理级和优化级五级评价，最终实现在数据战略的引领下，以数据治理机制为保障，沿着数据全生命周期开展数据标准、数据应用和数据架构等应用环境建设，确保数据质量良好、安全可控的效果。

(五)大数据绩效考核与督查

基于北京大数据行动计划"汇管用评、四位一体"的建设思路，按照内部绩效考核“抓落实”，外部评估评价“促发展”的工作要求，建立健全北京大数据总体评估评价工作制度和体系，落实大数据全流程的评估评价、考核及跟踪等实施工作，通过大数据绩效考核与督查，在一定程度上提升了评估的科学化建设水平，助力大数据行动计划高效优质落实，初步形成大数据考核与督查的整体布局。

根据“主要政务数据完成汇聚共享，初步实现与社会数据融合，大数据应用持续推进，重点领域大数据应用达到全国领先水平”的工作目标，通过推动市级机关和区政府年度绩效任务绩效考核，完善制度体系，细化工作规范，持续开展绩效考评工作。

通过大数据绩效考核与督查工作，建立健全大数据评估评价工作制度和体系，制定完整的工作流程，实现大数据全流程各环节评估评价工作持续推进，确保推动大数据行动计划相关工作任务落实到位。

附　录

1. 北京市大数据应用典型案例

1-1　领导驾驶舱

1. 应用背景

2018年，北京市启动“城市大数据平台及领导驾驶舱”建设，并作为北京大数据行动计划的核心内容之一，建设主体为北京市经济和信息化局（承建方：北京泰豪智能工程有限公司）。旨在推动数据资源全面汇聚共享，建立“用数据说话、用数据决策、用数据管理、用数据创新”的管理机制，有效运用大数据提升城市管理精细化和决策科学化水平、提高政府服务的效率和质量。城市大数据平台支撑领导驾驶舱的技术“内核”，能够实现政务数据和社会数据资源的“即时、全量、全网”汇聚，并对数据进行清洗、融合和分析。领导驾驶舱是依托城市大数据平台汇聚的全量数据，为高层管理者服务的“一站式”决策支持系统。领导驾驶舱目的在于建立健全领导决策信息汇聚管理机制、领导驾驶舱指标体系、城市管理决策信息资源目录和决策信息接入规则规范，分批接入各部门、各区和社会机构的决策信息和服务，构建面向市级领导的决策信息服务资源池，实现鲜活、真实、精准的城市运行信息展现、监测预警、应急管理、指挥决策和监督考核，促进社会数据资源融合，提升政府治理能力和城市运行管理水平。

2. 应用场景

领导驾驶舱的总体架构为“一核两维四线”，“一核”：可调节指标权重的排名对比机制，依照指标体系，可以对不同领域、不同区域、不同层级城市运行状态和工作成效进行客观评分，通过多种维度排名对比，反映工作的亮点和不足；“两维”：时间维度和空间维度，领导驾驶舱从时间和空间两个维度对全量数据进行分析和展示，在空间维度上实现对各区城市治理水平的对比，在时间维度上实现对城市运行状态发展变化趋势和委办局业务绩效改善情况的分析；“四线”：城市运行监测指标体系的四条主线，目前的指标体系包括“城市生命线、城市生活线、城市事件线和城市社情民意线”四线。

附录图 1-1 领导驾驶舱设计框架

3. 应用价值

智慧北京领导驾驶舱基于整合汇聚政务和社会数据资源的城市大数据平台，实现对经济、环境、能源、交通、社会、人群、教育等领域运行态势实时的量化分析、预判预警和直观呈现。领导驾驶舱实现“数舱、驱驶、驾控”三大核心功能，并为各类应用提供基础支撑服务。“数舱”是用户“驾驶”的基石，提供增删改查、层级关系维护、映射关系维护等指标加工和维护工具，将不同部门、不同来源的分散性、局部性指标体系，映射、汇聚成为服务于决策的综合性指标体系。其包含两大核心功能：指标管理和指标应用；“驱驶”基于“数舱”提供的基础服务，为领导提供工具，识别城市治理中的风险因素、目标偏离情况、影响程度及范围、政策效果、治理成效、优化路径，为城市管理者提供“全景视窗”，其包含目标管理——驾驶舱的方向盘、运行监测——驾驶舱的仪表盘、风险地图——驾驶舱的报警灯和治理管控——驾驶舱的油门刹车四个主要功能；“驾控”是各级领导规划、决策、调控、监督和交流的“控制台”。通过调整“操纵杆”——绩效指标与权重，即实现调整城市的管理方向与发展速度。还可使用指挥调度工具箱中的

“批示”“电话”“即时通信”等工具实现政策发布、险情特情应急指挥、重大方案批示、异常情报上下级协同沟通。

附录图 1-2　领导驾驶舱主要功能与价值

1-2　“北京通”App

1. 应用背景

近年来，国家陆续提出“放管服”改革、“互联网＋政务服务”建设、“优化营商环境”等一系列要求，北京市进一步深化“北京通”建设，明确“北京通”的定位和建设目标：通过建设特大型城市软件基础设施，建设城市服务移动化和政务服务移动化统一入口。为更好地落实和建设“北京通”两个统一入口的能力，北京市经济和信息化局作为“北京通”的建设主体(承建方：北京思源政通科技集团有限公司)，将“北京通”延展至“北京市信息惠民体系化工程”进行建设。“北京通”App 拥有丰富的应用场景资源，形成了较好的生态支撑，为方便市民和企业办事，依托移动公共服务平台与大数据平台的支撑实现“数据多跑路，百姓少跑腿”，合力优化北京营商环境服务做出了积极努力。

2019 年 12 月 13 日，“北京通”App 2.0 版本发布，新版本以身份通、数据通、应用通和民心通为理念，通过特色服务和功能的革新，实现以下四个转变：(1)“北京通”App 的统一身份认证功能，实现了一个个“数据孤岛”和“应用烟囱”由“分布部署”向“逻辑集中”的转变；(2)电子证照的创新应用，实现由“我向政府证明”转变“政府给我证明”；(3)众多便民服务的集成应用，实现由“群众跑腿”转变为“数据跑路”；(4)依托多种移动端便民服务渠道的增加、用户反馈模块的上线以及新建立的“用户服务星级评价”功能，让服务更精准、更贴心、更好用，实现由“群众找政府”转变为“政府在手边”。

2. 应用场景

“北京通”具备亮证、办事、查询、缴费、预约、投诉、通信等7大类实用性功能，用户一次注册即可享受北京市政府相关部门提供的650项有特色的重点政务和公共服务。“北京通”App 2.0版依托北京市大数据平台和北京市移动公共服务平台两大能力中台的协同建设模式，横向打通数据，纵向穿透应用，在提升能力、丰富数据的同时，进行服务的丰富与优化。应用界面整体框架：(1)首页凸显热点服务，按业务种类、功能进行简约直观的分类；(2)办事页将政务、行政审批类事项按法人、自然人用户角色进行分类；(3)消息板块支持主动推送消息与政府通讯录功能，方便市民和企业联系到各级政府部门；(4)头条板块将本市重要政策及新闻汇集展示；(5)用户个人空间主要展示电子卡证等个人信息、公积金等应用信息以及“我的预约”等政务大厅相关内容。

亮点应用场景：(1)与移动公共服务平台中的电子证照子系统进行对接，实现用户电子证照的亮证功能；(2)接入基于移动公共服务平台统一支付能力支撑的路侧停车缴费服务；(3)利用大数据平台提供的残疾人数据和移动公共服务平台提供的实名认证能力，残疾人用户实名认证后可直接进入残疾人专属页面，在页面显著位置有“一键呼救”功能；(4)帮助长期居住在外地的北京市退休人员办理退休金领取资格的在线认证；(5)接入北京市住房资金管理中心20个办事服务，包含住房公积金缴存提取业务、个人住房贷款业务、便民服务、政策法规解读等；(6)经过“北京通”L2级实名认证后，可实时查询个人社保的缴纳状态、当前缴费单位、参保时间，以及账户累计缴纳金额等；(7)经过L3级实名认证的用

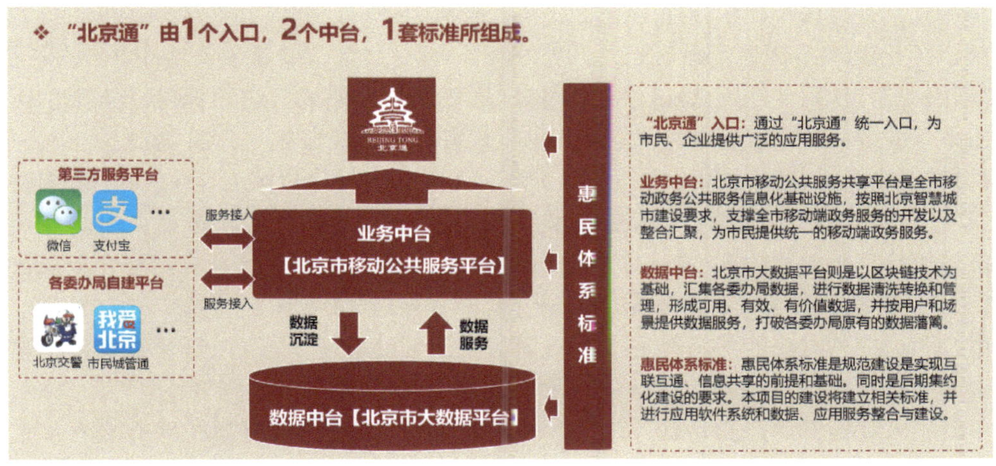

附录图 1-3 “北京通”App 整体框架

户可以通过“北京通”进行本人名下的房产查询以及利害关系人查询；(8)在移动端实现了全市行政审批类事项2200余事项的办事指南查询、近1000个事项的在线预约、超100个事项可直接网上办理等全面的办事服务。通过和市卫生健康委合作，已经完成了和“114”平台的正式对接，用户可直接在移动端进行北京市内共149家二、三级医院的预约挂号；(9)与“12345”市民热线进行合作，在原有电话渠道的基础上，扩展了移动端渠道。用户可以在“12345”服务中，将所需要反馈的问题以文字＋图片的形式反馈至“12345”；(10)通过智能手机的拍照、录像、语音留言、文字录入等功能，加上用户实时位置信息，以实名方式向“12345”平台反映城市管理中存在的问题。

3. 应用价值

“北京通”工作在市政府持续关注与推进下获得认可，在多个方面成为国内示范应用。2016—2018年连续三年纳入民生实事；2017年，“北京通”统一身份认证体系评选为全国首批上线的5个政务信息系统整合共享应用典型；2018年，“北京通”App被评选为当年“数字中国年度最佳实践案例”之一。同时，多年积极支持残疾人事业发展，2019年被评选为助残先进单位。历经三年的持续建设与运营，目前“北京通”App总下载量已经超过500万，近一半用户完成实名认证成为实名用户(借助移动公共服务平台的能力，通过各线上渠道累计达1100余万线上实名用户)，月活跃用户数已达30万，累计提供服务1138万次。

1-3　信用北京

1. 应用背景

北京是我国现代信用服务业发展最早的地区之一，机构数量最多、门类最齐全，行业规模、产业生态已经初步形成，同时，北京市经济和信息化局建设了“信用北京”体系。截至2019年7月初，从事征信、评级、信用保险、新型信用服务等业务的信用服务业机构已超过1800家，其中，取得人行备案的企业征信机构38家，占全国的30%；17家入选国家发展改革委“综合信用服务机构试点”，占全国的65%；22家入选国家发展改革委“可为信用修复申请人出具信用报告的信用服务机构”，占全国的35%；超过40家企业获得了社会融资，百融云创、金电联行已完成C轮融资，百融云创融资超过10亿元。北京市拥有北京信用协会、中关村企业信用促进会、朝阳区文创信促会等10多个行业组织，在整合和调动社会资源参与信用建设方面发挥着重要作用。2019年7月，为充分利用信用大数据带动产业建设，北京银行、阳光保险、中科院等单位联合成立了京津冀信用科技实验室。遴选了35家北京信用联合决策咨询服务机构，建立了北京信用技术标准委员会。

2. 应用场景

(1)建立信用联合奖惩机制。北京市44个部门共同对安全生产、食品药品、互联网等12个重要领域列入异常经营名录的32.6万家企业采取了限制从事政府采购、限制取得政府供应土地、限制任职资格等18项惩戒措施，累计限制任职资格4724人次，已经累计将156户企业的法定代表人列为限制出境对象，将18万人次列入失信被执行人黑名单，实施限制乘坐飞机和高等级列车等惩戒措施。在全市联合惩戒机制的威慑下，17%的“老赖”自动履行还债义务，近50%的重大税收违法当事人补缴了税款。另一方面，信用状况良好的单位和自然人可以获得种种便利，比如在办理行政许可和公共服务过程中，简化程序、优先办理，在安排财政性资金项目以及实施各类政府优惠政策中，优先考虑和扶持。市经济和信息化局会同首都文明办等部门持续开展了企业诚信创建活动，2018年评选出诚信创建企业500余家；人民银行营业管理部和中关村管委会持续推进小微企业信用体系试验区建设，为近万家中小微企业累计提供了2万余份信用报告和2700亿元的信用贷款。815户纳税信用A级企业与银行实现了对接，获得贷款42.8亿元。

(2)建立信用评价和分类监管制度。北京已在12个行业和领域建立了信用评价和分类监管制度，不断提升对市场主体的监管和服务能力。市市场监管局持续开展质量信用内部评级工作，将企业质量信用分类分级结果应用于“双随机、一公开”抽查工作；市税务局通过国家纳税信用管理系统进行评价，2018年共评出A级纳税人6万余户，D级纳税人4万余户，与40余家银行合作推进“银税互动”，截至2018年底，累计为企业授信2700余笔，发放贷款逾161亿元；市住房城乡建设委将信用评价结果应用于工程招评标环节，2018年全市有1300余项房建和市政工程的施工总承包招标采用了信用标，金额2000余亿元，占全市总承包项目的76%，总金额的91%；市司法局建立了工作人员诚信档案，并与考核奖励工作相结合；市教委建立了校外培训机构黑白名单制度，对全市12000余所校外培训机构开展了“拉网式”排查和专项治理工作，并向社会公布了黑白名单机构信息；市经济和信息化局会同市卫生健康委大力推进“信用＋保险＋医疗”模式，探索“急诊病人先看病后交费”模式和对“医闹”失信人员的惩戒措施；市交通委在打击黑车、路边停车等方面探索“信用＋交通”模式；市规划和自然资源委会同市住房城乡建设委推进了对违法建设行为家庭限制参与公租房摇号的惩戒措施。

(3)建立旅游行业信用监管平台。该平台上线以来，已对接各项信用数据逾1.7亿条，覆盖全北京41816名导游、2669家旅行社、285家A级景区、547家星级酒店等。据了解，北京市旅游行业信用监管平台通过对旅游信用信息的归集和处理，运用旅游大数据分析手段和先进的信用管理技术，实现了信用信息的“归集、查询、公示、监管、预警”五大功能。平台从自身情况评价、游客评价、行业评价、政务评价和第三方评价五个维度，不断完善对行业监管对象的信用综合分析，通过科学模型计算，量化信用指标，绘制信用画像，实现动态监管和信用预警。

3. 应用价值

目前北京市公共信用信息服务平台已归集的信息数量达到 4.2 亿条，其中，市区两级部门归集 2.8 亿条，从国家有关部门共享 1.4 亿条；信用数据覆盖自然人 2100 多万（常住人口＋流动人口）、企业 510 万家（含注销企业）、社团组织 1.1 万家、事业单位 1.2 万家；信用数据内容包含基本信息、业务信息、司法信息、行政执法信息、公共事业信息、信用评价信息和其他信息共 7 大类 38 小类 311 个目录，北京市信用大数据建设已初具规模。为充分发挥公共信用大数据在行政管理和社会经济活动中的作用，北京市着力在创新信用监管、促进行业信用应用、带动信用产业发展和京津冀信用体系共建等方面进行了积极探索和尝试。

1-4　北京市政交通一卡通城市治理大数据平台

1. 应用背景

近年来，政府一直在不遗余力地加大交通基础设施建设。但是，经济发展带来的人们出行需求的频繁、城镇化深入带来的城市人口迅速增长，依然给交通带来了前所未有的压力。据不完全统计，截至 2019 年 6 月，全国机动车保有量达 3.4 亿辆，交通拥堵指数超过 1.5 的城市有 47 个，其中三分之一的城市拥堵指数呈上升态势，交通困局已经成为了从普通群众到政府领导都密切关注的民生问题。

目前，我国城市的交通信息化已经建立起了基于电子警察、电子卡口数据的车辆缉查布控系统，对假牌套牌、逾期未检验、涉嫌盗抢车可进行自动报警；集合视频监控系统、公安 GPS 系统、交通 GIS 系统以及无线通信系统等建立的 110 指挥平台，具备了对辖区内突发事件决策处理“指令下得去，情报上得来”的能力；除此以外，交通流诱导系统、交通流采集系统、交通违法自动考量系统、交通视频监控系统等信息采集技术在各城市主干道已被广泛使用，“互联网＋交通”已经具备了实时而庞大的数据源。

北京市加强大数据在交通出行信息服务方面的应用，与一卡通等企业对接，建设北京市政交通一卡通城市治理大数据平台，打造“一体化”出行信息服务，并支撑交通综合出行指数和公交线网优化等研究。

2. 应用场景

由北京市政交通一卡通有限公司建设的北京市政交通一卡通城市治理大数据

平台分为基础层及应用层。基础层主要包括数据采集系统、数据治理系统、一卡通 GIS 系统；应用项目和场景包括北京市近三年居住用户初步研究专项、养老助残卡大数据应用监测系统、北京经济技术开发区公共交通大数据监测系统、通州区公共交通大数据监测系统、驾驶舱公共交通系统、北京市人口基于公共交通的人口监测平台及公共交通舆情风险管理系统等；成熟的模型包括全天一次出行 OD 模型、出行时间计算模型、公交地铁转换矩阵、站内最短距离算法、线网断面客流仿真模型、公共交通线路规划布局评估分析模型、公共交通服务水平评估分析框架、通勤客流工作地和居住地判定模型、行政区职住平衡评估模型等。

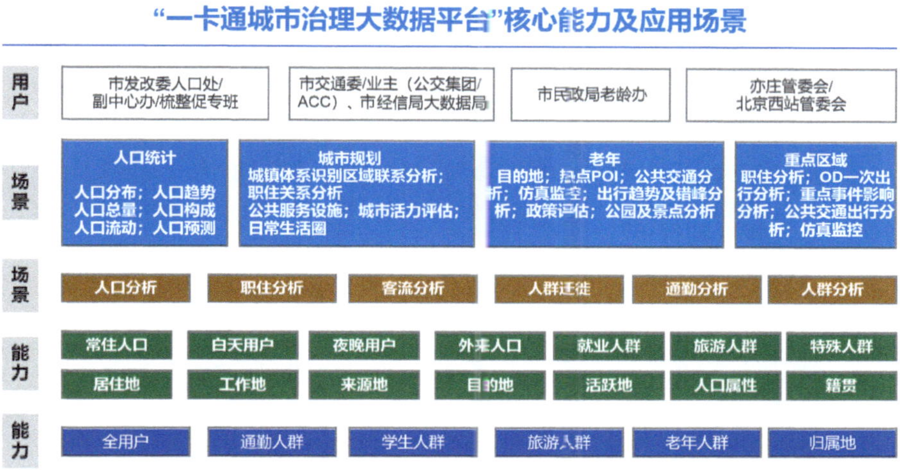

“一卡通城市治理大数据平台”核心能力及应用场景

用户：市发改委人口处/副中心办/梳整促专班；市交通委/业主（公交集团/ACC）、市经信局大数据局；市民政局老龄办；亦庄管委会/北京西站管委会

场景：人口统计（人口分布；人口趋势 人口总量；人口构成 人口流动；人口预测）；城市规划（城镇体系识别区域联系分析；职住关系分析 公共服务设施；城市活力评估；日常生活圈）；老年（目的地；热点POI；公共交通分析；仿真监控；出行趋势及错峰分析；政策评估；公园及景点分析）；重点区域（职住分析；OD—次出行分析；重点事件影响分析；公共交通出行分析；仿真监控）

场景：人口分析　职住分析　客流分析　人群迁徙　通勤分析　人群分析

能力：常住人口　白天用户　夜晚用户　外来人口　就业人群　旅游人群　特殊人群　居住地　工作地　来源地　目的地　活跃地　人口属性　籍贯

能力：全用户　通勤人群　学生人群　旅游人群　老年人群　归属地

附录图 1-4　“一卡通城市治理大数据平台”核心功能及应用场景

（来源：一卡通公司）

(1)市老年办新发老年卡公交运力评估项目。根据老年办需求，分析将优待政策中免费乘地面公交、游览政府办公园景区的年龄范围由 65 周岁扩大至 60 周岁后，对地面公交运力造成的影响。通过老年人出行规律、人数统计与通勤人群出行规律进行对比，分析扩大范围后对地面公交运力、通勤早晚高峰拥挤度等具体情况的影响，从而对扩大年龄范围的可行性提供数据支撑与分析。

·2011—2018 年，北京市公交车日刷卡量呈现出逐年下降的整体趋势，年均增长率约为−8%。公交车日刷卡总量数据的减少减轻了地面公交的运行压力，为该项惠民政策的实施提供了缓冲空间。

·养老助残卡在 09：00 至 09：15 达到全天的出行峰值，此后缓慢下降，总体表现较为平稳，无明显晚高峰。普通卡(非养老助残卡)在 07：45 至 08：00 达到全天的出行峰值，此后急剧下降，总体表现为双峰值特点，有明显晚高峰(17:45至 18:00)。

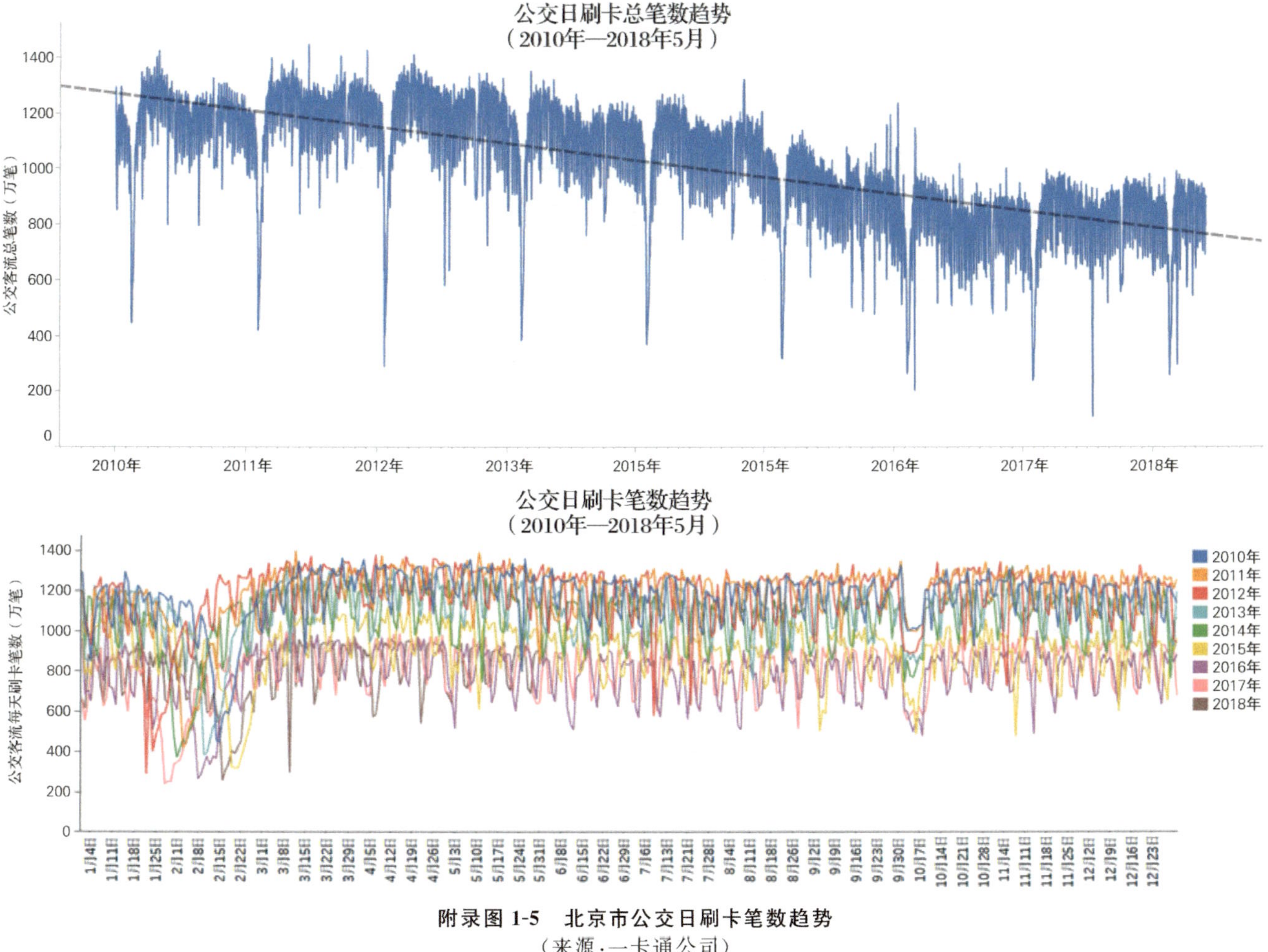

附录图 1-5　北京市公交日刷卡笔数趋势

（来源：一卡通公司）

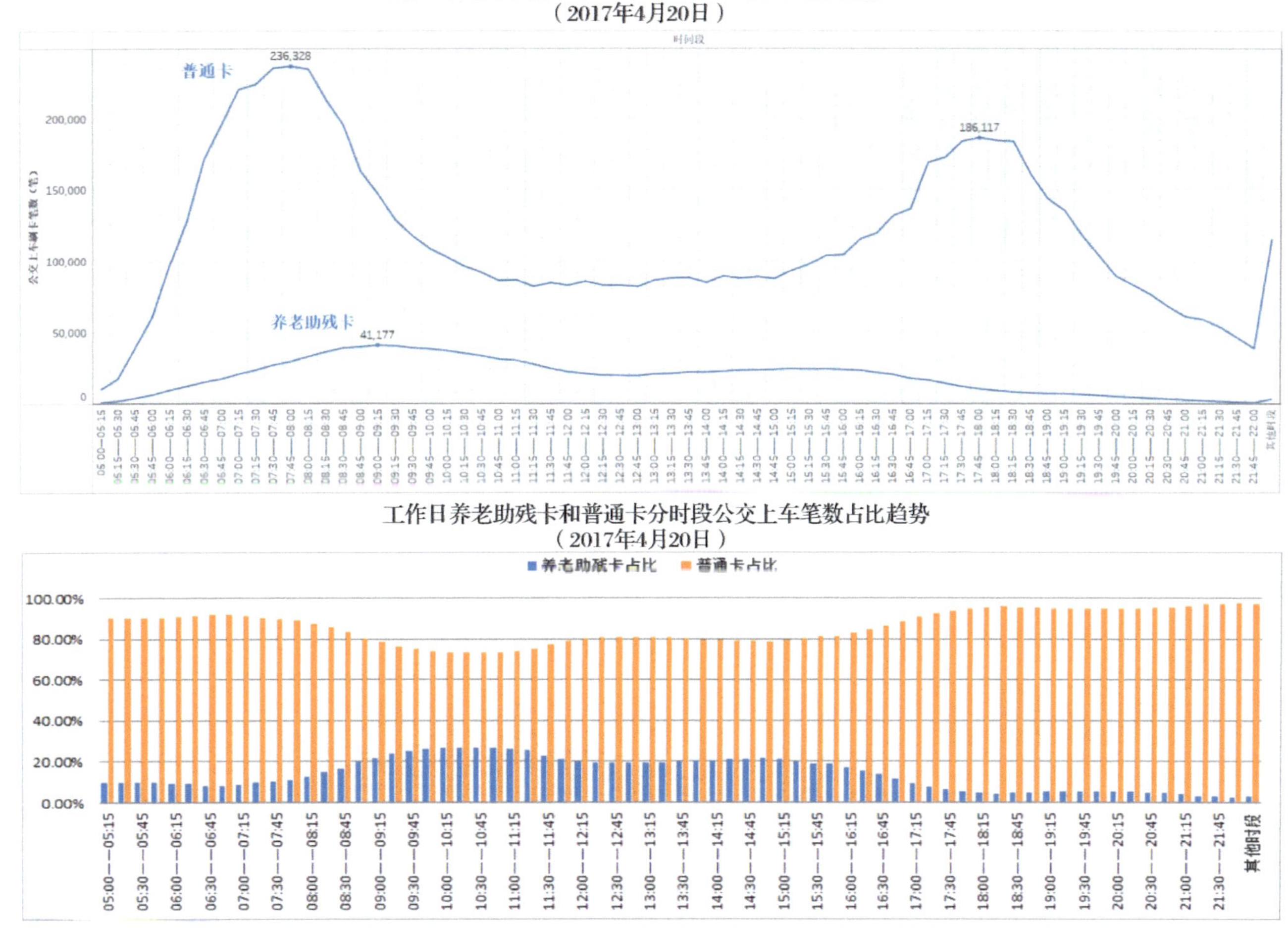

附录图 1-6　工作日养老助残卡和普通卡分时段公交上车笔数占比趋势

（来源：一卡通公司）

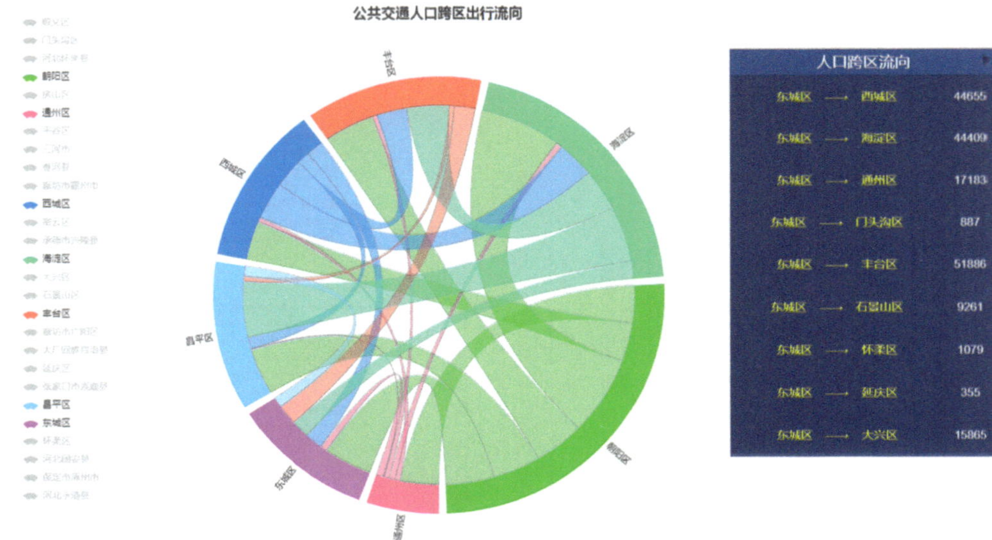

附录图 1-7　公共交通人口跨区出行流向图

（来源：一卡通公司）

(2)基于公共交通数据的居住人口趋势监测。受相关部门委托北京市政交通一卡通有限公司搭建了基于公共交通数据的居住人口趋势监测平台，了解北京市各个区之间人员流动情况。

·附录图 1-7 显示北京及周边各个区县公共交通跨区出行流向占比及具体数据，对各区县流入流出情况。

·图中显示北京居住用户分布情况，并对行政区人口三年内的增长情况进行分析。对城六区常住居民年度和月度人口数量和增长率进行分析。

平台通过对特定政策实施后，人口流动和跨区出行的具体情况分析，给出相关结论和建议，为下一步政策的调整提供数据支持。

(3)阅兵限行影响分析。通过阅兵前和阅兵期间一卡通数据对比分析发现(分析的样本数据量约为 5.4 亿笔)：一方面，阅兵期间日均刷卡量显著增加，单双号限行期间相对限行前公共交通出行总量增长 6%—7%，具体如附录图 1-8 所示；另一方面受限行直接影响公交线路变化比例更高，限行期间主干道公交线路客流变动，以经由长安街的 1 路、经由二环的 44 路和经由三环的 300 路快车三条公交线路为例，公交客流的增加幅度均在 10%以上，工作日客流增加幅度最大的是 300 路快车，非工作日客流增加幅度最大的是 1 路。限行后自驾车转为公交出行趋势明显，此次分析为后续大型活动单双号限行期间公共交通的资源优化配置提供了数据支撑。

附录图 1-8 阅兵前后刷卡量变化图

（来源：一卡通公司）

另外根据数据分析发现，限行期间，除了有车族转至公共交通外，公租自行车人群显著增加。有车族的出行结构，由私家车出行转至公共交通出行，公共交通出行次数显著增加。

北京市限行措施实施后，分别统计限行前后，自行车不同刷卡次数区间卡的数量，限行后的卡数量明显高于限行前，公租自行车人群增加 10%左右。

3. 应用价值

北京市政交通一卡通累计发卡超过 1.6 亿张，刷卡介质包括实体卡、二维码、手机 NFC 等，刷卡领域覆盖北京本地四大领域（公共交通、市政服务、小额支付、创新应用）及全国 268 个城市的公共交通领域，其中市场保有量超 1.2 亿张；可用于数据挖掘、分析的城市市政行为及交通轨迹数据 619 亿条记录；发卡日均新增 3 万张，市政行为及交通轨迹数据日均新增 3000 万条记录。

一卡通依托海量刷卡数据及近五年的大数据应用实践工作，形成如下成果：聚集了一批国内外的数据专家及应用专家；建成了面向实践应用的市政交通城市治理大数据平台；为发展改革委、交通委、老龄办等多个政府部门提供了切实、高效的数据服务。数据治理及综合应用能力在一卡通领域，乃至市政领域全国领先。

1-5 空间楼宇和产业经济大数据监测分析平台

1. 应用背景

减量集约发展、高精尖产业构建、向立体要发展、向空间要效益等，这样一个个发展目标，每一项都是对于未来美好城市的发展期待，每一项都是各级政府部门协同努力的方向。但是，如何改革创新、提质增效，促进经济高质量发展、打造更好的营商环境，在实际工作过程中，往往面临底数不清、情况不明、变化不知、分析不全等问题。尤其对于海淀区来说，在疏解非首都功能、打造科技创新中心核心区的新形势下，在区域可用空间逐年减少的现实压力下，大力发展楼宇经济，摸清楼宇内入驻企业变化态势，主动发现楼宇经济风险，优化楼宇产业结构成为海淀区推动区域高质量发展的重要路径。

2. 应用场景

海淀区经济大脑——楼宇经济监测分析平台的建设主体是北京市中关村科技园区海淀园管理委员会，承建单位为中关村科技软件股份有限公司。该平台围绕企业、楼宇、人口三大核心基础要素，通过整合企业、楼宇、经济、运营、信用、人口和舆情等丰富的数据资源，开展产业、空间、企业、人口和资源的精细化监测与分析，构建企业、楼宇和人口的基础、对象、特征三层数据结构，需求导向建立“经济大脑”数据生态体系，从空间效益、产业发展、企业运行等多个维度，实现城市高质量发展的综合性评估。

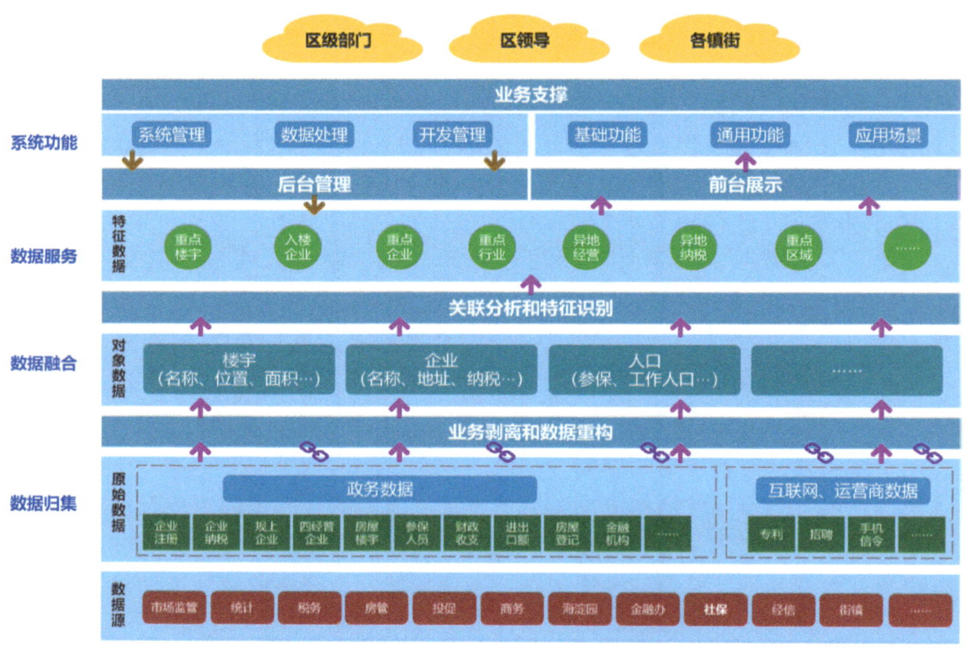

附录图 1-9　空间楼宇和产业经济大数据监测分析平台示意图

（来源：中关村科技软件）

平台建设通过数据归集、数据融合、数据服务三个层次，构建了原始数据、对象数据和特征数据，形成较为灵活、相对动态的大数据分析服务体系，为区领导、各部门、各镇街提供基于楼宇及其入驻企业的经济分析服务。

从数据归集方面来说，平台现已归集投促局、各街镇、海淀园、房管局等6个部门的重点楼宇1880栋，市场监督管理局、税务局、统计局、人力社保局、金融办等10余个部门的企业数据210余万条。互联网归集了全区重点楼宇入驻企业的招聘数据、舆情数据、商标数据和专利数据。

基于归集来的数据开展数据融合，在发改、房管、税务、市场监督、统计等部门的支持下，制定了原始数据处理规则、企业入楼规则、数据统计口径规则等一系列楼宇、企业数据处理规则，推动多部门数据的有机融合。

根据楼宇监测业务需求提供数据服务，对于全区服务经济工作，筛选识别异常企业对象，包括地址异常、经营异常企业 2 万余家，下发街镇服务经济科进行核查，清查出海淀区重点关注企业 2100 多家，并建立了数据驱动的街镇服务经济工作业务流程。在提升楼宇发展质量的过程中，通过平台对于楼宇的低效应用进行识别，并将整栋空置、低效使用等具体低效楼宇的情况推送给投促、发改等部门，为精准定位楼宇品质提升工作内容提供支撑。在系统监测出楼宇或企业的风险时，会将风险预警信息推送给属地街镇，由属地街镇服务经济科进行企业走访、服务，主动发现及时响应、防范各类风险。

楼宇经济监测分析平台基础功能包括全区重点楼宇、行业特色楼宇、亿元楼宇、区级 20 强等 6 类楼宇；独角兽企业、规上企业、注册资本亿元以上企业、区级税收百强企业等 8 类重点企业；“马上清(青)西”、上地区域、科学城北区等 5 个重点区域以及国标行业、高精尖产业的产业地图分析等四大基础功能。2018 年海淀区重点楼宇已形成信息服务业和科技服务业为支撑的高精尖产业引领发展格局。通用功能包括面向楼宇及企业的查询、比对和数据报告服务。应用场景包括服务经济、低效空间、优质企业识别、汇总统计和风险预警等一系列的具体面向发改、投促、财政等业务部门的服务功能。

楼宇经济监测分析平台的构建，实现了数据服务模式、数据服务技术和个体数据使用方式三大创新。一是数据服务模式创新，通过跨部门的数据融合构建知识图谱，进行多源数据的比对分析发现数据问题，形成数据驱动业务、业务反哺数据的精准服务模式。二是数据服务技术创新，通过自然语言处理(NLP)技术提高地址匹配成功率，利用支持向量机(SVM)算法寻找最优分类面，构建楼宇、企业的知识图谱，基于时间、空间约束冲突识别算法优化各部门数据，基于 BP 神经网络的企业优选模型发现好企业，并利用循环神经网络逐步开展楼宇经济预测预警分析。三是个体数据使用方式创新，通过数据沙箱机制，对原始数据进行加密及计算，计算结果推送至楼宇经济监测分析平台，原始数据不出分平台，涉及企业个体数据展示部分仅展示所属区间段结果，保证数据使用安全。

3. 应用价值

总体来说，通过收集全区各经济主要部门的相关企业经济数据，并将其与重点楼宇进行匹配，实现以楼宇为载体的企业监测与服务，为区领导、各部门和各镇街的中观、微观经济监测分析提供支撑。从重点区域来看，“马上清(青)西”地区，成为楼宇经济重要“发展极”；中关村西区及大街沿线，楼宇资源高密度集聚，以0.2%的土地面积实现了12%左右的区级税收贡献；科学城北区，楼宇经济已具雏形，对周边的辐射带动作用正在形成。从异地企业来看，依托于楼宇经济监测分析平台智能识别的疑似异地企业名单，街镇开展核查工作，此项工作形成的业务和数据闭环，对区域税源建设、营商环境优化有着指导意义。从税收情况来看，2018年全年百强重点楼宇以不足20%的数量，实现了重点楼宇近77%的三级税收。高品质楼宇与低效空间差别明显。从优质企业来看，基于定量数据与定性分析相结合的优选模型，对全区20多万家企业进行识别，从中发现区域高成长性的企业。从风险预警来看，根据部门填报、舆情风险、租期风险、运行风险、异地风险等维度，时刻监测海淀评估区楼宇及其入驻企业风险，做海淀区产业经济发展的护航员。

1-6 司法大数据与人工智能解决方案

1. 应用背景

经过传统IT时代和法院信息化2.0时代后，业务应用系统逐步开展并覆盖全面，积累了海量、多样化的司法信息资源。在全面进入信息化3.0时代后，目前呈现出“两个缺乏、两个无法保障”的业务现状：缺乏统一的信息资源规划、缺乏数据标准规范、信息数据质量无法保障、信息资源管理无法保障。

依托《促进大数据发展行动纲要》《人民法院四五改革纲要》以及《人民法院和最高法院信息化建设十三五规划》中对大数据的战略要求，最高人民法院以“大数据、大格局、大服务”理念为指导，构建全国法院跨层级、跨地域、跨系统、跨部门、跨业务的大数据管理与服务平台，为以数据为核心的“人民法院信息化3.0版”总体建成提供重要支撑，为深化司法公开、促进司法公正、践行司法为民、支持科学决策提供重要保障。

2. 应用场景

司法大数据与人工智能平台由北京华宇信息技术有限公司建设，该平台的架构设计为“一库四平台一系统”。“一库”为司法信息资源库，“四平台”分别为大数据管理平台（负责法律计算智能与数据管理）、法律认知平台（负责法律认知智能与知识管理）、感知服务平台（负责法律感知智能与交互管理）和区块链管理平台（负责法律互信智能与存证管理，是新增内容），“一系统”为共享交换系统。

(1)大数据管理平台

基于MPP（大规模并行处理）＋Hadoop（分布式计算）分布式混合技术架构的法律行业大数据平台。平台提供依托于法律业务场景下的行业数据采、存、管、算、通、用六大能力。

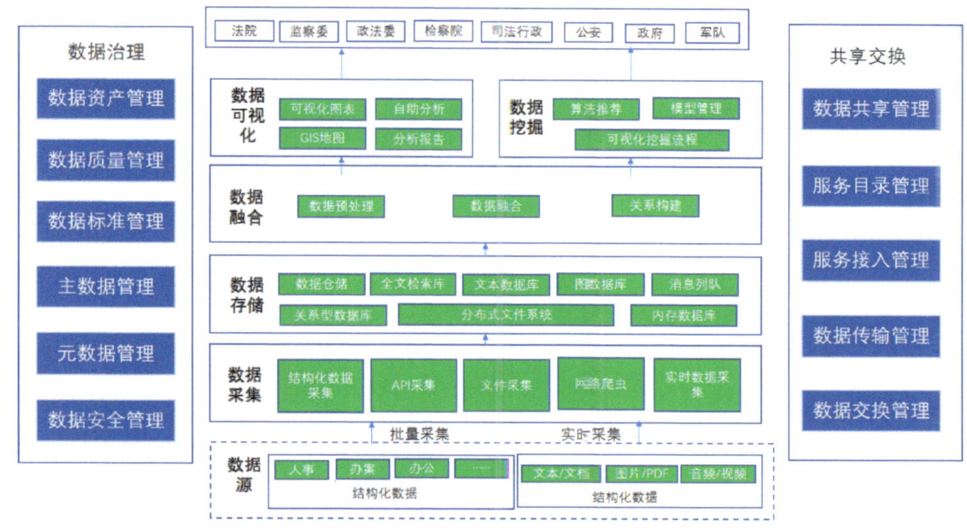

附录图 1-10　大数据管理平台能力全景图

（来源：华宇信息）

（2）法律认知平台

以法律知识图谱为核心，通过自然语言处理和机器学习，提供法律认知能力和多种知识服务的法律人工智能平台。可以实现与不同的业务场景下的智能服务

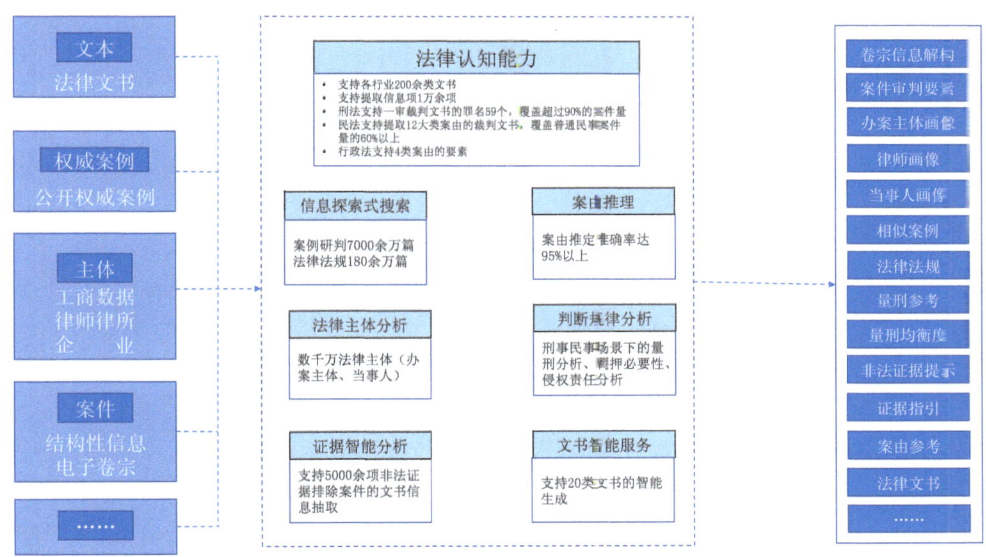

附录图 1-11　法律认知平台能力全景图

（来源：华宇信息）

应用相结合，为不同上层应用提供灵活的支撑服务。

(3)感知服务平台

集成以下人工智能技术，提供基于司法业务场景下的人工智能能力，构建“业务＋场景＋用户”的全连接体系，全面提升用户的业务感知和体验。

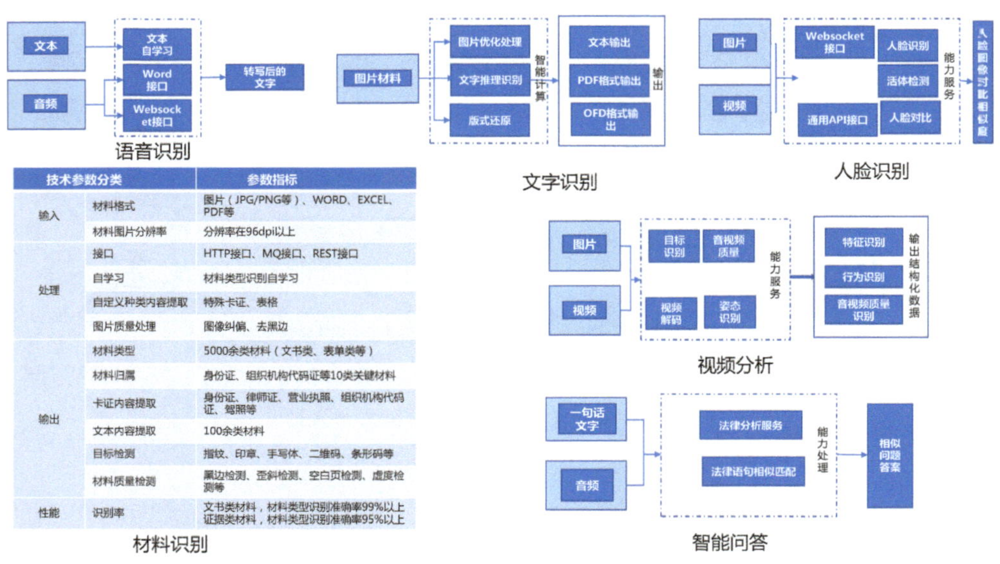

技术参数分类		参数指标
输入	材料格式	图片（JPG/PNG等）、WORD、EXCEL、PDF等
	材料图片分辨率	分辨率在96dpi以上
处理	接口	HTTP接口、MQ接口、REST接口
	自学习	材料类型识别自学习
	自定义种类内容提取	特殊卡证、表格
	图片质量处理	图像纠偏、去黑边
输出	材料类型	5000余类材料（文书类、表单类等）
	材料归属	身份证、组织机构代码证等10类关键材料
	卡证内容提取	身份证、律师证、营业执照、组织机构代码证、驾照等
	文本内容提取	100余类材料
	目标检测	指纹、印章、手写体、二维码、条形码等
	材料质量检测	黑边检测、歪斜检测、空白页检测、虚度检测等
性能	识别率	文书类材料，材料类型识别准确率99%以上 证据类材料，材料类型识别准确率95%以上

附录图 1-12　感知服务平台能力全景图

（来源：华宇信息）

(4)区块链管理平台

利用区块链技术，平台构建数据存证、实名认证、数据确权、智能合约等能力，提供在法律业务相关活动场景下的区块链可信服务。

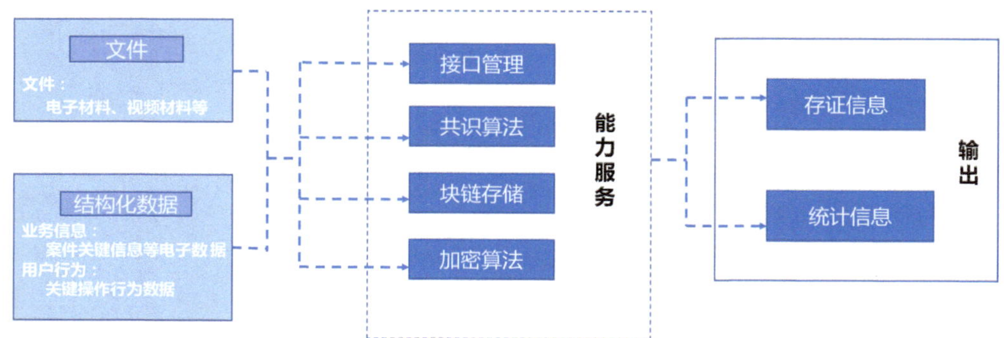

附录图 1-13　区块链管理平台能力全景图

（来源：华宇信息）

3. 应用价值

(1)人民法院大数据管理和服务平台

截至2019年10月，人民法院大数据管理和服务平台已经汇聚了全国3507家法院的1.9亿件案件数据，3.2亿份文书，4803万份电子卷宗，2815万份电子档案，其他数据4亿条，每日数据增量可达300万以上，成为全球最大的司法大数据中心，并且依托于平台的法院行业数据治理能力，实现了全量数据的治理，使得数据置信度达到99%。平台累计登录23万人，累计登录93万次。

(2)北京法院“睿法官”

为法官提供办案规范和量刑分析等精准信息，以大数据推进法律适用和裁判尺度统一，帮助法官降低了70%左右的信息录入、文书编写等工作量，案情梳理、案卷检索效率提升75%，信息录入准确率提升95%，文书质量提升70%，裁判尺度偏差缩小一半。

1-7 北京交警“云瞳”项目

1. 应用背景

首都北京作为我国的政治、经济、文化中心，机动车保有量已经超过600万辆。北京市公安交通管理局一方面需要保障首都的交通安全通畅、和谐稳定发展，另一方面还需要保障各类型重大活动，面临的挑战尤为艰巨。

过去十年，北京市建设了大量高清视频监控设备，积累了大量视频监控数据。长期沉积的图像数据不仅消耗了大量存储资源，也造成了巨大的数据浪费。而随着监控系统的普及，违法车辆和犯罪分子的反侦察意识也越来越强，经常出现套牌、假牌、摘车牌、污损车辆号牌等情况，给视频取证和交通车辆管控工作带来了新的挑战。

2. 应用场景

由北京市公安交通管理局作为建设主体，曙光信息产业股份有限公司承建的交通管理大数据“云瞳”平台，通过引入视频解析、深度学习、大数据分析等先进技术，实现对全部视频图像资源的统一管理、统一分析和统一调度。

系统建设和平台开发工作于2019年1月初正式启动。目前该系统整体框架已搭建完成，系统支持最大日过车量达亿级的实时数据处理，支持累计达千亿级的数据查询，并能实现秒级查询展示。

系统已实现多达7000款车辆款式和多达20余种车辆微特征进行识别，覆盖道路上几乎全部车辆，并对车辆构建4000维的特征向量，实现了以图搜图的功能。采用Hadoop分布式架构，系统节点支持累计扩容至千台规模，后续扩容可以只增加硬件服务器即可实现系统的容量升级。通过引入GPU并行运算和深度

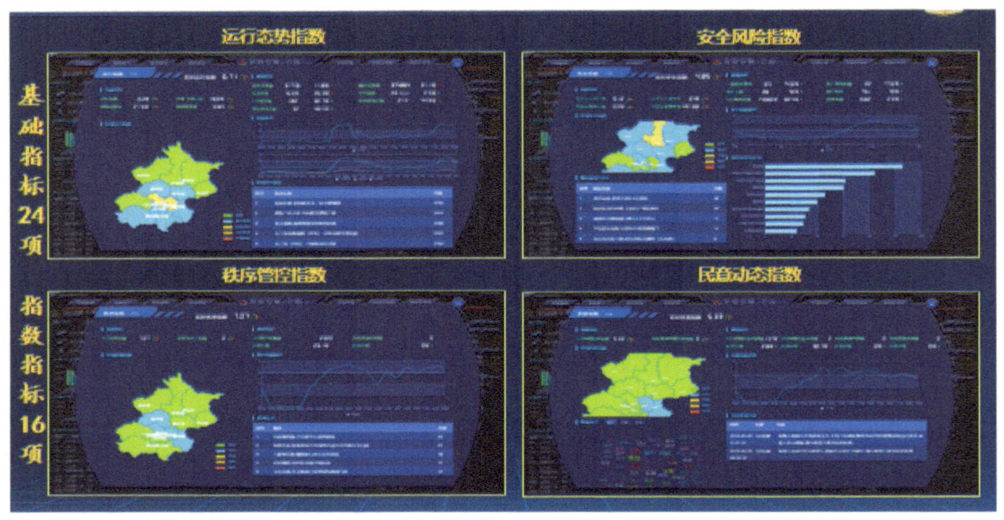

附录图 1-14　四位一体交通管理综合评价体系

（来源：曙光信息）

学习多维车辆特征识别技术，不依赖车牌识别即可实现多达 300 种品牌、7000 种款式、10 种车辆类型、10 种车辆颜色、20 余种微特征的自动分析和识别。系统同时还实现了对油罐车、渣土车、三轮车、班校车等特种车辆的自动识别和预警支持。采用 Hadoop 大数据分析技术支撑系统的动态扩展，实现了日处理亿级，总量千亿级的海量数据碰撞分析；实现从海量数据中查找隐藏线索，从看似无关的信息中查找关联性，从人工和肉眼无法感知的繁杂事件中总结出规律性，帮助交警快速、高效和准确地进行车辆布控和定位。为一线民警提供了包括套牌车分析、车辆驻泊地分析、轨迹分析、车辆出现频次分析等多达 20 余种实战工具。

智能搜索引擎技术，为民警提供了通过全文检索模式或车牌、品牌、颜色等多维度信息精确检索和模糊查询功能。增强学习和机器学习技术为大数据平台的对套牌识别、非法营运车辆、重点可疑车辆分析等功能提供了强力支撑。

3. 应用价值

“云瞳”大数据系统实现了五大功能。一是重点车辆管控预警，实现假牌车、套牌车、快递车、重点管控车等七类重点车辆实时监控预警，北京市公安交通管理局已依托系统成功查获 100 辆问题车辆。二是车辆违法监测，已经通过二次识别技术，实现不系安全带、驾驶员打电话等违法监测。三是车辆查询检索，已经实现轨迹查询、以图搜车、伴随车辆分析等 13 项功能。同时，还基于车驾管数据和系统分析结果，实现了车辆专题分析功能，一线工作人员通过这一功能能够快速了解嫌疑车辆的车辆信息、车主或驾驶员信息以及近期出行轨迹、出行规律、交通违法情况等详细信息，为案件的快速取证和案情分析提供了有效的技术手段。四是车辆查缉布控，可实现对重点车辆的布控预警，并与 PDA 关联，直接推送至一线执勤民警。五是设备配置管理，可对在线设备进行监控，对运行状态不稳定的实时预警。还将实现两大功能。一是视频图像管理功能，实现视频图像查询、调取功能，解决民警调取路线不便等问题；二是异常事件感知，通过车辆 AI 特征识别、图像 AI 检索等技术，实现对交通事故、意外情况、应急事件的自动检测和预警。

北京市公安交通管理局作为全国汽车保有量最大的城市交通管理部门，通过建设交警“云瞳”系统，为大数据时代公安交管部门如何引入大数据推动交警工作进行了积极探索并积累了宝贵的建设经验。通过引入 GPU 并行运算、深度学习、Hadoop 分布式等技术，解决了海量非结构化数据高并发分析、比对、检索等难题，对于国内一线城市交通管理部门大数据系统的建设具有极大借鉴意义。

1-8 通州区“城市大脑—生态环境”平台

1. 应用背景

2018 年 6 月 11 日至 7 月 8 日，生态环境部对京津冀及周边地区“2＋26”城市实施了两轮大气污染治理强化督查。从督查情况看，各地持续推进大气污染治理，狠抓工作落实，取得明显成效，但也发现各类大气环境问题 5204 个。其中，北京城市副中心问题数量排名第二。两轮强化督查共发现通州区存在大气环境问题 87 个，其中建筑工地扬尘污染、物料堆场和渣土运输车辆未覆盖等问题 71 个，问题较为突出。

存在的 87 个问题主要是施工工地的管理不到位，占了 75 个。2018 年，通州区共有拆违面积 2000 万平方米，仅次于大兴区，开复工面积也达到了 2000 万平方米，处于建设的高峰期，而且扬尘污染管控力度有所放松。

2018 年 4 季度，通州区公布施工现场扬尘治理情况。全区在施工程项目 633 项，其中区住房城乡建设委监管 352 项，监管项目总面积约 2019 万平方米。其中房建工程及装修工程 231 项(包括文化旅游区土方填垫工程)，市政基础设施工程 121 项，管廊总长度约 35 公里，道路约 157 公里。其间，市住房城乡建设委开展现场巡查 9105 项次(其中第三方检查 7862 项次)，利用远程高清视频监控系统每日检查 4 轮次；联合区城管执法局、区生态环境局、区市政市容委等部门开展联合执法和“六方环境联合验收”43 次；移交区城管执法局处罚 56 项；发放“红牌”警示告诫 3 项次，“黄牌”警示告诫 5 项次。

2. 应用场景

为结合北京市副中心发展定位与目标，立足通州的基础和特色，认真研究天来城市建设的新技术、新模式、新应用，通州确定了“以人为本”“数据为源”和“运河为链”的指导思想，并建设了通州区“城市大脑—生态环境”平台，该平台的建设主体是北京市通州区经济和信息化局，阿里巴巴集团下属公司及生态合作伙伴单位作为承建单位。通州区“城市大脑”侧重生态环境综合管理，北京市通州区“城市大脑—生态环境”平台是北京城市副中心数字生态城市创新架构体系的重要组成部分，也是神州信息在阿里云“城市大脑”平台之上，构建起的完善的智慧应用场景。“生态环境大脑”针对环境治理的能力短板，将环境监测、分析、决策、治理四个环节形成数据闭环，支撑环保部门实现生态改善的循环体系。

2019年3月，城市副中心数字生态城市建设成果“城市大脑—生态环境”正式上线，实现了通州核心区环境污染事件从人工发现到自动感知，从多部门多头处置到一网通办的提升。“城市大脑—生态环境”平台具备全面接入、智能感知、一口通办等特点。该平台具备三大能力：

(1)全面接入。对155平方公里的通州核心区域完成了环境监测的智能化改造，打通了区城管委、住建局、生态环境局等多部门的信息平台，接入1437路视频、1100个大气预警传感器，每10分钟就可以完成一次全区域视频扫描。

(2)智能感知。在视频探头覆盖的区域内，针对工地未苫盖、渣土车未苫盖、道路遗撒等问题，基于视频智能算法，实现全天候自动识别和发现，系统上线运行两个月来发现渣土车违法违规行为3300起。

(3)一口通办。对于识别的各类环境问题，在不增加政府人力的情况下，通过流程再造的方式，通过网格办一口受理，统一分派来解决。此外，还梳理出一套“从AI感知到智能生成事件，到网格办统一受理，到各职能部门处理，到最后办结反馈”的创新流程，实现了数据流与业务流的完美融合。

未来的通州，水源监测、建筑施工、垃圾清理、排污降噪等也将引入“城市大脑”相关技术，重塑环境生态环境治理模式。

3. 应用价值

在“2019中国电子信息博览会”上，“通州区生态环境综合管理平台”获评“2018智慧城市十大样板工程”。通州区副区长苏国斌也对平台落地所取得的成果表示了肯定，他认为：“平台通过全面感知、智能识别、流程创新推动了通州区在数字生态城市建设方面的突破和创新。这种平台化的方式使其可以与更多创新应用完美融合。未来水源监测、垃圾清理、排污降噪等也将引入该平台，逐步实现环保问题的‘智能化感知、智慧化分析、一站式办理、精准联合执法、公众信息实时发布’。”

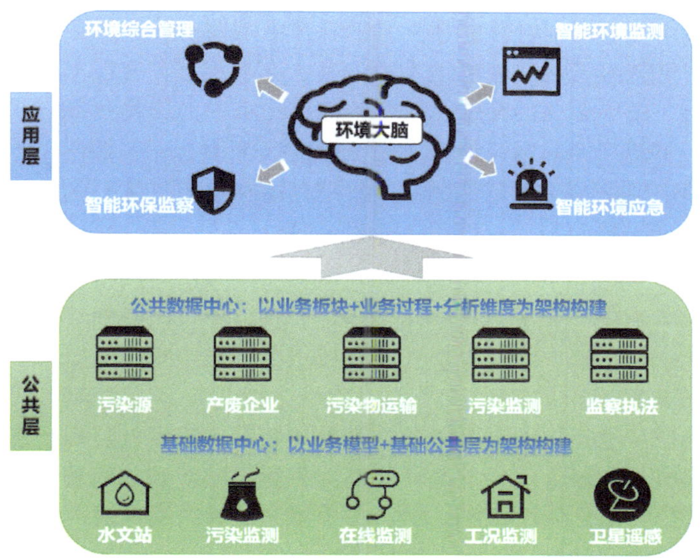

附录图 1-15　“城市大脑—生态环境”应用

（来源：阿里云）

1-9　海淀区区块链＋不动产交易平台

1. 应用背景

传统不动产行业一直难以摆脱本地、线下的商业模式，因此信息透明、全国交易、高速流通等“互联网红利”难以兑现。

区块链解决房地产交易的安全性难题。从追溯房源的交易历史、土地和房地产所有权登记，到权证办理的监管，整个流程都存在一定的风险。传统的房地产交易流程冗长，买卖双方都面临众多不可控因素。基于区块链底层技术所产生的信用机制，将有可能带来更安全、更透明、更快速的交易管理方式，有助于解决用户实际痛点。区块链技术贯穿于不动产交易、过户支付以及管理的全过程中，有效避免潜在风险。

区块链信用＋房地产金融服务。区块链技术创建去中心化的信用机制，不仅强化了数据安全，而且为用户确立了自身的数据主权，不再让用户数据和信用散落在各个互联网平台或者金融机构，而是逐步建立起自己的信用资产。

区块链有利于资产管理和运营。传统物业管理模式依赖于人工服务，数字化和信用体系成长速度太慢，效率低下。而未来基于区块链的物业管理和运营模式，从底层引入区块链，加上智能合约及数字化，有可能产生无人化的在线资产管理方式。在资产运营商方面，可以通过引入区块链底层系统，借助区块链本身的信任机制、不可篡改以及追溯体系，能够更好地实现物业的运营管理和监控。

随着区块链技术的成熟，借助人脸识别、电子签章、在线支付、不可篡改的产权信息上链、去中心化的交易机制、智能合约带来的实物资产自动处置等区块链生态优势，不动产互联网化得以实现。海淀区区块链＋不动产交易平台促进地方政府在不动产证交易、登记的“放、管、服”改革起到了重要的意义，今后将对整个行业产生重要的引领示范效用。

2. 应用场景

海淀区在北京市率先推出“不动产登记＋用电过户”同步办理的新举措，让市民和企业办理不动产登记时，可以一并办理用电过户，省时又省力。

海淀区区块链＋不动产交易平台的建设主体是北京市海淀区政务服务管理局、海淀区不动产登记事务中心以及国家电网北京海淀供电公司，承建主体是中海思源(北京)科技有限公司。该平台通过流程优化创新和区块链技术的应用，打通政务服务与公共服务两个领域，在以二手房交易为主题的服务事项中，把涉及该主题的各项服务联动办理，让办事群众“只需跑一次”。这种将政务服务与公共服务联动办理的做法，在北京尚属首例。

海淀区政务服务局通过区块链平台完成市规划和自然资源委不动产规划用途、坐落、平米空间等信息的共享和鉴证，并将海淀区政务服务鉴证系统部署至区不动产登记中心全部综合办理窗口的平板电脑，在存量房交易试点业务网上申请、在线鉴证的基础上，进一步将区块链技术覆盖至各不动产业务线下办理窗口，实现区块链技术在不动产登记应用场景的线上线下服务全覆盖，大大增加了区块链上链数据使用范围，使得通过区块链支撑的不动产交易业务量由7%提升至30%。针对存量房交易场景，截至2019年5月，已梳理完成108个业务字段信息及15份上链数据样本文件，涉及公安、民政、住建、规土、工商、环保、卫计、消防等8个部门业务数据。区块链技术支撑的存量房交易量为34笔，其中电力协同过户3笔。

附录图1-16　区块链＋不动产应用

3. 应用价值

主题服务创新提升"获得感"。作为北京市技术创新高地，海淀区以新技术推动"互联网＋政务服务"体系建设，深化行政审批制度改革，并创新性地提出了打通政务服务和公共服务。海淀区不动产登记中心充分利用北京已实现的二手房交易的"一网、一门、一次"的成果，积极配合海淀区的打通政务服务和公共服务实践的推进。

区块链技术助力"一网通办"。海淀区致力于探索在政务服务领域中应用区块链技术，在不改变原来审批流程的前提下，以"减事项、减环节、减材料、减时限"为目标，通过证照链、认证链、事项链等技术手段的运用，建立数据调用的互信共认机制，打通"数据烟囱"。在以二手房交易为主题的事项办理中，整合各种审批办理环节，实现不动产登记和用电过户服务的联动办理，极大地提升群众办事的便利度，提高政务服务效能。

贡献优化营商环境的"北京经验"。通过区块链技术打通政务服务、公共服务领域，真正实现"一网通办"，不仅是"互联网＋政务服务"建设的要求，也是实现营商环境优化的有效路径。海淀区通过区块链技术有效地提高了不动产登记以及电力服务的办理效率，提升群众和企业的获得感和满意度，成为海淀区在优化营商环境中的一次具体实践。随着海淀区应用区块链技术在企业开办、施工许可办理等领域的全面深入，对于北京市不断总结优化营商环境的"北京经验"将做出贡献。

1-10　昌平区"回天有数"超大社区城市治理大数据平台

1. 应用背景

2017 年 2 月习近平总书记视察北京时明确提出，要坚决维护总体规划的严肃性和权威性，健全规划实时监测、定期评估、动态维护机制，建立"城市体检"评估机制，加大执法力度，提高违法成本，健全问责机制。2018 年 4 月 12 日，北京市决定建立城市大数据协同管理平台，加强市区数据资源共享，该平台是以数据汇聚共享为基础、实现首都核心区城市精细化治理的协同平台，既是政府的统筹管理平台，也是居民的互动参与平台。

回天地区小学、中学、社区医院、公园广场、体育场馆，均存在不同程度的缺失，同时，局部板块因道路阻隔，影响既有配套可达性。为了有效地改善公共服务、解决社会问题，城市管理部门需要形成地区的精准认知，为此需要建立一套可以在空间和时间上进行横纵对比的量化动态监测体系，帮助城市管理者更好地解决回天地区城市和社会治理存在的问题。

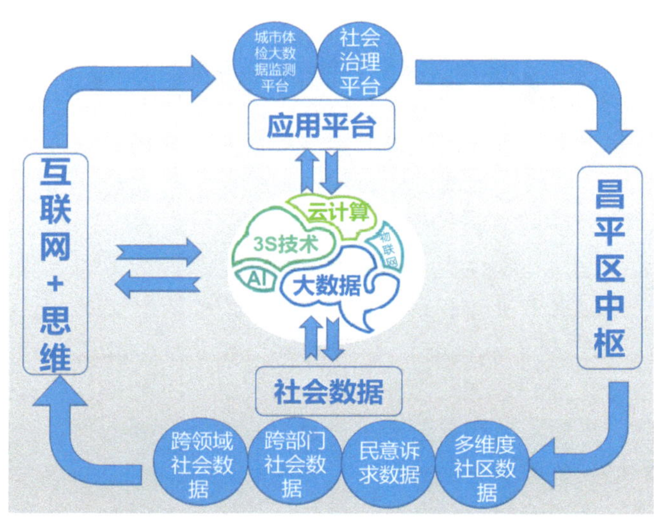

附录图 1-17　城市治理大数据应用

2. 应用场景

昌平区“回天有数”超大社区城市治理大数据平台的建设主体是北京市昌平区经济和信息化局，承建主体是北京城市象限科技有限公司和北京昌平科技园发展有限公司。该平台以“互联网＋”思维为基础、以科学的城市治理理论为指导、以大数据分析为途径、以可视化大数据平台为展现结果，致力于运用大数据手段改善城市治理。项目服务于昌平区政府，构建回天动态指数体系，建设城市体检大数据监测平台和社会治理平台，形成《城市修补更新报告》《社会治理蓝皮书》两大报告。回天动态指数体系设置 8 个一级指标、49 个二级指标，全面评价回天地区社会治理情况。城市体检大数据监测平台，监测回天地区城市运行状态并展现社会治理成果。社会治理平台搭建公众参与回天地区社会治理平台，建设居民长期参与通道。总体上，“回天有数”集成多源大数据，围绕公共服务设施增补和“一横一纵、五通五畅”路网修补，对政府落实的社会治理举措和惠民项目的实施成效进行持续分析与观测，并对三年行动计划的具体项目提出优先建设建议，对于政府决策提出了切实可行的建议，形成了为社区的精细化治理和服务水平提升提供科学的决策建议。

3. 应用价值

“回天有数计划”量化动态监测体系，可整合昌平区跨部门政务数据、跨领域社会数据、民意诉求数据、多维度社区数据，通过对三年行动计划治理成效定期量化体检形成“精治”，帮助政府构建地区的精准认知、总结优势和短板、优化政府惠民项目执行路径，同时，通过多渠道收集民意形成“共治”，将问题和民意诉求转化为落地项目，协助政府形成“民呼我应”的动态治理机制。

1-11 北京市公共数据开放

1. 应用背景

2019 年 10 月，北京市大数据工作推进小组办公室印发《关于通过公共数据开放促进人工智能产业发展的工作方案》，提出“推进一般公共数据无条件开放”，“建设公共数据开放创新基地，通过特定方式面向人工智能企业进行有条件开放数据”。截至 2020 年 3 月底，北京市已累计开放公共数据 4539 项 16.9 亿余条记录，其中，通过统一开放平台——政务数据资源网面向社会无条件开放市卫生健康委、市交通委、市高院、市医保协会等 68 个政府部门和单位的 1359 项数据，通过公共数据竞赛专区和金融数据专区面向社会有条件开放公共数据 3023 项。

2. 应用场景

北京市建设公共数据开放创新基地，利用数字北京大厦基础设施条件，探索搭建包括云资源、数据沙箱、竞赛系统和安全系统在内的数据开放基础设施，通过数据专区、应用竞赛等方式，面向合规正当的应用场景，在不转移数据所有权和控制权、清洗脱密脱敏和确保安全的情况下，向北京市相关企业有条件开放公共数据资源，为企业开发产品、创新应用提供无偿和精准的数据供给。

依据《北京市优化营商环境条例》关于“在确保商业秘密、个人隐私受到保护的前提下，推动不动产登记、税务、市场监督管理、民政等有关政府部门的信息与金融机构共享”的规定，北京市经济和信息化局依托公共数据开放创新基地建设金融公共数据专区，为首贷中心建设、金融机构数据共享、中小企业应对疫情提供有力支持。截至 2020 年初，专区汇聚涵盖 200 余万市场主体的登记、纳税、社保、不动产政府采购等 222 类 2953 项高价值数据，其中 191 类 2431 项 3.3 亿条原始数据批量导入；31 类 522 项 12.8 亿条个人隐私数据采用接口方式提供，基本满足首贷中心业务需求。

3. 应用价值

2019 年 11 月北京市经济和信息化局会同市高院联合举办“AI＋司法服务”创新竞赛，竞赛开放近两年全市法院判决生效文书、审判信息网公开的民商事案件等数据，聚焦案件代理人情况分析和行业诉讼情况分析，进行人工智能算法开发和数据建模，为防范化解法律纠纷减少诉源、提高司法审判质量提供支持。

2020 年 2 月北京市经济和信息化局、中国计算机学会大数据专家委员会等单位共同举办“2020 北京数据开放创新应用大赛——科技战疫·大数据公益挑战赛”，鼓励企业、高校、科研机构、创业者等积极参与本次疫情防控，将成熟的创新科技快速转化为应用实践，为北京市疫情防控、复工复产和后续经济社会发展提供解决方案。截至 4 月，共接收 5219 支参赛队伍报名信息，参赛总人数达 6210 人，收到参赛作品 14846 件。同时，北京市连续 4 年与“中国研究生智慧城市技术与创意设计大赛”合作，面向全国参赛者专项开放数据集，征集创新应用方案，相关成果通过政务数据资源网向社会开放并择优在政府内部推广。

1-12　北京“健康宝”

1．应用背景

2020 年 1 月，自北京市启动疫情防控工作以来，在市疫情防控工作领导小组的统筹部署下，在全市各部门、各区的通力合作下，北京建成涵盖市区街居四级管理体系的“疫情跟踪数据报送系统”，同时以此为基础，陆续快速开发上线“京心相助”“京心相护”和“健康宝”等疫情防控小程序，综合形成覆盖社区、楼宇等不同场景的疫控信息化服务保障平台。

2．应用场景

北京“健康宝”是一个方便个人查询自身防疫相关健康状态的小工具，所有在京及进(返)京人员均可使用，随着疫情防控工作不断深入，北京“健康宝”快速迭代，不断丰富后台支撑数据、优化查询逻辑、完善功能和服务，通过微信、支付宝两个入口，在个人自查红色、黄色以及绿色标识健康查询状态的基础上，陆续推出“他人代查”“环京通勤人员使用”“京津冀往返通行及商务出行”等服务，同时还上线了“健康宝”的英文版“Health kit”App，满足境外人士在京防疫、工作使用。

3．应用价值

北京“健康宝”始终坚持大数据思维，以“信息最小化采集，前台极简化设计，后台多部门联动，数据高安全保障”为理念开展建设。用户仅需填写姓名、身份证号并通过人脸识别，即可通过后台大数据分析，完成多源疫情防控数据的比对，快速获取个人防疫相关健康状态。其主要特点：

(1)最小化信息采集。仅需采集姓名、身份证号及人脸数据，即可获得状态信息，避免了其他抗疫 App、小程序存在的多方采集、重复采集、过度采集问题。

(2)更安全数据保护。用户所提供的信息，均留存于北京市政府，且仅用于疫情防控工作；同时，通过信息脱敏等手段，在用户终端生成的状态信息，也只保留姓和身份证号前后各 2 位，实现个人隐私的最大保护。

(3)极便捷操作使用。北京“健康宝”采集数据少，填写使用方便，同时采用线上、线下既相互结合又相对独立的运行模式，提前查询生成健康状态结果后，数据有效期内可直接获取。

(4)巧防伪界面设置。北京“健康宝”采用线上人脸识别、线下现场核验相结合的方式，充分利用人脸识别、二维码、流转效果等兼备静态和动态两种防伪方式，可以有效杜绝假冒伪造。

北京“健康宝”于 2020 年 3 月 1 日上线，逐步成为北京市疫情防控期间重要健康信息查询工具，截至 4 月 28 日“健康宝”已为 1900 多万人提供了 8900 多万次的健康状态查询，为联防联控、复工复产和日常出行提供了积极的支撑作用，其功能和应用仍在不断完善和拓展。

2. 北京市大数据企业名录

（据不完全统计，仅供参考）

2-1 北京市大数据重点企业名单

序号	细分领域	企业简称	企业名称
1	综合解决方案	百度	北京百度网讯科技有限公司
2	综合解决方案	阿里	阿里巴巴(中国)网络技术有限公司
3	综合解决方案	腾讯	腾讯云计算(北京)有限责任公司
4	综合解决方案	京东	北京京东世纪贸易有限公司
5	综合解决方案	小米	小米科技有限责任公司
6	综合解决方案	太极	太极计算机股份有限公司
7	综合解决方案	泰豪	北京泰豪智能工程有限公司
8	综合解决方案	思源政通	北京思源政通科技集团有限公司
9	综合解决方案	首信	首都信息发展有限公司
10	综合解决方案	美团	北京三快在线科技有限公司
11	综合解决方案	58 集团	58 集团有限公司
12	综合解决方案	明略数据	北京明略软件系统有限公司
13	综合解决方案	友盟	北京锐讯灵通科技有限公司
14	综合解决方案	普林科技	北京至信普林科技有限公司
15	综合解决方案	数美科技	北京数美时代科技有限公司
16	数据采集	因特睿	北京因特睿软件有限公司
17	数据存储	人大金仓	北京人大金仓信息技术股份有限公司
18	数据存储	柏睿数据	威讯柏睿数据科技(北京)有限公司
19	数据存储	红象云腾	北京红象云腾系统技术有限公司
20	数据存储	XSKY	星辰天合(北京)数据科技有限公司
21	数据存储	海天瑞声	北京海天瑞声科技股份有限公司
22	数据加工分析	百分点	北京百分点信息科技有限公司
23	数据加工分析	TalkingData	北京腾云天下科技有限公司
24	数据加工分析	国双科技	北京国双科技有限公司
25	数据加工分析	拓尔思	拓尔思信息技术股份有限公司

续表

序号	细分领域	企业简称	企业名称
26	数据加工分析	集奥聚合	北京集奥聚合科技有限公司
27	数据加工分析	天云大数据	天云融创数据科技(北京)有限公司
28	数据加工分析	国信优易	国信优易数据有限公司
29	数据加工分析	永洪科技	北京永洪商智科技有限公司
30	数据加工分析	中网数据	中网数据(北京)股份有限公司
31	数据加工分析	九章云极	北京九章云极科技有限公司
32	数据加工分析	星图数据	北京星图数网科技有限公司
33	数据加工分析	日志易	北京优特捷信息技术有限公司
34	数据加工分析	枫数科技	北京枫数科技有限公司
35	数据加工分析	数据堂	数据堂(北京)科技股份有限公司
36	数据可视化	国云数据	苏州国云数据科技有限公司
37	数据可视化	海致 BDP	海致网络技术(北京)有限公司
38	数据可视化	数字冰雹	北京数字冰雹信息技术有限公司
39	数据可视化	万博思图	北京万博思图信息技术有限公司
40	数据安全	360	北京奇虎科技有限公司
41	数据安全	天融信	北京天融信网络安全技术有限公司
42	数据安全	网智天元	北京网智天元科技股份有限公司
43	数据安全	瀚思	北京瀚思安信科技有限公司
44	数据安全	思睿嘉得	思睿嘉得(北京)信息技术有限公司
45	工业大数据	昆仑数据	昆仑智汇数据科技(北京)有限公司
46	企业大数据	用友网络	用友网络科技股份有限公司
47	企业大数据	龙信数据	龙信数据(北京)有限公司
48	企业大数据	数介科技	北京数介科技有限公司
49	金融大数据	百融金服	百融(北京)金融信息服务股份有限公司
50	金融大数据	九次方	九次方大数据信息集团有限公司
51	金融大数据	宜人贷	普信恒业科技发展(北京)有限公司
52	金融大数据	量化派	北京量科邦信息技术有限公司
53	金融大数据	Wecash 闪银	北京闪银奇异科技有限公司

续表

序号	细分领域	企业简称	企业名称
54	金融大数据	金电联行	金电联行(北京)信息技术有限公司
55	金融大数据	联动优势	联动优势科技有限公司
56	金融大数据	鼎复数据	鼎复数据科技(北京)有限公司
57	金融大数据	法海风控	北京鼎泰智源科技有限公司
58	金融大数据	资产 360	北京互连众信科技有限公司
59	产业大数据	天眼查	北京金堤科技有限公司
60	产业大数据	鲸准	北京创业光荣信息科技有限责任公司
61	产业大数据	饮鹿网	北京赛智时代信息技术咨询有限公司
62	交通大数据	滴滴	北京小桔科技有限公司
63	交通大数据	四维图新	北京四维图新科技股份有限公司
64	交通大数据	中交慧联	北京中交慧联信息科技有限公司
65	交通大数据	易华录	北京易华录信息技术股份有限公司
66	交通大数据	亿海蓝	亿海蓝(北京)数据技术股份公司
67	交通大数据	千方科技	北京千方科技股份有限公司
68	医疗大数据	医渡云	医渡云(北京)技术有限公司
69	医疗大数据	深睿医疗	北京深睿博联科技有限责任公司
70	医疗大数据	数坤科技	数坤(北京)网络科技有限公司
71	医疗大数据	零氪科技	零氪科技(北京)有限公司
72	医疗大数据	思派网络	思派(北京)网络科技有限公司
73	医疗大数据	推想科技	北京推想科技有限公司
74	医疗大数据	汇医慧影	慧影医疗科技(北京)有限公司
75	医疗大数据	Airdoc	北京郁金香伙伴科技有限公司
76	医疗大数据	雅森科技	北京雅森科技发展有限公司
77	医疗大数据	DeepCare	北京羽医甘蓝信息技术有限公司
78	营销大数据	今日头条	北京字节跳动科技有限公司
79	营销大数据	秒针系统	北京秒针信息咨询有限公司
80	营销大数据	精硕科技	精硕科技(北京)股份有限公司
81	营销大数据	时趣互动	时趣互动(北京)科技有限公司

续表

序号	细分领域	企业简称	企业名称
82	营销大数据	慧辰资讯	北京慧辰资道资讯股份有限公司
83	营销大数据	奥维云网	北京奥维云网大数据科技股份有限公司
84	营销大数据	博晓通	北京博晓通科技有限公司
85	媒体大数据	新华网	新华网股份有限公司
86	媒体大数据	新浪	北京新浪互联信息服务有限公司
87	媒体大数据	搜狐	北京搜狐互联网信息服务有限公司
88	文娱大数据	艾漫数据	北京艾漫数据科技股份有限公司
89	文娱大数据	咪咕	咪咕文化科技有限公司
90	文娱大数据	凤凰网	北京天盈九州网络技术有限公司
91	农业大数据	农信互联	北京农信互联科技集团有限公司
92	汽车大数据	汽车之家	北京车之家信息技术有限公司
93	汽车大数据	小马智行	北京小马智行科技有限公司
94	汽车大数据	Momenta	北京初速度科技有限公司
95	汽车大数据	图森未来	北京图森互联科技有限责任公司
96	汽车大数据	驭势科技	驭势科技(北京)有限公司
97	建筑大数据	广联达	广联达科技股份有限公司

2-2 北京市人工智能重点企业名单

序号	细分领域	企业简称	企业名称
1	智能芯片	寒武纪	北京中科寒武纪科技有限公司
2	智能芯片	地平线	北京地平线机器人技术研发有限公司
3	智能芯片	异构智能	北京异构智能科技有限公司
4	计算机视觉	商汤科技	北京市商汤科技开发有限公司
5	计算机视觉	旷视科技	北京旷视科技有限公司
6	计算机视觉	格灵深瞳	北京格灵深瞳信息技术有限公司
7	计算机视觉	深醒科技	北京深醒科技有限公司
8	计算机视觉	速感科技	速感科技(北京)有限公司

续表

序号	细分领域	企业简称	企业名称
9	计算机视觉	银河水滴	银河水滴科技(北京)有限公司
10	自然语言理解	拓尔思	拓尔思信息技术股份有限公司
11	自然语言理解	三角兽科技	三角兽(北京)科技有限公司
12	自然语言理解	蓦然认知	北京蓦然认知科技有限公司
13	深度学习平台	深鉴科技	北京深鉴科技有限公司
14	深度学习平台	第四范式	第四范式(北京)有限公司
15	图像识别	中科视拓	中科视拓(北京)科技有限公司
16	图像识别	Linkface	北京今始科技有限公司
17	图像识别	博思廷	北京博思廷科技有限公司
18	语音识别	云知声	北京云知声信息技术有限公司
19	语音识别	声智科技	北京声智科技有限公司
20	语音识别	普强信息	普强信息技术(北京)有限公司
21	智能驾驶	百度	北京百度网讯科技有限公司
22	智能驾驶	凌动智行	凌动智行(北京)科技有限公司
23	智能驾驶	奇点汽车	智车优行科技有限公司
24	智能驾驶	图森未来	北京图森未来科技有限公司
25	智能驾驶	智行者科技	北京智行者科技有限公司
26	智能驾驶	初速度科技	北京初速度科技有限公司
27	智能驾驶	驭势科技	驭势科技(北京)有限公司
28	智能驾驶	中科慧眼	北京中科慧眼科技有限公司
29	智能驾驶	开易科技	开易(北京)科技有限公司
30	智能驾驶	凌云智能	北京凌云智能科技有限公司
31	智能驾驶	Encradar	北京佳光科技有限公司
32	智能驾驶	深动科技	深动科技(北京)有限公司
33	智能驾驶	小马智行	北京小马智行科技有限公司
34	智能驾驶	禾多科技	禾多科技(北京)有限公司
35	智能医疗	贝瑞和康	北京贝瑞和康生物技术有限公司
36	智能医疗	阿里健康	阿里健康信息技术有限公司

续表

序号	细分领域	企业简称	企业名称
37	智能医疗	锐软科技	北京锐软科技股份有限公司
38	智能医疗	迈基诺基因	北京迈基诺基因科技股份有限公司
39	智能医疗	蓝海华业	北京蓝海华业科技股份有限公司
40	智能医疗	天智航	北京天智航医疗科技股份有限公司
41	智能医疗	芯联达科技	芯联达信息科技(北京)股份有限公司
42	智能医疗	零氪科技	零氪科技(北京)有限公司
43	智能医疗	推想科技	北京推想科技有限公司
44	智能医疗	Remebot	北京柏惠维康科技有限公司
45	智能医疗	泛生子生物	北京泛生子生物科技有限公司
46	智能医疗	汇医慧影	慧影医疗科技(北京)有限公司
47	智能医疗	安诺优达	安诺优达基因科技(北京)有限公司
48	智能医疗	思派网络	思派(北京)网络科技有限公司
49	智能医疗	海纳医信	海纳医信(北京)软件科技有限责任公司
50	智能医疗	妙健康	北京妙医佳健康科技集团有限公司
51	智能医疗	深睿医疗	北京深睿博联科技有限责任公司
52	智能医疗	Airdoc	北京郁金香伙伴科技有限公司
53	智能医疗	医渡云	医渡云(北京)技术有限公司
54	智能医疗	图玛深维	图玛深维医疗科技有限公司
55	智能医疗	东软望海	北京东软望海科技有限公司
56	智能医疗	全域医疗	北京全域医疗信息科技有限公司
57	智能医疗	康夫子	北京康夫子健康技术有限公司
58	智能医疗	雅森科技	北京雅森科技发展有限公司
59	智能医疗	进化者机器人	北京进化者机器人科技有限公司
60	智能医疗	Genedock 基因港	北京聚道科技有限公司
61	智能医疗	医拍智能	北京医拍智能科技有限公司
62	智能医疗	中科纳泰	北京中科纳泰生物科技有限公司
63	智能医疗	医语通	北京中科汇能科技有限公司

续表

序号	细分领域	企业简称	企业名称
64	智能医疗	曜立科技	曜立科技(北京)有限公司
65	智能医疗	连心医疗	北京连心医疗科技有限公司
66	智能医疗	雅森科技	北京雅森科技发展有限公司
67	智能医疗	DeepCare	北京羽医甘蓝信息技术有限公司
68	智能家居	京东	北京京东叁佰陆拾度电子商务有限公司
69	智能家居	渡鸦科技	渡鸦科技(北京)有限责任公司
70	智能家居	青米科技	青米(北京)科技有限公司
71	智能家居	小米科技	北京小米科技有限责任公司
72	智能家居	云丁科技	云丁网络技术(北京)有限公司
73	智能家居	邦天信息	北京邦天信息技术有限公司
74	智能家居	三个爸爸	三个爸爸家庭智能环境科技(北京)有限公司
75	智能家居	智米科技	北京智米科技有限公司
76	智能家居	果加	北京火河科技有限公司
77	智能家居	Rockrobo	北京石头世纪科技有限公司
78	智能家居	桂花网	北京桂花网科技有限公司
79	智能家居	超感时空	北京超感时空科技有限公司
80	智能家居	Kisslink	北京囡宝科技有限公司
81	智能家居	婴萌科技	北京婴萌科技有限公司
82	智能家居	匙悟科技	北京匙悟科技有限公司
83	智能家居	优听 Radio	优听无限传媒科技(北京)有限责任公司
84	智能零售	美团	北京三快科技有限公司
85	智能零售	友宝在线	北京友宝在线科技股份有限公司
86	智能零售	永洪科技	北京永洪商智科技有限公司
87	智能零售	诸葛 IO	北京诸葛云游科技有限公司
88	智能金融	量化派	北京量科邦信息技术有限公司
89	智能金融	百融云创	百融云创科技股份有限公司
90	智能客服	智齿科技	北京智齿博创科技有限公司

续表

序号	细分领域	企业简称	企业名称
91	智能客服	助理来也	北京来也网络科技有限公司
92	智能城市	特斯联	特斯联(北京)科技有限公司

2-3 北京市区块链重点企业名单

序号	细分领域	企业简称	企业名称
1	综合类	华为	华为技术有限公司北京分公司
2	综合类	腾讯	腾讯云计算(北京)有限责任公司
3	综合类	百度	北京百度网讯科技有限公司
4	综合类	信任度	北京信任度科技有限公司
5	综合类	同邦卓益	北京同邦卓益科技有限公司
6	综合类	京东	北京京东叁佰陆拾度电子商务有限公司
7	综合类	360	北京奇虎科技有限公司
8	综合类	金山云	北京金山云网络技术有限公司
9	综合类	爱奇艺	北京爱奇艺科技有限公司
10	综合类	暴风新影	北京暴风新影科技有限公司
11	联盟链和区块链技术	众享比特	北京众享比特科技有限公司
12	联盟链和区块链技术	天德科技	北京天德科技有限公司
13	联盟链和区块链技术	布比	布比(北京)网络技术有限公司
14	联盟链和区块链技术	共识数信	北京共识数信科技有限公司
15	联盟链和区块链技术	信任度	北京信任度科技有限公司
16	联盟链和区块链技术	赛智区块链	赛智区块链(北京)技术有限公司
17	联盟链和区块链技术	蓝石环球	北京蓝石环球区块链科技有限公司
18	联盟链和区块链技术	全息智信	北京全息智信科技有限公司
19	联盟链和区块链技术	联动优势	联动优势科技有限公司
20	联盟链和区块链技术	中科智汇	中科智汇软件有限公司
21	联盟链和区块链技术	网录科技	北京网录科技有限公司
22	区块链硬件	比特大陆	北京比特大陆科技有限公司

续表

序号	细分领域	企业简称	企业名称
23	加密数字货币生态	OKCoin	北京乐酷达网络科技有限公司
24	加密数字货币生态	火币网	北京火币天下网络技术有限公司
25	加密数字货币生态	Raybo	锐波(北京)科技有限公司
26	加密数字货币生态	太一云	北京太一云科技有限公司
27	加密数字货币生态	井通科技	井通(北京)科技有限公司
28	加密数字货币生态	好扑	北京好扑信息科技有限公司
29	加密数字货币生态	果仁宝	北京果仁宝科技有限公司
30	加密数字货币生态	阿希链	北京阿希链科技有限公司
31	加密数字货币生态	比太	北京德加才科技有限公司
32	加密数字货币生态	库神	北京库神信息技术有限公司
33	加密数字货币生态	瓦力必达	瓦力必达科技(北京)有限公司
34	加密数字货币生态	易粉科技	北京易粉科技有限公司
35	区块链应用	瑞卓喜投	北京瑞卓喜投科技发展有限公司
36	区块链应用	枫玉科技	北京枫玉科技有限公司
37	区块链应用	金股链	北京金股链科技有限公司
38	区块链应用	科达众连	北京科达众连区块链技术有限公司
39	区块链应用	诚品溯源	北京诚品溯源科技有限公司
40	区块链应用	溯安链	北京溯安链科技有限公司
41	区块链应用	全链时代	北京全链时代科技有限公司
42	区块链应用	汇链丰	汇链丰(北京)科技有限公司
43	区块链应用	通证宝	通证宝(北京)区块链科技有限公司
44	区块链应用	信和云	北京信和云科技有限公司
45	区块链应用	医链科技	北京医链科技有限公司
46	区块链应用	中链科技	中链科技有限公司
47	区块链应用	爱接力	北京爱接力科技发展有限公司
48	区块链应用	泛融科技	北京泛融科技有限公司
49	区块链应用	能链众合	北京能链众合科技有限责任公司

续表

序号	细分领域	企业简称	企业名称
50	区块链应用	链安网络	北京链安网络科技有限公司
51	区块链应用	志顶科技	北京志顶科技有限公司
52	区块链应用	金色财经	北京财到信息技术有限公司
53	区块链应用	未来通证	北京未来通证科技有限公司
54	区块链应用	链方达	链方达(北京)科技有限公司
55	区块链应用	碳三零	北京碳三零科技有限公司
56	区块链应用	利姆斯	利姆斯(北京)区块链技术有限公司
57	区块链应用	好未来	北京世纪好未来教育科技有限公司
58	区块链应用	东大正保	北京东大正保科技有限公司
59	区块链应用	链娱科技	链娱(北京)科技有限公司
60	区块链应用	中经天平	北京中经天平科技有限公司
61	区块链应用	众签科技	北京众签科技有限公司
62	区块链应用	版权家	北京版权家科技发展有限公司
63	区块链应用	易见天树	易见天树科技(北京)有限公司
64	区块链应用	哈希未来	哈希未来(北京)科技有限公司
65	区块链应用	比邻共赢	北京比邻共赢信息技术有限公司
66	区块链应用	知安天和	北京知安天和网络科技有限公司
67	区块链应用	阿尔山区块链	北京阿尔山区块链联盟科技有限公司
68	区块链应用	中食链	中食链技术有限公司
69	区块链应用	食安链科技	北京食安链科技有限公司
70	区块链应用	首汽智行	北京首汽智行科技有限公司
71	区块链应用	智链万源	智链万源(北京)数字科技有限公司
72	区块链应用	东港嘉华	北京东港嘉华安全信息技术有限公司
73	区块链应用	航天信息	航天信息股份有限公司
74	区块链应用	中科金财	北京中科金财股份有限公司
75	区块链应用	新晨科技	新晨科技股份有限公司
76	区块链应用	北京孚链	北京孚链科技有限公司

续表

序号	细分领域	企业简称	企业名称
77	区块链应用	共信互联	北京共信互联科技有限公司
78	区块链应用	宏链科技	北京宏链科技有限公司
79	区块链应用	物链科技	物链(北京)科技有限公司
80	区块链应用	磁云数字	北京磁云数字科技有限公司

3. 北京市大数据试点示范项目名单

3-1 北京市入选工信部“2018年大数据产业发展试点示范项目”名单

序号	项目名称	企业名称
方向一：大数据存储管理		
1	中国电信天翼大数据飞龙平台研发项目	中国电信股份有限公司云计算分公司
2	工业物联网与生产实时大数据分析系统	中国华能集团公司信息中心
3	神软智汇大数据管理系统及数据分析平台研发与产业化	北京神舟航天软件技术有限公司
4	发电大数据平台建设及应用关键技术研究与示范	北京华电天仁电力控制技术有限公司
5	久其大数据处理与分析平台示范应用	北京久其软件股份有限公司
6	低功耗高性能大数据存储系统	北京浩瀚深度信息技术股份有限公司
方向二：大数据分析挖掘		
7	石化工业大数据研发与应用	石化盈科信息技术有限责任公司
8	面向电力产业链的“大数据＋人工智能”融合创新应用工程	国网信息通信产业集团有限公司
方向三：大数据安全保障		
9	基于多层安全管控体系的国税大数据分析平台	航天信息股份有限公司
10	工业大数据安全监测预警平台研制及应用推广	北京神舟绿盟科技有限公司
方向四：产业创新大数据应用		
11	联想工业大数据实践及产业示范	联想(北京)有限公司
12	译见——跨语言大数据分析处理平台	中译语通科技股份有限公司
13	中华传统文化大数据工程	中华书局有限公司
14	基于大数据应用的油气勘探开发创新增效示范工程	中国石油集团科学技术研究院
15	邮政业大数据应用与民生服务能力建设研究及试点示范	国家邮政局邮政业安全中心

续表

序号	项目名称	企业名称
16	车智云——面向汽车产业集群的大数据智能决策服务云平台	车智互联(北京)科技有限公司
17	钢轨全寿命大数据管理平台	中铁物轨道科技服务集团有限公司
18	发电行业大数据综合解决方案试点示范	中国大唐集团科学技术研究院有限公司
19	智慧环保大数据应用平台	北京国电龙源环保工程有限公司
20	能源互联网大数据平台	环球大数据科技有限公司
21	分布式微能网大数据应用平台	北京清芸阳光能源科技有限公司
22	水生产大数据综合分析系统	中国节能环保集团公司
23	航运产业大数据创新应用试点示范工程	中远网络物流信息科技有限公司
24	面向智能制造的工业大数据示范应用平台	曙光信息产业(北京)有限公司
25	高速公路交通大数据分析平台研发及应用示范	大唐软件技术股份有限公司
26	工业大数据技术与业务创新平台	北京工业大数据创新中心
27	大数据技术在新能源汽车检测与管理领域的工程应用与示范	北京理工新源信息科技有限公司
28	动车组等移动装备智能检测及高铁智能建造大数据应用	中国铁道科学研究院
方向五：跨行业大数据融合应用		
29	城市综合交通大数据应用服务平台	北京易华录信息技术股份有限公司
30	中国汽车产业大数据跨行业融合与应用	北京卡达克数据有限公司
31	中国移动乾坤大数据服务平台	中国移动通信集团公司
32	基于全内存实时分析处理技术的跨行业统计大数据融合应用	威讯柏睿(北京)有限公司
方向六：民生服务大数据应用		
33	轨道交通行业大数据应用解决方案	北京中软万维网络技术有限公司
34	北京市安全风险云服务系统	北京市计算中心
35	肿瘤放疗大数据应用平台建设	中国人民解放军总医院

续表

序号	项目名称	企业名称
方向七：大数据测试评估		
36	全国大数据基础产品能力评测体系	中国信息通信研究院
37	大数据测试评估公共服务平台	工业和信息化部计算机与微电子发展研究中心（中国软件测评中心）
方向八：大数据重点标准研制及应用		
38	大数据重点标准研制及应用和测试评估	中国电子技术标准化研究院
方向九：政务数据共享开放平台		
39	市场主体政务数据共享开放平台	长城计算机软件与系统有限公司
方向十：公共数据共享开放平台		
40	纺织行业“三品”提升大数据支撑平台	中国纺织信息中心
41	软件和信息技术服务业行业发展大数据平台	国家工业信息安全发展研究中心

3-2　北京市入选工信部“2020 年大数据产业发展试点示范项目”名单

序号	项目名称	企业名称
领域一：工业大数据融合应用		
工业现场方向		
1	基于大数据的金属矿山智能管控新模式	中色非洲矿业有限公司
2	中铁工业智能制造信息化“一中心、三示范”项目	中铁高新工业股份有限公司
企业应用方向		
3	航天产品试验大数据管理系统建设及示范应用	北京神舟航天软件技术有限公司
4	易派客工业品电子商务平台	易派客电子商务有限公司
5	全球化工采购寻源大数据平台	中化商务有限公司
重点行业方向		
6	基于大数据技术的显示器件制造行业产能提升解决方案	京东方科技集团股份有限公司
7	能源大数据支撑平台研发及应用示范	中国科学院软件研究所

续表

序号	项目名称	企业名称
8	中国石油数据仓库及治理项目	北京中油瑞飞信息技术有限责任公司
9	有色行业矿冶大数据中心及应用平台建设	北京矿冶科技集团有限公司
10	钢铁材料产业链应用大数据平台	钢铁研究总院
11	中国铁路运输安全大数据应用	中国铁道科学研究院集团有限公司
12	核电施工大数据平台分析与应用	北京中核华辉科技发展有限公司
领域二：民生大数据创新应用		
民生大数据创新应用方向		
13	司法大数据管理与服务平台	北京华宇信息技术有限公司
14	智能媒体大数据平台及应用开发	太极计算机股份有限公司
15	基于智能网联的大数据平台建设项目	北京嘀嘀无限科技发展有限公司
16	融合异构数据及深度学习的民生大数据创新应用试点示范	中国联合网络通信有限公司网络技术研究院
17	心血管信息化研究平台建设及临床决策辅助诊疗系统优化	神州数码医疗科技股份有限公司
18	全民阅读与融媒体中台	中国新闻出版传媒集团项目规划与管理部
19	基层社会治理智慧监管大数据平台项目	航天信息股份有限公司
20	成都锦江流域综合治理与绿道建设工程智慧管理平台	中国交通信息中心有限公司
21	多源异构医疗大数据处理分析及智能化产业赋能应用平台	医渡云(北京)技术有限公司
22	中国邮政地理资源信息平台	中邮信息科技(北京)有限公司
23	生猪大数据资源管理与应用平台	九次方大数据信息集团有限公司
24	一卡通大数据在城市治理中的应用实践	北京市政交通一卡通有限公司
25	职业教育校园大数据应用试点示范	大唐软件技术股份有限公司
26	互联网感知大数据驱动的民生民情智能应用服务	清华大学
27	IT 企业风险监测与发展大数据平台	长城计算机软件与系统有限公司

续表

序号	项目名称	企业名称
28	电力大数据信用融资综合服务平台	国网电子商务有限公司
领域三：大数据关键技术先导应用		
大数据关键技术先寻应用方向		
29	面向超大规模异构数据的多场景能力构建和开放平台试点示范	中国联合网络通信有限公司
30	360应龙综合反诈骗平台	北京奇虎科技有限公司
31	面向超大规模数据集群的亚信数据中台应用示范项目	亚信科技(中国)有限公司
32	多源遥感数据高精度智能处理与服务平台	中科星图股份有限公司
33	中国移动大数据开放服务平台“梧桐”	中移动信息技术有限公司
34	天翼云AI能力开放平台	中国电信股份有限公司云计算分公司
35	国家工业互联网大数据中心建设	中国工业互联网研究院
36	中国农业银行数据中台	中国农业银行研发中心
37	城市时空大数据云GIS关键技术研究	正元地理信息集团股份有限公司
领域四：大数据管理能力提升		
公共服务平台方向		
38	产业互联网平台模式下的塑化场景小微企业普惠金融创新项目	百融云创科技股份有限公司
39	产业大脑大数据服务平台	赛迪顾问股份有限公司

3-3　北京市大数据应用试点示范项目(第一批)

序号	项目名称	建设单位	承建单位
1	交通管理大数据“云指”“云瞳”平台	市公安交通管理局	曙光信息产业(北京)有限公司等
2	城市空间三维仿真系统	市规划和自然资源委	武汉华正空间软件技术有限公司
3	AI＋政务大数据服务平台	市住房城乡建设委、市公安交通管理局	北京市中科汇联科技股份有限公司

续表

序号	项目名称	建设单位	承建单位
4	城市大脑一生态环境平台	通州区经济和信息化局	阿里云计算有限公司、神州数码系统集成服务有限公司等
5	区块链+不动产交易平台	海淀区政务服务局、区科信局	中海思源(北京)科技有限公司
6	“回天有数”超大社区城市治理大数据平台	昌平区经济和信息化局	北京昌平科技园发展有限公司
7	空间楼宇和产业经济大数据监测分析平台	海淀区发展改革委、中关村科技园区海淀园管理委员会、东城区信息办	中关村科技软件股份有限公司
8	国家苹果大数据公共平台	农业农村部信息中心	九次方大数据信息集团有限公司
9	银河大数据平台	中国人民银行营业管理部	京东数字科技控股有限公司
10	北京市政交通一卡通城市治理大数据平台	北京市政交通一卡通有限公司	北京市政交通一卡通有限公司
11	大数据实时交易反欺诈项目	中国民生银行	北京国舜科技股份有限公司
12	基于大数据的产业地图服务平台	国信优易数据有限公司	国信优易数据有限公司
13	王府井全渠道中心一智能营销系统	北京王府井百货(集团)股份有限公司	北京百分点信息科技有限公司

4. 大数据政策法规

国外大数据政策法规	
美国	《透明与开放的政府》总统备忘案
	《开放政府指令》
	《开放数据政策——将信息作为资产进行管理》
	《开放政府数据法案》
	《开放政府数据法》
	《澄清境外数据的合法使用法案(CLOUD)》
	《2002 电子政务法》
	《数据质量法》
	《美国信息共享与安全保障国家战略》
	《消费者隐私权利法案》
	《有线通信隐私权法案》
	《千禧年数字版权法》
	《网络安全信息共享法案(2015)》
欧盟	《数据驱动经济战略》
	《欧盟大数据价值战略研究和创新议程》
	《数据价值链战略计划》
	《打造欧洲数据经济》
	《通用数据保护条例》
	《非个人数据在欧盟境内自由流动框架条例》
	《公共部门信息再利用指令》
	《数字化单一市场战略》
	《电子证据跨境调取提案》
	《有关个人数据自动化处理之个人保护公约》
	《个人数据保护指令》
	《关于电子通信领域个人数据处理和隐私保护的指令(2002/58/EC)》

续表

国外大数据政策法规	
日本	《电子政务开放数据战略草案》
	《个人信息保护法》(APPI)
	《数字及平台交易透明化法》
	《反不正当竞争法》(修订)
英国	《迈向第一线：更聪明的政府》
	《G8开放数据宪章：英国行动计划》
	《把握数据带来的机遇：英国数据能力战略》
	《“数字政府即平台”计划》
	《隐私与电子通信条例》
	《数据保护法》(新版)
	《信息自由法》
	《自由保护法》
新加坡	《个人资料保护法令》
	《个人数据保护法案》(修订)
德国	《联邦数据保护法》
	《联邦信息技术安全法》
澳大利亚	《2018年电信和其他法律修正(协助和访问)法案》
	《电子交易法案》
	《数据泄露通报制度》

国内大数据政策法规	
国家	《中华人民共和国网络安全法》
	《中华人民共和国政府信息公开条例》
	《促进大数据发展行动纲要》
	《政务信息资源共享管理暂行办法》
	《科学数据管理办法》
	《政务信息资源目录编制指南(试行)》

续表

国内大数据政策法规	
北京市	《北京市电子政务建设管理办法(试行)》
	《关于加强政务信息资源共享工作的若干意见》
	《北京市政务信息资源共享交换平台对接指南》
	《北京市信息化促进条例》
	《智慧北京行动纲要》
	《北京市大数据和云计算发展行动计划(2016—2020年)》
	《北京市市级政务云管理办法(试行)》
	《北京市政务信息资源管理办法(试行)》
	《北京市公共信用信息管理办法》
	《北京市政府投资信息化项目数据资源管理办法(试行)》
	《北京市社会数据采购和使用管理暂行办法》
	《北京市目录链管理规则(试行)》
贵州省	《贵州省大数据发展应用促进条例》
	《贵州省政务数据资源管理暂行办法》
	《贵州省大数据安全保障条例》
	《贵阳市政府数据共享开放条例》
	《贵阳市大数据安全管理条例》
天津市	《天津市促进大数据发展应用条例》
	《天津市数据安全管理办法(暂行)》
河北省	《河北省政务信息系统整合共享实施方案》
广东省	《广东省信息化促进条例》
	《广东省促进大数据发展行动计划(2016—2020年)》
	《广东省政务数据资源共享管理办法(试行)》
上海市	《上海市政务数据资源共享管理办法》
	《上海市公共数据和一网通办管理办法》
	《上海市公共数据开放管理办法》
河南省	《河南省政务信息资源共享管理暂行办法》
重庆市	《重庆市政务数据资源管理暂行办法》

续表

国内大数据政策法规	
沈阳市	《沈阳市政务信息资源交换共享管理办法》
	《沈阳市政务数据资源共享开放条例(征求意见稿)》
内蒙古自治区	《内蒙古自治区政务信息资源共享管理暂行办法》
	《内蒙古自治区科学数据管理办法》
浙江省	《浙江省公共数据和电子政务管理办法》
	《浙江省公共信用信息管理条例》
江苏省	《江苏省政务信息资源共享管理暂行办法》
	《南京市政务数据管理暂行办法》
海南省	《海南省政务信息资源共享管理办法》
	《海南省公共信息资源管理办法》
	《海南省公共信息资源安全使用管理办法》
	《海南省大数据开发应用条例》
福建省	《福建省政务数据管理办法》
	《福建省公共信用信息管理暂行办法》
四川省	《四川省政务信息资源共享管理实施细则(暂行)》
	《成都市政务信息资源共享管理暂行办法》
山东省	《山东省政务信息资源共享管理办法》
湖南省	《湖南省政务信息资源共享管理办法(试行)》
湖北省	《湖北省政务信息资源共享管理办法》
安徽省	《安徽省政务信息资源共享管理暂行办法》

5. 北京市大数据标准体系明细表

序号	标准体系编号	一级分类	二级分类	三级分类	标准名称	标准编号	标准状态
1	1.1	基础	总则	—	电子政务标准化指南 第1部分：总则	GB/T 30850.1—2014	国家标准已发布
2	1.1	基础	总则	—	电子政务标准化指南 第2部分：工程管理	GB/T 30850.2—2014	国家标准已发布
3	1.1	基础	总则	—	电子政务标准化指南 第3部分：网络建设	GB/T 30850.3—2014	国家标准已发布
4	1.1	基础	总则	—	电子政务标准化指南 第4部分：信息共享	GB/T 30850.4—2017	国家标准已发布
5	1.1	基础	总则	—	电子政务标准化指南 第5部分：支撑技术	GB/T 30850.5—2014	国家标准已发布
6	1.1	基础	总则	—	信息技术 大数据标准化指南	—	国家标准拟研制
7	1.2	基础	术语	—	电子政务术语	GB/T 25647—2010	国家标准已发布
8	1.2	基础	术语	—	信息技术 云计算 概览与词汇	GB/T 32400—2015	国家标准已发布
9	1.2	基础	术语	—	信息技术 大数据 术语	GB/T 35295—2017	国家标准已发布
10	1.3	基础	参考架构	—	电子政务系统总体设计要求	GB/T 21064—2007	国家标准已发布
11	1.3	基础	参考架构	—	信息技术 云计算 参考架构	GB/T 32399—2015	国家标准已发布
12	1.3	基础	参考架构	—	信息技术 云计算 平台即服务(PaaS)参考架构	GB/T 35301—2017	国家标准已发布
13	1.3	基础	参考架构	—	信息技术 大数据 技术参考模型	GB/T 35589—2017	国家标准已发布
14	1.3	基础	参考架构	—	信息技术 大数据 接口基本要求	GB/T 38672—2020	国家标准已发布
15	1.3	基础	参考架构	—	信息技术 大数据 参考架构 第1部分：框架和应用指南	—	国家标准拟研制
16	1.3	基础	参考架构	—	信息技术 大数据 参考架构 第2部分：用例和需求	—	国家标准拟研制

续表

序号	标准体系编号	一级分类	二级分类	三级分类	标准名称	标准编号	标准状态
17	1.3	基础	参考架构	—	信息技术 大数据 参考架构 第5部分：标准路线图	—	国家标准拟研制
18	2.1	数据	数据生命周期	数据汇聚	信用信息征集规范 第1部分：总则	GB/T 34830.1—2017	国家标准已发布
19	2.1	数据	数据生命周期	数据汇聚	政务数据汇聚共享规范	—	
20	2.1	数据	数据生命周期	数据共享	政务信息资源交换体系 第1部分：总体框架	GB/T 21062.1—2007	国家标准已发布
21	2.1	数据	数据生命周期	数据共享	政务信息资源交换体系 第2部分：技术要求	GB/T 21062.2—2007	国家标准已发布
22	2.1	数据	数据生命周期	数据共享	政务信息资源交换体系 第3部分：数据接口规范	GB/T 21062.3—2007	国家标准已发布
23	2.1	数据	数据生命周期	数据共享	政务信息资源交换体系 第4部分：技术管理要求	GB/T 21062.4—2007	国家标准已发布
24	2.1	数据	数据生命周期	数据共享	法人基础信息数据交换规范 第1部分：信息结构	DB11/T 449.1—2007	地方标准已发布
25	2.1	数据	数据生命周期	数据共享	信息技术 大数据 政务数据开放共享 第1部分：总则	GB/T 38664.1—2020	国家标准已发布
26	2.1	数据	数据生命周期	数据共享	信息技术 大数据 政务数据开放共享 第2部分：基本要求	GB/T 38664.2—2020	国家标准已发布
27	2.1	数据	数据生命周期	数据共享	信用信息共享数据目录	—	国家标准在研
28	2.1	数据	数据生命周期	数据开放	信息技术 大数据 开放数据集基本要求	—	国家标准拟研制
29	2.1	数据	数据生命周期	数据开放	信息技术 大数据 开放数据集标识管理	—	国家标准拟研制
30	2.1	数据	数据生命周期	数据开放	政务数据开放规范 第1部分：总则	—	
31	2.1	数据	数据生命周期	数据开放	政务数据开放规范 第2部分：数据源格式内容规范	—	
32	2.1	数据	数据生命周期	数据开放	政务数据开放规范 第3部分：数据源元数据规范	—	

续表

序号	标准体系编号	一级分类	二级分类	三级分类	标准名称	标准编号	标准状态
33	2.1	数据	数据生命周期	数据开放	政务数据开放规范 第4部分：平台服务接口规范	—	
34	2.1	数据	数据生命周期	数据开放	政务数据开放规范 第5部分：开放数据质量评估规范	—	
35	2.1	数据	数据生命周期	数据开放	数据专区规范 第1部分：总体框架	—	
36	2.1	数据	数据生命周期	数据开放	数据专区规范 第2部分：管理规范	—	
37	2.1	数据	数据生命周期	数据开放	数据专区规范 第3部分：多方计算技术规范	—	
38	2.1	数据	数据生命周期	数据开放	数据专区规范 第4部分：安全防护规范	—	
39	2.1	数据	数据生命周期	数据交易	信息技术 数据交易服务平台 交易数据描述	GB/T 36343—2018	国家标准已发布
40	2.1	数据	数据生命周期	数据交易	信息技术 数据交易服务平台 通用功能要求	GB/T 37728—2019	国家标准已发布
41	2.1	数据	数据生命周期	数据交易	信息技术 数据交易 通用概念描述	—	国家标准拟研制
42	2.1	数据	数据生命周期	数据交易	信息技术 数据交易 交易流程描述	—	国家标准拟研制
43	2.1	数据	数据生命周期	数据交易	信息技术 数据交易 数据管理规范	—	国家标准拟研制
44	2.1	数据	数据生命周期	数据交易	信息技术 数据交易 技术规范	—	国家标准拟研制
45	2.1	数据	数据生命周期	数据交易	信息技术 数据交易 风险评估	—	国家标准拟研制
46	2.1	数据	数据生命周期	数据交易	信息技术 数据交易 交易质量评估	—	国家标准拟研制
47	2.1	数据	数据生命周期	数据交易	信息技术 数据交易 数据价值评估指引	—	国家标准拟研制
48	2.1	数据	数据生命周期	数据交易	数据交易规范	—	

续表

序号	标准体系编号	一级分类	二级分类	三级分类	标准名称	标准编号	标准状态
49	2.2	数据	数据资源	元数据	城市码编码与应用规范	—	
50	2.2	数据	数据资源	元数据	XML 使用指南	GB/Z 21025—2007	国家标准已发布
51	2.2	数据	数据资源	元数据	企业信用数据项规范	GB/T 22120—2008	国家标准已发布
52	2.2	数据	数据资源	元数据	信息技术元数据注册系统（MDR）第 1 部分：框架	GB/T 18391.1—2009	国家标准已发布
53	2.2	数据	数据资源	元数据	信息技术元数据注册系统（MDR）第 2 部分：分类	GB/T 18391.2—2009	国家标准已发布
54	2.2	数据	数据资源	元数据	信息技术元数据注册系统（MDR）第 3 部分：注册系统元模型与基本属性	GB/T 18391.3—2009	国家标准已发布
55	2.2	数据	数据资源	元数据	信息技术元数据注册系统（MDR）第 4 部分：数据定义的形成	GB/T 18391.4—2009	国家标准已发布
56	2.2	数据	数据资源	元数据	信息技术元数据注册系统（MDR）第 5 部分：命名和标识原则	GB/T 18391.5—2009	国家标准已发布
57	2.2	数据	数据资源	元数据	信息技术元数据注册系统（MDR）第 6 部分：注册	GB/T 18391.6—2009	国家标准已发布
58	2.2	数据	数据资源	元数据	信息技术实现元数据注册系统（MDR）内容一致性的规程第 1 部分：数据元	GB/T 23824.1—2009	国家标准已发布
59	2.2	数据	数据资源	元数据	信息技术实现元数据注册系统（MDR）内容一致性的规程第 3 部分：值域	GB/T 23824.3—2009	国家标准已发布
60	2.2	数据	数据资源	元数据	信息技术 元数据注册系统（MDR）模块	GB/T 30881—2014	国家标准已发布
61	2.2	数据	数据资源	元数据	企业信用档案信息规范	GB/T 31952—2015	国家标准已发布
62	2.2	数据	数据资源	元数据	法人和其他组织统一社会信用代码编码规则	GB 32100—2015	国家标准已发布

续表

序号	标准体系编号	一级分类	二级分类	三级分类	标准名称	标准编号	标准状态
63	2.2	数据	数据资源	元数据	信息技术 互操作性元模型框架(MFI)第1部分:参考模型	GB/T 32392.1—2015	国家标准已发布
64	2.2	数据	数据资源	元数据	信息技术 互操作性元模型框架(MFI)第2部分:核心模型	GB/T 32392.2—2015	国家标准已发布
65	2.2	数据	数据资源	元数据	信息技术 互操作性元模型框架(MFI)第3部分:本体注册元模型	GB/T 32392.3—2015	国家标准已发布
66	2.2	数据	数据资源	元数据	信息技术 互操作性元模型框架(MFI)第4部分:模型映射元模型	GB/T 32392.4—2015	国家标准已发布
67	2.2	数据	数据资源	元数据	信息技术 互操作性元模型框架(MFI)第5部分:过程模型注册元模型	GB/T 32392.5—2018	国家标准已发布
68	2.2	数据	数据资源	元数据	信息技术 互操作性元模型框架(MFI)第7部分:服务模型注册元模型	GB/T 32392.7—2018	国家标准已发布
69	2.2	数据	数据资源	元数据	信息技术 互操作性元模型框架(MFI)第8部分:角色和目标模型注册元模型	GB/T 32392.8—2018	国家标准已发布
70	2.2	数据	数据资源	元数据	信息技术 互操作性元模型框架(MFI)第9部分:按需模型选择	GB/T 32392.9—2018	国家标准已发布
71	2.2	数据	数据资源	元数据	信息技术 数据元素值表示格式记法	GB/T 18142—2017	国家标准已发布
72	2.2	数据	数据资源	元数据	多媒体数据语义描述要求	GB/T 34952—2017	国家标准已发布
73	2.2	数据	数据资源	元数据	法人和其他组织统一社会信用代码基础数据元	GB/T 36104—2018	国家标准已发布
74	2.2	数据	数据资源	元数据	电子证照 元数据规范	GB/T 36903—2018	国家标准已发布

续表

序号	标准体系编号	一级分类	二级分类	三级分类	标准名称	标准编号	标准状态
75	2.2	数据	数据资源	元数据	电子证照 目录信息规范	GB/T 36902—2018	国家标准已发布
76	2.2	数据	数据资源	元数据	电子证照标识规范	GB/T 36904—2018	国家标准已发布
77	2.2	数据	数据资源	元数据	信用基础数据元目录	—	国家标准在研
78	2.2	数据	数据资源	元数据	信息技术 元数据 属性	SJ/T 11676—2017	行业标准已发布
79	2.2	数据	数据资源	元数据	社会保障信息系统指标体系代码与数据结构	DB11/T 124—2007	地方标准已发布
80	2.2	数据	数据资源	元数据	法人基础信息数据元目录规范	DB11/T 448—2007	地方标准正在修订
81	2.2	数据	数据资源	元数据	电子政务业务描述规范	DB11/T 762—2010	地方标准已发布
82	2.2	数据	数据资源	元数据	境外人员基础信息通用数据规范	DB11/T 1321—2016	地方标准已发布
83	2.2	数据	数据资源	元数据	机构编制基础数据规范	DB11/T 1545—2018	地方标准已发布
84	2.2	数据	数据资源	数据目录	政务信息资源目录体系 第1部分：总体框架	GB/T 21063.1—2007	国家标准已发布
85	2.2	数据	数据资源	数据目录	政务信息资源目录体系 第2部分：技术要求	GB/T 21063.2—2007	国家标准已发布
86	2.2	数据	数据资源	数据目录	政务信息资源目录体系 第3部分：核心元数据	GB/T 21063.3—2007	国家标准已发布
87	2.2	数据	数据资源	数据目录	政务信息资源目录体系 第4部分：政务信息资源分类	GB/T 21063.4—2007	国家标准已发布
88	2.2	数据	数据资源	数据目录	政务信息资源目录体系 第6部分：技术管理要求	GB/T 21063.6—2007	国家标准已发布
89	2.2	数据	数据资源	数据目录	政务信息资源目录体系	DB11/T 337—2006	地方标准正在修订
90	2.2	数据	数据资源	数据目录	信用信息目录 第1部分：个人	DB11/T 467.1—2007	地方标准正在修订

续表

序号	标准体系编号	一级分类	二级分类	三级分类	标准名称	标准编号	标准状态
91	2.2	数据	数据资源	数据目录	信用信息目录 第2部分：企业	DB11/T 467.2—2007	地方标准正在修订
92	2.2	数据	数据资源	数据目录	目录区块链技术规范	—	
93	3.1	技术	大数据集描述	数据模型	信息技术 科学数据引用	GB/T 35294—2017	国家标准已发布
94	3.1	技术	大数据集描述	数据模型	信息技术 大数据 数据分类指南	GB/T 38667—2020	国家标准已发布
95	3.1	技术	大数据集描述	数据质量	信息技术 数据质量评价指标	GB/T 36344—2018	国家标准已发布
96	3.1	技术	大数据集描述	数据质量	信息技术 数据质量检测	—	国家标准拟研制
97	3.2	技术	处理生命周期技术	采集	信息技术 通用数据导入接口	GB/T 36345—2018	国家标准已发布
98	3.2	技术	处理生命周期技术	采集	信息技术 通用数据导入接口测试规范	—	国家标准拟研制
99	3.2	技术	处理生命周期技术	传输交换	法人和其他组织统一社会信用代码数据交换接口	GB/T 36107—2018	国家标准已发布
100	3.2	技术	处理生命周期技术	传输交换	电子证照 共享服务接口规范	GB/T 36906—2018	国家标准已发布
101	3.2	技术	处理生命周期技术	分析	信息技术 大数据分析总体技术要求	—	国家标准拟研制
102	3.2	技术	处理生命周期技术	存储与访问	信息技术 云计算 分布式块存储系统总体技术要求	GB/T 37737—2019	国家标准已发布
103	3.2	技术	处理生命周期技术	存储与访问	信息技术 云计算 云平台间应用和数据迁移指南	GB/T 37740—2019	国家标准已发布
104	3.2	技术	处理生命周期技术	存储与访问	信息技术 大数据 面向分析的数据存储与检索技术要求	—	国家标准在研
105	4.1	平台/工具	产品工具	—	信息技术数据库语言 SQL 第1部分：框架	GB/T 12991.1—2008	国家标准已发布
106	4.1	平台/工具	产品工具	—	关系数据管理系统技术要求	GB/T 28821—2012	国家标准已发布

续表

序号	标准体系编号	一级分类	二级分类	三级分类	标准名称	标准编号	标准状态
107	4.1	平台/工具	产品工具	—	关系数据库管理系统检测规范	GB/T 30994—2014	国家标准已发布
108	4.1	平台/工具	产品工具	—	非结构化数据管理系统技术要求	GB/T 32630—2016	国家标准已发布
109	4.1	平台/工具	产品工具	—	分布式关系数据库服务接口规范	GB/T 32633—2016	国家标准已发布
110	4.1	平台/工具	产品工具	—	非结构化数据访问接口规范	GB/T 32908—2016	国家标准已发布
111	4.1	平台/工具	产品工具	—	非结构化数据表示规范	GB/T 32909—2016	国家标准已发布
112	4.1	平台/工具	产品工具	—	实时数据库 C 语言接口规范	GB/T 34949—2017	国家标准已发布
113	4.1	平台/工具	产品工具	—	信息技术 云计算 文件服务应用接口	GB/T 36623—2018	国家标准已发布
114	4.1	平台/工具	产品工具	—	信息技术 大数据 分析系统功能要求	GB/T 37721—2019	国家标准已发布
115	4.1	平台/工具	产品工具	—	信息技术 大数据 存储与处理系统功能要求	GB/T 37722—2019	国家标准已发布
116	4.1	平台/工具	产品工具	—	信息技术 云计算 云存储系统服务接口功能	GB/T 37732—2019	国家标准已发布
117	4.1	平台/工具	产品工具	—	信息技术 云计算 云资源监控通用要求	GB/T 37736—2019	国家标准已发布
118	4.1	平台/工具	产品工具	—	信息技术 大数据 分析系统功能测试要求	GB/T 38643—2020	国家标准已发布
119	4.1	平台/工具	产品工具	—	信息技术 大数据 大数据系统基本要求	GB/T 38673—2020	国家标准已发布
120	4.1	平台/工具	产品工具	—	信息技术 大数据计算系统通用要求	GB/T 38675—2020	国家标准已发布
121	4.1	平台/工具	产品工具	—	信息技术 大数据 存储与处理系统功能测试要求	GB/T 38676—2020	国家标准已发布
122	4.1	平台/工具	产品工具	—	非结构化数据查询语言	—	国家标准拟研制

续表

序号	标准体系编号	一级分类	二级分类	三级分类	标准名称	标准编号	标准状态
123	4.1	平台/工具	产品工具	—	智能硬件通用大数据接口规范	—	国家标准拟研制
124	4.2	平台/工具	平台	—	基于云计算的电子政务公共平台总体规范 第1部分：术语和定义	GB/T 34078.1—2017	国家标准已发布
125	4.2	平台/工具	平台	—	基于云计算的电子政务公共平台技术规范 第1部分：系统架构	GB/T 33780.1—2017	国家标准已发布
126	4.2	平台/工具	平台	—	基于云计算的电子政务公共平台技术规范 第2部分：功能和性能	GB/T 33780.2—2017	国家标准已发布
127	4.2	平台/工具	平台	—	基于云计算的电子政务公共平台技术规范 第3部分：系统和数据接口	GB/T 33780.3—2017	国家标准已发布
128	4.2	平台/工具	平台	—	基于云计算的电子政务公共平台技术规范 第6部分：服务测试	GB/T 33780.6—2017	国家标准已发布
129	4.2	平台/工具	平台	—	政务信息资源共享交换平台技术规范 第1部分：总体框架	DB11/T 553.1—2008	地方标准已发布
130	4.2	平台/工具	平台	—	政务信息资源共享交换平台技术规范 第2部分：政务信息资源目录管理	DB11/T 553.2—2008	地方标准已发布
131	4.2	平台/工具	平台	—	政务信息资源共享交换平台技术规范 第3部分：政务信息资源交换管理	DB11/T 553.3—2008	地方标准已发布
132	4.2	平台/工具	平台	—	政务信息资源共享交换平台技术规范 第5部分：接口规范	DB11/T 553.5—2008	地方标准已发布
133	4.2	平台/工具	平台	—	电子政务运维服务支撑系统规范 第1部分 基本要求	DB11/T 714.1—2010	地方标准已发布

续表

序号	标准体系编号	一级分类	二级分类	三级分类	标准名称	标准编号	标准状态
134	4.2	平台/工具	平台	—	电子政务运维服务支撑系统规范 第2部分：符合性测试	DB11/T 714.2—2010	地方标准已发布
135	4.2	平台/工具	平台	—	大数据平台建设规范	—	
136	5.1	管理	数据治理	—	企业信用信息采集、处理和提供规范	GB/T 22118—2008	国家标准已发布
137	5.1	管理	数据治理	—	法人和其他组织统一社会信用代码数据管理规范	GB/T 36106—2018	国家标准已发布
138	5.1	管理	数据治理	—	信息技术服务 治理 第5部分：数据治理规范	GB/T 34960.5—2018	国家标准已发布
139	5.1	管理	数据治理	—	信用信息分类与编码规范	GB/T 37914—2019	国家标准已发布
140	5.1	管理	数据治理	—	信息技术 大数据 资产管理指南	—	国家标准拟研制
141	5.1	管理	数据治理	—	数据治理规范 第1部分：总体框架	—	
142	5.1	管理	数据治理	—	数据治理规范 第2部分：元数据	—	
143	5.1	管理	数据治理	—	数据治理规范 第3部分：数据质量	—	
144	5.1	管理	数据治理	—	数据治理规范 第4部分：数据标签	—	
145	5.1	管理	数据治理	—	数据治理规范 第5部分：数据服务	—	
146	5.2	管理	运维管理	—	信息技术 云计算 虚拟机管理通用要求	GB/T 35293—2017	国家标准已发布
147	5.2	管理	运维管理	—	信息技术 云计算 云服务级别协议基本要求	GB/T 36325—2018	国家标准已发布
148	5.2	管理	运维管理	—	信息技术 云计算 云服务运营通用要求	GB/T 36326—2018	国家标准已发布
149	5.2	管理	运维管理	—	信息技术 云计算 云服务采购指南	GB/T 37734—2019	国家标准已发布

续表

序号	标准体系编号	一级分类	二级分类	三级分类	标准名称	标准编号	标准状态
150	5.2	管理	运维管理	—	信息技术 云计算 平台即服务部署要求	GB/T 37739—2019	国家标准已发布
151	5.2	管理	运维管理	—	信息安全技术 云计算服务运行监管框架	GB/T 37972—2019	国家标准已发布
152	5.2	管理	运维管理	—	信息技术 大数据 系统运维和管理功能要求	GB/T 38633—2020	国家标准已发布
153	5.3	管理	平台管理	—	基于云计算的电子政务公共平台管理规范 第1部分：服务质量评估	GB/T 34077.1—2017	国家标准已发布
154	5.3	管理	平台管理	—	基于云计算的电子政务公共平台服务规范 第3部分：数据管理	GB/T 34079.3—2017	国家标准已发布
155	5.3	管理	平台管理	—	信息技术 云计算 平台即服务(PaaS)应用程序管理要求	GB/T 36327—2018	国家标准已发布
156	5.3	管理	平台管理	—	信息技术 云计算 云服务交付要求	GB/T 37741—2019	国家标准已发布
157	5.3	管理	平台管理	—	综合办公平台管理和服务规范	—	
158	5.3	管理	平台管理	—	领导驾驶舱管理和服务规范	—	
159	5.3	管理	平台管理	—	公共信用信息服务平台管理和服务规范	—	
160	5.3	管理	平台管理	—	政务云服务商管理规范	—	
161	6.1	安全隐私	基础框架	—	信息技术 安全技术 信息安全管理体系要求	GB/T 22080—2016	国家标准已发布
162	6.1	安全隐私	基础框架	—	信息安全技术 云计算安全参考架构	GB/T 35279—2017	国家标准已发布
163	6.1	安全隐私	基础框架	—	信息安全技术 大数据安全管理指南	GB/T 37973—2019	国家标准已发布
164	6.1	安全隐私	基础框架	—	数据安全标准体系	—	国家标准拟研制

续表

序号	标准体系编号	一级分类	二级分类	三级分类	标准名称	标准编号	标准状态
165	6.1	安全隐私	基础框架	—	大数据安全技术框架	—	
166	6.2	安全隐私	安全要求	—	信息安全技术 信息系统安全管理要求	GB/T 20269—2006	国家标准已发布
167	6.2	安全隐私	安全要求	—	电信网和互联网安全等级保护实施指南	YD/T 1729—2008	行业标准已发布
168	6.2	安全隐私	安全要求	—	信息安全技术 云计算服务安全能力要求	GB/T 31168—2014	国家标准已发布
169	6.2	安全隐私	安全要求	—	电子政务信息安全监控数据规范	DB11/T 1288—2015	地方标准已发布
170	6.2	安全隐私	安全要求	—	信息安全技术 大数据服务安全能力要求	GB/T 35274—2017	国家标准已发布
171	6.2	安全隐私	安全要求	—	移动互联网环境下个人数据共享导则	YD/T 3411—2018	行业标准已发布
172	6.2	安全隐私	安全要求	—	信息安全技术 网络安全等级保护基本要求	GB/T 22239—2019	国家标准已发布
173	6.2	安全隐私	安全要求	—	信息安全技术 网络安全等级保护实施指南	GB/T 25058—2019	国家标准已发布
174	6.2	安全隐私	安全要求	—	信息安全技术 网络安全等级保护安全设计技术要求	GB/T 25070—2019	国家标准已发布
175	6.2	安全隐私	安全要求	—	信息安全技术 网络安全等级保护测评要求	GB/T 28448—2019	国家标准已发布
176	6.2	安全隐私	安全要求	—	信息安全技术 数据交易服务安全要求	GB/T 37932—2019	国家标准已发布
177	6.2	安全隐私	安全要求	—	信息安全技术 个人信息安全规范	GB/T 35273—2020	国家标准已发布
178	6.2	安全隐私	安全要求	—	信息技术 安全技术 生物特征识别信息保护要求	—	国家标准在研
179	6.2	安全隐私	安全要求	—	信息安全技术 移动互联网应用程序(App)收集个人信息基本规范	—	国家标准在研
180	6.2	安全隐私	安全要求	—	数据安全管理认证规范	—	国家标准在研

续表

序号	标准体系编号	一级分类	二级分类	三级分类	标准名称	标准编号	标准状态
181	6.2	安全隐私	安全要求	—	政务数据分级与安全保护规范	—	
182	6.3	安全隐私	方法指南	—	信息安全技术 信息系统安全等级保护定级指南	GB/T 22240—2008	国家标准已发布
183	6.3	安全隐私	方法指南	—	信息安全技术公共及商用服务信息系统个人信息保护指南	GB/Z 28828—2012	国家标准已发布
184	6.3	安全隐私	方法指南	—	信息安全技术 云计算服务安全指南	GB/T 31167—2014	国家标准已发布
185	6.3	安全隐私	方法指南	—	信息安全技术 云计算服务安全能力要求	GB/T 31168—2014	国家标准已发布
186	6.3	安全隐私	方法指南	—	信息安全技术 云计算服务安全能力评估方法	GB/T 34942—2017	国家标准已发布
187	6.3	安全隐私	方法指南	—	信息安全技术 网络安全等级保护测评过程指南	GB/T 28449—2018	国家标准已发布
188	6.3	安全隐私	方法指南	—	信息安全技术 网络安全等级保护测试评估技术指南	GB/T 36627—2018	国家标准已发布
189	6.3	安全隐私	方法指南	—	信息安全技术 网络安全等级保护实施指南	GB/T 25058—2019	国家标准已发布
190	6.3	安全隐私	方法指南	—	信息安全技术 个人信息安全影响评估指南	—	国家标准在研
191	6.3	安全隐私	方法指南	—	信息安全技术 数据出境安全评估指南	—	国家标准在研
192	6.3	安全隐私	方法指南	—	信息安全技术 个人信息安全工程指南	—	国家标准在研
193	6.3	安全隐私	方法指南	—	信息安全技术 个人信息告知同意指南	—	国家标准在研
194	6.3	安全隐私	方法指南	—	信息技术 安全技术 个人可识别信息(PII)处理者在共有云中保护PII的实践指南	—	国家标准在研
195	6.3	安全隐私	方法指南	—	个人隐私条款编写指南	—	国家标准拟研制

续表

序号	标准体系编号	一级分类	二级分类	三级分类	标准名称	标准编号	标准状态
196	6.3	安全隐私	方法指南	—	重要数据识别指南	—	国家标准拟研制
197	6.3	安全隐私	方法指南	—	数据安全管理视角下的数据分类研究	—	国家标准拟研制
198	6.3	安全隐私	方法指南	—	数据安全审查规范	—	
199	6.3	安全隐私	方法指南	—	数据脱敏规范	—	
200	6.3	安全隐私	方法指南	—	数据溯源技术规范	—	
201	6.4	安全隐私	安全技术	—	信息技术 安全技术 密钥管理 第1部分：框架	GB/T 17901.1—2020	国家标准已发布
202	6.4	安全隐私	安全技术	—	信息安全技术 信息安全风险评估规范	GB/T 20984—2007	国家标准已发布
203	6.4	安全隐私	安全技术	—	信息安全技术 信息安全事件分类分级指南	GB/Z 20986—2007	国家标准已发布
204	6.4	安全隐私	安全技术	—	信息安全技术 信息系统灾难恢复规范	GB/T 20988—2007	国家标准已发布
205	6.4	安全隐私	安全技术	—	信息安全技术 信息安全应急响应计划规范	GB/T 24363—2009	国家标准已发布
206	6.4	安全隐私	安全技术	—	信息安全技术 信息安全风险管理指南	GB/Z 24364—2009	国家标准已发布
207	6.4	安全隐私	安全技术	—	信息安全技术 可信计算密码支撑平台功能与接口规范	GB/T 29829—2013	国家标准已发布
208	6.4	安全隐私	安全技术	—	信息安全技术 统一威胁管理产品技术要求和测试评价方法	GB/T 31499—2015	国家标准已发布
209	6.4	安全隐私	安全技术	—	信息安全技术 网络安全预警指南	GB/T 32924—2016	国家标准已发布
210	6.4	安全隐私	安全技术	—	信息安全技术 政府联网计算机终端安全管理基本要求	GB/T 32925—2016	国家标准已发布

续表

序号	标准体系编号	一级分类	二级分类	三级分类	标准名称	标准编号	标准状态
211	6.4	安全隐私	安全技术	—	信息技术 安全技术 信息安全事件管理 第1部分：事件管理原理	GB/T 20985.1—2017	国家标准已发布
212	6.4	安全隐私	安全技术	—	信息技术 数据溯源描述模型	GB/T 34945—2017	国家标准已发布
213	6.4	安全隐私	安全技术	—	信息安全技术 SM2密码算法加密签名消息语法规范	GB/T 35275—2017	国家标准已发布
214	6.4	安全隐私	安全技术	—	信息安全技术 SM2密码算法使用规范	GB/T 35276—2017	国家标准已发布
215	6.4	安全隐私	安全技术	—	信息安全技术 智能密码钥匙应用接口规范	GB/T 35291—2017	国家标准已发布
216	6.4	安全隐私	安全技术	—	信息安全技术 证书认证系统密码及其相关安全技术规范	GB/T 25056—2018	国家标准已发布
217	6.4	安全隐私	安全技术	—	信息安全技术 密码设备应用接口规范	GB/T 36322—2018	国家标准已发布
218	6.4	安全隐私	安全技术	—	信息安全技术 射频识别系统密码应用技术要求 第1部分：密码安全保护框架及安全级别	GB/T 37033.1—2018	国家标准已发布
219	6.4	安全隐私	安全技术	—	信息安全技术 射频识别系统密码应用技术要求 第2部分：电子标签与读写器及其通信密码应用技术要求	GB/T 37033.2—2018	国家标准已发布
220	6.4	安全隐私	安全技术	—	信息安全技术 安全办公U盘安全技术要求	GB/T 37091—2018	国家标准已发布
221	6.4	安全隐私	安全技术	—	信息安全技术 密码模块安全要求	GB/T 37092—2018	国家标准已发布
222	6.4	安全隐私	安全技术	—	信息安全技术 办公信息系统安全管理要求	GB/T 37094—2018	国家标准已发布
223	6.4	安全隐私	安全技术	—	信息安全技术 办公信息系统安全基本技术要求	GB/T 37095—2018	国家标准已发布

续表

序号	标准体系编号	一级分类	二级分类	三级分类	标准名称	标准编号	标准状态
224	6.4	安全隐私	安全技术	—	信息安全技术 办公信息系统安全测试规范	GB/T 37096—2018	国家标准已发布
225	6.4	安全隐私	安全技术	—	信息系统密码应用基本要求	GM/T 0054—2018	行业标准已发布
226	6.4	安全隐私	安全技术	—	信息安全技术 个人信息去标识化指南	GB/T 37964—2019	国家标准已发布
227	6.4	安全隐私	安全技术	—	信息安全技术 安全电子签章密码技术规范	GB/T 38540—2020	国家标准已发布
228	6.4	安全隐私	安全技术	—	信息安全技术 电子文件密码应用指南	GB/T 38541—2020	国家标准已发布
229	6.4	安全隐私	安全技术	—	信息安全技术 基于生物特征识别的移动智能终端身份鉴别技术框架	GB/T 38542—2020	国家标准已发布
230	6.4	安全隐私	安全技术	—	信息安全技术 动态口令密码应用技术规范	GB/T 38556—2020	国家标准已发布
231	6.4	安全隐私	安全技术	—	信息安全技术 网络安全管理支撑系统技术要求	GB/T 38561—2020	国家标准已发布
232	6.4	安全隐私	安全技术	—	信息安全技术 信息系统密码应用基本要求	—	国家标准在研
233	6.4	安全隐私	安全技术	—	信息安全技术 关键信息基础设施安全检查评估指南	—	国家标准在研
234	6.4	安全隐私	安全技术	—	信息安全技术 关键信息基础设施安全保障评价指标体系	—	国家标准在研
235	6.4	安全隐私	安全技术	—	信息安全技术 关键信息基础设施网络安全保护要求	—	国家标准在研
236	6.4	安全隐私	安全技术	—	信息安全技术 关键信息基础设施安全控制措施	—	国家标准在研
237	7.1	评估评价	指标体系	—	数据管理能力成熟度评估模型	GB/T 36073—2018	国家标准已发布
238	7.1	评估评价	指标体系	—	信息技术 云计算 云服务计量指标	GB/T 37735—2019	国家标准已发布

续表

序号	标准体系编号	一级分类	二级分类	三级分类	标准名称	标准编号	标准状态
239	7.1	评估评价	指标体系	—	信息技术 云计算 云服务质量评价指标	GB/T 37738—2019	国家标准已发布
240	7.1	评估评价	指标体系	—	信息安全技术 数据安全能力成熟度模型	GB/T 37988—2019	国家标准已发布
241	7.1	评估评价	指标体系	—	信息技术 政务信息资源共享评价	—	国家标准在研
242	7.2	评估评价	方法规范	—	信息技术 大数据 政务数据开放共享 第3部分：开放程度评价	GB/T 38664.3—2020	国家标准已发布
243	7.2	评估评价	方法规范	—	数据安全管理认证规范	—	国家标准在研
244	7.2	评估评价	方法规范	—	数据管理能力成熟度评估方法	—	国家标准在研
245	7.2	评估评价	方法规范	—	信息安全技术 个人信息安全影响评估指南	—	国家标准在研
246	7.2	评估评价	方法规范	—	信息安全技术 数据出境安全评估指南	—	国家标准在研
247	7.2	评估评价	方法规范	—	信息技术 大数据 解决方案基本评估规范	—	国家标准拟研制
248	7.2	评估评价	方法规范	—	信息技术 大数据 开放共享 第4部分：共享程度评价	—	国家标准拟研制
249	7.2	评估评价	方法规范	—	大数据发展水平评估规范	—	
250	8.1	行业应用	医疗健康	—	社会保险业务分类与代码	GB/T 35617—2017	国家标准已发布
251	8.1	行业应用	医疗健康	—	城乡居民健康档案基本数据集	WS 365—2011	行业标准已发布
252	8.1	行业应用	医疗健康	—	卫生信息共享文档编制规范	WS/T 482—2016	行业标准已发布
253	8.1	行业应用	医疗健康	—	血液管理信息指标代码与数据结构	DB11/T 486—2007	地方标准已发布
254	8.1	行业应用	医疗健康	—	健康体检体征数据元规范	DB11/T 1238—2015	地方标准已发布

续表

序号	标准体系编号	一级分类	二级分类	三级分类	标准名称	标准编号	标准状态
255	8.1	行业应用	医疗健康	—	药品信息代码规范	DB11/T 1239—2015	地方标准已发布
256	8.1	行业应用	医疗健康	—	居民健康档案基本数据集	DB11/T 1290—2015	地方标准已发布
257	8.1	行业应用	医疗健康	—	公共卫生信息数据元属性与值域代码	DB11/T 320—2017	地方标准已发布
258	8.1	行业应用	医疗健康	—	社会保险医疗服务项目分类与代码	LD/T 01—2017	行业标准已发布
259	8.1	行业应用	医疗健康	—	疫苗流通管理基本数据集	DB11/T 1523—2018	地方标准已发布
260	8.2	行业应用	农业农村	—	农村基础信息数据元 第1部分：总体框架	DB11/T 699.1—2010	地方标准已发布
261	8.2	行业应用	农业农村	—	农村基础信息数据元 第2部分：个人基础信息	DB11/T 699.2—2010	地方标准已发布
262	8.2	行业应用	农业农村	—	农村基础信息数据元 第3部分：组织基础信息	DB11/T 699.3—2010	地方标准已发布
263	8.2	行业应用	农业农村	—	农村基础信息数据元 第4部分：社会基础信息	DB11/T 699.4—2010	地方标准已发布
264	8.2	行业应用	农业农村	—	农村基础信息数据元 第5部分：经济基础信息	DB11/T 699.5—2010	地方标准已发布
265	8.2	行业应用	农业农村	—	农村基础信息数据元 第6部分：自然资源基础信息	DB11/T 699.6—2010	地方标准已发布
266	8.2	行业应用	农业农村	—	农业信息资源数据集核心元数据	DB11/T 836—2011	地方标准已发布
267	8.3	行业应用	城建规划	—	城市基础地理信息 矢量数据要素分类与代码	DB11/T 1065—2014	地方标准已发布
268	8.3	行业应用	城建规划	—	地下管线现状及竣工数据汇交标准	DB11/T 1451—2017	地方标准已发布
269	8.3	行业应用	城建规划	—	地下管线数据库建设标准	DB11/T 1452—2017	地方标准已发布
270	8.3	行业应用	城建规划	—	地下管线信息管理技术规程	DB11/T 1453—2017	地方标准已发布

续表

序号	标准体系编号	一级分类	二级分类	三级分类	标准名称	标准编号	标准状态
271	8.4	行业应用	能源水利	—	供热计量系统监控管理数据项及编码规范	DB11/T 1389—2017	地方标准已发布
272	8.4	行业应用	能源水利	—	能源计量数据采集系统数据传输协议	DB11/T 1409—2017	地方标准已发布
273	8.4	行业应用	能源水利	—	电能质量数据交换格式规范	DL/T 1608—2016	行业标准已发布
274	8.4	行业应用	能源水利	—	电子数据恢复和销毁技术要求	DL/T 1757—2017	行业标准已发布
275	8.5	行业应用	环境与公共设施	—	基础地理信息系统技术规程	DB11/T 545—2019	地方标准已发布
276	8.5	行业应用	环境与公共设施	—	土地信息数据元 第1部分：总则	DB11/T 1020.1—2013	地方标准已发布
277	8.5	行业应用	环境与公共设施	—	土地信息数据元 第2部分：土地利用数据元	DB11/T 1020.2—2013	地方标准已发布
278	8.5	行业应用	环境与公共设施	—	土地信息数据元 第3部分：土地权属数据元	DB11/T 1020.3—2013	地方标准已发布
279	8.5	行业应用	环境与公共设施	—	公园数据元规范	DB11/T 1298—2015	地方标准已发布
280	8.5	行业应用	环境与公共设施	—	地理国情信息内容与指标	DB11/T 1441—2017	地方标准已发布
281	8.5	行业应用	环境与公共设施	—	地理国情信息内业采集与编辑技术规程	DB11/T 1442—2017	地方标准已发布
282	8.5	行业应用	环境与公共设施	—	地理国情信息外业调查与核查技术规程	DB11/T 1443—2017	地方标准已发布
283	8.6	行业应用	文化教育	—	文物艺术品元数据规范	DB11/T 1219—2015	地方标准已发布
284	8.7	行业应用	金融	—	财政业务基础数据规范	DB11/T 543—2016	地方标准已发布
285	8.7	行业应用	金融	—	银行数据标准定义规范	JR/T 0105—2014	行业标准已发布
286	8.8	行业应用	政务服务	—	“北京民主卡”二维码技术规范	—	

续表

序号	标准体系编号	一级分类	二级分类	三级分类	标准名称	标准编号	标准状态
287	8.8	行业应用	政务服务	—	“北京民生卡”使用环境规范	—	
288	8.9	行业应用	工业	—	智能制造 对象标识要求	GB/T 37695—2019	国家标准已发布
289	8.9	行业应用	工业	—	信息技术 大数据 工业产品核心元数据	GB/T 38555—2020	国家标准已发布
290	8.9	行业应用	工业	—	信息技术 大数据 工业应用参考架构	GB/T 38666—2020	国家标准已发布
291	8.9	行业应用	工业	—	智能制造 制造对象标识解析体系应用指南	—	国家标准在研
292	8.9	行业应用	工业	—	信息技术 工业大数据 术语	—	国家标准在研
293	8.9	行业应用	工业	—	智能制造 工业数据空间模型	—	国家标准在研
294	8.9	行业应用	工业	—	智能制造 多模态数据融合系统技术要求	—	国家标准在研
295	8.9	行业应用	工业	—	智能制造 工业大数据平台通用要求	—	国家标准在研
296	8.9	行业应用	工业	—	智能制造 工业大数据时间序列数据采集和存储框架	—	国家标准在研

后　记

《北京市大数据建设简明读本》作为一本面向北京市专业技术人员及政务工作者的大数据基础培训书籍，由北京市经济和信息化局、北京市人力资源和社会保障局牵头组成编写组。从开始酝酿到出版，经历了近一年的时间，其间编写组多方搜集资料并征求意见，历经大小十余次的修改完善，最终将本书呈现给各位读者。编写之初，北京市人力资源和社会保障局刘武、白宝辉等同志从专业技术人员培训角度指导明确本书的定位和总体架构；在编写过程中，北京市大数据中心起到了关键性作用，其中唐建国同志结合北京大数据行动计划规划和建设发展情况，提出了本书的总体框架并对各版本书稿进行通读修改，石志国、屈波同志组织大数据中心各部门分别牵头完成相关章节内容的编写修改，腾讯云计算（北京）有限责任公司、华为技术有限公司、太极计算机股份有限公司、北京安信天行科技有限公司、北京泰豪智能工程有限公司、北京赛智时代信息技术咨询有限公司、国信优易数据有限公司分别参与了不同章节的编写，首都师范大学李有增、高立平同志对本书的出版给予了大力支持，在此一并表示感谢。

另附各章节具体编写人员情况：

第一章至第三章由聂志锋、周长军、于江主持编写，刘彦、王晓春、穆显显、温馨、周全具体执笔，王薇负责审校；

第四章由贾晓丰主持编写，张晰、高文飞、高嵩、闫喜臣、孟繁亮、孙海涛、吴浩、屈克、张乐具体执笔，刘彦、刘志荣负责审校；

第五章由陈桂红主持编写，崔建新、孙伟利、林峰璞、赵婉、朱蓉华、邢立立具体执笔，刘彦、周欢负责审校；

第六章由穆勇主持编写，沈泮、穆显显、杨燕具体执笔，陶一瑾负责审校；

第七章由赵刚、单强主持编写，吴学军、王扬、赵野、彭作文、魏贝、潘志强具体执笔，金杨负责审校；

第八章由赵刚、穆勇主持编写，魏贝具体执笔，金杨负责审校；

第九章、第十章由赵章界主持编写，赵莹、高磊、钟金鑫、陈青民、杜棣具体执笔，陆畅负责审校。